实用色谱法

PRACTICAL CHROMATOGRAPHY

詹益兴　编著

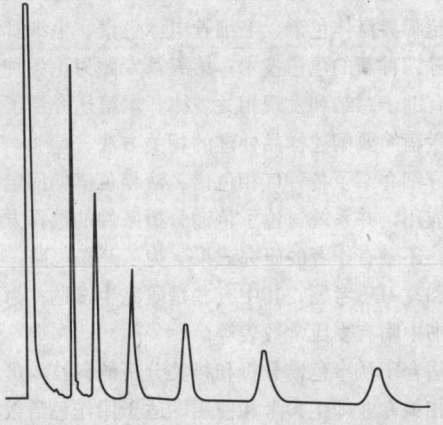

科学技术文献出版社

Scientific and Technical Documents Publishing House

北　京

（京）新登字 130 号

内 容 简 介

本书共六篇，内容涵盖气相色谱、液相色谱以及相关技术，是一本汇集多种色谱技术的简明实用的色谱法专著。

第一篇深入浅出地论述色谱基础知识和色谱基本理论，旨在为掌握色谱技术打下坚实的理论基础；第二篇分别讨论了填充柱色谱、毛细管色谱、顶空色谱、裂解色谱、色谱测比表面等各种气相色谱法的实用技术；第三篇系统介绍平面色谱、经典柱色谱、高效液相色谱中的各种液相色谱法的常用分离模式；第四篇精要介绍超临界流体色谱、毛细管电泳色谱、毛细管电色谱以及激光色谱等四种新的色谱技术；第五篇专题讨论各种定性定量方法，为了有助于总结和发现相关规律，本篇还介绍了色谱曲线拟合法；第六篇简要阐述样品处理的相关方法。

书中详细介绍了各种气相色谱、液相色谱的固定相和流动相的种类及应用，并系统讨论了色谱分析条件的选择方法和实践经验。此外，还融有作者的研究成果。为了开拓思路，书中还编有应用实例和复习思考题，其中有些是研究生试题；为了给读者提供方便，书中附有麦氏常数表等。

本书适合于从事色谱分析和相关分析的科技人员阅读，可供高等院校相关专业师生参考和使用，适于用作色谱教材。

科学技术文献出版社是国家科学技术部系统惟一一家中央级综合性科技出版机构，我们所有的努力都是为了使您增长知识和才干。

前　　言

　　色谱法不仅是一种高效的分离技术和快速的分析方法，而且也是一种不可或缺的物化研究手段。

　　色谱法具有分离效能好、分析速度快、检测灵敏度高以及适用范围广和操作简便等特点，在生产、科研、教学、宇宙探索等众多领域中得到了广泛应用。由于色谱法具有独特的优越性和广泛的适用性，因此，在近代所创立的各种仪器分析方法中，尚无一种能像色谱法那样得到如此迅速广泛的应用，其发展之快令人叹为观止。

　　随着我国国民经济的快速发展和科学技术的长足进步，色谱分离分析项目与日俱增，近年来，我国使用色谱仪的单位急剧增加，色谱工作者队伍迅速扩大。为了使分析人员或有一定基础的色谱工作者能较快较好地掌握色谱技术、提高独立解决问题的能力，本人根据三十多年从事色谱分析实践和教学过程中的体会，选取较为新颖实用的内容编写成本书，以满足广大读者的需要；为了便于自学者阅读，书中还编有分析实例、计算举例、复习思考题、常用数据表格等内容。

　　在编著本书过程中，参考了国内外许多色谱著作、文献资料，特向原作者表示衷心感谢！

　　本书的编著出版得到陈贻文教授、方洪钜教授、李荫材教授、张永康教授、黄良教授等的热情帮助，得到科学技术文献出版社和长沙市科学技术协会的大力支持，在此谨表谢意！

　　鉴于水平所限，书中难免存在错误和不当之处，祈望读者不吝指正。

詹益兴

目 录

第一篇　色谱法基础 …………………………………（1）

第1章　色谱法概论 …………………………………（1）
第1节　发展概要 …………………………………（1）
第2节　主要特点 …………………………………（5）
第3节　分离原理 …………………………………（6）
第4节　色谱分类 …………………………………（7）
第5节　分析记录 …………………………………（10）

第2章　色谱流出曲线 ………………………………（12）
第1节　色谱曲线 …………………………………（12）
第2节　保留参数 …………………………………（14）
第3节　分离效能 …………………………………（18）

第3章　色谱基本理论 ………………………………（26）
第1节　理想条件 …………………………………（26）
第2节　塔板理论 …………………………………（27）
第3节　速率理论 …………………………………（29）

第二篇　气相色谱法 …………………………………（45）

第1章　气相色谱仪 …………………………………（45）
第1节　气相色谱仪流程 …………………………（45）
第2节　气相色谱仪部件 …………………………（46）
第3节　气相色谱检测器 …………………………（58）

第4节　色谱仪安装调试 …………………… (74)
第2章　气相色谱柱 ……………………………… (78)
第1节　色谱柱概念 ………………………… (78)
第2节　固体吸附剂 ………………………… (83)
第3节　高分子小球 ………………………… (89)
第4节　固定液载体 ………………………… (95)
第5节　色谱固定液 ………………………… (103)
第6节　固定相选择 ………………………… (113)
第7节　柱填料制备 ………………………… (120)
第8节　色谱填充柱 ………………………… (128)
第3章　分析条件选择 …………………………… (132)
第4章　毛细管色谱 ……………………………… (143)
第1节　发展简史 …………………………… (143)
第2节　主要特点 …………………………… (144)
第3节　基础理论 …………………………… (146)
第4节　仪器设备 …………………………… (149)
第5节　柱子制备 …………………………… (152)
第5章　顶空色谱法 ……………………………… (159)
第1节　主要特点 …………………………… (159)
第2节　基本类型 …………………………… (160)
第3节　应用实例 …………………………… (162)
第4节　定性定量 …………………………… (166)
第6章　裂解色谱法 ……………………………… (174)
第1节　发展简史 …………………………… (174)
第2节　基本特点 …………………………… (175)
第3节　仪器设备 …………………………… (176)
第7章　色谱测比表面 …………………………… (181)
第1节　方法概述 …………………………… (181)
第2节　计算方法 …………………………… (184)

第3节　简化计算 ……………………………… (188)
　第8章　分析应用实例 …………………………… (197)
　　第1节　烃及卤化物 ……………………………… (197)
　　第2节　含氧有机物 ……………………………… (202)
　　第3节　含氮有机物 ……………………………… (207)
　　第4节　农药分析例 ……………………………… (209)
　　第5节　其他化合物 ……………………………… (213)

第三篇　液相色谱法 …………………………… (221)

第1章　液相色谱概述 …………………………… (221)
第2章　平面液相色谱 …………………………… (226)
　第1节　纸色谱法 ………………………………… (226)
　第2节　薄层色谱 ………………………………… (239)
第3章　经典柱色谱法 …………………………… (259)
第4章　高效液相色谱 …………………………… (272)
　第1节　方法概述 ………………………………… (272)
　第2节　仪器设备 ………………………………… (276)
　第3节　固定相 …………………………………… (297)
　第4节　流动相 …………………………………… (306)
　第5节　基本类型 ………………………………… (313)
　第6节　常用模式 ………………………………… (330)
　第7节　应用实例 ………………………………… (351)

第四篇　色谱新方法 ……………………………… (365)

第五篇　定性定量法 ……………………………… (377)

第1章　色谱定性分析 …………………………… (377)
　第1节　方法步骤 ………………………………… (377)
　第2节　定性参数 ………………………………… (379)

第3节　初步鉴别 …………………………………… (384)
　　第4节　元素分析 …………………………………… (386)
　　第5节　溶解度组 …………………………………… (388)
　　第6节　扣除技术 …………………………………… (390)
　　第7节　流出物分类 ………………………………… (393)
　　第8节　衍生物制备 ………………………………… (394)
　　第9节　其他定性法 ………………………………… (396)
　第2章　定量分析 ……………………………………… (399)
　　第1节　响应信号测量 ……………………………… (399)
　　第2节　定量校正因子 ……………………………… (405)
　　第3节　定量计算方法 ……………………………… (411)
　　第4节　定量分析误差 ……………………………… (415)
　第3章　色谱曲线拟合法 ……………………………… (421)
　　第1节　拟合程序 …………………………………… (422)
　　第2节　线性函数 …………………………………… (423)
　　第3节　非线性函数 ………………………………… (431)

第六篇　样品处理法 ……………………………………… (439)
　第1章　样品处理概述 ………………………………… (439)
　第2章　样品采集方法 ………………………………… (442)
　　第1节　气体样品采集 ……………………………… (442)
　　第2节　液体样品采集 ……………………………… (447)
　　第3节　其他样品采集 ……………………………… (448)
　第3章　样品制备方法 ………………………………… (450)
　　第1节　结晶法 ……………………………………… (450)
　　第2节　蒸馏法 ……………………………………… (453)
　　第3节　萃取法 ……………………………………… (458)
　　第4节　衍生法 ……………………………………… (468)
　　第5节　其他方法 …………………………………… (480)

第4章　生物样品制备 …………………………… (485)
附　录 …………………………………………………… (493)
　　附录1　麦氏常数表 ………………………………… (493)
　　附录2　本书符号表 ………………………………… (513)
参考文献 ………………………………………………… (519)

第一篇 色谱法基础

第1章 色谱法概论

色谱法（Chromatography）是一种重要的分离分析技术和物化研究方法，由于具有分离效能好、分析速度快、检测灵敏度高、适用范围广和操作简便等特点，因此在生产、科研、教学等的众多领域中得到了广泛应用，特别是与计算机系统联用以来，它已成为分析测试和分离提纯不可或缺的手段。

由于色谱法具有其独特的优越性和广泛的适用性，因此，在近代所创立的各种仪器分析方法中，尚无一种能像色谱法那样得到如此迅速广泛的应用，其发展之快令人叹为观止。

第1节 发展概要

一、发展简史

1850年朗格（Runge）关于色谱分离的报告也许是迄今所能查阅到的最原始的色谱论文。

1903年植物学家茨维特（Tswett）首先发现液-固洗脱技术能分离植物色素，1906年公开发表其研究成果，他被公认为是柱色谱法（Column chromatography）的创始人。他的实验装置如图1-1所示，用碳酸钙作吸附剂，把植物色素的石油醚提取液从一根装有固体吸附剂的玻璃管上端注入，再加入石油醚淋洗，结果使色素混合物获得分离，于管内形成了不同颜色的谱带，"色谱"一词由此得名。这种分离方法被称为色谱法，此玻璃管柱被叫做色谱柱，装在柱内的固体吸附剂被称为固定相，用于淋洗的石油醚被称作流动相；而分离对象当今则不局限于有色物质。

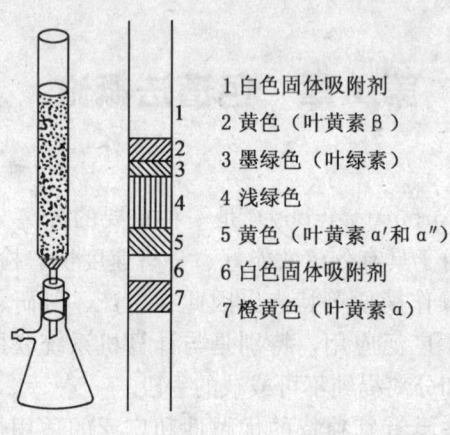

1 白色固体吸附剂
2 黄色（叶黄素β）
3 墨绿色（叶绿素）
4 浅绿色
5 黄色（叶黄素α′和α″）
6 白色固体吸附剂
7 橙黄色（叶黄素α）

图1-1 茨维特（Tswett）层析试验装置图

1941年马丁（A. J. P. Martin）和辛格（R. L. M. Synge）把含有一定量水分的硅胶填充到色谱柱中，然后将氨基酸的混合物溶液加于柱上，再用氯仿淋洗，结果氨基酸混合物得到分离。这种实验方法与茨维特的实验方法基本相同，但其固定相为含水硅胶，致使分离原理有所不同，被称为分配色谱法（Partition chromatography），而茨维特的方法被称为吸附色谱法（Adsorpting chromatography）。

1944年马丁（A. J. P. Martin）和辛格（R. L. M. Synge）提出了纸色谱法和薄层色谱法，成功地用于氨基酸的分离，许多无机物（如含铁、钴、镍、铜、镉的盐类）和有机物（如糖类、肽类）都可用纸色谱法和薄层色谱法进行分离和鉴别，从而创立了纸色谱法（Paper chromatography）和薄层色谱法（Thin layer chromatography）。

由于生物化学和石油化学等学科发展的需要，1941年马丁（A. J. P. Martin）、辛格（R. L. M. Synge）及詹姆斯（A. T. James）等人提出了气液色谱法的设想并做了大量的研究工作，于1952年创立了气液色谱法，成功地分离分析了脂肪酸、脂肪胺等混合物，并提出了塔板理论。由于他们在色谱学和生物化学领域里做出了重大贡献，因而获得了1952年的诺贝尔奖。

1956年荷兰学者范第姆特（Van Deemter）等人，总结了前人的研究成果，提出了范第姆特方程式，为色谱技术的发展提供了重要的理论依据。

1956年美国工程师戈雷（Golay）发明了毛细管柱，使总理论塔板数提高了几个数量级，分离效能得到显著提高。

1957年霍姆斯（Holmes）等人首次把气相色谱与质谱联用。随后相继发明了氢焰检测器、火焰光度检测器、氩离子化检测器和电子捕获检测器等高灵敏度和高选择性的检测器。从而使气相色谱法获得了迅速的发展、广泛的应用。

马丁（Martin）和辛格（Synge）在1941年就提出高效相色谱的设想，然而直到20世纪60年代，将已经发展得比较成熟的气相色谱理论和技术应用到液相色谱上来，使液相色谱得到了迅速的发展。特别是填料制备技术、检测器和高压输液泵性能的不断改进，使液相色谱分析实现了高效化，具有优良性能的液相色谱仪商品于1969年面世。

现代色谱法的奠基者马丁在20世纪70年代初的一次讲演中说："色谱法的发展速度远远超出了辛格起先所预想的速度，其中很大的因素是样品量问题。我们在开始研究氨基酸的分析时，需要500g蛋白质，时间要6个月；而使用硅胶分配柱时，需要样品量为几毫克（mg），纸层析法需数微克（μg），气相色谱法只需纳克（ng）的数量级（$ng=10^{-9}g$）。由此可见，在目前，这种分析方法是各种分析方法中灵敏度最高的一种，在这30年中样品量减少的数量级达10^{12}。"

随着色谱理论、色谱技术、色谱仪器以及色谱试剂的发展和进步，特别是色谱仪与质谱等大型分析仪器和计算机系统联用以来，它已成为生产、科研、教学、宇宙探索中不可或缺的分离分析方法和十分重要的物化研究手段。

计算机的应用，使色谱仪不仅能自动处理数据、打印图谱和打印分析结果，而且还可以自动控制色谱条件，使色谱系统于最佳状态下工作。

随着色谱技术和计算机技术的进步，现代色谱仪正朝着自动化和智能化方向快速发展。

二、应用概况

近年来的统计表明，全世界各类分析仪器销售中，色谱仪（包括各种气相色谱仪、液相色谱仪以及其他色谱仪）的销售额已占仪器销售总额的30%左右。在现代所创立的仪器分析方法中，色谱法是发展最为迅速、应用最为普及的一种方法，其应用可概括为如下三大方面。

1. 分析测试

在生产和科研工作中，色谱法除了用于定性定量分析之外，还用于多种物化数据测定。

2. 分离提纯

在分离提纯方法中，色谱法是分离能力最强的方法之一，被广泛用于现代科学各领域。

3. 宇宙探索

在宇宙探索中，色谱法也有重要应用，为此专门研制了超小型自动色谱仪（见表1-1）。

表1-1 宇宙考察专用超小型自动色谱仪

制造年份	1962—1963	1966	1970
色谱仪重量	5.6kg	1.2kg	70~150g
主要用途	月球上的样品分析	火星上的样品分析	火星上的样品分析

第 2 节 主要特点

1. 分离效能好

在色谱法中,经典的液相柱色谱每米柱长具有相当于数十至数百块塔板的分馏塔的分离效能;气相色谱填充柱每米柱长的理论塔板数为 $10^2 \sim 10^3$ 块,而毛细管柱每米的理论塔板数可达 $10^3 \sim 10^4$ 块;高效液相色谱柱每米理论塔板数可达 $10^3 \sim 10^4$ 块,微型液相填充柱和毛细管液相色谱柱每米理论塔板数 $10^4 \sim 10^5$ 块;毛细管电泳色谱柱每米理论塔板数超过 10^6 块。

因而色谱法可以使沸点十分相近的、性质十分相似的组分(例如:异构体、同位素、对映体等)以及极为复杂的多组分混合物等获得分离。

2. 样品用量少

样品用量一般以 μg 计,有时仅以 ng 计即可,因为高灵敏度检测器可以检测出 $10^{-11} \sim 10^{-13}$ g 的物质。因此,色谱法除了用于常规样品的分离分析之外,还广泛应用于杂质、超纯物质和痕量物质等的检测。

3. 分析速度快

色谱分析一般只需几分钟的时间,长的花几十分钟,某些快速分析则只需花几秒钟,这种速度为一般化学分析法所不及。

4. 适用范围广

色谱法广泛应用于气体、液体、固体样品的分离分析工作。色谱法除了用于一般的定性定量分析外,在其他方面也得到越来越多的应用。例如:物性数据的测定、混合物的分离、纯物质的制备、生产过程的自动控制等。

必须指出,色谱法虽然具有很多优点,但它并非完美无缺,更不是万能的,只有与其他方法相互配合,才能发挥更好的作用。例如:利用色谱法分离混合物成为单组分的能力,与质谱等波谱仪器分析方法联用,则能更有效地进行定性分析。

第3节 分离原理

色谱法(Chromatography),又称色层法、层析法、层离法等,系指把混合物分离成为单组分的一种分离分析方法。

色谱法的分离原理是利用混合物中各组分在流动相和固定相中具有不同的溶解-解析能力、吸附-脱附能力,或其他亲和作用力的差异,当两相作相对运动时,样品各组分在两相中反复多次($\geqslant 10^3$ 次)受到上述各种作用力的作用,从而使混合物各组分获得互相分离。

如图 1-2 所示,当样品(例如含 A、B 两组分的混合物)进入色谱柱头以后,流动相把样品带入色谱柱内,刚进入柱子时,组分 A 和 B 以混合谱带出现。

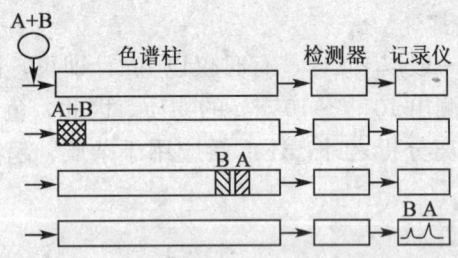

图 1-2 混合物在色谱柱中分离情况

由于各组分在固定相中的溶解-解析、或吸附-脱附、或其他亲和作用力的差异,各组分在色谱柱中的滞留时间也就不同,即它们在柱中的运行速度不同。随着流动相的不断流过,组分在柱中两相间经过了反复多次的分配和平衡过程,当运行一定的柱长以后,样品中各组分得到了分离。当组分 A 离开色谱柱出口流过检测器时,记录设备就记录出组分 A 的色谱峰;继之当组分 B 离开色谱柱流过检测器时,记录设备就记录出组分 B 的色谱峰。

由于色谱柱中存在着涡流扩散、分子扩散(纵向扩散)、传质阻力以及其他因素的作用，使得所记录的色谱峰并不是以一条矩形的谱带出现，而是一条接近高斯分布曲线的色谱峰。

第4节 色谱分类

色谱有多种分类方法，这里按两相物态、固定相形式、色谱柱形式、分离机理、动力学等5种分类方法介绍。

一、按两相物态分类

1. 按流动相物态

以气体为流动相的色谱法称为气相色谱法（Gas chromatography，GC）；以液体为流动相的称为液相色谱法（Liquid chromatography，LC）；以超临界流体为流动相的称为超临界流体色谱法（Supercritical fluid chromatography，SFC）。

2. 按固定相物态

固定相有两种状态，即在使用温度下呈液态的固定液和在使用温度下呈固态的固体吸附剂等两种状态。因此，按两相状态可将气相色谱法分为气-固色谱法（Gas-solid chromatography，GSC）和气-液色谱法（Gas-liquid chromatography，GLC）两大类；液相色谱法分为液-固色谱法（Liquid-solid chromatography，LSC）和液-液色谱法（Liquid-liquid chromatography，LLC）两大类。

二、按固定相形式分类

按固定相形式可分为柱色谱法（Column chromatography）和平面色谱法（Plane chromatography）等两大类；后者包括纸色谱法（Paper chromatography）和薄层色谱法（Thin layer chromatography，TLC）。

三、按色谱柱形分类

按色谱柱形大体可分为填充柱色谱法（Packed column chromatography)和毛细管柱色谱法(Capillary column chromatography)等两大类。

四、按分离机理分类

按分离机理基本上可分为吸附色谱法(Adsorption chromatography)、分配色谱法(Partition chromatography)、离子交换色谱法(Ion exchange chromatography)、体积排阻色谱法(Size exclusion chromatography)等四大类。

五、按动力学分类

1. 迎头法

迎头法(Frontal method),又称前沿法,是色谱分离分析的操作技术之一。

此法为连续进样,而且样品组成和进样量均保持恒定。流动相把样品带入色谱柱以后,样品中吸附或溶解能力最弱的第一个组分以纯态流出,相继流出的均含有在其前面流出的各个组分,最后流出的则含有原混合物样品中的所有组分,得到如图1-3所示的流出曲线。

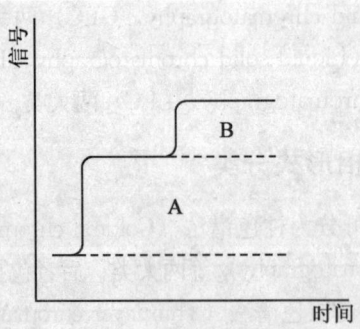

图1-3 迎头法流出曲线

此法适用于从含有微量杂质的混合物中切割出一部分纯物质

(如图 1-3 中 A 的前面部分),而不适用于需要对混合物各组分的全分离;此法可用于测定比表面、孔体积、孔径分布以及其他物性参数等。

2. 顶替法

顶替法(Displacement development),又称取代扩展法,是色谱分离分析的操作技术之一。

此法将混合物样品加入色谱柱后,在惰性流动相中加入对固定相的吸附或溶解能力较样品中所有组分均强的物质作为顶替剂(或直接用顶替剂作流动相)通过柱子。此时样品中各组分即依其对固定相的吸附或溶解能力由弱到强的顺序从固定相上被顶替出来,得到如图 1-4 所示的流出曲线。

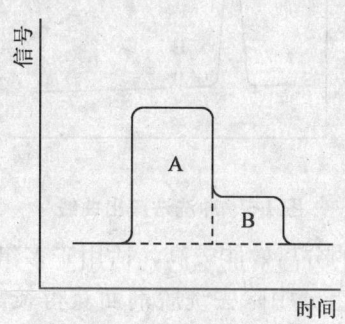

图 1-4 顶替法流出曲线

此法可用于制备纯物质或从混合物中浓缩分离某一个组分,所得各组分谱带之间往往有交迭层。然而,顶替法比迎头法的分离效果要好些,它可切割收集到更多个纯组分物质。

显然,上述两种方法都有一定的缺点,一是分离效果不理想;二是经过一次使用后,柱子就被样品或顶替剂饱和了,必须更换柱子或者除去被柱子吸附的物质以后,才能进行下一次分离分析,给操作上带来不便。

3. 冲洗法

冲洗法(Elution method),又称洗脱法、洗提法、淋洗法,它是色谱分离中最常用的一种操作技术。

此法将样品加在色谱柱的一端,选用在固定相上被吸附或溶解能力比样品组分弱的物质作洗脱剂。由于各组分在固定相上被吸附-脱附、或溶解-解析或其他亲和力的不同,被洗脱剂带出的次序也就不同,从而使各组分互相分离。例如,含 A、B 两组分的混合物,经冲洗法分离后,用微分型检测器检测柱后的流出物和用长图记录仪进行记录时,就得到如图 1-5 所示的流出曲线。

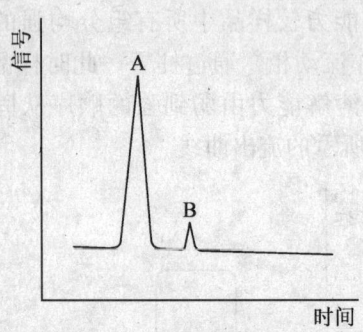

图 1-5　冲洗法流出曲线

这种操作技术的分离效能较高,适用于多组分混合物的分离,并且易于从被分离组分中除去洗脱剂而获得较高纯度的物质,因而是使用最广泛的一种方法。

第 5 节　分析记录

色谱分析记录各有各的格式,但必须把条件、方法、观察到的现象、存在问题和结论等记录下来。就一般而言,应记上以下内容。

一、柱子制备

1. 试剂

固定液:名称、颜色、状态、厂家、批号。

载　体:名称、厂家、批号、目数、密度、比表面积等。

溶　剂：名称、级别、厂家、批号。
2. 制备
柱填料制备方法、柱子制备操作等。
3. 说明
现在已有很多现成的色谱柱填料和色谱柱子供应，除了特殊需求之外，一般不必自制柱填料和柱子。

二、样品状况

样品名称、外观、颜色、气味以及其他物化性质。

三、分析条件

仪　器：型号、厂家。
检测器：类型、工作条件。
工作站：型号、厂家。
柱　子：种类、规格、厂家等。
温　度：柱温（恒温、程序升温）及相关温度。
流动相：流动相成分及流速。
进　样：进样设备、进样量等。
其　他：梯度洗脱以及其他分析条件。

四、定性分析

色谱图、定性方法、标准物、组分名称、保留时间。

五、定量分析

色谱图、定量方法、标准物纯度、校正因子值、定量结果及其精密度和准确度、最小检出量等。

六、讨论与说明

结论、现象、问题、注意事项等。

第 2 章 色谱流出曲线

本章主要了解色谱流出曲线的形状及其表达式、保留参数、分离效能以及相关术语的基本含义。

第 1 节 色谱曲线

色谱图（Chromatogram 或 Chromatogram map），系指从进样开始经色谱分离至组分全部流过检测器后，在此期间所记录下来的响应信号随时间变化的色谱曲线。

色谱曲线图形与所采用的色谱方法、检测器类型和记录方式有关。这里主要介绍的是：样品用冲洗法经色谱分离之后，用微分型检测器检测和用长图记录仪记录所得到的色谱图。

当色谱过程接近理想条件和分配系数值恒定时，色谱流出曲线形状如图 1-6 所示，该曲线可以用高斯分布函数表示如下：

$$h_t = \frac{A}{\sigma\sqrt{2\pi}} \exp\left[-\frac{(t_i - t_R)^2}{2\sigma^2}\right] \quad (1-1)$$

式中，h_t——任一时间色谱流出曲线的高度；
　　　A——色谱流出曲线所围成的面积；
　　　t_i——进样起至色谱流出曲线上任一点时间；
　　　t_R——进样起至色谱峰顶的时间；
　　　σ——色谱流出曲线标准偏差，其值等于峰高之 0.607 处峰宽的一半。

1. 基线

基线（Baseline 或 Base line），系指在操作条件下，当仅有流动相通过检测器系统时，反映检测器响应信号随时间变化的记录线；稳定的基线为如图 1-6 所示的 $0-t$ 直线。

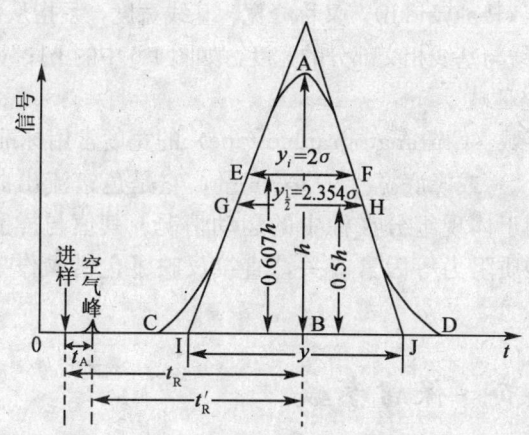

图 1-6 色谱流出曲线图

2. 色谱峰

色谱峰（Chromatographic peak），系指在操作条件下，当组分通过检测系统时，反映检测器响应信号随时间变化的图线，如图 1-6 中的 CAD。

3. 峰高（h）

峰高（Peak height），系指色谱峰的顶点与基线之间的垂直距离，如图 1-6 中的 AB。

4. 半峰宽（$y_{1/2}$）

半峰宽（Peak width at half-height），又称半宽度、半峰宽度、区域宽度、区域半宽度，系指峰高一半处的峰宽度，如图 1-6 中的 GH；$y_{1/2}=2.354\sigma$。

5. 拐点

拐点（Critical point），也叫扭转点，系指色谱流出曲线上二阶导数为零的那两个点。如图 1-6 中的 E 和 F。经数学方法计算拐点位于 $0.607h$ 处，两拐点 E 和 F 之间的距离为 2σ；$y_i=2\sigma$。

6. 峰底宽 (y)

峰底宽（Peak width），又称峰宽、基线宽度，系指从色谱峰两边的拐点作切线与基线相交部分的宽度，如图 1-6 中的 IJ；$y=4\sigma$。

7. 色谱区域

色谱区域（Chromatographic zone）的宽度常用标准偏差（σ）、半峰宽（$y_{1/2}$）或峰底宽（y）来度量，它是色谱流出曲线中的重要参数，用于体现组分在柱中的运动情况。其值与样品组分在两相之间的传质阻力等因素有关，直接反映了色谱操作条件的动力学因素。

第 2 节 保留参数

一、气相色谱

1. 保留时间 (t_R)

保留时间（Retention time），又称滞留时间，系指从进样起到色谱峰顶的时间，如图 1-6 中的 t_R。

保留时间是由色谱过程中的热力学因素所决定的，在一定的固定相和特定的操作条件下，任何一种物质往往都有一个确定的保留时间，可用作定性参数。

须知：有时不同物质在同一色谱条件下可能有相同的保留时间，故需多柱定性。

2. 保留体积 (V_R)

保留体积（Retention volume），系指对应于 t_R 所流过的流动相体积。

$$V_R = t_R U_e \tag{1-2}$$

式中，U_e——常压和室温条件下柱出口处流动相的体积流速。

3. 死时间 (t_A)

死时间（Dead time），系指不被固定相吸附或溶解的气体组分之保留时间。
$$t_A = L/\overline{U} \qquad (1-3)$$
式中，L——色谱柱长度；
$\overline{U}$——流动相平均流速。

4. 死体积（V_A）

死体积（Dead volume），系指对应于 t_A 所流过的流动相体积。
$$V_A = t_A U_e \qquad (1-4)$$

5. 调整保留时间（t'_R）

调整保留时间（Adjusted retention time），又称表观保留时间，系指组分的保留时间与死时间之差值。
$$t'_R = t_R - t_A \qquad (1-5)$$

6. 调整保留体积（V'_R）

调整保留体积（Adjusted retention volume），又称表观保留体积，系指对应于 t'_R 所流过的流动相体积。
$$V'_R = t'_R U_e \qquad (1-6)$$

7. 校正保留体积（V^0_R）

校正保留体积（Corrected retention volume），系指经压力梯度校正因子 j 校正后的保留体积。
$$V^0_R = jV'_R \qquad (1-7)$$
式中，j——色谱柱进口与出口之间的流动相的压力梯度校正因子。

8. 净保留体积（V_N）

净保留体积（Net retention volume），系指经压力梯度校正因子 j 校正后的调整保留体积。
$$V_N = jV'_R \qquad (1-8)$$

9. 比保留体积（V_g）

比保留体积（Specific retention volume），系指 0℃时每克固定相（液）的净保留体积。
$$V_g = \frac{273 V_N}{T_{col} W_1} \quad (mL/g) \qquad (1-9)$$

式中，T_{col}——色谱柱的绝对温度（K）

W_1——固定相（液）的质量（g）

10. 相对保留值（r_{is}）

相对保留值（Relative retention value），又称溶剂效率，系指某组分 i 的调整保留值与基准组分 s 的调整保留值之比。

$$r_{is} = \frac{t'_{Ri}}{t'_{Rs}} = \cdots\cdots = \frac{V_{Ni}}{V_{Ns}} \qquad (1-10)$$

式中，t'_{Ri}，t'_{Rs}分别为组分 i 和 s 的调整保留时间；

V_{Ni}，V_{Ns}分别为组分 i 和 s 的净保留体积。

须知：按（1-10）式来定义 r_{is} 时，那么，死时间 t_A 所对应的色谱峰则不宜作为计算相对保留值的基准组分。

11. 保留指数（I）

保留指数（Retention index），又称科瓦茨（Kováts）指数，其表达式见式（1-11）。在利用保留值法的定性分析中，它是一种较有价值的定性参数。

正构烷烃的保留指数，规定为其碳数乘以 100。例如：正己烷和正庚烷的保留指数分别为 600 和 700。

其他种类物质的保留指数，则需在实际色谱分析条件下以正构烷烃为参比物进行测定。测定某组分 X 的保留指数时，选取两种相邻的正构烷烃作为参比物，若其中一种碳数为 Z；另一种则为 $Z+1$，它们的净保留体积分别为 $V_{N,Z}$ 和 V_N，$V_{N,Z+1}$，而组分 X 的净保留体积 $V_{N,X}$ 恰处于两者之间。把含组分 X 和所选两正构烷烃的混合物注入色谱柱中分离分析后，从下式即可计算出组分 X 的保留指数：

$$I_X = 100\left(Z + \frac{\log V_{N,X} - \log V_{N,Z}}{\log V_{N,Z+1} - \log V_{N,Z}}\right) \qquad (1-11)$$

须知，同一物质在同一柱上的保留指数与柱温的关系通常是线性的，可用内插或外推法求出不同柱温下的保留指数值；此外，同系物组分的保留指数之差值一般应为 100 的整数倍。

12. 保留指数差（ΔI）

保留指数差（Retention index difference），系指某一种化合物在某固定相上的保留指数值与其在角鲨烷上的保留指数值之差值；此值用于反映某固定相极性的强弱。

二、液相色谱

在液相色谱法中除了未见使用保留指数（I）、比保留体积（V_g）之外，其他保留参数与气相色谱法相同，在此不再复述。现就液相色谱法中特有的术语加以介绍。

1. 粒间流动相体积（V_0）

粒间流动相体积（Interstitial volume），系指液相色谱柱填料颗粒间隙中流动相所占有的体积。

2. 孔洞流动相体积（V_P）

孔洞流动相体积（Pore volume of porous packing），系指液相色谱多孔性柱填料所有孔洞中流动相所占有的体积。

3. 柱外流动相体积（V_{ext}）

柱外流动相体积（Extra-column volume），系指从进样系统到检测器之间色谱柱以外的液路中流动相所占有的体积。

4. 流动相液体总体积（V_{tot}）

流动相液体总体积（Total liquid volume），系指粒间流动相体积（V_0）、孔洞流动相体积（V_P）、柱外流动相体积（V_{ext}）之和。

$$V_{tot}=V_0+V_P+V_{ext} \tag{1-12}$$

5. 折合流速（v_r）

折合流速（Reduced rate of flow），又称折合流动相速度，系指折合成与固定相填料粒径成正比而与溶质在流动相中的扩散系数成反比的流动相速度。

$$v_r=\overline{U}d_p/D_m \tag{1-13}$$

式中，d_p——固定相填料颗粒平均直径；

D_m——组分分子在流动相中的扩散系数；

$\overline{U}$——流动相平均流速。

第3节 分离效能

色谱柱的主要作用在于使两种或两种以上组分的混合物分离。常用选择性、分辨率、柱效率、理论塔板数等来表示柱子的分离效能。

一、基本概念

1. 分配系数（K）

分配系数（Partition coefficient），又称分配等温线，系指在平衡状态时组分在固定相中的浓度与在流动相中的浓度之比；它是衡量色谱柱对被分离组分保留能力的重要参数之一。

$$K = \frac{Q_s/V_s}{Q_m/V_m} = \frac{Q_s}{Q_m}\beta \tag{1-14}$$

式中，Q_s——组分在固定相中的质量；

Q_m——组分在流动相中的质量；

V_s——色谱柱内固定相体积；

V_m——色谱柱内流动相体积；

β——相比率（$\beta = V_m/V_s$）。

2. 分配比（k）

分配比（Partition ratio），又称容量因子、容量比、分配容量等，系指组分在固定相中的量与在流动相中的量之比；它是衡量色谱柱对被分离组分保留能力的重要参数之一。

$$k = \frac{Q_s}{Q_m} = K/\beta \tag{1-15}$$

根据经典方法 $t_R = t_A(1+k) = (1+k)L/\overline{U}$，故 k 又可表示为：

$$k = \frac{t_R'}{t_A} \tag{1-16}$$

在高效液相色谱法中，$k = t_R/t_A$ \quad (1-17)

3. 分离因子（S_f）

分离因子（Separation factor），又称选择性因子，系指相邻两组分调整保留值之比值；常用它来表征固定相对混合物的分离能力。

$$S_f = \frac{t_{R2}}{t_{R1}} = \frac{V_{R2}}{V_{R1}} \tag{1-18}$$

式中保留时间（t_R）的含义见图 1-7。

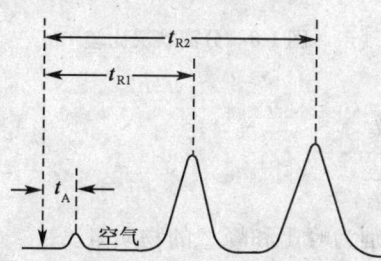

图 1-7　各组分的保留时间

也有用调整保留值之比来表示 S_f。

$$S_f = \frac{t'_{R2}}{t'_{R1}} \tag{1-19}$$

须知：由上述两式所得的 S_f 值显然是不等的，只有当 $t_R \geqslant t_A$ 时，它们所得的 S_f 值才比较接近。此外，S_f 值虽然能在一定程度上说明分离情况，也即 S_f 值较大时一般分离较好，但也有例外，如图 1-8 所示，上图的 S_f 值虽然较下图的大，但因柱效率不高致使两组分分离不好。因此，S_f 值一般仅用于表征柱子的选择性。

4. 分离不纯度（δ_n）

分离不纯度（Impurity of separation），表示垂线切割之后，一峰物质混入另一峰物质中的百分含量。例如：在图 1-9 中通过 m 点作垂线切割之后，设峰 1 混入峰 2 的量为 Δq_1，而峰 2 混入峰 1 的量为 Δq_2，那么，峰 1 的不纯度（δ_{n1}）和峰 2 的不纯度（δ_{n2}）的表达式分别为：

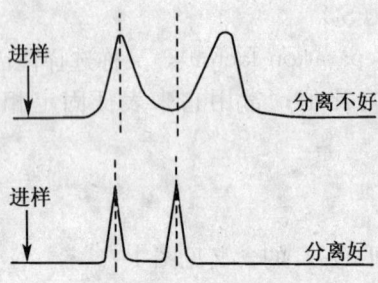

图 1-8 分离状况比较

$$\delta_{n1} = \frac{\Delta q_2}{q_1 - \Delta q_1} \tag{1-20}$$

$$\delta_{n2} = \frac{\Delta q_1}{q_2 - \Delta q_2} \tag{1-21}$$

式中，q_1 和 q_2 分别为峰1和峰2的物质量。

5. 峰高分离度（R_h）

峰高分离度（Peak height resolution），系指相邻的两个色谱峰中，小峰峰高 h_i 和两峰交点 m 的高度 h_m 之差与小峰峰高 h_i 之比值。

$$R_h = \frac{h_i - h_m}{h_i} \tag{1-22}$$

式中的符号含义见图 1-9。

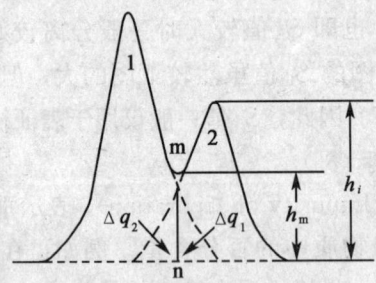

图 1-9 分离不纯度谱图

R_h 值常用于描绘未全分离色谱峰的分离程度，在色谱分析中，

一般要求 R_h 值大于 0.5。

6. 分辨率（R）

分辨率（Resolution），又称分辨度、分离度，它是描述混合物中相邻两组分在色谱柱中分离情况的重要指标。R 等于相邻两组分色谱保留值之差与此两组分色谱峰峰底宽度总和之半的比值。

$$R = \frac{2(t_{R2} - t_{R1})}{y_1 + y_2} \quad (1-23)$$

式中，t_{R2}，t_{R1} 分别为相邻两组分的保留值；

y_1，y_2 分别为相邻两组分的峰底宽。

须知，在求 R 值时，组分的保留值与峰底宽应采用相同的计量单位。从图 1-10 看出，当 R 为 1.5 时，两组分可以全分离。

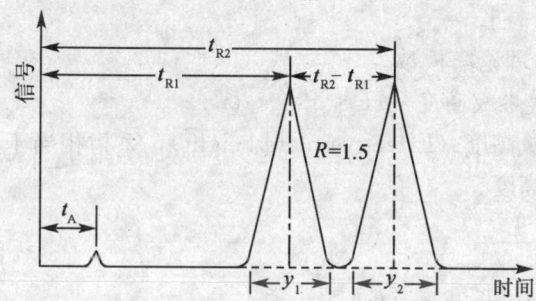

图 1-10　色谱相邻两峰分辨率

7. 总分离效能指标（R'）

总分离效能指标（Over-all resolution efficiency），又称半峰宽分离度，系指相邻两组分色谱保留值之差与此两组分半峰宽总和之半的比值。

$$R' = \frac{2(t_{R2} - t_{R1})}{y_{\frac{1}{2}(1)} + y_{\frac{1}{2}(2)}} \quad (1-24)$$

式中，$y_{\frac{1}{2}(1)}$ 和 $y_{\frac{1}{2}(2)}$ 分别为相邻两组分的半峰宽，其余符号含义同前。

从式（1-23）和式（1-24）可计算出，R' 值为 R 值的 1.7

倍左右。

8. 柱效率

柱效率（Column efficiency）又称柱效能，系指色谱柱在分离过程中由动力学因素所决定的色谱分离效率，通常以理论塔板高度和理论塔板数等来衡量。

9. 理论塔板高度（HETP 或 H）

理论塔板高度（Height equivalent to a theoretical plate, HETP 或 H），又称理论等板高度、等板高度和板高，系指相当于一个理论塔板的高度，其值以柱长与理论塔板数之比来表示。

$$H = \frac{L}{n} \tag{1-25}$$

式中，L——柱长；

n——理论塔板数。

10. 有效塔板高度（$H_{有效}$）

有效塔板高度（Effective plate height），系指相当于一个有效理论塔板的高度。

$$H_{有效} = \frac{L}{n_{有效}} \tag{1-26}$$

11. 折合塔板高度（h_r）

折合塔板高度（Reduced plate height），又称折合板高，为液相色谱专用术语，系指折合成固定相填料粒径的理论板高。

$$h_r = H/d_p \tag{1-27}$$

式中，H——理论塔板高度；

d_p——固定相填料平均粒径。

12. 理论塔板数（n）

理论塔板数（Number of theoretical plate, n），又称理论塔片数，把色谱柱比拟为分馏塔的模式，以理论塔板数作为描述色谱柱效率的一个指标。其算式为：

$$n = 16\left(\frac{t_R}{y}\right)^2 = 5.54\left(\frac{t_R}{y_{1/2}}\right)^2 \tag{1-28}$$

理论塔板数是半经验理论（塔板理论）描绘物质在色谱柱中分配行为的一个指标，它表达了色谱峰的扩张程度和色谱峰的陡度，但难以说明色谱柱对组分的选择性。

根据上式（1－28）、相对保留值（r_{is}）、分辨率（R）、分配比（k）、分离因子（S_f）等的表达式，可得出求 n 和 R 的另一个近似表达式：

$$n = \frac{16R^2 r_{is}^2}{(r_{is}-1)^2}\left(\frac{k_i+1}{k_i}\right)^2 \tag{1-29}$$

$$R = \frac{\sqrt{n}}{4}\left(\frac{r_{is}-1}{r_{is}}\right)\left(\frac{k_i}{k_i+1}\right) = \frac{\sqrt{n}}{4}\left(\frac{S_f-1}{S_f}\right)\left(\frac{k_i}{k_i+1}\right) \tag{1-30}$$

须知，只有对峰宽相差很小和相对保留值也近似相等的相邻两组分，才能利用式（1－29）和式（1－30）进行有关计算。如 $t'_R \gg t_A$，那么，（k_i＋1）与 K_i 之比值趋近于 1；在近似计算中，对于在填充柱上流出的保留值较大的相邻两组分，可把（k_i＋1）与 K_i 之比值视为 1。

13. 有效塔板数（$n_{有效}$）

有效塔板数（Effective plate number），系指由调整保留值与色谱峰宽计算所得的塔板数。

$$n_{有效} = 16\left(\frac{t'_R}{y}\right)^2 = 5.54\left(\frac{t'_R}{y_{1/2}}\right)^2 \tag{1-31}$$

由于死时间（死体积）的存在，从分配理论计算出来的理论塔板数 n 与理论塔板高度 H 并不能完全反映柱效率，特别是对于那些较早流出色谱柱的组分。而扣除死时间（死体积）后算出来的有效塔板数是不随保留值变化的，因而它更能反映柱效率。

二、塔板数估算

若已知柱子的选择性因子（即分离因子 S_f 值），则可用如图 1-11 所示的格洛考弗（Gleukauf）图来估算塔板数。图中的斜线表示两组分间的分离因子（S_f），竖线表示杂质含量（η），横线表示分离所需的塔板数（n）。

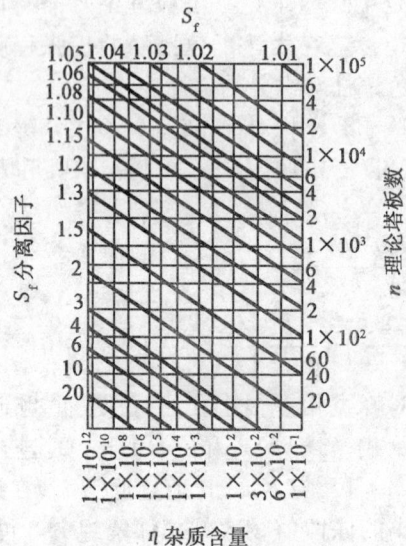

图 1-11 格洛考弗图估算塔板数

三、计算举例

例 1. 若分离因子为 1.10 的两种化合物,使其分离达 99% 时,求此分离所需的塔板数。

解: 可从图 1-11 求解,知其杂质含量为 1% 或表示为 10^{-2},分离因子为 1.10,据此找出 10^{-2} 的竖线和 1.10 的斜线的相交点,得到横线读数为 2.5×10^3,故分离达 99% 的两种化合物所需的理论塔板数约为 2500 块。

例 2. 已知某组分峰的峰底宽为 40s,保留时间为 400s,① 计算此色谱柱的理论塔板数;② 若柱长为 1.00m,求此理论塔板高度。

解: $n = 16 \left(\dfrac{400}{40} \right)^2 = 1600$ (块)

$H = \dfrac{1.00 \times 1000}{1600} = 0.625$ (mm)

例3. 在3m长的填充柱上分离,得到 $t_A=1\text{min}$, $t_{R1}=14\text{min}$, $t_{R2}=17\text{min}$, $y_2=1\text{min}$。为了得到1.5的分辨率,柱子长度最短需多少?

解: $n_{原来}=16\left(\dfrac{17}{1}\right)^2=4624$(块)

$r_{is}=\dfrac{17-1}{14-1}=1.231$

因填充柱 $\left(\dfrac{k_i+1}{k_i}\right)^2\approx 1$

$n_{有效}=\dfrac{16R^2 r_{is}^2}{(r_{is}-1)^2}\left(\dfrac{k_i+1}{k_i}\right)^2=1022.3$(块)

则:$L_{需要}=L_{原来}\times n_{需要}/n_{原来}=0.66$(m)

若以 $k_i=t_R'/t_A=\dfrac{17-1}{1}=16$ 计,$\left(\dfrac{k_i+1}{k_i}\right)^2=1.1289$

则:$L_{需要}=0.75$(m)

故在此分离中只用1m长的柱子即可达到1.5以上的分离率。

第3章 色谱基本理论

色谱工作者对高度复杂的色谱过程进行了大量的研究工作，提出了几种理论用以解释色谱分离过程中的各种柱现象和描绘流出曲线的形状以及评价柱子有关参数。这里将简要介绍塔板理论和速率理论，这两种理论都导出可用高斯方程来描绘色谱峰。

第1节 理想条件

当满足以下几个条件时，可以认为色谱过程的条件是理想的。
①在整根色谱柱中固定相和流动相的比率恒定。
②组分在固定相和流动相之间的分配瞬时完成。
③在整根色谱柱中流动相的流速维持恒定不变。
④组分通过柱子时在两相中都不发生纵向扩散。

如果组分在固定相中的浓度与流动相中的浓度之比恒定，也即分配系数值不变，那么，分配等温线为线性类型。

在线性和理想条件下，所有同种分子将以相同的速度通过柱子，无谱带扩张现象发生。

在实际色谱过程中，一般是线性非理想的条件占优势，因而形成了接近高斯分布的对称的色谱峰；若遇到非线性的分配等温线时，则出现非对称的色谱峰。

马丁（A. J. P. Martin）根据组分所服从的分配等温线的类型和色谱过程条件的理想性，把色谱谱带形状分为如图 1-12 所示的四种类型。

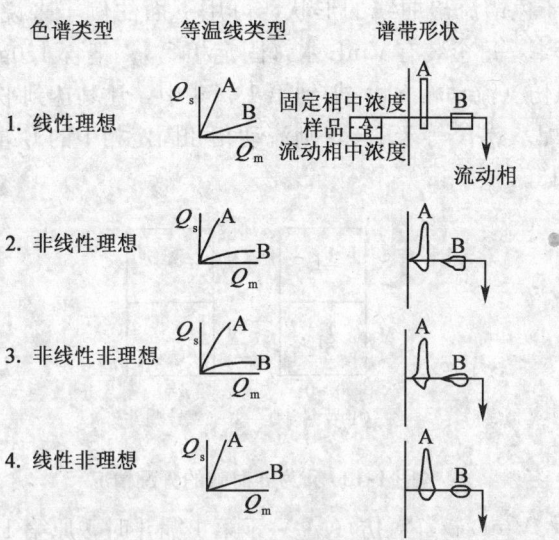

Q_m 溶质在流动相中的浓度 Q_s 溶质在固定相中的浓度

图 1-12 色谱谱带形状分类

第 2 节 塔板理论

塔板理论和速率理论，均以分配系数恒定和色谱过程条件基本理想为前提，故称为线性色谱理论。根据这些理论便能得出色谱流出曲线的数学表达式、算出给定柱子的理论塔板数、选出适宜的色谱分离条件等。

在马丁（A. J. P. Martin）和辛格（R. L. M. Synge）所提出的塔板理论中，把色谱柱比拟为分馏塔，他们假设的几个条件是：
①流动相按前进方向脉冲式通过柱子；
②组分在塔板中的分配系数恒定不变；
③所有组分在两相间的平衡瞬时建立；
④组分浓度以起始塔板的浓度为基准。

关于色谱流出曲线的形状，可用下面的例子来说明。假设有 11 个漏斗，每个装有 VmL 水（固定相 S_t）；把含 1.0g 碘（I_2）的 VmL 氯仿（流动相 M_0）加到第 1 漏斗中，让其达到平衡，若此系统的分配系数 K 等于 1.0，则流动相和固定相中的 I_2 量均为 0.5g，见图 1-13。

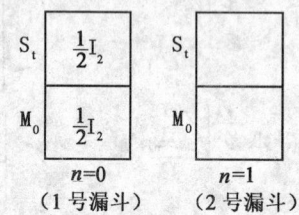

图 1-13 n 为 0 时碘的分配情况

加入 VmL 新鲜氯仿（M_0）于第 1 漏斗时，原第 1 漏斗中的流动相（M_0）移动至第 2 漏斗中。现在每个漏斗中含有 I_2 的原始量的一半，两个漏斗各自平衡后，则每个漏斗中的每相均含有 0.25g 的 I_2，见图 1-14。

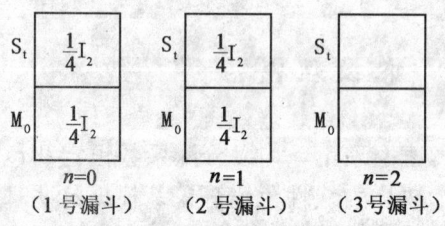

图 1-14 n 为 1 时碘的分配情况

又加入 VmL 新鲜氯仿（M_0）于第 1 漏斗中，第 1 漏斗中的流动相（M_0）移动到第 2 漏斗时，则带走 0.25g 的 I_2 到第 2 漏斗中去。第 2 漏斗中的流动相（M_0）移动到第 3 漏斗时，则也带走 0.25g 的 I_2 到第 3 漏斗中去。每个漏斗内两相各自平衡后，I_2 在每个漏斗中的量如图 1-15 所示。

当上述步骤重复 11 次时，每个漏斗中的 I_2 含量见表 1-2。

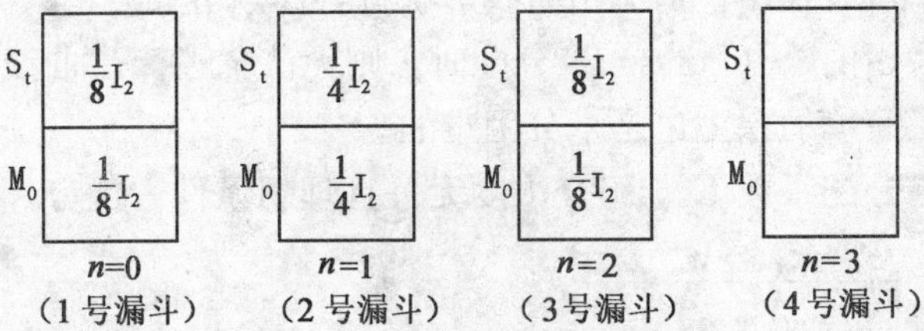

图 1-15 n 为 2 时碘的分配情况

表 1-2 当 n 为 11 时每个漏斗中的碘量

漏斗	1	2	3	4	5	6	7	8	9	10	11
I_2 (%)	0.1	1	4	12	21	25	21	12	4	1	0.1

从上述过程可知，在任一漏斗中 I_2 的量，可从下面所示的二项式的展开式的各项求出。

$$\left(\frac{1}{K+1}+\frac{K}{K+1}\right)^n \qquad (1-32)$$

式中，K——分配系数；

n——理论塔板数。

正态分布是二项式的一种极限形式，也即二项式随 n 增大而趋向于高斯分布，若 n 大于 100，展开式的曲线与一般的高斯分布曲线形状基本相同。而色谱法中的 $n \gg 100$，因此，从塔板理论最终导出了可用式（1-33）所示的高斯方程来描绘色谱流出曲线的形状。

$$h_t = \frac{A}{\sigma(2\pi)^{\frac{1}{2}}} \exp\left[-\frac{(t_1-t_R)^2}{2\sigma^2}\right] \qquad (1-33)$$

第 3 节 速率理论

在速率理论中，根据流动相的移动是连续的和样品组分分子在色谱柱中的运行是无规则的实际情况，采用随机模型来描述分离过程，从而导出色谱流出曲线形状符合高斯分布。

若采用泊松（Poisson）分配时，则无法描述流出曲线的形状，即使是最简单的模型也是十分困难的。

如果分配系数 K 与组分浓度无关且理想条件占优势，那么：

$$K = \frac{(P' - Q')/V_s}{Q'/V_m} \tag{1-34}$$

式中，P'——第 1 塔板中组分的摩尔数；
Q'——第 1 塔板流动相中组分的摩尔数；
V_s——任一个塔板中固定相的体积；
V_m——任一个塔板中流动相的体积。

将式（1-34）重新整理，得出组分在第 1 塔板流动相中所占的摩尔分数为：

$$\frac{Q'}{P'} = \frac{V_m}{V_m + V_s K} = \frac{a_0 H}{a_0 H + b_0 H K} = \frac{a_0}{a_0 + b_0 K} \tag{1-35}$$

式中，a_0——流动相所占柱子横截面积；
b_0——固定相所占柱子横截面积；
H——理论塔板高度。

若从第 1 塔板移入第 2 塔板的流出物体积为 dV，那么，从第 1 塔板被移走的组分的体积分数 dV/V_m，即可求出从第 1 塔板流动相中被移走组分的摩尔分数：

$$\frac{dV}{V_m} \frac{Q'}{P'} = \frac{dV}{H(a_0 + K b_0)} = \frac{dV}{V_h} \tag{1-36}$$

式中，V_h——有效塔板体积，$V_h = H(a_0 + K b_0)$。

如果组分从第 1 塔板转移到第 2 塔板去的摩尔分数 dV/V_h 用 N 来表示，而残留在第 1 塔板中组分的摩尔分数 $(1 - dV/V_h)$ 用 M_f 来表示，那么，经 n 次洗脱之后，组分在各塔板中的摩尔分数可从下式来求解：

$$(N + M_f)^n = \left[\frac{dV}{V_h} + \left(1 - \frac{dV}{V_h}\right) \right]^n \tag{1-37}$$

根据二项式的通项公式，从式（1-37）则可求出组分在任一

塔板 ($r+1$) 中的摩尔分数:

$$f(n,r) = \frac{n!}{r!(n-r)!} N^r M_f^{n-r} \tag{1-38}$$

当 $n \gg r \gg 1$ 时,$\frac{n!}{r!(n-r)!} \approx \frac{n^r}{r!}$ 则式 (1-38) 可近似表示如下:

$$f(n,r) = \frac{n^r}{r!} N^r M_f^n \tag{1-39}$$

从数学公式中得知,当 z 小于 1.0 时,则 $(1-z)^n \approx e^{-nz}$

因 $M_f = 1-N$,且 N 为小于 1.0,故式 (1-39) 可表示为:

$$f(n,r) = \frac{n^r}{r!} N^r e^{-nN} \tag{1-40}$$

或 $\quad f(n,r) = \frac{1}{r!}(nN)^r e^{-nN} \tag{1-41}$

根据 Stirling 近似公式,其中 $r!$ 可表示为:

$$r! = e^{-r} r^r (2\pi r)^{\frac{1}{2}} \tag{1-42}$$

则 $\quad f(n,r) = \frac{1}{e^{-r} r^r (2\pi r)^{\frac{1}{2}}} (nN)^r e^{-nN} \tag{1-43}$

或 $\quad f(n,r) = (2\pi r)^{-\frac{1}{2}} e^{(r-nN)} \left(\frac{nN}{r}\right)^r \tag{1-44}$

以 $(\mathrm{d}V/V_h)$ 代替 N,用 V 代替 $n\mathrm{d}V$,

则 $\quad f(n,r) = (2\pi r)^{-\frac{1}{2}} e^{[r-n(\mathrm{d}V/V_h)]} \left(\frac{n\mathrm{d}V}{rV_h}\right)^r$

$$= (2\pi r)^{-\frac{1}{2}} e^{-(\frac{V}{V_h}-r)} \left(\frac{V}{rV_h}\right)^r \tag{1-45}$$

把式 (1-45) 化简后可得:

$$f(n,r) = (2r)^{-1} (2\pi r)^{-\frac{1}{2}} e^{-(V/V_h-r)^2} \tag{1-46}$$

即 $\quad f(n,r) = \frac{1}{2r\sqrt{2\pi r}} \exp[-(V/V_h-r)^2] \tag{1-47}$

由此可见,与塔板理论一样,根据速率理论所得描述色谱流出曲线的方程式 (1-47),也与高斯方程基本相同。

一、气相色谱速率理论方程式

范第姆特（Van Deemter）吸收了塔板理论中的塔板高度的概念，对塔板高度与组分在两相中的传质过程影响因素之间的关系进行了深入研究，于1956年提出了色谱过程动力学理论方程式（即色谱速率理论方程式、范第姆特方程式），从而较好地解释了影响柱效的有关因素；此理论模型对气相色谱和液相色谱都适用。

1. 范第姆特方程表达式

$$H = A + B/\bar{U} + C\bar{U} \tag{1-48}$$

式中，H——塔板高度；

A——涡流扩散项；

$B/\bar{U}$——分子扩散项（又称纵向扩散项）；

$C\bar{U}$——传质阻力项；

$\bar{U}$——流动相平均速度。

把不同流速 $\bar{U}$ 与所对应的 H 作图，得到如图1-16所示的部分双曲线形关系图，称为范第姆特图。曲线最低点所对应的 $\bar{U}$ 值为最佳流速；所对应的 H 值为最小值，也即柱效最高。

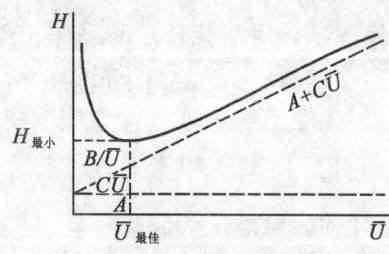

图 1-16 H 与 $\bar{U}$ 的关系图

由于只有在较大的载气流速下才带来涡流扩散项，所以在一般流速的条件下，可把式（1-48）近似表示如下：

$$H = B/\bar{U} + C\bar{U} \tag{1-49}$$

对上式微分，且当 H 达最小值时，

则 $\quad dH/d\bar{U} = -\dfrac{B}{\bar{U}^2} + C = 0 \qquad (1-50)$

得 $\quad \bar{U}_{最佳} = \sqrt{B/C} \qquad (1-51)$

若有三组已知的 $\bar{U}$ 和 H 值，则可据式（1-48）求出 A、B、C 值；若只有两组已知的 $\bar{U}$ 和 H 值，则按式（1-49）求出 B、C 值。然后，从式（1-51）即可求出最佳的载气流速（$\bar{U}_{最佳}$）。

为了掌握影响柱效率的各种因素，再了解一下范第姆特方程更详细的表达式：

涡流扩散项：$A = 2\lambda d_p \qquad (1-52)$

分子扩散项：$B/\bar{U} = 2\gamma D_{gas}/\bar{U} \qquad (1-53)$

传质阻力项：

$$C\bar{U} = (C_{liq} + C_{gas})\bar{U} = \left(\dfrac{8k}{\pi^2 (k+1)^2} \times \dfrac{d_f^2}{D_{liq}} + \dfrac{0.01k^2}{(k+1)^2} \times \dfrac{d_p^2}{D_{gas}} \right) \bar{U}$$
$$(1-54)$$

$$H = 2\lambda d_p + \dfrac{2\gamma D_{gas}}{\bar{U}} + \left(\dfrac{8k}{\pi^2 (k+1)^2} \times \dfrac{d_f^2}{D_{liq}} + \dfrac{0.01k^2}{(k+1)^2} \times \dfrac{d_p^2}{D_{gas}} \right) \bar{U}$$
$$(1-55)$$

式中，λ——"填充项"，与填充均匀性有关的因素；

$\quad d_p$——填料颗粒平均直径；

$\quad \gamma$——气体扩散路径弯曲因素；

$\quad D_{gas}$——组分分子在气相流动相中的扩散系数；

$\quad D_{liq}$——组分分子在固定液中的扩散系数；

$\quad C_{liq}$——液相传质阻力系数；

$\quad C_{gas}$——气相传质阻力系数；

$\quad \bar{U}$——载气平均速度；

$\quad d_f$——固定相有效液膜厚度；

$\quad k$——分配比，$k = K/\beta$；

K——分配系数。

达尔·诺加勒（Dal Nogare）和朱维特（Juvet）以及舒普（Schupp）等人对范第姆特方程作过详细的研究；分析得较完善的是吉丁斯（Giddings），他考虑了柱子几何形状、管径以及其他因素的影响，在范第姆特方程中加上第四项：

$$H = 2\lambda d_p + \frac{2\gamma D_{gas}}{\bar{U}} + \left[\frac{8k}{\pi^2(k+1)^2} \times \frac{d_f^2}{D_{liq}} + \frac{0.01k^2}{(k+1)^2} \times \frac{d_p^2}{D_{gas}}\right]\bar{U}$$

$$+ \frac{7\bar{U}r_0^4}{12R_0^2\gamma D_{gas}} \qquad (1-56)$$

式中，r_0——色谱柱管内半径；

R_0——色谱柱形曲率半径。

其余符号含义同前。

此外，原涡流扩散项（$A = 2\lambda d_p$）中未涉及流动相流速的影响，吉丁斯等许多研究者认为流动相的流速对 A 值是有一定影响的，因此提出 A 的如下表达式：

$$A = \left(\frac{1}{2\lambda d_p} + \frac{1}{C_{gas}\bar{U}}\right)^{-1} \qquad (1-57)$$

2. 改善柱效率相关因素

从范第姆特方程看出，改善柱效率主要应考虑如下因素。

①选用颗粒较小的均匀的柱填料。

②空心毛细管柱涡流扩散项趋零。

③色谱柱宜在较低的温度下工作。

④色谱固定液的用量宜低不宜高。

⑤用较大分子量的物质作流动相。

⑥流动相流速尽可能接近最佳值。

⑦尽可能减小色谱柱柱子的内径。

⑧直形柱子的柱效高于螺旋形柱。

必须指出，从式（1-55）或式（1-56）来看，范第姆特方程中的各项因素，实际上是相互制约的（例如$\bar{U}$），也即这些参数都有其最佳值,这在考虑影响柱率的各种因素时应加注意。

二、液相色谱速率理论方程式

在范第姆特方程模型基础上,根据液相色谱的特点作了某些修正,得到如下几种液相色谱速率理论方程式。

1. 高效液相色谱速率理论方程式

$$H = A + B/\bar{U} + C\bar{U} \tag{1-58}$$

其中涡流扩散项 $A = 2\lambda d_p$;

分子扩散项 $B/\bar{U} = \dfrac{2\gamma D_m}{\bar{U}}$;

传质阻力项 $C\bar{U} = \left(\dfrac{\omega_m d_p^2}{D_m} + \dfrac{\omega_{sm} d_p^2}{D_m} + \dfrac{\omega_s d_f^2}{D_s}\right)\bar{U}$;括号中的 $\dfrac{\omega_m d_p^2}{D_m}$ 称为流动的流动相中的传质阻力系数,$\dfrac{\omega_{sm} d_p^2}{D_m}$ 称为滞留的流动相中的传质阻力系数,$\dfrac{\omega_s d_f^2}{D_s}$ 称为固定相中的传质阻力系数。

高效液相色谱速率理论方程详细表达式为:

$$H = 2\lambda d_p + \dfrac{2\gamma D_m}{\bar{U}} + \left(\dfrac{\omega_m d_p^2}{D_m} + \dfrac{\omega_{sm} d_p^2}{D_m} + \dfrac{\omega_s d_f^2}{D_s}\right)\bar{U} \tag{1-59}$$

式中,d_p——色谱柱填料平均粒径;

d_f——固定相有效液膜厚度;

$\bar{U}$——流动相平均流速;

D_m——组分分子在流动相中的扩散系数;

D_s——组分分子在固定相中的扩散系数;

ω_m——由色谱柱和填充的性质所决定的系数;

ω_s——与容量因子 k 有关的系数;

ω_{sm}——与颗粒微孔中被流动相所占据部分的分数以及容量因子 k 有关的系数。

其余符号含义同前。

从上式看出，液相色谱和气相色谱的速率方程式基本一致，主要区别在于液相色谱中影响柱效的主要因素是传质阻力项 $\left(\dfrac{\omega_m d_p^2}{D_m} + \dfrac{\omega_{sm} d_p^2}{D_m} + \dfrac{\omega_s d_f^2}{D_s}\right)\bar{U}$，而分子扩散项（纵向扩散项，$\dfrac{2\gamma D_m}{\bar{U}}$）对柱效的影响不像气相色谱那样明显。

高效液相色谱速率理论方程的另一表达式为：

$$H = A\bar{U}^{0.33} + B/\bar{U} + C\bar{U} + D\bar{U} \tag{1-60}$$

其中，$A\bar{U}^{0.33} = C_e d_p + \omega_m d_p^2 \bar{U}/D_m$ (1-61)

涡流扩散项 $C_e d_p$ (1-62)

流动的流动相传质阻力项 $\omega_m d_p^2 \bar{U}/D_m$ (1-63)

纵向扩散 $B/\bar{U} = C_d D_m/\bar{U}$ (1-64)

滞留的流动相传质阻力项 $C\bar{U} = \omega_{sm} d_p^2 \bar{U}/D_m$ (1-65)

固定相传质阻力项 $D\bar{U} = \omega_s d_f^2 \bar{U}/D_s$ (1-66)

把上述各项代入式（1-60），得到如下的详细表达式：

$$H = (C_e d_p + \omega_m d_p^2 \bar{U}/D_m) + C_d D_m/\bar{U} + \omega_{sm} d_p^2 \bar{U}/D_m \\ + \omega_s d_f^2 \bar{U}/D_s \tag{1-67}$$

$$H = C_e d_p + C_d D_m/\bar{U} + (\omega_m d_p^2/D_m + \omega_{sm} d_p^2/D_m + \omega_s d_f^2/D_s)\bar{U} \tag{1-68}$$

式中，C_e、C_d——理论塔板高度系数；

A、B、C、D——柱子常数。

其他符号含义同前。

比较式（1-59）和式（1-68）可以看出，两种表示方式实际上是一致的。

当固定相的膜厚 d_f 很小则 $D \approx 0$，组分在流动相中的扩散系数很小则 $B/\bar{U} \approx 0$，而色谱柱填料平均粒径又比较大时，则式（1-60）可简化为：

$$H = A\bar{U}^{0.33} + C\bar{U} \tag{1-69}$$

2. 吉丁斯修正速率理论方程式

吉丁斯（Giddings）认为流动相流速对涡流扩散项影响较大，对范第姆特方程修正如下：

$$H = \frac{A}{1+\frac{E}{\bar{U}}} + \frac{B}{\bar{U}} + C\bar{U} \tag{1-70}$$

式中的 $\dfrac{A}{1+\dfrac{E}{\bar{U}}}$ 为涡流扩散项，相当于式（1-57）的含义。

3. 折合板高速率理论方程式

① 吉丁斯（Giddings）提出的高效液相色谱折合塔板高度的两种方程式

用于薄壳型柱填料：$h_r = v_r^{0.33} + \dfrac{2}{v_r} + 0.003 v_r$ (1-71)

用于多孔型柱填料：$h_r = v_r^{0.33} + \dfrac{2}{v_r} + 0.05 v_r$ (1-72)

式中，h_r——折合塔板高度，$h_r = H/d_p h_r$；

v_r——折合流动相速度，$v_r = \bar{U} d_p / D_m$。

其余符号含义同前。

② 诺克斯（Knox）等人提出速率理论折合方程式

$$h_r = \frac{H}{v_r} + A v_r^{1/3} + C v_r \tag{1-73}$$

式中各项符号含义同前。

4. 改善柱效率主要相关因素

① 色谱柱的制备技术直接影响色谱柱的柱效：如果色谱柱填料制备不好、填料粒径大小不一、填料装柱没有达到均匀紧实的要求，就会使涡流扩散项 A 增加，导致柱效下降。

② 液膜厚度 d_f 的大小明显影响色谱柱的柱效：用涂渍的方法制备固定相，所得液膜厚度大，故其柱效低；现代色谱柱填料多使用键合固定相，其固定相膜很薄，故柱效较高。

③填料颗粒直径大小影响色谱柱效特别显著：从流动的流动相传质阻力项和滞留的流动相传质阻力项可知，固定相粒度越小、微孔孔径越大，传质速率就越快、柱效就越高。

④流动相流速在速率理论方程式中影响各项：从速率理论方程看出，几乎每项都有流动相流速$\bar{U}$，它与理论塔板高度 H 之间部分存在双曲线的关系，需要选用接近最佳流速。

三、速率理论的其他方程式

1. 休伯速率理论方程式

休伯（Huber）于1967年把吉丁斯方程式修改为：

$$H = \frac{A}{1+\frac{E}{\bar{U}^{0.5}}} + \frac{B}{\bar{U}} + C\bar{U} + D\bar{U}^{0.5} \qquad (1-74)$$

式中 A、B、C、D、E 均为柱子常数。

2. 霍瓦施速率理论方程式

霍瓦施（Horvath）等人于1976年把休伯的速率理论方程修正为：

$$H = \frac{A}{1+\frac{E}{\bar{U}^{1/3}}} + \frac{B}{\bar{U}} + C\bar{U} + D\bar{U}^{2/3} \qquad (1-75)$$

式中 A、B、C、D、E 均为常数。

塔板理论和速率理论均得出可以用高斯方程来描绘色谱峰的结论，两者是当今研究色谱分离原理和柱效率的两个互为补充的基本理论；速率理论方程式，对于色谱分析条件的选择工作具有很好的指导意义。

然而，从以上介绍的内容可以看出，色谱理论处于仍需不断发展和完善的过程之中。

四、计算举例

例 1. 在某一色谱分析中，采用 1m 长的柱子和用 N_2 作载气。

当载气流速为 40mL/min 时，n 为 800 块；当载气流速为 10mL/min 时，n 为 1000 块。求最佳载气流速和所对应的 H 值，以及在载气最佳流速时所对应的理论塔板数是多少？

解：$H_1 = \dfrac{1000}{800} = 1.25$（mm）

$H_2 = \dfrac{1000}{1000} = 1.00$（mm）

据式（1-49），得联立方程式

$$\begin{cases} 1.25 = \dfrac{B}{40} + 40C \\ 1.00 = \dfrac{B}{10} + 10C \end{cases}$$

解联立方程得：

$C = 0.0267$（mm·min/mL）

$B = 7.33$（mm·mL/min）

则：$\bar{U}_{最佳} = \sqrt{7.33/0.0267} = 16.57$（mL/min）

$H_{最小} = \dfrac{7.33}{16.57} + 0.0267 \times 16.57 = 0.884$（mm）

$N = 1000/0.884 = 1131$（块）

例 2. 有一根气液色谱柱柱长 2m，用氦气作载气，以三种不同的流速进行测试，所得结果如下：

甲烷 t_A（s）	正十八烷 t_R（s）	正十八烷峰底宽 y（s）
18.2	2020	223
8.0	888	99
5.0	558	68

求：①三次不同流速时载气的线速度。

②三次不同流速时的 n 和 H。

③计算 $H = A + B/\bar{U} + C\bar{U}$ 式中的 A、B、C 值。

④载气最佳流速是多少？

⑤载气线速度应在什么范围内才能保持柱效率在90%以上?

⑥某一分离需1100块理论塔板数,为达此目的,最快载气流速是多少?用此最快流速比用最佳流速能节约多少时间?

解: ① $\bar{U}_1 = 2 \times 100/18.2 = 11$ (cm/s)

$\bar{U}_2 = 2 \times 100/8.0 = 25$ (cm/s)

$\bar{U}_3 = 2 \times 100/5.0 = 40$ (cm/s)

② $n_1 = 16 \left(\dfrac{2020}{223}\right)^2 = 1313$ (块)

$n_2 = 16 \left(\dfrac{888}{99}\right)^2 = 1287$ (块)

$n_3 = 16 \left(\dfrac{558}{68}\right)^2 = 1077$ (块)

$H_1 = 2 \times 100/1313 = 0.1523$ (cm)

$H_2 = 2 \times 100/1287 = 0.1554$ (cm)

$H_3 = 2 \times 100/1077 = 0.1857$ (cm)

③
$$\begin{cases} 0.1523 = A + \dfrac{B}{11} + 11C \\ 0.1554 = A + \dfrac{B}{25} + 25C \\ 0.1857 = A + \dfrac{B}{40} + 40C \end{cases}$$

解联立方程得:

$$\begin{cases} C = 0.0027 \\ A = 0.0605 \\ B = 0.68 \end{cases}$$

④ $\bar{U}_{最佳} = \sqrt{0.68/0.0027} = 15.87$ (cm/s)

⑤ $H_{最小} = 0.0605 + \dfrac{0.68}{15.87} + 0.0027 \times 15.87 = 0.1461$ (cm)

$H_{90\%} = 0.1461/0.9 = 0.1623$ (cm)

$$0.1623 = 0.605 + \frac{0.68}{\bar{U}} + 0.0027\bar{U}$$

解方程得 $\bar{U}$ 为 8.7 cm/s 和 29cm/s，故线速度在 8.7～29cm/s 范围之内，可保持柱效率在 90% 以上。

⑥ $H = 2 \times 100/1100 = 0.182$ （cm）

$$0.182 = 0.0605 + \frac{0.68}{\bar{U}} + 0.0027\bar{U}$$

解方程得 $\bar{U}$ 为 6.52 和 38.67cm/s，据题意取 $\bar{U}$ 为 38.67cm/s。

∵ 38.67/15.87=2.44 （倍）

∴ 可节约时间为 144%。

练 习 题

1. 色谱法的主要特点是什么？色谱分离的基本原理是什么？
2. 试比较迎头法、顶替法、冲洗法三者的特点及用途。
3. 何谓保留时间、死时间、调整保留时间、相对保留值？何谓分辨率？
4. 写出塔板数和塔板高度的计算式。
5. 已知某色谱峰的半峰宽为 4.708mm，求此色谱峰的峰底宽。（答：8mm）
6. 已知 $t_A=1.0$cm，$t_{R1}=11.0$cm，$t_{R2}=12.9$cm，$y_1=0.9$cm，$y_2=1.0$cm；请算出 R，n_1 和 n_2。（答：$R=2.0$；$n_1=2390$ 块；$n_2=2663$ 块）
7. 在某色谱柱上组分 A 流出需 15.0min，组分 B 流出需 25.0min，而不溶于固定相的物质 C 流出需 2.0min，问：① B 组分相对于 A 的相对保留时间是多少？② A 组分相对于 B 的相对保留时间是多少？③ 组分 A 在柱中的容量因子是多少？④ 组分 A 通过流动相的时间占总的时间的几分之几？⑤ 组分 B 流出柱子需 25.0min，那么 B 分子通过固定相平均时间是多少？（答：①1.77；

②0.57；③6.5；④13.3%；⑤23.0min)

8. 组分 P 和 Q 在某色谱柱上的分配系数分别为 490 和 460，那么，哪一个组分先流出色谱柱？

9. 混合样品进入气液色谱柱后，测定各组分的保留时间为：空气 45s，丙烷 1.5min，正戊烷 2.35min，丙酮 2.45min，丁醛 3.95min，二甲苯 15.0min。当使用正戊烷作基准组分时，各有机化合物的相对保留时间为多少？（答：丙酮 1.06）

10. 在某色谱分析中得到下列数据：保留时间（t_R）为 5.0min，死时间（t_A）为 1.0min，液相体积（V_s）为 2.0mL，柱出口载气体积流速（U_e）为 50mL/min，试计算：①分配比（k）；②死体积（V_A）；③分配系数（K）；④保留体积（V_R）。（答：①4.0；②50mL；③100；④250mL）

11. 某色谱峰峰底宽为 50s，它的保留时间为 50min，在此情况下，该柱子有多少块理论塔板？（答：57600 块）

12. 在一根已知有 8100 块理论塔板的色谱柱上，异辛烷和正辛烷的调整保留时间为 800s 和 815s，试问：①如果有一个含有上述两组分的样品通过这根柱子，所得到的分辨率为多少？②假定调整保留时间不变，当使分辨率达到 1.00 时，所需的塔板数为多少？③假定调整保留时间不变，当使分辨率为 1.50 时，所需要的塔板数为多少？（答：①0.414；②47234 块；③106277 块）

13. 根据相对保留时间、理论塔板数、分辨率的定义以及近似地认为两组分色谱峰宽和相对保留值分别相等，且 $t_A \ll t_R$，写出用 n 和 r_{is} 表示分辨率的表达式。如果填充柱柱长 2m，混合物中两组分的分辨率为 0.8。若其相对保留值不变，那么，当柱长为 5m 时，此两组分的分辨率为多少？当混合物中两组分的分辨率为 1.50 时，需要多长的柱子？（答：1.26；7.0m）

14. 已知某色谱柱的理论塔板数为 2500 块，组分 a 和 b 在该柱上的保留距离分别为 25mm 和 30mm，求 a 和 b 的峰底宽。（答：2.0mm；2.4mm）

15. 已知某色谱柱的有效塔板数为 1600 块,组分 a 和 b 在该柱上的调整保留时间分别为 90s 和 100s,求其分辨率。(答:$R=1.05$)

16. 分离因子为 1.08 的两种化合物,使其分离达 99% 时,试从格洛考弗图估算其所需的理论塔板数。(答:约 4000 块)

17. 色谱过程的理想条件是什么?试说明在实际色谱过程中为什么难以完全达到这些理想条件?

18. 塔板理论与速率理论有何异同?写出范第姆特方程并了解各项含义,如何改善柱效率?

19. 分析某物质时,用一根 1m 长的色谱柱,当载气 N_2 为 20mL/min 时 n 为 1250 块,当 N_2 为 60mL/min 时 n 为 800 块。求:①载气最佳流速。② 载气最佳流速时的 H 和 n。(答:$\bar{U}_{最佳期}=21.65$mL/min;$H_{最小}=0.796$mm;$n_{最大}=1256$ 块)

20. 有一根 1m 长用于分析某物质的气液色谱柱,用 N_2 作载气,测定了三种不同流速所对应的塔板数如下:当载气流速为 10mL/min 时,n 为 1205 块;载气流速为 20mL/min 时,n 为 1250 块;载气流速为 40mL/min 时,n 为 1000 块。求:①范第姆特方程中的 A、B、C 值。②载气最佳流速及在此流速下的塔板数。③若要达到最佳柱效率的 95% 以上,则载气流速应控制在什么范围之内?(答:$A=0.34$mm;$B=3.47$mm·mL/min;$C=0.0143$mm·min/mL;$\bar{U}_{最佳}=15.6$mL/min;$n_{最大}=1272$ 块;$\bar{U}=10\sim24.3$mL/min)

21. 当色谱柱温为 150℃ 时,其范第姆特方程中的常数 $A=0.08$cm,$B=0.15$cm²/s,$C=0.03$s,这根柱子的最佳流速为多少?所对应的最小塔板高度为多少?(答:$\bar{U}_{最佳}=2.24$cm/s;$H_{最小}=2.14$mm)

22. 根据范第姆特方程,自己推导出以 A、B、C 常数表示的最佳线速度和最小塔板高度。(答:$\bar{U}_{最佳}=\sqrt{B/C}$,$H_{最小}=A+2\sqrt{BC}$)

23. 长度相等的两根色谱柱，给出其范第姆特常数如下表。求：①如果载气流速是 0.50cm/s，那么，这两根柱子给出的理论塔板数哪一个大？②柱 1 的最佳流速是多少？（答：②$\bar{U}_{最佳}$ = 1.29cm/s）

范第姆特常数	A	B	C
色谱柱 1	0.18cm	0.40cm²/s	0.24s
色谱柱 1	0.05cm	0.50cm²/s	0.10s

第二篇 气相色谱法

第1章 气相色谱仪

本章将讨论气相色谱仪流程、气相色谱气路系统、气相色谱电路系统、气相色谱仪安装调试、气相色谱检测器构造及其检测机理等。

第1节 气相色谱仪流程

以气体为流动相和采用冲洗法的柱色谱法，其简单流程如图 2-1 所示。

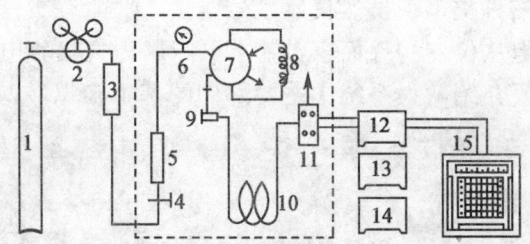

1. 载气瓶 2. 减压阀 3. 净化器 4. 稳压阀 5. 转子流量计 6. 压力表
7. 六通阀 8. 定量管 9. 气化器 10. 色谱柱 11. 检测器 12. 微电流放大器
13. 热导控制器 14. 控温器 15. 记录仪

图 2-1 气相色谱仪流程示意图

来自高压钢瓶的载气经减压阀减压后进入净化器，经净化器干燥、净化后流入稳压阀（有的仪器在稳压阀之后还串接了稳流阀）、流量计和压力表，载气经调节并稳定到所需的流速和压力后，再流入六通阀（气体进样装置）和气化器（样品气化装置），把所导入的样品带入色谱柱，样品（混合物）在柱内获得分离后，载气把各个组分依次带入检测器，经检测后放空。

检测器所检测到的信号经放大后送至记录设备记录，得到了代表样品组成和反映色谱分离效能的色谱图。

若用方框图来表示，则一般的气相色谱流程如图 2-2 所示。

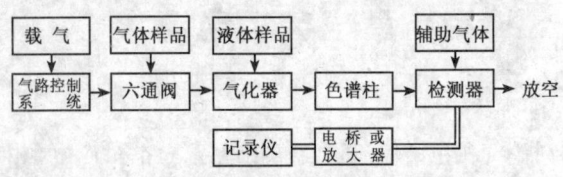

图 2-2　气相色谱仪流程方框图

第 2 节　气相色谱仪部件

气相色谱仪（Gas chromatograph），根据用途可分为分析、制备和工业等三种类型。虽然仪器型号繁多、性能有所差异和用途各有不同，但从仪器构件而言，基本可归属为气路和电路两大系统。本章简要介绍两大系统中主要部件的基本知识，以及仪器安装调试方面的有关事项。

一、气路系统

气相色谱仪的气路系统由载气（和辅助气体）及其所流经的部件所组成。其主要零部件有：减压阀、净化器、稳压阀、稳流阀、流量计、压力表、六通阀、气化器、色谱柱和检测器等。这些零部件除减压阀和净化器外，其他一般都组装在色谱仪的主机中。

对气路系统的基本要求是：气密性好、稳定性佳、计量准确、控制方便、柱效优良和检测灵敏等。

1. 载气

在气相色谱分析中，选择不干扰样品分析的气体作载气，携带样品组分在气路系统中移动以达到使混合物分离之目的；为了分离和检测的需要，有的分析过程需使用某些辅助气体。

常用载气种类有：氮气（N_2）、氢气（H_2）、氦气（He）等。

常用的辅助气体有：空气（Air）、氧气（O_2）和氢气（H_2）等。

在一般实验室中，气体大多由高压钢瓶供给。为了安全的需要，钢瓶应按规定涂上表示所贮气体种类的标记颜色和字样；常用气瓶的标记颜色和字样参见表 2-1。

表 2-1 常用气瓶的标记颜色和字样

气瓶	氮气	氦气	氢气	氧气	二氧化碳	空气	另可燃气	另不燃气
颜色	黑色	棕色	深绿色	天蓝色	黑色	黑色	红色	黑色
标字	氮	氦	氢	氧	二氧化碳	压缩空气	气体名称	气体名称
字色	黄色	白色	红色	黑色	黄色	白色	白色	黄色

根据分析的要求，所用的气体种类尚需作具体选择，其选择方法将在第 3 章中讨论；一般分析中均需对所用气体进行适当的净化处理。

2. 减压阀

减压阀的作用是把钢瓶流出的高压气体减低到所需的压力。不论钢瓶内气体压力高低、或减压后气体流速是否发生变化，减压阀均能使经减压后流出气体的压力基本保持不变，其工作原理见图 2-3。

减压阀最高进口压力一般允许 15MPa（150kg/cm^2），出口压力一般控制在 0.6 MPa（6kg/cm^2）以下，氢气减压阀的出口压力则宜控制在 0.25 MPa（2.5 kg/cm^2）以下。

安全须知：不同气体需用不同的减压阀，切勿混用，以免发

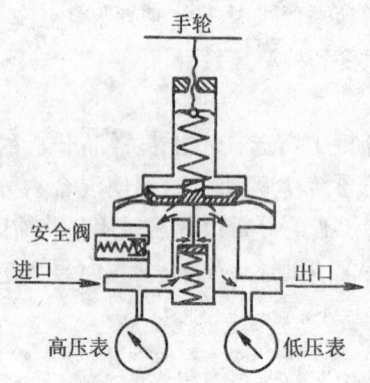

图 2-3 减压阀工作原理示意图

生意外事故。氧气减压阀严禁接触油脂,以免发生安全事故。氢气减压阀的接头为反向螺丝,安装时需加小心。使用前应将钢瓶接口和减压阀接头上的灰尘污物去除后才能安装,使用时需缓慢调节手轮,使用后必须旋松调节手轮和关闭钢瓶阀门。

3. 净化器

净化器的作用是去除载气和辅助气体中干扰色谱分析的气态、液态和固态杂质。例如:水分、烃类、油污或其他无机和有机杂质。这些杂质不但容易使气-固色谱的柱填料失效,而且也能使气-液色谱中的某些固定液发生水解、氧化或其他不必要的反应,从而使柱效率发生变化。载气和辅助气体中的杂质一般均使"噪音"增大,影响基线的稳定性,同时也影响检测器的灵敏度。

常用的净化方法是吸附法。在如图 2-4 所示的装置内填入适宜的净化剂,例如:硅胶、分子筛、活性炭等固体颗粒吸附剂。让气体流过净化剂层,则可达到去除杂质之目的。其中活性炭对一般杂质均有一定的吸附能力,硅胶常用于除去大量的水分,分子筛则宜用于除去载气中的微量水分、二氧化碳以及有机杂质。

特殊的分析则应采用特殊的净化手段。例如:有些检测器需去除载气中的微量氧,则可采用让载气流过 475℃ 的紫铜粉层的方

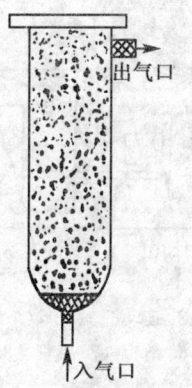

图 2-4 净化器示意图

法或用能于室温下除微量氧的吸附剂来达到净化之目的。

净化器内所填的净化剂，使用一段时间后就会失效。因此，应注意经常更换或作再生处理。把失效的硅胶和分子筛置于 400~450℃ 的温度下烘烤 10~20h（最好能同时通氮气）后置于干燥器内，冷却后即可重新使用。

4. 稳压阀

稳压阀在气路系统中用于调节气体流速和用于稳定流程中的气体压力，其稳压工作原理见图 2-5。当阀针开启一定位置且系统内的气压达到平衡后，如果出口压力发生微小变化时，随即 B 腔气压发生变化，那么，波纹管则发生伸长或收缩作用，此时经连动杆也就调整了阀针与阀座之间的间隙，从而使系统内的压力恢复到原有的平衡状态。

稳压阀的入口压力一般不得超过 0.6MPa（6kg/cm²），出口压力在 (0.05~0.3)MPa(0.5~3kg/cm²) 的范围内能获得最佳的稳压效果。

5. 稳流阀

为了能更好地稳定气体流速，可在气路系统中装上稳流阀。在程序升温过程中，因柱子对气流的阻力随温度上升而增加，致使柱后气体流速发生变化，造成基线漂移。为了使程序升温过程

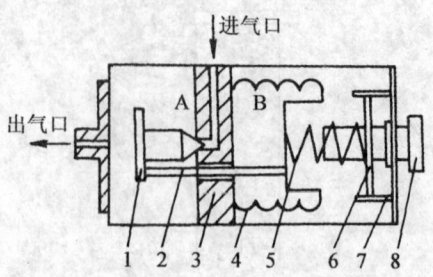

1. 阀针 2. 连动杆 3. 阀体 4. 波纹管
5. 压簧 6. 滑板 7. 滑杆 8. 调节手柄

图 2-5 稳压阀工作原理图

中柱后的载气流速恒定，故在有程序控温的色谱仪中，一般均装有稳流阀。

稳流阀的工作条件必须是保证气体入口压力恒定，因此，在气路系统中稳流阀均串接在稳压阀的后面。

常用的稳流阀为膜片反锁式，其工作原理见图2-6。当阀针开启一定位置以及气体入口和出口压力恒定时，出口流速则恒定。若阀针位置一定且入口压力恒定，而出口压力发生变化时，则阀针的入口和出口间的气压差发生变化，也即膜片上的作用力发生变化，此时也就改变了硅橡胶阀盖与阀座之间的间隙，从而使气体流速维持在给定值。

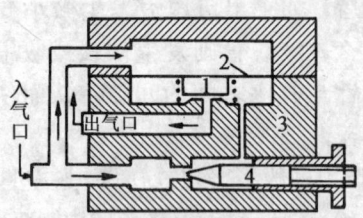

1. 硅橡胶 2. 膜片 3. 阀体 4. 阀针

图 2-6 稳流阀工作原理图

稳流阀的入口压力一般不宜超过 0.25MPa（2.5kg/cm²），出口压力控制在（0.02～0.2）MPa（0.2～2kg/cm²）范围内，能获得较好的稳流效果。

须知,程序升温过程中随着温度上升而发生的柱前压力升高和柱前转子流量计读数下降属正常现象。经稳流阀稳流后的气体流速不变,指的是载气的质量流速不变。

6. 流量计

气相色谱仪气路系统中的气体流速可采用转子流量计来测量。转子流量计的构造如图 2-7 所示,外壳为一根圆锥形的玻璃管,其中有一个转子。满刻度小于 150mL/min 的流量计中的转子一般用硬橡胶或塑料制成,大于 150mL/min 者常用金属(如不锈钢、合金铝)制成。

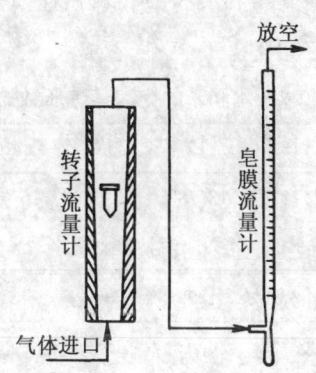

图 2-7　转子流量计校正

当有气体通过转子流量计时,转子便上浮转动。若流量恒定,转子则在固定的位置上转动,转子上端面所对应的刻度即为气体流量值。刻度板上的刻度有两种:一种以体积流速标记,可直接读数;另一种为等距离刻度,则需从对应的图表中才能读出其体积流速。

在同一流速下,转子上浮的高度不仅与转子本身的形状和质量有关,而且还与玻璃管的大小和锥度有关。因此,在清洗时切不可把这支流量计中的转子调换到另一支流量计中去,否则读数就无法准确。

转子流量计的读数一般用皂膜流量计校正,其装置见图 2-7。

根据皂膜流量计所测得的流速，按下式可计算出于常压下气体流过转子流量计的流速：

$$U_{转} = U_{皂} \frac{P_a - P_W}{P_a} \qquad (2-1)$$

式中，$U_{转}$——在室温和常压下转子流量计的体积流速（mL/min）；

$U_{皂}$——在室温和常压下气体流过皂膜流量计的体积流速（mL/min）；

P_a——大气压力（mmHg）；

P_W——在室温条件下水的饱和蒸汽压（mmHg）；此值可从表 2-2 查出。

表 2-2 水和苯的饱和蒸汽压数据

温度/℃	12	13	15	17	19	21	23
P_W/mmHg	10.518	11.231	12.788	14.530	16.477	18.650	21.068
P_B/mmHg	50.47	53.09	58.21	64.86	71.61	78.89	86.70
温度/℃	25	27	29	30	31	33	35
P_W/mmHg	23.756	26.739	30.043	31.824	33.695	37.729	42.175
P_B/mmHg	95.06	104.00	114.00	119.00	124.70	136.10	148.30

7. 压力表

在转子流量计之后气化器之前装有压力读数为（0~0.6）MPa（0~6kg/cm²）左右的压力表，用于指示色谱柱的柱前载气压力。根据载气的柱前压力和柱出口压力，可以计算出色谱柱中载气的平均流速。此外，从载气柱前压力的大小可反映出柱填料的松紧程度，以及气路系统是否发生堵塞或漏气等现象。

8. 六通阀

六通阀是气相色谱分析中一种常用的气体样品进样装置，用六通阀进样不但操作简便，而且重现性好（相对偏差小于 1%）。

再则,也便于实现进样操作自动化。

六通阀有平面式和拉杆式两种,最常用的是平面式六通阀;平面式六通阀的取样和进样时的气体通路见图2-8。

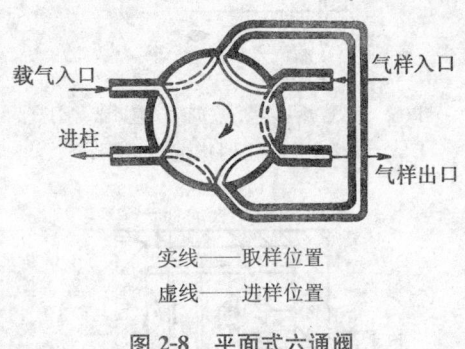

实线——取样位置
虚线——进样位置

图 2-8 平面式六通阀

9. 气化器

气化器的主要功能是把所注入的样品瞬间气化。因此,它一般应满足以下几条要求。

① 进样方便,密封性能良好:气化器的进样口用厚度为5mm的硅橡胶垫片密封,既可让注射器针头方便穿过,又能起密封作用。

② 热容量大,样品瞬间气化:气化器应有足够的热容以便使样品瞬间气化,应选用比热值较大的材料制作,并增加气化器壁厚。

③ 无催化效应,样品不变质:为了使样品气化过程中不变质,因此要求气化器用惰性材料,一般都在气化器内衬以石英玻璃管。

④ 无死角存在,流通性能好:载气能及时把气化的样品组分一道带入柱内,这样既可防止样品变质,又能减少谱带扩张等现象。

根据以上的要求,一般气化器的基本结构如图2-9所示。

10. 色谱柱

(1) 色谱柱 色谱柱安装在如图2-10所示的控温柱室内,色谱柱由柱管和其中的固定相所组成,是气路系统中构造最简单的部件,然而,它却是色谱中最重要的部件之一,因为混合物组分的分离就在这里完成。

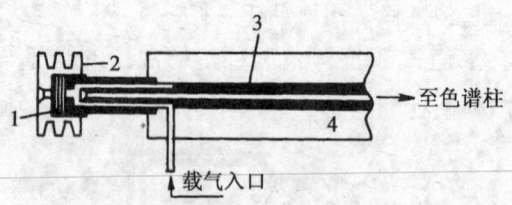

1. 硅橡胶 2. 散热片 3. 玻璃插入管 4. 加热器

图 2-9 气化器构造示意图

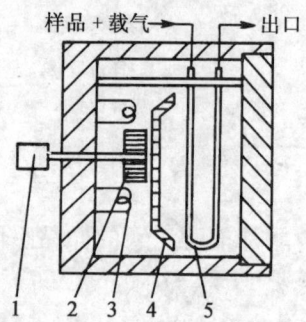

1. 电动机 2. 翼轮 3. 加热丝 4. 挡板 5. 色谱柱

图 2-10 色谱柱和控温柱室

色谱柱的分离效能主要与固定相的性质、柱填料制备技术、柱管材料、柱管的尺寸和形状,以及操作条件等因素有关,这将在后面详细讨论。

(2) 平均流速 色谱柱中的载气平均流速,一般通过柱出口的流速、柱子的进口压力和出口压力来求出。

柱出口的流速可用皂膜流量计在色谱柱出口处测定(注意:应把出口气体冷却至室温后再进入皂膜流量计),然后按下式求出在室温条件下柱出口处载气的真实流速:

$$U_e = U_{皂} \frac{P_a - P_w}{P_a} \quad (2-2)$$

式中,U_e——在室温和常压条件下柱出口的载气流速(mL/min);

其余符号与式（2—1）中的含义相同。

若转子流量计已经校正，根据波义耳定律，也可从柱前压力下的柱前转子流量计所指示的载气流量值 $U'_{转}$ 计算出在室温和常压下柱出口的载气流速：

$$U_e = U'_{转} \frac{P_i}{P_a} \tag{2—3}$$

式中，P_i——柱前压力（此值等于柱前表压与大气压之和）；

其余符号含义同前。

由于色谱柱中不同位置上的压力是各不相同的，也即载气在柱中各个部位的流速并非一样，为了讨论方便起见，一般都用平均流速来表示。在室温条件下载气在柱中的平均流速（$\overline{U}_{cr}$）与柱出口流速（U_e）的关系为：

$$\overline{U}_{cr} = jU_e \tag{2—4}$$

式中，j——压力梯度校正因子（或称压力校正系数），其计算式如下：

$$j = \frac{3}{2} \left[\frac{(P_i/P_a)^2 - 1}{(P_i/P_a)^3 - 1} \right] \tag{2—5}$$

然后，根据盖吕萨克定律，按下式即可求出在柱温条件下载气在柱中的平均流速：

$$\overline{U}_{cc} = \overline{U}_{cr} \frac{T_{col}}{T_r} \tag{2—6}$$

式中，$\overline{U}_{cc}$——柱温条件下载气在柱中的平均流速（mL/min）；

T_{col}——柱温（K）；

T_r——室温（K）。

须知，色谱柱中载气平均流速所对应的平均压力 $\overline{P}$ 不是简单的 $(P_i + P_a)/2$，而是：

$$\overline{P} = \frac{2}{3} \left(\frac{P_i^3 - P_a^3}{P_i^2 - P_a^2} \right) \tag{2—7}$$

或者 $\overline{P} = \frac{P_a}{j}$ \hfill (2—8)

(3) 计算举例

例 1. 已知某柱的载气柱前压力 P_i 为 2.00atm，出口压力 P_a 为 1.00atm，求 j 和 $\bar{P}$。

解：$j = \dfrac{3}{2}\left[\dfrac{(2.00/1.00)^2 - 1}{(2.00/1.00)^3 - 1}\right] = 0.643$

$\bar{P} = \dfrac{1.00}{0.643} = 1.555\ (\text{atm})$

例 2. 皂膜流量计测得柱出口载气流速 30mL/min，柱前压 1520mmHg，大气压为 760mmHg，柱温为 127℃，室温为 27℃（在此温度下水的饱和蒸汽压为 26.739mmHg），求 j 和 $\bar{U}_{cc}$。

解：$j = \dfrac{3}{2}\left[\dfrac{(1520/760)^2 - 1}{(1520/760)^3 - 1}\right] = 0.643$

$\bar{U}_{cc} = 30\left(\dfrac{760 - 26.739}{760}\right)\left(\dfrac{273 + 127}{273 + 27}\right) \times 0.643$

$= 24.82\ (\text{mL/min})$

11. 检测器

检测器是一种用于反映柱后流出物组成和浓度变化的装置。由于样品与载气的物化性质之间存在差异，当载气携带着样品组分进入检测器时，它就利用此差异产生相应的检测信号。然后通过电路系统中的相关装置，把检测器所产生的微弱信号进行放大、显示、记录。

检测器的种类很多，常用的有热导检测器、氢焰检测器、电子捕获检测器、火焰光度检测器、热离子检测器、氦离子检测器等，这些检测器的结构和作用原理将在后面加以介绍。

二、电路系统

一般色谱仪的电路系统由电源部件、温度控制器、热导控制器、微电流放大器、记录设备等所组成。

对电路系统的基本要求是：绝缘良好、结构简单、使用方便、灵敏度高、性能稳定、响应迅速、谱图逼真、重现性好等。

1. 电源部件

电源部件的主要作用是为仪器各部分提供合适的电压、电流或磁场等。

国产气相色谱仪一般使用的电源电压为220V,频率为50Hz,进口仪器要注意其电源电压;电压变化应小于10%,否则,应经调压变压器变压和稳压器稳压后才能输入仪器。

2. 温度控制器

温度控制器用于精确控制气路系统中的气化器、柱室、检测室以及其他加热区的温度,使其达到所给定的工作温度范围。

3. 热导控制器

热导控制器的主要作用是为热导检测器提供稳定的直流工作电源和调整桥臂阻值以及控制输出信号的大小。热导控制器主要包括稳压电源、电桥和衰减器等三部分,有的热导控制器还配有信号放大装置。

4. 微电流放大器

微电流放大器的主要作用是为电离式检测器提供极化电压或脉冲电源,并把检测器所收集到微弱电流加以放大,使之有足够的输出功率来使记录仪或数据处理系统工作。

5. 记录设备

记录设备是一种能自动记录检测信号的装置。以往色谱仪常采用大型长图自动平衡电位差计作为色谱仪的配套记录设备;现在的色谱仪大多采用色谱数据处理机或者色谱工作站并配上相关设备,进行数据处理、图像显示、打印图谱和打印分析结果等。

6. 其他装置

电路系统中除了上述所介绍的几种装置外,有的配有自动进样系统,能自动完成进样分析工作;有的配有程序升温或程序变流控制器,以便用于分离分析沸点范围宽、组成复杂的样品;有的配有转化装置、裂解装置及其控制器,以便把响应信号太小、或稳定性太差、或挥发性过低、或分子量过大等不便于直接测定的样品组分转变成挥发性高、稳定性好、响应信号大的便于测定的对应组分；有的还配有自动收集装置、或特种检测器及其控制器等，以满足某些样品的特殊分析或特殊控制等要求。

随着色谱技术和计算机技术的进步，色谱仪的自动化程度不断得到提高，色谱仪正朝着自动化和智能化的方向发展。

第3节 气相色谱检测器

气相色谱检测器（Gas chromatographic detector），系指用于反映色谱柱后流出物成分和浓度变化的装置。检测作用的基本原理是利用样品组分与载气的物化性能之间的差异，当流经检测器的组分及浓度发生改变时，检测器立即产生了相应的信号。

用于气相色谱分析的检测器已有数十种之多，其中既有为气相色谱分析而专门研制的检测器（例如：氢焰检测器），也有利用原来分析化学中的测试装置作为检测器（例如：热导检测器），还有把其他大型分析仪器与气相色谱仪联用（例如：气相色谱-质谱联用仪）。

随着色谱法的不断发展和应用领域的迅速扩大，对检测器的要求也就越来越高。为了满足分析上的需要和操作上的方便，除了发展新型专用检测器之外，气相色谱检测器的另一个发展趋向是研制多功能检测器，即一个检测器能起数种检测器的作用。例如：若能把氢焰检测器与火焰光度检测器以及热离子检测器结合为一体，那么，将给色谱分析工作带来极大方便。

用于气相色谱分析的检测器种类繁多，有关检测器的性能参见表2-3；在一般分析工作中，最常用的有热导检测器、氢焰检测器、电子捕获检测器、火焰光度检测器、热离子检测器、氦离子检测器等。本节将讨论这五种检测器的原理、结构、性能及其应用等方面的基础知识。

对检测器的基本要求如下：

①噪音较小，灵敏度高。

②死体积小，响应迅速。

③性能稳定,重现性好。

④信号响应,规律性强。

表 2-3　气相色谱检测器基本性能

检测器名称	代号	适用范围	载气	线性范围	检测限/g
热导	TCD	普遍适用	He, H_2, N_2	10^5	10^{-8}
氢焰	FID	有机物	He, H_2, N_2	10^7	10^{-12}
电子捕获	ECD	含卤、氧、氮等电负性物质	N_2, Ar	10^4	10^{-13}
火焰光度	FPD	硫、磷有机化合物	He, N_2	硫(对数)10^2 磷 10^4	10^{-11}
热离子化	NPD	硫、磷、氮化合物	He, N_2	10^8	10^{-14}
光离子化	PID	电离势低于 10.2 电子伏特的化合物	N_2, H_2	10^8	10^{-13}
氦离子化	HID	普遍适用	He	10^5	10^{-14}
氩离子化	AID	普遍适用	Ar	10^5	10^{-14}
催化离子化	CID	普遍适用	He, H_2	10^3	10^{-9}
气体密度	GDB	可用于测定分子量	CO_2, Ar, He, H_2	10^5	10^{-9}
微库仑	MCD	卤化物、硫、氮化合物	Ar, He, N_2	10^4	10^{-9}
截面积电离	CSD	普遍适用	H_2	10^5	10^{-9}
微波等离子	MPD	可同时测 C、H、O、N、S、P、卤素等	Ar, He	10^4	10^{-10}
质谱仪	MS	与气相色谱仪联用	He, N_2	10^6	10^{-9}
红外光谱仪	IR	与气相色谱仪联用	He, N_2		10^{-6}
体积检测器（积分型）	GVD	永久性气体和不溶于碱的气体	CO_2	10^4	10^{-4} (mmol)

一、基本概念

（一）分类方法

在气相色谱法中,检测器的分类较常用的有四种分类法。

1. 按响应时间分类

(1) 积分型检测器　积分型检测器显示某一物理量随时间的累加，也即它所显示的信号是指在给定时间内物质通过检测器的总量。例如：质量检测器、体积检测器、电导检测器和滴定检测器等，此类检测器在一般色谱分析中应用较少。

(2) 微分型检测器　微分型检测器显示某一物理量随时间的变化，也即它所显示的信号表示在给定的时间里每一瞬时通过检测器的量。例如：热导检测器、氢焰检测器、电子捕获检测器和火焰光度检测器、热离子检测器等，此类检测器为一般色谱分析中的常用检测器。

2. 按响应特性分类

(1) 浓度型检测器　浓度型检测器测量的是载气中组分浓度瞬间的变化，也即检测器的响应值取决于载气中组分的浓度。例如：热导检测器和电子捕获检测器等。

(2) 质量型检测器　质量型检测器测量的是载气中所携带的样品组分进入检测器的速度变化，也即检测器的响应值取决于单位时间组分进入检测器的质量。例如：氢焰检测器、火焰光度检测器、热离子检测器等。

3. 按样品变化情况分类

(1) 破坏型检测器　在检测过程中，被测物质发生了不可逆变化。例如：氢焰检测器、火焰光度检测器、热离子检测器。

(2) 非破坏型检测器　在检测过程中，被测物质不发生不可逆变化。例如：热导检测器和电子捕获检测器。

4. 按选择性能分类

(1) 多用型检测器　对许多种类物质都有较大响应信号的检测器称为多用型检测器。例如：热导检测器和氢焰检测器等属于多用型检测器。

(2) 专用型检测器　仅对某些种类物质有较大的响应信号，而对其他种类物质的响应信号很小或几乎不响应的检测器则称为专用型检测器。例如：电子捕获检测器、火焰光度检测器、热离子检测器等。

有时也把上述分类法结合起来。例如：把热导检测器称为微分-浓度-非破坏-多用型检测器，氢焰检测器称为微分-质量-破坏-多用型检测器。

（二）有关定义

1. 灵敏度（S）

灵敏度（Sensitivity），系指单位量的物质通过检测器时所产生信号的大小，亦称检测器对该物质的响应值。

(1) 浓度型检测器灵敏度计算式

$$S_c = AC_1C_2U_e/W = hy_{1/2}U_e/W \qquad (2-9)$$

式中，A——色谱峰面积（cm^2）；

$\qquad C_1$——记录纸单位宽度所代表的毫伏数（mV/cm）；

$\qquad C_2$——记录纸速度的倒数（min/cm）；

$\qquad U_e$——在室温和常压下柱出口处载气流速（mL/min），此值按本章中式（2-2）或式（2-3）计算；

$\qquad W$——样品质量（mg）；

$\qquad h$——色谱峰高（mV）；

$\qquad y_{1/2}$——色谱峰半高处的宽度（min）；

$\qquad S_c$——浓度型检测器灵敏度。

S_c 的单位为：mV·mL/mg，即每毫升流动相中含有 1mg 样品通过检测器时，记录设备所记录的毫伏数。

(2) 质量型检测器灵敏度计算式

$$S_m = 60C_1C_2A/W = 60hy_{1/2}/W \qquad (2-10)$$

式中，S_m——质量型检测器灵敏度；

其余符号含义同前。

S_m 的单位为：mV·s/g，即每秒有 1g 样品通过检测器时，记录设备所记录的毫伏数。

须知，对于同一检测器，其灵敏度值与测定条件和样品对象有关。因此，在校验仪器的灵敏度时，需按仪器所附说明书中规定的条件进行。

2. 噪音（R_n）

噪音（Noise），系指无给定样品通过检测器而由仪器本身和工作条件所造成的基线起伏信号，常以 mV 来表示。如图 2-11 所示的基线噪音为 0.15mV。

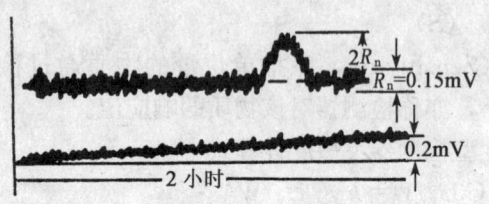

图 2-11 噪音和漂移

3. 漂移（R_d）

漂移（Drift），系指在单位时间内，无给定样品通过检测器而由仪器本身和工作条件所造成的记录笔单方向偏离原点之值，常以 mV/h 来表示；如图 2-11 所示的基线漂移为 0.1mV/h。

4. 检测限（D）

检测限（Detectability），又称敏感度，其计算式为：

$$D = 2R_n/S \qquad (2-11)$$

式中，$2R_n$——总机噪音（mV）；S 含义同前。

通常认为，产生色谱峰高 2 倍噪音时的量为检测限量。

5. 最小检出量（Q_{min}）

最小检出量（Minimum detectable quantity），又称最小检测量，其计算式为：

$$Q_{min} = 1.065 y_{1/2} D \qquad (2-12)$$

式中符号含义同前。

6. 最小检出浓度（C_{min}）

最小检出浓度（Minimum detectable concentration），又称最小检测浓度，为最小检出量与进样量（体积或质量）的比值，其

计算式为:
$$C_{min} = Q_{min}/Q \qquad (2-13)$$
式中,Q——进样量;Q_{min}含义同前。

7. 线性范围

检测器的线性范围(Liner range of detector),系指其响应信号与被测物质浓度之间的关系成线性的范围,以呈线性响应的样品浓度上下限之比值来表示。

(三)计算举例

例1. 注 $0.5\mu L$ 苯于某色谱仪中,用热导检测器测定,峰高值为 2.5mV,半峰宽为 2.5mm,记录纸速度为 5mm/min,柱出口处载气流速为 30mL/min,求此热导检测器的灵敏度。

解: $S_0 = \dfrac{2.5 \times (2.5/5) \times 30}{0.5 \times 0.88} = 85$ (mV·mL/mg)

例2. 测氢焰检测器灵敏度:以 0.05% 苯(溶剂为二硫化碳)为样品,进 $0.5\mu L$,苯峰高为 2.5mV,半峰宽为 2.5mm,记录纸速度为 5mm/min,总机噪音为 0.02mV,求其检测限。

解: $D = \dfrac{2R_n}{S_m} = \dfrac{0.02}{2.5} \times \dfrac{0.0005 \times 0.88 \times 0.0005}{(2.5 \div 5) \times 60} = 0.587 \times 10^{-10}$ (g/s)

二、检测器

(一)热导检测器

热导检测器(Thermal conductivity detector,TCD),属于多用型微分检测器,不论对有机物还是无机物一般都能响应,因此,热导检测器在分析工作中得到广泛的应用。

热导检测器的最小检出量达 10^{-8}g,线性范围为 10^5。

1. 检测机理

热导检测器是根据载气中混入其他气态物质时热导率发生变化的原理而制成的,它主要利用以下三个条件来达到检测之目的。

①欲测物质具有与载气物质不同的热导率。
②热敏元件阻值与温度之间存在一定关系。
③利用惠斯登电桥原理检测流经物质变化。

2. 基本构造

热导检测器的热导池构造如图 2-12 所示，敏感元件安装于金属（或玻璃）所制的圆筒形的池腔中，池中的敏感元件称为热导检测器的臂。利用一个或二个臂作参考臂，而另一个或两个臂作测量臂。在图 2-13 所示的惠斯登电桥中，利用两个臂作参考臂，而另两个臂作测量臂。

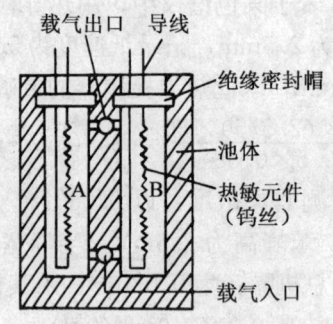

图 2-12　热导池示意图

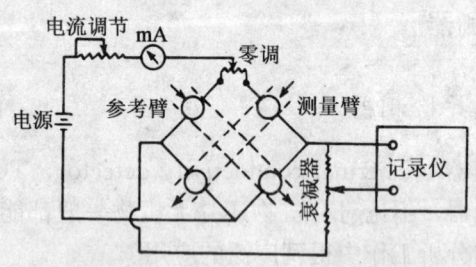

图 2-13　热导检测器电桥示意图

3. 检测过程

热导检测器的检测过程如下：在恒温的检测室中，通恒定的工作电流和通恒定的载气流速时,热敏元件的发热量和载气所带走的热量也均恒定,故使热敏元件的温度恒定,也即其电阻值保持不变,电桥保持平衡,此时无变化信号产生;当被测物质与载气一起进入热导池测量臂时,由于混合气体的热导率与纯载气不同(往往低于纯载气的热导率),因而带走的热量也就不同,使得热敏元件的温度发生改变,其电阻值也就随之改变,故使电桥产生不平衡电位,输出信号至记录设备(记录仪、色谱数据处理机或色谱工作站及相关设备等),进行数据处理、图象显示、打印图谱和打印分析结果等。

某些气体和有机蒸汽的热导率见表 2-4。

表 2-4 某些气体和有机蒸汽的热导率　　　　单位:10^{-5}cal/(cm·℃·s)

名称	空气	氢气	氦气	氮气	氧气	氩气	CO	CO_2	氨气	甲烷
0℃	5.8	41.6	34.8	5.8	5.9	4.0	5.6	3.5	5.2	7.2
100℃	7.5	53.4	41.6	7.5	7.6	5.2	7.2	5.3	7.6	10.9

名称	乙烷	乙烯	乙炔	丙烷	正丁烷	异丁烷	正戊烷	苯	甲醇	丙酮
0℃	4.3	4.2	4.5	3.6	3.2	3.3	3.1	2.2	3.4	2.4
100℃	7.3	7.4	6.8	6.3	5.6	5.8	5.3	4.4	5.5	4.2

4. 相关事宜

①在允许的工作电流范围内,工作电流越大灵敏度越高。
②用氢气或氦气作载气,一般比用氮气时的灵敏度要高。
③当工作电流固定时,降低热导池体温度可提高灵敏度。

(二)氢焰检测器

氢焰检测器(Flame ioization detector, FID),又称氢焰离子化检测器,属于多用型微分检测器,由于它对绝大部分有机物有很高的灵敏度,因此,氢焰检测器在有机分析中得到广泛的应用。

氢焰离子化检测器的最小检出量可达 10^{-12} g,线性范围约为 10^7。

1. 检测机理

氢焰离子化检测器是根据气相色谱流出物中可燃性有机物在氢-氧火焰中发生电离的原理而制成的,它主要利用以下三个条件来达到检测之目的。

①氢和氧燃烧所生成的火焰为有机物分子提供燃烧和发生电离作用的条件。

②有机物分子在氢氧火焰中燃烧时,其离子化程度比在一般条件下要大得多。

③有机物分子在燃烧过程中生成的离子在电场中作定向移动而形成离子流。

2. 基本构造

氢焰检测器的构造比较简单,如图 2-14 所示,在离子室内仅有喷嘴、极化极(又称发射极)和收集极等三个主要部件。

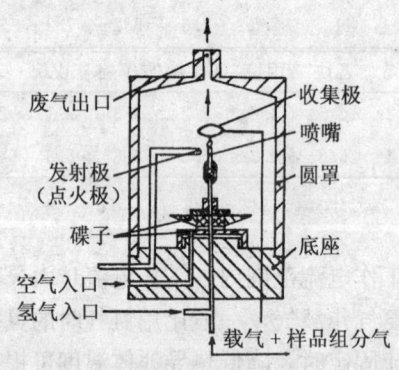

图 2-14　氢焰检测器

3. 检测过程

氢焰检测器的检测过程如下:燃烧用的氢气与柱出口流出物混合经喷嘴一起流出,在喷嘴上燃烧,助燃用的空气(氧气)均匀分布于火焰周围。由于在火焰附近存在着由收集极(正极)和极化极(负极)间所形成的静电场,当被测样品分子进入氢-氧火焰时，燃烧过程中生成的离子，在电场作用下作定向移动而形成离子流，通过高电阻取出，经微电流放大器放大，然后把信号送至记录设备（记录仪、色谱数据处理机或色谱工作站及相关设备等），进行数据处理、图像显示、打印图谱和打印分析结果等。

4. 相关事宜

①载气种类：实验表明，用氮气作载气比用其他气体（如 H_2、He、Ar）作载气时的灵敏度要高。

②气体比例：一般流速比为氮气：氢气：空气≈1：1：10，增大氢气和空气的流速可提高灵敏度。

③内部供氧：把空气和氢气预混合，从火焰内部供氧，这是提高灵敏度的一个比较有效的方法。

④距离恰当：收集极与喷嘴之间的距离一般以5～7mm为宜，此距离可获较高的检测灵敏度。

⑤其他措施：维持收集极表面清洁、检测高分子量样品时，适当提高检测室温度也可提高灵敏度。

（三）电子捕获检测器

电子捕获检测器（Electron capture detector，ECD），属于专用型微分检测器，由于它对电负性物质（例如：含卤素、硫、磷、氮等物质）有很高的灵敏度，因此在石油化工、环境保护、食品卫生、生物化学等分析领域中得到广泛的应用。

电子捕获检测器的最小检出量可达 10^{-13} g，线性范围约为 10^4。

1. 检测机理

电子捕获检测器是根据电负性物质分子能捕获自由电子的原理而制成的，它主要利用以下三个条件来达到检测之目的。

①能够产生β射线：检测器内有能放出β射线的放射源，常用 ^{63}Ni、^{3}H 以及 ^{3}H-Sc 等作放射源。

②载气分子能电离：载气分子能被β射线电离，在电极之间形成基流，常用 N_2 或 Ar 作载气。

③样品能捕获电子：样品分子有能捕获自由电子的官能团，如：含卤素、硫、磷、氨等物质。

2. 基本构造

电子捕获检测器如图 2-15 所示，检测室内仅有放射源和收集极这两个主要部件，其构造非常简单。

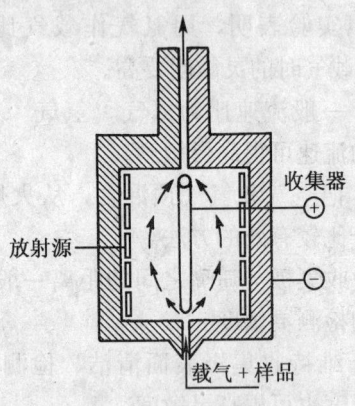

图 2-15　电子捕获检测器

3. 检测过程

电子捕获检测器的检测过程如下：在 β 射线的作用下，中性的载气分子（例如 N_2 和 Ar）发生电离，产生出游离基、低能量的电子，这些电子在电场作用下，向正极移动而形成恒定的基流；当载气中带有电负性的样品分子进入检测器时，捕获这些低能量的自由电子，使基流降低而产生信号，经微电流放大器放大后送至记录设备（记录仪、色谱数据处理机或色谱工作站及相关设备等），进行数据处理、图像显示、打印图谱和打印分析结果等。

4. 相关事宜

①使用高纯氮气：载气的纯度对灵敏度的影响很大，一般需采用纯度为 99.99％以上的高纯氮作载气。

②尽量避开氧气：为了减少氧气对检测器的沾污而造成的灵敏度下降，因此载气需脱氧和气路应避氧。

③注意人体安全：放射源对人体有一定的危害，操作时应严格遵守有关安全规则，以免发生意外事故。

（四）火焰光度检测器

火焰光度检测器（Flame photometric detector，FPD），属于专用型微分检测器，由于它对含硫、磷的化合物有很高的灵敏度，因此，在石油化工、环境保护、食品卫生、生物化学等分析领域中得到广泛的应用。

火焰光度检测器的最小检出量达 10^{-11} g，线性范围：有机磷可达 10^4；硫化物则不是线性关系，用双对数作图其线性范围为 10^2。

1. 检测机理

火焰光度检测器是根据硫、磷化物在富氢火焰中燃烧时，发射出波长分别为 394nm 和 526nm 特征光的原理而制成的，它主要利用以下三个条件来达到检测之目的。

①富氢火焰：检测器中有富氢火焰存在，为含硫、磷的有机化合物提供了燃烧和激发的基本条件。

②特征波长：样品在富氢火焰中燃烧时，含硫有机物和含磷有机物能发射出其特有波长的特征光。

③光电转换：检测器设有滤光片和光电倍增管，通过滤光片选择后光电倍增管把光转换成电信号。

2. 基本构造

火焰光度检测器主要由火焰喷嘴、滤光片和光电倍增管等三部分所组成，其构造如图 2-16 所示。从图中看出，其燃烧室与氢焰检测器燃烧室的构造很相似，若经适当改进并在喷嘴上方加装收集极，也许又可作氢焰检测器使用。

3. 检测过程

火焰光度检测器的检测过程如下：柱后流出的载气与空气和氢气混合后经喷嘴流出，在喷嘴上燃烧。当柱后流出的样品组分与载气一道进入此富氢火焰燃烧时，硫、磷化合物发出其特征光。

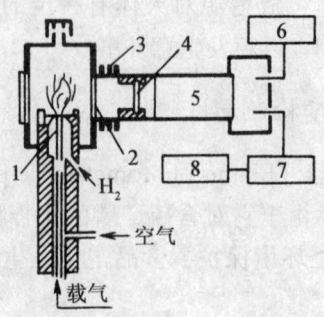

1. 喷嘴　2. 石英片　3. 散热片　4. 滤光片　5. 光电倍增管
6. 电源　7. 放大器　8. 记录设备

图 2-16　火焰光度检测器

含磷有机物以 HPO 碎片的形式发射其特征光，含硫有机物以激发态 S_2 分子的形式发射其特征光。磷化物用 526nm 的滤光片进行选择；硫化物可用 394nm 或 384nm 的滤光片进行选择。光电倍增管把所滤过的光转换成电信号，此电信号送至微电流放大器放大后输至记录设备（记录仪、色谱数据处理机或色谱工作站及相关设备等），进行数据处理、图像显示、打印图谱和打印分析结果等。

4. 相关事宜

①富氢火焰：火焰光度检测器必须是富氢火焰，氧气与氢气流速之比在 0.2～0.5 范围可获得高灵敏度。

②测磷流速：火焰光度检测器测磷氢气 160～180mL/min，空气 150～200mL/min，氮气 40～80mL/min。

③测硫流速：氮气流速为 90～100 mL/min 时其灵敏度较高；检测室温度过高使测硫时检测灵敏度下降。

须知，各种气体的实用流速还与仪器型号、样品种类以及其他操作条件和分析要求等有关，故应根据具体情况来确定它们的流速。

（五）热离子检测器

热离子检测器（Thermionic detector 或 Nitrogen phosphorous

detector，NPD)，又称氮磷检测器、热离子发射检测器、碱火焰电离检测器等，属于专用型微分检测器，由于它对含电负性原子特别是含氮、磷、硫、卤素等有机化合物有很高的灵敏度，因此，在医药卫生、农药残留以及环境保护等的分析工作中应用广泛。

热离子检测器的最小检出量可达 10^{-14} g，线性范围为 10^8。

1. 检测机理

热离子检测器是根据含电负性原子的有机物样品在氢氧火焰里燃烧时，会明显增加碱盐的蒸发和化学离解，从而使收集到较大的离子流和检测信号。它主要利用以下的三个条件来达到检测之目的。

①氢氧火焰：氢氧火焰为有机物分子燃烧和碱盐的蒸发与化学离解提供了基本条件。

②碱金属盐：在喷嘴上方附加了碱金属盐片如氟化钠、硫酸钠、溴化铯、硫酸铷等。

③样品特性：含电负性原子的有机物在氢氧焰燃烧时明显增加碱盐蒸发和化学离解。

2. 基本构造

热离子检测器的构造比较简单，如图 2-17 所示，在一般的火焰离子化检测器喷嘴上方加装一个碱金属盐片或盐圈即可。

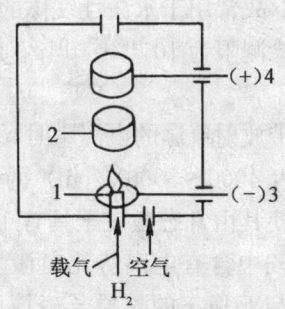

1. 喷嘴　2. 碱金属盐　3. 极化极　4. 收集极

图 2-17　热离子检测器

3. 检测过程

热离子检测器的检测过程如下：燃烧用的氢气与柱出口流出物混合经喷嘴一道流出，在喷嘴上燃烧，助燃用的空气（氧气）均匀分布于火焰周围。由于在火焰附近存在着由收集极（正极）和极化极（负极）之间所形成的静电场，当含电负性原子的被测样品分子进入氢-氧火焰燃烧时，会增加碱金属盐的蒸发和化学离解，从而使收集到的离子流大为增加，通过高电阻取出，经微电流放大器放大，然后把信号送至记录设备（记录仪、色谱数据处理机或色谱工作站及相关设备等），进行数据处理、图像显示、打印图谱和打印分析结果等。

4. 相关事宜

① 热离子检测器对气体流速波动非常敏感，因此，应严格控制操作条件，才能获得较好的分析结果。

② 载气、氢气和氧气的流速，应根据检测室构造以及收集极-碱盐-喷嘴三者之间的距离经调试确定。

（六）氦离子检测器

氦离子检测器（Helium ionization detector，HID），又称氦电离检测器。它不仅对一般的有机化合物，而且对无机惰性气体也能给出极高的响应值，故常用于永久性气体的痕量分析。

氦离子检测器的检测限为 $10^{-18} \sim 10^{14}$ g，线性范围约 10^5。

1. 检测机理

高纯氦载气通过带放射氚源的电离室时，由于氚源辐射的 β 粒子在强电场（电压梯度 $4000 \sim 7000$ V/cm）的作用下，具有很大的能量，与氦原子碰撞使其由常态激发至具有 19.6eV 能量的激发态（或称亚稳态）。当载气中含有电离势比氦激发能低的组分并通过电离室时，此组分即与亚稳态的氦原子碰撞而被电离，电离室就有较大的离子流输出。它主要利用以下的三个条件来达到检测之目的。

①能够产生β射线:检测器内有能产生β射线的放射源,常用氚(^{3}H)源等作放射源。

②氦原子成亚稳态:β粒子与载气氦原子碰撞,使其由常态激发至激发态或称亚稳态。

③样品电离势较低:通过电离室载气中所含的样品组分,其电离势必须比氦激发能低。

2. 基本构造

氦离子检测器如图 2-17A 所示,检测室内仅有放射源和电极等部件,其构造比较简单。

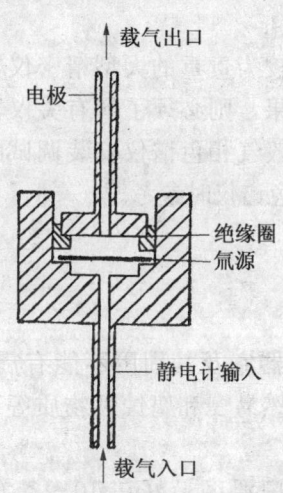

图 2-17A　氦离子检测器

3. 检测过程

氦离子检测器的检测过程如下:在β射线的作用下,载气分子氦由常态激发至具有 19.6eV 能量的激发态(或称亚稳态);当载气中含有电离势比氦激发能低的组分并通过电离室时,此组分即与亚稳态的氦原子碰撞而被电离,电离室就有较大的离子流输出。

经微电流放大器放大后送至记录设备(记录仪、色谱数据处理机或色谱工作站等），进行数据处理、图像显示、打印图谱和打印分析结果等。

4. 相关事宜

①使用高纯氮气：氮气中杂质总量必须小于 10mg/kg，才能有很小的本底电流和比较高的灵敏度。

②注意人体安全：放射源对人体有危害，操作时应严格遵守有关安全规则，以免发生意外事故。

第 4 节　色谱仪安装调试

气相色谱仪属于较为贵重的大型精密仪器，为了能安全使用和获得良好的工作效果，则必须了解有关仪器安装调试方面的基本知识。下面介绍一般气相色谱仪安装调试的基本要求以及相关事项，以供安装调试色谱仪时参考。

一、环境条件

1. 仪器室

①周围环境：仪器室及其周围不能有震源、火源、电火花、强大磁场和电场、易燃易爆和腐蚀性物质等存在，以免干扰分析或发生意外。

②温度湿度：室内温度最好在 10～35℃ 范围，相对湿度在 80% 以下，以保证各元件能正常工作，最好配有空调、干燥和排风等装置。

③减尘防尘：应尽可能降低室内空气含尘量，减少尘埃落入仪器内部，以免影响仪器性能。窗户应配有纱网，注意保持仪器和室内清洁。

④工作台面：工作台应能承受整套仪器重量，高度一般为 70cm 左右，宽度为 70～80cm，并且要离墙 30cm 左右，工作台面垫上橡胶板为宜。

⑤防火防爆：色谱室内必须严禁烟火，照明应使用防爆型灯具，必须备有灭火器，落实好有关防火防爆等安全措施，以免发生意外事故。

2. 贮气室

①周围环境：贮气室及其周围不能有热源、火源、电火花、易燃易爆和腐蚀性的物质存在等，以免发生安全事故。

②氢氧分置：贮气室应有两间单独房子，分别贮放氢气钢瓶和氧气钢瓶，以避免氢氧存放在一起而造成意外事故。

③室内温度：贮气室内温度最好不低于 10℃和不超过 35℃，不能让阳光直射或者雨雪直入以免引发爆炸或其他事故。

④钢瓶检验：高压钢瓶应定期检验，有检验合格证的才能使用；高压钢瓶上要有代表所贮气体的标记颜色和字样。

⑤钢瓶安全：室内气瓶竖立放置立地可靠，应认真检查阀门接头和减压阀等是否牢靠好用，用后应及时关闭阀门。

⑥防火防爆：贮气室内必须严禁烟火，应使用防爆型照明，室内应有防火防爆以及灭火等安全设施，要随手锁门。

3. 管线

① 管材：常用的管子材料有不锈钢管、紫铜管、聚四氟乙烯管和聚乙烯管等，因塑料管容易老化和损坏，应注意及时更换。

② 耐压：选用的管子直径宜小不宜大，至少要能承受 0.6MPa（6kg/cm^2）以上的压力；所用的管子和器件要注意清洁干净。

此外，管线安装之后要进行检漏。把进入仪器之前的气路出口端密封，打开高压气瓶上的减压阀，调节出口压力为（0.5～0.6）MPa（5～6kg/cm^2），用十二烷基磺酸钠中性水溶液或甘油水溶液（甘油与水以 1∶1 左右混匀即可），检查自钢瓶至进入仪器之前的整个管线的接头和焊缝，没有漏气现象发生即可使用。

4. 电源

①电压：国产的色谱仪器电源电压为 220V、50Hz，进口仪器

要注意其电源电压。

②功率：电源线路所用导线、插头、插座、闸门、保险丝等应能承受总机功率。

③安全：电线、插座等电器件最好装入墙内，仪器室的电源必须安装有总开关。

5. 地线

①专用地线：仪器所接地线必须导电性能良好，可用埋地1m多深的铜板作为地线。

②电位相等：为了使仪器各部件等电位，同一仪器各部件的接地接头应连成一体。

二、安装调试

1. 仪器安装

①核对清单：打开仪器包装箱之后，应核对仪器清单，检查器件和配件是否齐全；按仪器说明书的排布图，把仪器安装到工作台面上；卸掉运输时所外加的螺钉和扎线等。

②检查机件：检查各机件内部的元件安装是否紧固，绝缘是否良好，运输过程是否造成某些破损以及其他毛病；并用脱脂棉蘸上乙醇擦去水分、灰尘、油污以及其他脏物。

③测试性能：把所有各部件之间的连接电缆、插头、插座抹干净，然后按对应的编号或标记牢靠地连接起来，把仪器气路系统与外接气路连接起来，测试一下各部件性能。

2. 气路测试

①气路畅通性：把空柱接入气路，并把气路系统出口接至鼓泡器。然后通气，调节稳压阀，从转子流量计和鼓泡情况则能观察出整个气路的畅通性。如果不畅通，则应分段检查，直至气路畅通方能使用；辅助气体的气路也应检查畅通性。

②气路密封性：把空柱接入气路并把出口处密封，通气，N_2可调至$0.40MPa$，H_2可调至$0.25MPa$。若密封性好，则转子流量

计中转子不上浮，并且各接头和焊缝等处用甘油水溶液或十二烷基磺酸钠中性水溶液检查，无漏气现象发生即可。

此外，流量计校正按本章前面所介绍的方法进行。

3. 性能测试

按仪器所附说明书的规定，安装好色谱柱，控制好操作条件，准备好样品。

①稳定性：按仪器说明书规定的仪器工作条件，让记录纸走数小时，测出基线稳定性能的指标，然后与仪器的出厂指标进行比较。

②灵敏度：按仪器说明书规定条件进样测试，按说明书或本章第3节中的计算式求出仪器的灵敏度或敏感度，校验仪器出厂指标。

通过上述测试，若表明仪器正常，则可投入正常的分析测试工作。

第2章 气相色谱柱

色谱柱（Chromatographic column）可分为填充柱和毛细管柱两大类。色谱柱被视为色谱仪的心脏，色谱柱的选择是确立色谱分析方法的一个重要步骤。所选择的色谱柱既要满足分离的要求、又要满足快速分析的需要；如果想要达到所选得的色谱柱又短、分辨率又高、重现性又好，那么就必须很好了解色谱固定相的组成、性质、用途以及相关的知识。

第1节 色谱柱概念

1. 填充柱

填充柱（Packed column），系指填充了柱填料的色谱柱，填充柱又分为一般填充柱、微填充柱和填充毛细管柱。

由于填充柱的制备和使用方法都比较容易掌握，而且具有多种填料可供选择，能满足一般样品的分析要求，因此，填充柱应用极为普遍。

填充柱的缺点是渗透性较差，传质阻力较大，柱子不能过长（一般小于4m），故其分离效率受到一定的限制。

由于填充柱能承受较大的样品负荷量，除了用于一般分析之外，还可用于制备色谱，制备色谱用的填充柱柱径可大至数百毫米。

一般分析用的填充柱内直径2～3mm、内填颗粒填料的柱子称为一般填充柱。

2. 微填充柱

微填充柱（Micro-packed column），系指柱管内直径≤1mm、填充小颗粒填料的色谱柱子。微填充柱中，要求填料粒径与柱管内径的比值接近于一般填充柱；填料筛分范围要求比较窄，一般间距为3~5μm，因而均匀性较好，故其柱效较高。微填充柱对试样的负荷量较小，因而需要采用较灵敏的检测器。

3. 填充毛细管柱

填充毛细管柱（Packed capillary column），系指将多孔性填料疏松地装入玻璃管中，然后拉制成内径为 0.25~0.50mm 的柱子。制备时应选用热稳定性良好的材料作填料，例如：碳分子筛、活性氧化铝、涂有固定液的硅藻土等。填充毛细管柱具有填充柱和毛细管柱的综合优点：填充密度较小、柱效较高和分析速度较快等。

4. 毛细管柱

毛细管柱（Capillary column），又称开口管柱、空心毛细管柱、戈雷柱，系指内径为 0.1~0.5mm，固定相于柱管内壁上而中间为空心的色谱柱。毛细管柱包括一般毛细管柱和多孔层毛细管柱等两种类型。

一般的毛细管柱是将固定液均匀地键合于（或涂布在）内径为 0.1~0.5mm 的金属、玻璃、尼龙或塑料管内壁上，形成 1μm 以下的固定液膜。由于这种色谱柱具有渗透性大、传质阻力小，可采用很长的柱子（一般几十米，有的达百米以上），因此，该柱具有分离效能高、分析速度快、样品用量少等优点。其缺点为样品负荷量小，需采用样品分流进样技术而影响定量的准确性，柱的制备过程较复杂。

5. 多孔层毛细管柱

多孔层毛细管柱（Porous layer capillary column，PLCC），又称多孔层开口管柱（Porous layer open tublar column，PLOT）。在毛细管内壁上用适当方法制备一层多孔性物质，该多孔性物质既可作吸附剂，也可作为载体用于键合（或涂布）固定液。多孔性物质可用硅藻土载体或硅烷化硅胶等，多孔层厚度以 0.1mm 左右为宜。这种色谱柱的内表面和负荷量都比较大，渗透性比较好，故具有稳定、高效、快速等优点。

6. 预柱

预柱（Pre-column），又称前置柱，系指用于预分离或预处理的柱子。为了分离某种混合物、或为了满足某种特定的分离要求时，常在色谱柱前加一根柱子进行预分离或预处理，从而使特定的组分进入色谱柱，而其余组分留在预柱内。有时预柱也可以是化学反应柱，用以吸收或转化某些组分。

7. 参比柱

参比柱（Reference column），又称比较柱、参考柱。在双流路色谱仪中，使用两根相同的色谱柱，一根为分离柱，另一根则称为参比柱。采用参比柱的目的是自动补偿由于温度波动、流速变化、固定液流失或其他因素所引起的噪音，从而获得稳定的基线，这在程序升温、程序变流和梯度洗脱等色谱法中有所应用。

8. 复合柱

复合柱（Combined column），又称混合柱，系指含多种固定相的色谱柱。用单一固定相的柱子不能达到全分离的要求时，可采用含多种固定相的色谱柱来实现分离目的。

9. 柱填料

柱填料（Column packing），系指填充于色谱柱中的固定相。固体吸附剂、键合（或涂渍）了固定液的载体、高分子多孔小球等均可作色谱柱填料。

10. 载体

载体（Support），系指为涂渍（或键合）色谱固定液提供适宜表面性质的固体物质。在填充柱色谱中，常以硅藻土、卤化碳、玻璃微珠等球形固体颗粒作载体；在毛细管柱色谱中，则往往以柱管内壁来充当载体的作用。

11. 固定相

固定相（Station phase），系指色谱柱内不移动的、用于分离混合物的物质称为固定相。例如：固体吸附剂、固定液和高分子多孔小球等。

12. 固定液

固定液（Station liquid phase），系指涂渍（或键合）于载体表面上，能使混合物获得分离，且在工作温度下呈液态的物质。

13. 固定液流失

固定液流失（Station liquid phase bleeding），系指液-液和气-液色谱操作过程中所发生的固定液损失现象。固定液的流失不仅改变色谱柱的性能，而且导致基线不稳，降低了检测灵敏度；在制备色谱中还使收集的组分受到污染，因此应尽量避免。

14. 键合固定相

键合固定相（Bonded stationary phase），又称化学键合固定相，系指固定液与载体表面上的官能团（例如：硅羟基）之间通过化学反应的方法所得的化学键结合的固定相。由于在表面上形成均一的牢固的单分子薄层，因此能获得较高的柱效率和减少使用过程中固定液流失现象发生。

通常涂布固定液则是利用分子间的亲和力，使固定液附着在载体表面上，也即利用物理方法来涂布固定液。因此，固定液分布难以均匀，结合也不很牢固，这就影响柱效率和比较容易发生固定液流失现象。

15. 液相载荷量

液相载荷量（Liquid phase loading），系指单位质量载体其表面上所能承受固定液的量。其大小不但与载体的比表面、孔径、孔容等物化性质有关，而且还与固定液的性能有关。

16. 柱容量

柱容量（Column capacity），又称柱负荷，系指在不影响柱效能情况下的最大进样量；制备色谱柱的柱容量是指在不影响收集物纯度前提下的最大进样量。

17. 柱寿命

柱寿命（Column life），系指色谱柱能获得按规定分离要求的使用时间，它取决于固定相的性质和色谱操作条件。操作条件过于激烈使得固定相变质或流失、柱填料破碎，流动相及样品中的杂质致使固定相被污染或产生化学反应，柱管材料的锈蚀等都会缩短柱寿命。

18. 减尾剂

减尾剂（Tailing reducer），系指用于减少色谱峰拖尾的物质。表面活性剂、酸、碱等有减尾效果，在制备色谱填料过程中，涂渍固定液的同时可添加适量的减尾剂。

常作减尾剂用的表面活性剂有：司班80（Span-80），吐温60和80（Tween-60，Tween-80），聚乙二醇类等。它既可饱和载体表面吸附中心，又能促使固定液较均匀分布在载体表面上，这对低固定液量的柱填料尤为有利。

分析碱性化合物时可用氢氧化钾作减尾剂，分析酸性化合物时可用磷酸作减尾剂。

19. 比表面

比表面（Specific surface），又称比表面积，系指单位质量固体物质所具有的表面积。载体的比表面积直接影响载体的液相载荷量，高分子多孔小球和固体吸附剂的比表面积则直接影响其分离效能，因此，比表面也是柱填料的质量指标之一。

20. 密度

密度（Density），系指单位体积物质所具有的质量。在制备柱填料过程中，密度是需加控制的质量指标之一。在单位质量载体上的固定液量相同的情况下，载体的密度则直接影响单位柱体积中固定液量；在填料质量相同的条件下，填料的填充密度也直接影响柱效率。

21. 目数

目数（Mesh），系指单位长度上筛孔的数目。公制按每厘米上的筛孔数目计；英制则以每英寸上的筛孔数目来标称，如200目筛是指每英寸上有200个筛孔。因此，筛孔的大小不但与筛孔数目有关，而且与网丝的粗细有关，标准局对此都有具体规定。美国筛和我国药典筛等的目数和筛孔内径的数据参见表2-5。

表 2-5 几种标准筛的目数和孔径（表中目数除 ISO 为公制之外，其余均为英制）

孔径 /μm	目数	20	40	60	80	100	200	325	625	2500
	美国 ASTM	840	420	250	177	149	74	44	20	5
	美国 Tayler	833		246	175	147	74	43		
	英国标准 BS			251		152	89			
	国际标准 ISO	315	160	100	71	63				
	中国药典筛	960	480	310	230	170				

从范第姆特方程看出，为了获得较好的柱效率，不但需选择填料的目数大小，而且还要控制目数范围。

第 2 节 固体吸附剂

固体吸附剂（Solid adsorbent），系指对气体或溶质能发生吸附作用的固体物质。在气-固色谱中，以固体吸附剂为柱填料，它所分析的样品对象主要是永久性气体和低分子量气态烃类等气态混合物。

一、主要特点

1. 有较大的比表面

常采用大于 $200m^2/g$ 的固体吸附剂，有的甚至达 $1000m^2/g$，对许多种类物质有很强的吸附性。因此，一般不宜用于分析液态样品，而较适用于分析气态样品。

2. 有较好的选择性

不同的气态组分在固体吸附剂上的吸附热差值往往比较大。因此，在气-液色谱中溶解度很小难以分离的气态混合物样品，在固体吸附剂上却能很好地分离。

3. 有良好的稳定性

固体吸附剂所能承受的温度上限比仪器和样品所能承受的还

要高。因此，几乎无流失问题，这对于使用高灵敏度检测器而又需稳定基线的分析工作尤为重要。

4. 使用比较方便

大部分固体吸附剂价格低廉，而且制备柱子容易，一般不必另加固定液即可直接作色谱固定相使用；分离效能降低了的固体吸附剂，经再生处理后仍可复用。

二、注意事项

1. 强度不高

分子筛和炭类等固体吸附剂的机械强度较差，制备柱填料和装柱时要特别小心，尽量减少破碎，以免降低柱效。

2. 重现性差

同一类型的固体吸附剂，如果厂家不同或即使同一厂家而批号不同时，其性能往往不尽相同，故其重现性较差。

3. 催化活性

在较高温度下固体吸附剂表面呈现一定的催化活性，涂上少量色谱固定液可减少催化作用和提高柱子的选择性。

4. 活化处理

由于吸附容量大，对某些组分容易发生永久性吸附而影响柱效并出现不对称峰，故在使用之前需进行活化处理。

须知，停机之后应及时把固体吸附剂柱子出口密闭，使用一段时间之后需作再生处理。此外，还要注意做好定量校正工作，这对分析微量组分尤其重要。

三、常用种类

1. 分子筛

分子筛（Molecular sieve），系指具有较均一微孔结构而能将不同大小分子分离或选择性反应的固体吸附剂或催化剂。气固色谱用的分子筛通常指的是 5A 和 13X 型分子筛，它们是在室温条件下分离氧和氮的最好吸附剂之一。由于此类型吸附剂还能分离其他气体和短链的气态烃类化合物，因此应用比较广泛。

图 2-18 为氧、氮等气态组分在 2m 长的 13X 柱上的分离色谱图；图 2-19 为氧、氮等气态组分在 1m 长的 5A 柱上的分离色谱图；两者均以氦气为载气，流速均为 20mL/min，柱温均为 22℃。

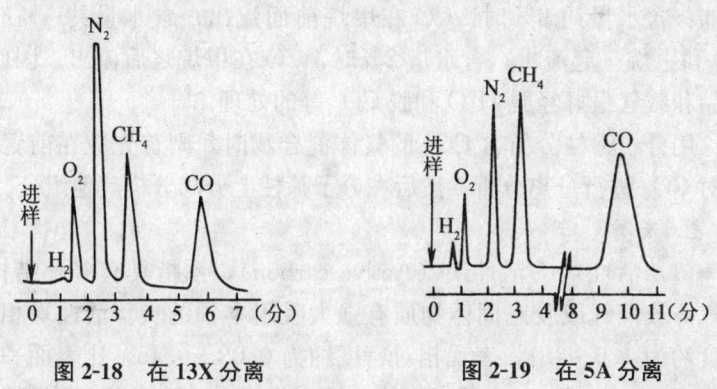

图 2-18　在 13X 分离　　　　图 2-19　在 5A 分离

从图中看出，虽然 5A 的柱长只有 1m，而 13X 柱长是 2m，除 CO 外其他组分的保留值基本相同，这表明于相同柱长的条件下，在 5A 柱上的保留时间则要长得多。若为了快速分析，则应选用 13X 型的分子筛；若要求较好的分辨率，则应采用 5A 分子筛。

充分活化后在室温条件下，分子筛柱上的分离顺序如下：氢、氧（氩）、氮、甲烷、一氧化碳。一般条件下氧和氩一起流出，若要分离它们，需用 5~10m 长的柱子。

在室温条件下，分子筛除了永久性吸附 CO_2 和 H_2O 之外，还能吸附 H_2S、SO_2、Cl_2 和 HCl 等化合物，以及其他腐蚀性气体。

5A 分子筛可用作高温时的扣除剂，从含有直链和支链的烷烃和烯烃的混合物中选择性地除去直链烃。

如果分子筛没有活化好，则所有气体组分都迅速流过柱子，那么气体混合物就分离不好或者不分离。活化要在 400℃（或稍高）的温度下进行，应小心控制好除水条件，水分含量越少则保留时间越长和分离越好。

分子筛柱的主要问题是分离性能不稳定,这是由于活化过程控制不当和分子筛本身性能变化所造成的。在室温或一般操作温度下,CO_2 和 H_2O 被分子筛永久性吸附,带有水分和二氧化碳的样品或载气使柱效逐渐降低,分离恶化,甚至使分离顺序倒转。例如:含水量约9%时,CO在甲烷前面流出;含水量约4%时,CO和甲烷一起流出;含水量2%时,CO在甲烷之后流出。因此,样品和载气最好经脱 H_2O 和脱 CO_2 等的处理。

用分子筛柱分析含 CO_2 的气体混合物时,则首先应在前置柱中对 CO_2 进行分离分析,然后在分子筛柱上分离分析其他组分。

2. 炭类

(1) 活性炭　活性炭(Active carbon),系指具有多孔结构、对气体或蒸气或胶态固体物质有强大吸附本领的炭。活性炭相对密度约为1.9~2.1,表观相对密度约为0.08~0.45,比表面一般为 $500\sim1000m^2/g$。在很多气体分析中曾使用过活性炭,但因峰形拖尾严重和分离效能不很理想,故其应用受到一定限制;若涂上少量固定液和加少量减尾剂,则有可能扩大其应用范围。

(2) 石墨炭　石墨炭(Graphite carbon),系属晶形碳。主要用于分离硫化氢、二氧化硫、以及 $C_1\sim C_{10}$ 的烃、酚、醇、胺、游离脂肪酸等;对某些异构体也有很好的分离能力。若涂上少量固定液,则能给出气固-气液色谱复合的分离效果。

(3) 炭分子筛　炭分子筛(Carbon molecular sieve),系属一种新型炭素类吸附剂,因其微孔结构与分子筛相似,故被叫做炭分子筛,亦称多孔碳黑。炭分子筛有着广泛的用途,除了用于色谱分析、高纯度氮气的制取之外,还应用于粮食、食品、水果等的保鲜,金属热处理、石油开采及输油管的冲洗、汽车轮胎的安全气质等许多行业。

在色谱分析中,炭分子筛广泛应用于氧、氮、一氧化碳、二氧化碳、气态有机物、稀有气体、硫化物气体以及微量水等的分析。国产炭分子筛的型号有TDX等,其堆积密度为 $0.5\sim0.6g/cm^3$;国外炭分子筛商品名称有 Carbosieve B 等。

图 2-20 的固定相为 Carbosieve B，柱长 3m，柱温从室温起以 30℃/min 程升至 175℃，载气 He 为 40mL/min。

图 2-21 的固定相为 Carbosieve B，柱长 1m，柱温 150℃，载气 He 为 30mL/min。

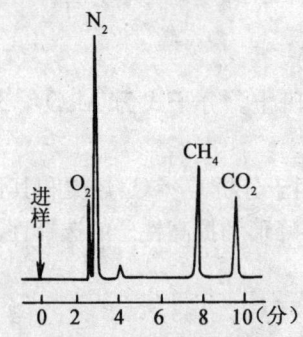

图 2-20 氧氮等的分离

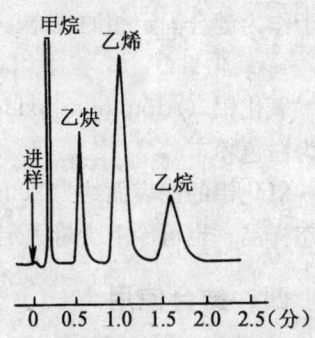

图 2-21 甲烷等的分离

炭分子筛具有以下的分离特点：

①色谱峰比较对称：在炭分子筛柱上，对醇、醛、水和其他短链化合物进行分离分析时，其色谱流出峰为对称的色谱峰。

②分离能力比较强：在单一的炭分子筛柱上就能把 O_2、N_2、CO、CH_4 和 CO_2 分离，而一般的固体吸附剂却较难达此效果。

③谱峰流出有规律：图 2-21 看出，分子量小的有机物先流出，对于饱和程度不同的组分时，则同碳数烃类饱和者后流出。

此外，实验也表明，水一般在有机物之前流出，这对微量水的分析很有好处。

3. 硅胶

硅胶（Silica gel），又称氧化硅胶、硅酸凝胶等，其分子通式为 $mSiO_2 \cdot nH_2O$，由水玻璃与硫酸或盐酸胶凝、洗涤、干燥、焙烘而成，外观为透明或乳白色颗粒。主要用于气体干燥、气体吸收、液体脱水、作催化剂、色谱分析等。

色谱硅胶的比表面为 $300\sim500m^2/g$，平均孔直径小于 $100Å$。

可用于分析硫化物、二氧化碳以及其他气态混合物样品等。若涂上少量固定液，还可用于分析液态烃、卤化物等液态混合物样品。国产色谱硅胶有 DG 等多孔硅珠产品，国外色谱硅胶商品名称有 Porasil，Sphrosil 和 Chromosil 等。

在色谱分析中，硅胶除了用作固体吸附剂之外，其重要用途在于作为键合固定相的载体。

4. 氧化铝

氧化铝（Aluminum oxide），俗称矾土，分子式为 Al_2O_3，外观为白色粉末。

氧化铝的比表面约为 $200m^2/g$，用于分析 $C_1 \sim C_4$ 烃类和其他气态样品；也可涂上少量固定液以改善峰形和提高柱子的选择性。

四、结合使用

用单一种类的固体吸附剂，有时很难完成给定的分析任务，此时可考虑采用固定相结合使用的方法来解决问题，串联和并联是经常使用的结合方式。

例如：含 O_2、N_2、CO 和 CO_2 的混合气体样品，在室温或一般操作条件下，若单独用分子筛柱或单独用硅胶柱，则均难以使它们获得全分离。因为 CO_2 被分子筛柱永久吸附，而其他组分在分子筛柱上却能获得满意的分离；硅胶柱能对 CO_2 选择性保留，但对其他组分却缺乏好的分离能力。然而，若采用如图 2-22 或图 2-23 的结合方式，则能使全部组分得到分离。

在图 2-22 中，载气把样品带入硅胶柱，CO_2 被保留，其他组分先流出硅胶柱，CO_2 在后面流出。在热导检测器臂 1 进行检测，得了一个混合组分峰和 CO_2 峰。继之，全部组分由载气携入分子筛柱，CO_2 被永久性吸附，其他组分在此柱上则全部得到分离，进入热导检测器臂 2 进行检测；此法所得的色谱图如图 2-22 中的下图所示。

在图 2-23 中，首先两个三通阀均置于直通的位置，载气把样品带入硅胶柱时，CO_2 被保留，当其他组分离开硅胶柱进入分子

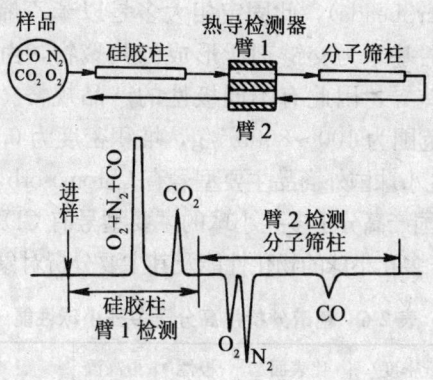

图 2-22　利用热导两臂互作参考和测量

筛柱之后,把两个三通阀均转到旁通位置,让载气把 CO_2 带入检测器检测。然后把两个三通阀又转至直通的位置,其他组分经分子筛柱分离后由载气携入检测器进行检测;此法得到如图 2-23 中的下图所示的色谱图。

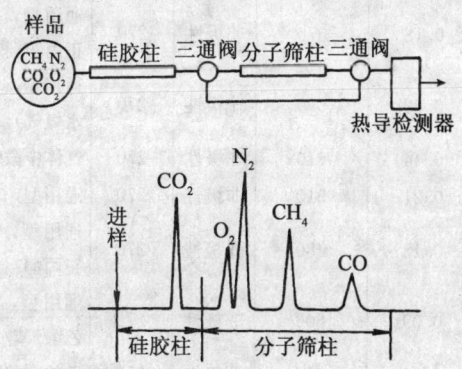

图 2-23　利用三通阀控制样品分析

第 3 节　高分子小球

高分子小球,又称高分子多孔小球、高分子多孔微球(Polymer porous microbeads），此固定相大多是以苯乙烯或乙基苯乙烯为单体，二乙烯基苯为交链剂所形成的共聚物，由于合成条件和所添加成分的差异，因此有不同极性的产品规格。高分子多孔小球比表面常见范围为 100～800m²/g，堆积密度为 0.2～0.4g/mL。

高分子多孔小球国外商品主要型号有 Chromosorb "百位"系列和 Porapak 系列，国产高分子多孔小球的主要型号有 GDX 系列和 400 系列；这些高分子多孔小球的物化性能及其主要分析对象参见表 2-6。

表 2-6 色谱分析用高分子多孔小球性能

名 称	堆密度/ (g·mL⁻¹)	比表面/ (m²·g⁻¹)	极性 强弱	最高温 度/℃	分析对象
天津化学试剂二厂					
GDX-101	0.28	330	非极性	270	烷烃、芳烃、卤代烷、醇、醛、酮、醚、酯、酸、胺、腈，各种气体
GDX-102	0.20	680	非极性	270	通用型，沸点较高化合物
GDX-103	0.18	670	非极性	270	通用型，高沸点化合物，正丙醇/叔丁醇
GDX-104	0.22	590	非极性	270	通用型，各种气体（如半水煤气）
GDX-105	0.44	610	非极性	270	气体中微量水及气体
GDX-201	0.21	510	非极性	270	通用型，较高沸点化合物
GDX-202	0.18	480	非极性	270	通用型，高沸点化合物，正丙醇/叔丁醇
GDX-203	0.09	800	非极性	270	通用型，高沸点化合物，乙酸/苯/乙酐
GDX-301	0.24	460	弱极性	250	乙炔/氯化氢
GDX-401	0.21	370	中等	250	乙炔/氯化氢/水，氨水，甲醛水溶液
GDX-403	0.17	280	中等	250	水/低级胺/甲醛等
GDX-501	0.33	80	较强	270	C_4 烃异构体
GDX-502	—	170	较强	250	C_1～C_2 烃，CO，CO_2

续表

名 称	堆密度/ $(g \cdot mL^{-1})$	比表面/ $(m^2 \cdot g^{-1})$	极性强弱	最高温度/℃	分析对象
中国科学院化学所					
GDX-601	0.30	90	强极性	200	环己烷/苯等
上海试剂一厂					
401有机载体	0.32	300~400	非极性	270	相当于GDX-101
402有机载体	0.27	400~500	非极性	270	相当于GDX-102
403有机载体	0.21	300~500	非极性	270	相当于GDX-103
404有机载体	—	≤80	较强	270	相当于GDX-501
405有机载体	—	≤150	较强	—	—
406有机载体	—	—	—	—	乙烯、乙炔、烷烃、芳烃、卤代烃、含氧有机化合物
407有机载体	—	—	—	—	乙烯、乙炔、烷烃、芳烃、卤代烃、含氧有机化合物,正丙醇/叔丁醇
408有机载体	—	—	—	—	氯化氢及氯中的水等活性化合物
美国 Macherey Nagel					
Chromosorb 101	0.30	30~40	弱极性	250	烷、酯、醛、酮、醚、酸、醇、氟化物
Chromosorb 102	0.29	300~400	中等	275	低沸点化合物、永久性气体、水、醇
Chromosorb 103	0.32	15~25	中等	250	C_1~C_6胺类、醇、醛、酮
Chromosorb 104	0.32	100~200	强极性	250	硫化氢水液、氨、腈、硝基烷、氮氧物
Chromosorb 105	0.34	600~700	中等	250	甲醛、乙炔、水、沸点低于200℃有机物
Chromosorb 106	0.28	700~800	弱极性	250	C_2~C_5脂肪酸和醇
Chromosorb 107	0.30	400~500	中等	250	甲醛水溶液
Chromosorb 108	0.30	100~200	中等	250	水、醇、醛、酮、气体

续表

名称	堆密度/$(g \cdot mL^{-1})$	比表面/$(m^2 \cdot g^{-1})$	极性强弱	最高温度/℃	分析对象
美国 Waters					
Porapak P	0.28	100~200	弱极性	250	乙烯、乙炔、烷烃、芳烃、卤代烃、醇、醛、酮、醚、酸、酯、胺、腈等
Porapak P-S	—	—	弱极性	250	同上
Porapak Q	0.25	500~600	非极性	250	同上
Porapak Q-S	—	—	非极性	250	同上
Porapak R	0.33	450~780	强极性	250	氯和氯化氢等活性物质中的水
Porapak S	0.35	350~470	中等	300	醇类、极性气体
Porapak T	0.44	300~450	强极性	200	醇类、极性气体
Porapak N	0.39	437	中等	200	甲醛水溶液组分

高分子多孔小球这一新型固定相，因具有独特的优点，故在分析中得到越来越广泛应用。分析实例如下：

图 2-24 的固定相为 Porapak Q，柱长 2m，柱温 30℃，载气 H_2 为 55mL/min，TCD 检测。

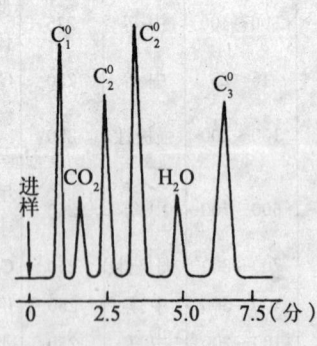

图 2-24 气态烃和水的分析

图 2-25 的固定相为 GDX-203，柱长 2m，柱温 160℃，载气 H_2 为 70mL/min，TCD 检测。

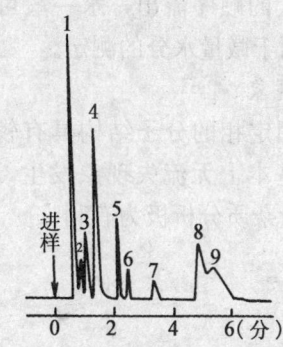

1. 水 2. 甲醇 3. 乙醇 4. 丙酮 5. 氯仿
6. 苯 7. 甲苯 8. 间、对二甲苯 9. 邻二甲苯

图 2-25　水和醇等的分析

一、主要特点

1. 具有广泛的适用性

高分子多孔小球既可直接作固定相，也可作色谱载体；既能用于分析许多种类的气体样品，也能分析许多种类的液体样品；具有较大的柱容量可作制备色谱的柱填料。

2. 具有较好物化性能

由于高分子多孔小球粒度均匀、形状规则和机械强度好，因此能获得较高的柱效。此外，高分子多孔小球有很好的耐腐蚀性能，因此，可用作分析腐蚀性物质的固定相。

3. 色谱峰形比较对称

分离分析非极性和弱极性化合物（例如：烃、醚、酮类），或者水、醇、酸、胺、腈等极性化合物，在高分子多孔小球固定相上流出时，它们的色谱峰形一般都比较对称。

4. 色谱峰流出有规律

混合物样品在高分子多孔小球固定相上进行分离分析时，基本上按分子量从小到大的顺序流出，水一般可在液态有机物之前流出，因此，特别适用于微量水分的测定。

5. 很少发生流失现象

高分子多孔小球固定相的分子结构具有较高的稳定性，在允许温度范围内工作时基本上无流失现象发生，因而适于使用高灵敏度检测器，这对微量杂质分析极为有利。

二、注意事项

1. 工作温度

高分子多孔小球的最高使用温度一般不能超过270℃（特殊种类可达450℃），否则高聚物将发生热分解现象；各种高分子多孔小球最高使用温度参见表2-6。

2. 活化处理

使用之前需进行活化处理，在不超过最高使用温度的条件下，通载气8h左右，以除去溶剂、短链分子和某些被吸附组分，在活化过程中应尽量避免与空气接触。

3. 定量校正

在分析极性化合物时，高分子多孔小球对某些组分发生永久性吸附，若该组分的含量在100mg/kg以下，则可能出现非线性响应，因此应注意做好定量校正工作。

4. 消除静电

高分子多孔小球往往带有静电，容易出现附壁现象，故在制备此类柱子时需用适宜溶剂（例如丙酮）擦洗器壁或把它冷至0℃，以保证柱子充填得均匀紧实。

此外，为了提高柱子的选择性，可在高分子多孔小球上涂以适当的固定液。

第 4 节 固定液载体

载体（Support 或者 Carrier），系指承载它物的物体；色谱载体（Chromatographic support），以前曾称为色谱担体，系指承载（涂渍或者键合）固定液的固体物质，故又称固定液载体。在分配色谱中，为了使固定液与流动相间具有尽可能大的接触界面，通常是使固定液均匀地涂渍或者键合于多孔结构的惰性固体表面上，此惰性固体即为色谱载体。在气相色谱中除了毛细管柱利用管壁来涂渍或者键合固定液之外，所有色谱的柱填料均利用球形固体颗粒（色谱载体）来涂渍或者键合固定液。

一、基本要求

对于涂渍固定液而言，要求色谱载体比表面积大小适宜，以便于承受所给定的固定液量；对于键合固定液而言，则要求色谱载体表面有适宜的官能团，以便与固定液形成牢固的键合固定相。此外，对色谱载体还有如下的要求。

1. 化学惰性较好

色谱载体只要附着或键合固定液，而不与样品发生化学反应或对样品发生不可逆吸附。

2. 孔穴结构合理

要求色谱载体中具有合理的孔穴结构，以利于样品组分在气液两相之间进行快速交换。

3. 机械强度较高

要求色谱载体具有较高的机械强度，以减少在制备柱填料和装柱过程中发生破碎现象。

4. 热稳定性较高

要求色谱载体具有较高的热稳定性，否则在工作温度下发生变质现象，造成分析干扰。

5. 颗粒大小均匀

从范第姆特方程看出，色谱载体颗粒大小均匀、形状规则，则有利于提高色谱柱效率。

须知，在现今所使用的色谱载体中，尚无一种能完全同时满足以上的要求；在实际工作中，应根据分析对象的特点，尽可能选择比较符合分析要求的色谱载体。

二、常用载体

色谱载体可分为无机和有机两大类，前者包括硅藻土、玻璃、金属及其化合物等载体，后者主要是卤化碳载体（例如聚四氟乙烯）和其他有机高聚物载体。常用气相色谱载体种类及其物化性能参见表 2-7。

表 2-7 气相色谱载体常用种类

名 称	颜色	组成及处理	生产厂家
白色硅藻土载体			
上试 101	白色	硅藻土载体	上海试剂一厂
上试 101 酸洗	白色	经盐酸处理的上试 101	上海试剂一厂
上试 101 硅烷化	白色	经 HMDS 硅烷化处理的上试 101	上海试剂一厂
上试 102	白色	硅藻土载体	上海试剂一厂
上试 102 酸洗	白色	经盐酸处理的上试 102	上海试剂一厂
上试 102 硅烷化	白色	经 HMDS 硅烷化处理的上试 102	上海试剂一厂
上试 303 釉化	白色	经 B_2O_3 釉化处理的上试 101	上海试剂一厂
上试 304 釉化	白色	经 B_2O_3 釉化处理的上试 102	上海试剂一厂
405	白色	硅藻土载体	大连催化剂厂
Chromosorb A	白色	硅藻土载体	John-Manville
Chromosorb G	白色	硅藻土载体	John-Manville
Chromosorb R	白色	硅藻土载体	John-Manville
Chromosorb W	白色	硅藻土载体	John-Manville

续表

名称	颜色	组成及处理	生产厂家
白色硅藻土载体			
Chromosorb W AW	白色	经过酸洗的 Chromosorb W	John-Manville
Chromosorb W AW-DMCS	白色	经过酸洗、DMCS 硅烷化处理的 Chromosorb W	John-Manville
Chromosorb W AW-DMCS-HP	白色	经酸洗、DMCS 处理的 Chromosorb W 高效载体	John-Manville
Chromosorb W HMDS	白色	经过 HMDS 处理的 Chromosorb W	John-Manville
Chromosorb White	白色	硅藻土载体	May & Baker Ltd
Gas Chrom A	白色	经过酸洗的 Celaton 载体	Applied science Laboratories Inc
Gas Chrom CL	白色	非酸洗的 Celite 载体	同上
Gas Chrom CLA	白色	经过酸洗的 Gas Chrom CL	同上
Gas Chrom CLH	白色	经过 HMDS 硅烷化处理的 Gas Chrom CLA	同上
Gas Chrom CLP	白色	经过酸洗、碱洗的 Celite 硅藻土载体	同上
Gas Chrom CLZ	白色	经过酸洗、DMCS 硅烷化处理的 Celite 载体	同上
Gas Chrom P	白色	经过碱-醇溶液处理的 Gas Chrom A	同上
Gas Chrom Q	白色	经过 DMCS 硅烷化处理的 Gas Chrom P	同上
Gas Chrom S	白色	非酸洗 Celaton 硅藻土载体	同上
Gas Chrom Z	白色	经过酸洗、DMCS 硅烷化处理的 Gas Chrom A	同上
Gas Pak F	白色	表面涂全氟聚合物的硅藻土载体	美国

续表

名称	颜色	组成及处理	生产厂家
红色硅藻土载体			
上试 201	红色	硅藻土载体	上海试剂一厂
上试 201 酸洗	红色	经盐酸处理的上试 201	上海试剂一厂
上试 201 硅烷化	红色	经 HMDS 硅烷化处理的上试 201	上海试剂一厂
上试 202	浅红	硅藻土载体	上海试剂一厂
上试 202 酸洗	浅红	经盐酸处理的上试 202	上海试剂一厂
上试 301 釉化	红色	经 B_2O_3 釉化处理的上试 201	上海试剂一厂
上试 302 釉化	浅红	经 B_2O_3 釉化处理的上试 202	上海试剂一厂
5701	红色	硅藻土载体	中科院大连化物所
6201	红色	硅藻土载体	大连催化剂厂
6201 硅烷化	红色	经 HMDS 硅烷化处理的 6201 硅藻土载体	大连催化剂厂
6201 釉化	红色	经釉化处理的 6201 硅藻土载体	大连催化剂厂
Chromosorb G AW	粉红	经过酸洗的 Chromosorb G	John-Manville
Chromosorb G AW-DMCS	粉红	经过酸洗、DMCS 硅烷化处理的 Chromosorb G	John-Manville
Chromosorb P NAW	红色	非酸洗硅藻土载体	John-Manville
Chromosorb P AW	红色	酸洗硅藻土载体	John-Manville
Chromosorb P AW-DMCS	红色	经过酸洗、DMCS 硅烷化处理的硅藻土载体	John-Manville
Chromosorb P AW-HMDS	红色	过酸洗、HMDS 硅烷化处理硅藻土载体	John-Manville
Gas Chrom R	红色	非酸洗保温砖载体	Applied science Laboratories Inc
Gas Chrom RA	红色	经过酸洗的 Gas Chrom R	同上

续表

名称	颜色	组成及处理	生产厂家
红色硅藻土载体			
Gas Chrom RP	红色	经过酸洗、碱-醇溶液处理的 Gas Chrom R	同上
Gas Chrom RZ	红色	经过酸洗、DMCS 硅烷化处理的 Gas Chrom R	同上
C-22	红色	硅藻土载体	美国
玻璃微球载体			
玻璃微球	无色	特种高硅玻璃	上海试剂一厂
GLC100	无色	特种高硅玻璃	美国
GLC110	无色	特种高硅玻璃	美国
卤化碳载体			
聚四氟乙烯	白色	聚四氟乙烯塑料	上海试剂一厂
Chromosorb T	白色	聚四氟乙烯载体	John-Manville
Chemalite TF	白色	氟树脂载体	日本

（一）硅藻土载体

硅藻土（Diatomaceous earth；或 Diatomite；或 Kieselguhr），系由叫做硅藻的单细胞海藻的骨架所构成，外观为白色或浅黄色粉状硅质岩，其主要成分为蛋白石，常混有碳酸盐和黏土物质。硅藻土能吸附自身质量的 1.5~4.0 倍的水，是一种多孔状物质，其孔隙度约达 90%，天然硅藻土孔穴直径为 $1\mu m$ 左右，比表面约 $20m^2/g$。

硅藻土为最先使用的色谱载体，直到现在仍然是用得最多的一种载体；硅藻土载体有红色和白色两种。

1. 红色硅藻土载体

红色硅藻土载体（Pink diatomite support），系由天然硅藻土于 900℃ 煅烧而成。煅烧时，硅藻土颗粒熔融，一部分变成晶态白硅石，矿物质变成氧化物或硅酸盐，其中铁变成氧化铁，故使煅烧后的硅藻土呈桃红色。国外的 Chromosorb P 和 C-22，国产的 6201 和 201 型等属于红色硅藻土载体。

红色硅藻土载体的比表面为 $4m^2/g$ 左右，其孔穴直径为 $0.5\sim 1\mu m$，堆积密度为 $0.28\sim0.40g/mL$，液相载荷量可达 35%；机械强度较差，但比白色硅藻土载体好些。

此类载体具有对固定液的附着性能好、热稳定性佳和比较惰性等优点。

红色硅藻土载体大多用于分析非极性或弱极性化合物。

2. 白色硅藻土载体

白色硅藻土载体（White diatomite support），系由天然硅藻土加入约 2% 碳酸钠后于 900℃ 煅烧而成。碳酸钠为助熔剂，在煅烧温度下碳酸钠使氧化态的铁变成了无色的铁硅酸钠络合物，故使煅烧后的硅藻土呈白色。国外的 Chromosorb W 和 Celite 545，国内的上试 101 和 102 型以及大连催化剂厂的 405 型等属于白色硅藻土载体。

白色硅藻土载体的比表面为 $1m^2/g$ 左右，孔穴直径为 $8\sim 9\mu m$，堆积密度为 $0.21\sim0.40g/mL$，液相载荷量可达 25%；此类载体的机械强度比较差。

白色硅藻土载体除了具有红色硅藻土载体的优点外，最显著的特点是惰性好，因此，无论是分析极性化合物还是非极性化合物样品，均可采用白色硅藻土载体。

（二）玻璃微珠载体

玻璃微珠载体（Glass microbead support），系以玻璃为原料所制成的一种色谱载体。其比表面积较小，一般都小于 $1m^2/g$，经适当化学处理后表面层可得到孔径为 $1\mu m$ 左右的孔穴，堆积密度为 $1.5g/mL$ 左右，液相载荷量一般小于 1%；对固定液的附着性能差，未经处理者其惰性也欠佳。

国外商品名称 GLC100 和 GLC110 系列等属玻璃微珠色谱载体，国内也有各种规格的玻璃微珠载体供应。

此类载体具有热稳定性好、形状规则、大小均匀和机械强度高等优点。

玻璃微珠载体因只能涂布少量固定液，故仅适于在分析高沸点化合物中使用。

（三）卤化碳载体

卤化碳载体（Halogen carbon support），又称氟载体，系由含卤素（如氟）的高聚物所制成的一种很规则的球形小颗粒，它是除硅藻土外用得比较多的一种载体。在卤化碳载体中使用比较广泛的是聚四氟乙烯载体，国外商品名称 Fluoropak, Chromosorb T, Teflon 等均属此类；国产 701 型也属此类载体。

卤化碳载体的比表面积较小，一般都小于 $2m^2/g$，堆积密度为 $0.2\sim0.4g/mL$，液相载荷量一般不超过 5%。

卤化碳载体对固定液的附着性能较差；聚四氟乙烯载体最高使用温度不超过 200℃，聚三氟氯乙烯则不能超过 160℃；卤化碳载体带有静电效应，给制备柱填料和装柱带来不便，故在制备柱填料时宜用塑料器皿和最好冷至 10℃ 以下装柱。

此类载体具有形状规则、大小均匀、耐腐蚀性好以及在允许温度范围内性能稳定和不易破碎等优点。

卤化碳载体主要用于分析极性和腐蚀性化合物，例如：水、醇、酸、胺和卤化氢等。

三、载体处理

载体表面上往往存在着吸附中心和催化作用点。例如：硅醇基（—SiOH）、硅醚基（—SiOSi—）、金属及其氧化物等。因此，引起载体对样品发生吸附作用、化学反应或催化反应，造成峰形拖尾或出现假峰等。

哪些样品组分峰容易拖尾呢？几乎所有的色谱峰都有点拖尾，拖尾的程度随着氢键形成能力的增加而增加，其拖尾程度可排列如下：

烃＜醚＜酯＜胺＜醇＜酸＜二醇＜肼＜水＜氨

拖尾也随着固定液用量的减少而增加，因为固定液可覆盖载体上的某些活性点。

为改善载体的表面性质，常用如下方法对载体作适当的处理。

1. 酸洗

酸洗（Acid wash，AW），系采用浓盐酸洗涤，以除去载体表面的铁等金属及其氧化物。

2. 碱洗

碱洗（Base wash，BW），系采用氢氧化钾-甲醇溶液洗涤，以除去载体表面上的氧化铝等酸性作用点。

3. 硅烷化

硅烷化（Silyation），系采用硅烷化试剂与载体表面的硅醇、硅醚基起反应，以除去载体表面的氢键结合能力，从而改进载体的性能；常用的硅烷化试剂有二甲基二氯硅烷和六甲基二硅胺烷等。

4. 釉化

釉化（Glazing），用碳酸钠-碳酸钾水溶液浸泡，经适当熔融烧结后使载体表面形成一层玻璃化釉质，可达到改善表面结构之目的。

5. 覆盖

覆盖（Covering），系采用物理的方法给载体表面覆盖上一层适宜的物质，以改善表面性质。例如：载体表面涂敷聚四氟乙烯之后，可用于分析含强腐蚀性、强极性或活泼性组分的样品。

说明：色谱载体现在可以不必自行处理，色谱试剂生产厂一般都有经上述各种方法处理过的色谱载体品种供应。

第5节 色谱固定液

固定液（Station liquid phase），系指涂渍（或键合）于载体表面上，能使混合物样品组分获得分离，且在工作温度下呈液态的物质。

一、基本要求

1. 选择性强

固定液对不同组分应有不同的溶解-解析能力或者其他的亲和力，以便达到所规定的分离要求。

2. 稳定性好

固定液不与载气或样品组分发生不可逆的反应，以免造成固定液变质或者出现干扰分析的现象。

3. 结合牢固

固定液在载体表面上形成一层均匀的牢固的不易脱落的薄膜，以利于提高柱效率和延长柱子寿命。

4. 黏度较小

固定液在工作温度下为液态，黏度小则能加快组分的分离过程，以便实现高效快速分析之目的。

5. 蒸汽压低

固定液在工作温度下如果蒸汽压较低，则流失较少，这样就能获得稳定的基线和较长的柱寿命。

二、作用力

固定相对样品各组分保留能力的大小，主要取决于以下几种作用力。

1. 永久偶极作用力

由于极性分子具有永久偶极，故使极性分子之间存在着永久偶极作用力,此作用力又称为定向力、静电力等;此种作用力随温度的升高而逐渐降低。

2. 诱导偶极作用力

在极性分子永久偶极的作用下,其他分子产生了诱导偶极,由此而引起的分子间的作用力称为诱导偶极作用力或称德拜力,此种作用力与温度无关。必须指出,不仅非极性分子能有诱导偶极,而且两个极性分子相互接近时,也将引起诱导偶极,使分子的极性更加增强。

3. 瞬时偶极作用力

分子内部的电子运动使分子产生周期性瞬时偶极,由此所引起的分子间的作用力称为瞬时偶极作用力,又叫做弥散力、色散力、伦敦力等。须知,瞬时偶极不仅存在于非极性分子之间,就是极性分子间也有瞬时偶极作用力存在。

以上三种作用力就是常见的范德华力,其中起主要作用的往往是瞬时偶极作用力,而不是永久偶极和诱导偶极作用力。某些分子的各种偶极作用的百分比见表 2-8。

表 2-8 某些分子的各种偶极作用的百分比

组分	永久偶极	诱导偶极	瞬时偶极	组分	永久偶极	诱导偶极	瞬时偶极
CO	0	0	100	NH_3	44.6	5.4	50.0
HI	0.1	0.4	99.5	H_2O	77.0	4.0	19.0
HBr	3.3	2.2	94.5	CH_3OH	63.4	14.4	22.2
HCl	14.3	4.2	81.4	C_6H_{14}	0	0	100

4. 氢键作用力

氢键作用力系指和电负性原子形成共价键的氢原子与另一个电负性原子间的作用力,常见的氢键类型及其强弱次序如下:

F—H⋯F>O—H⋯F>O—H⋯N>N—H⋯N

氢键作用力是一种特殊的范德华力,它是影响色谱过程的一种重要作用力。

5. 其他作用力

包括能使固定相分子与样品组分分子间形成一种松散加合物的化学作用力，某些固定相分子对某些难以分离的组分分子能作选择性保留的特殊作用力等。例如：利用形成络合物达到选择性保留烯烃和芳烃等；利用形成螯合物达到选择性保留胺、氨基酸、酯和醇等；利用有机皂土或液晶以及手性固定相等能使很难分离的邻、间、对-二甲苯以及某些空间异构体获得良好的分离。

在气相色谱法中，若样品分子与固定相分子间的上述种种作用力越大，则样品组分在柱中的保留时间越长；若样品中不同组分分子与固定相分子间作用力之差值越大，则样品各组分分离越好。因此，了解分子间的作用力，有助于固定相的选择。

三、特征常数

如果能以通用的常数来表示色谱固定相的特征时，那么，就有可能比较方便地对所给定样品的分离要求选择出最适宜的固定相。色谱工作者为此做了大量的研究工作，目前仍处于积累阶段。在现有的工作成果中，一般认为用罗尔施奈德（Rohrschneider）和麦克雷诺兹（McReynolds）常数系统来表示色谱固定相的特征，是一种较有实用价值的方法。

1. 保留指数

保留指数（Retention index，代号 I）又称科瓦茨（Kováts）指数，它是罗尔施奈德（Rohrschneider）和麦克雷诺兹（McReynolds）常数系统的基础数据。正构烷烃的保留指数，规定为其碳数乘以 100；其他种类物质的保留指数，则需在实际色谱分析条件下以正构烷烃为参比物测出，可按如下方法进行测定。

首先必须具体规定测定条件，例如：以 20% 角鲨烷涂于 Chromosorb W（AW）上为柱填料，柱温 100℃。测出欲测化合物的保留时间后，再至少选择三种正构烷烃，它们应分别在欲测化合物的前面和后面流出。

测定苯在角鲨烷柱子上的保留指数时，选用正己烷、正庚烷和正辛烷这三种正构烷烃，把它们分别与苯混匀后注入柱中，测出这四种组分的调整保留时间（t'_R）。假设正己烷的调整保留时间为15min，正庚烷为19min，正辛烷为25min，在此相同条件下，苯的调整保留时间为17min。按规定，正己烷、正庚烷和正辛烷的保留指数分别为600、700和800。

以此三种正构烷烃的调整保留时间之对数值（$\log t'_R$）对它们的保留指数（I）作图，$\log t'_R$ 与 I 之间的关系线基本上是一条直线（见图2-26），苯的调整保留时间为17min，从关系线上就可得出苯的保留指数为649。据此数值则能清楚看出，在角鲨烷柱子上苯在接近正己烷和正庚烷两者之中间位置上流出。

大量实验数据表明，化合物的调整保留时间之对数值与其保留指数间的关系线基本上是一条直线，据此就不难得出计算保留指数 I 的算式。如图2-26中的关系直线，根据其斜率可得：

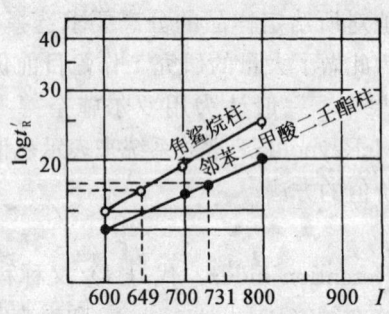

图 2-26　$\log t'_R$ 与 I 之间的关系

$$\frac{\log t'_{R,Z+1} - \log t'_{R,Z}}{100(Z+1) - 100Z} = \frac{\log t'_{R,X} - \log t'_{R,Z}}{I_X - 100Z} \tag{2-14}$$

式中，t'_R——调整保留值；

　　Z，$Z+1$——两相邻正构烷烃的碳数；

　　I_X——在两相邻正构烷烃间流出的化合物 X 的保留指数。

将上式移项化简后得到：

$$\frac{I_\mathrm{X}-100Z}{100}=\frac{\log t'_{\mathrm{R,X}}-\log t'_{\mathrm{R,Z}}}{\log t'_{\mathrm{R,Z+1}}-\log t'_{\mathrm{R,Z}}} \tag{2-15}$$

$$I_\mathrm{X}=100\left(\frac{\log t'_{\mathrm{R,X}}-\log t'_{\mathrm{R,Z}}}{\log t'_{\mathrm{R,Z+1}}-\log t'_{\mathrm{R,Z}}}+Z\right) \tag{2-16}$$

2. 固定相极性

罗尔施奈德（Rohrschneider）于1966年提出，利用给定组分在某固定相上的保留指数（$I_{极性}$）与同一组分在非极性固定相（角鲨烷）上的保留指数（$I_{非极性}$）之间的差值（ΔI），来表示某固定相对给定组分的极性，其表达式为：

$$\Delta I = I_{极性} - I_{非极性} = aX \tag{2-17}$$

式中，ΔI——固定相的极性；

a——组分常数；

X——固定相特征常数。

这就是说，以邻苯二甲酸二壬酯为固定相的柱子，它对于苯所表现的极性可用苯在该柱上的保留指数与角鲨烷柱上的保留指数之差值来表示。

前面已经计算过苯在角鲨烷柱子上的保留指数为649，用同样的方法可得出苯在邻苯二甲酸二壬酯柱上的保指数是731。这两值之差 $\Delta I=82$，表示邻苯二甲酸二壬酯柱子对于苯的极性大小。

3. 罗尔施奈德常数

在色谱过程中，固定相所表现的极性不仅与固定相本身的性质有关，而且与被分离的组分性质也有关系。为了能更好地表示出固定相的分离特征，罗尔施奈德（Rohrschneider）选用苯、乙醇、甲乙酮、硝基甲烷和吡啶等五种化合物作为代表性物质进行测定，得出表示固定相特征的五个常数，用式子表示如下：

$$\Delta I = aX + bY + cZ + dU + eS \tag{2-18}$$

式（2-18）中的 a、b、c、d、e 分别代表苯、乙醇、甲乙酮、硝基甲烷和吡啶等的组分常数，规定当 a 为100时其他为0，当 b 为100时其他为0，其余类推。式中 X、Y、Z、U、S 为固定相分别对应于苯、乙醇、甲乙酮、硝基甲烷和吡啶等五种化合物的特征常数,其值等于对应的 ΔI 除以 100。

按式(2—18)用五个常数值来表征固定相的特征时,首先测出上述五种化合物在该固定相上的保留指数和在角鲨烷柱子上的保留指数,分别将它们的各差值除以 100,由此得到罗尔施奈德常数值,示例见表 2-9。

表 2-9 罗尔施奈德常数和麦克雷诺兹常数比较表

固定相		SE−30	OV−1	Apiezon-L	OV−7	DC−710	QF−1	OV−210	OV−25	XE−60	OV−225	MER−21
罗氏常数	X	0.16	0.16	0.32	0.70	1.05	1.41	1.41	1.76	2.08	2.17	3.16
	Y	0.20	0.20	0.39	1.12	1.50	2.13	2.13	2.00	3.85	3.20	5.28
	Z	0.50	0.50	0.25	1.19	1.61	3.55	3.55	2.15	3.62	3.33	3.78
	U	0.85	0.85	0.48	1.98	2.51	4.73	4.73	3.34	5.33	5.16	7.04
	S	0.48	0.48	0.55	1.34	1.90	3.04	3.04	2.81	3.45	3.69	5.07
麦氏常数	X′	15	16	32	69	107	144	146	178	204	228	322
	Y′	53	55	22	113	149	233	238	204	381	369	541
	Z′	44	44	15	111	153	355	358	208	340	338	370
	U′	64	65	32	171	228	463	468	305	493	492	575
	S′	41	42	42	128	190	305	310	280	367	386	512
	H	31	32	13	77	107	203	206	144	289	282	392
	J	3	4	35	68	108	136	139	169	203	226	283
	K	22	23	11	66	98	53	56	147	120	150	222
	L	44	45	31	120	174	280	283	251	327	342	438
	M	−2	−1	33	35	60	59	60	113	94	117	149

4. 麦克雷诺兹常数

在罗尔施奈德(Rohrschneider)的工作基础上,麦克雷诺兹(McReynolds)选择了 68 种化合物在多种固定相柱子上作了分析,于 1970 年发表了 200 多种固定相的麦克雷诺兹常数值后,大大提高了罗尔施奈德的方法在固定相的分类和选择工作中的实用价值。

麦克雷诺兹（McReynolds）所测试的68种化合物中，对柱子分类最有代表性的是下面十种：苯、正丁醇、2-戊酮、硝基丙烷、吡啶、2-甲基戊醇-2、1-碘丁烷、辛炔-2、1，4-二噁烷和顺八氢化茚，前面五种化合物不是与罗尔施奈德（Rohrschneider）所选的标准物相同就是相似。为了避免混淆，把十种化合物的麦克雷诺兹常数分别用下面符号表示：X'、Y'、Z'、U'、S'、H、J、K、L和M，并给出了麦克雷诺兹常数表，示例见表2-9。

麦克雷诺兹用ΔI值表示其常数值，这些值除以100后就与罗尔施奈德常数相似。实际上，他们所测出的苯和吡啶的数据基本上是相同的，但因测定温度有点差异（麦克雷诺兹在120℃测定，而罗尔施奈德是在100℃测定），故造成数值上略有差别。

比较表2-9中两者的数据就可看出，它们的常数值是很相似的。例如：苯在OV-210的X值为1.41，X'值为146；在OV-225的X和X'值分别是2.17和228；在SE-30上，甲乙酮的Z值是0.5，而戊酮-2的Z'值是44，该两常数不等的原因可能是因两者酮的结构不同，也可能是操作温度不同的缘故。然而，由于甲乙酮在SE-30柱上拖尾严重，所得的0.5可能不很准确。在OV-225柱上，甲乙酮为3.33，戊酮-2的值是338，两者是很吻合的。

四、固定液分类

据报道，用于色谱的固定液已有上千种之多，为了选择和使用固定液的方便，故需对固定液进行分类。现在，大都按固定液的极性和化学结构来分类。

（一）按极性分类

1. 按特征常数分类

麦克雷诺兹（McReynolds）挑选了10种具有代表性的物质为

基准物,在200多种固定相上测定其特征常数后,所制得的麦克雷诺兹常数表为固定相分类和选择工作提供了很多有用的参考数据。有关固定相的麦克雷诺兹常数值,可参见本书附录1。

2. 按相对极性分类

相对极性分类法又称五级分类法,此法以 β, β'-氧二丙腈的相对极性为100,角鲨烷的相对极性为0,其他固定液的相对极性按下式(2-19)计算:

$$P_{极} = 100 - 100 \frac{q_1^0 - q_X^0}{q_1^0 - q_2^0} \qquad (2-19)$$

式中,$P_{极}$——固定相的相对极性;

q_1^0——丁二烯和正丁烷在氧二丙腈柱上相对保留值的对数值;

q_2^0——丁二烯和正丁烷在角鲨烷柱上相对保留值的对数值;

q_X^0——丁二烯和正丁烷在被测固定相柱上的相对保留值的对数值。

然后,以20为一级用"+1"表示,把相对极性0~100分为五级;而非极性(即相对极性为0)以"-1"表示;此分类法的示例见表2-10。

表2-10 固定液的相对极性和级别

固定液名称	$P_{极}$	级别	固定液名称	$P_{极}$	级别
β, β'-氧二丙腈	100	+5	1,2-丁二醇亚硫酸酯	54	+3
N-(甲基乙酰基)-β-氨基丙腈	87	+5	N-β-羟基丙基吗啉	50	+3
丙二醇碳酸酯	83	+5	二丁基甲酰胺	43	+3
二甲基甲酰胺	80	+4	羟乙基月桂醇	36	+2
聚乙二醇600	78	+4	邻苯二甲酸二壬酯	25	+2
苯乙腈	64	+4	SE-30	13	+1
二乙基甲酰胺	62	+4	阿皮松	7	+1
环氧丙基吗啉	57	+3	角鲨烷	0	-1

(二) 按结构分类

几乎各类化合物都有用作色谱固定相的例子，这里按化学结构介绍较常用的几类色谱固定液。

1. 烃类

包括烷烃、芳烃以及它们的聚合物。常用的有角鲨烷（异三十烷）、阿皮松（Apiezon）、聚乙烯、烷基苯、聚苯乙烯、菲等；烃类固定液适用于非极性化合物的分析。

主要特点：这是极性最弱的一类固定液，对组分的保留能力主要取决于瞬时偶极作用力，混合物组分在此固定相上大多按沸点顺序流出。

2. 醇类

包括一元醇、多元醇及其聚合物、糖类及其衍生物等。它们均含有羟基或醚键，是广泛应用的固定液之一。此类固定液常用的有：正十八烷醇、D-山梨糖醇、甲基化淀粉、聚乙二醇、聚烷撑二醇、聚乙二醇壬基苯基醚；醇类固定液一般适用于极性化合物或芳烃等的分析。

主要特点：这是一类极性较强的固定液，对组分的保留能力主要取决于氢键作用力，一般对含有极性官能团的化合物有较强的保留能力。

3. 腈类

包括腈和腈醚等，常用的有：β,β'-氧二丙腈、1,2,3-三（2-氰乙氧基）丙烷、聚甘油氰乙醚和芳基腈等；腈类固定液常用于分析极性化合物和可极化的化合物（例如不饱和物），有些腈类固定液能分离几何异构体。

主要特点：这是一类强极性固定液，对组分的保留能力主要取决于诱导偶极作用力或氢键作用力。能从醇类混合物中分离伯醇，从烃类混合物中分离不饱和烃、芳烃和环烷烃，从卤代烃混合物中分离极性较强的卤代烃，从含醛酮混合物中分离出醛和酮等。

4. 酯类

包括有机酸酯和无机酸酯以及它们的聚酯，是应用广泛的一类固定液。邻苯二甲酸二壬酯、己二酸二乙二醇酯、丁二酸二乙二醇酯、磷酸三苯酯、聚碳酸酯树脂等均属此类固定液；它们可用于分析很多种类化合物。

主要特点：酯类固定液大部分具有中等极性，对组分的保留能力往往取决于氢键作用力。聚酯类的热稳定性较好，有的聚酯能把饱和的与不饱和的脂肪酸组分分离。

5. 聚硅氧烷

包括聚甲基硅氧烷、苯基聚硅氧烷、氰烷基聚硅氧烷、卤烷基聚硅氧烷、聚碳硼烷硅氧烷等，是目前使用最广泛的一种固定液。常用的有：SE系列、OV系列、DC系列、XE系列等；广泛应用于分析各类化合物。

主要特点：具有各种不同极性固定液，对大多数有机物有很好的分离效能，故有通用型固定相之称。这类固定液的工作温度范围宽、黏度小、蒸汽压低、热稳定性高、流失少和柱效率高。

6. 胺类

包括胺、酰胺及其聚合物等，常用的有：脂肪伯胺、二苯基甲酰胺、聚丙烯亚胺和聚酰胺树脂等，常用于分析极性化合物及其某些异构体。

主要特点：此类固定液大部分有较高的极性，对组分的保留能力往往取决于氢键作用力。胺和酰胺因其使用温度较低，仅宜于分析分子量较低的化合物；而其聚合物则有较高的热稳定性，可用于分析高级醇、胺、含硫和含氮化合物、甾族化合物、水等极性化合物。

7. 金属化合物

包括有机盐、无机盐和金属络合物等。例如：硬脂酸锌、十二烷基苯磺酸钠、硝酸银、铜胺络合物和酞花青络合物等；这类固定液主要用于某些特殊样品组分的分离分析。

主要特点：此类固定液对组分的保留能力主要取决于络合作用能力，通过与样品分子形成松散加合物来达到分离混合物之目的。有机盐类固定液可用于伯、仲、叔胺的分离；无机盐类可用于饱和烃、不饱和烃、以及多种异构体的分离；金属络合物可用于醇类异构体的分离。

8. 其他种类

有机皂土固定相、低分子液晶固定相、高分子液晶固定相、高分子冠醚固定相、环糊精衍生物固定相等，主要利用特殊作用力使位置异构体有机化合物获得分离。例如：二甲苯异构体、二甲酚异构体等。

手性氨基酸衍生物固定相、手性金属配合物固定相、环糊精衍生物固定相等，利用氢键作用力和化学作用力使手性异构体（对映异构体）获得分离。例如：N-TFA-L-异戊氨酰-L-白氨酸环己酯等旋光性固定液，可使氨基酸对映异构体等获得分离。

第6节 固定相选择

在色谱分析中，为了能达到所规定的分离分析要求，则需选择适宜的固定相。但如何从型号繁多的固定相中快捷地选择出所需的固定相，乃是有待解决的课题。色谱分析工作者已对此做了大量的研究工作，这里仅就较常用的选择方法和经验简介如下。

一、相似相溶

相似相溶系指结构相似、或极性相似的物质之间具有较大的溶解度。

1. 一般样品

从色谱分离原理中可知，柱子对组分的保留能力取决于组分分子在两相中的溶解-解析能力、吸附-脱附能力、或者其他亲和能力。因此，对于一般样品而言可考虑选用与欲测样品结构相似或极性相似的固定相，来达到分离分析之目的。也即，何种结构类型的样品可选用与其结构相似的固定相，或者何种极性的样品可选用与其极性相同或相近的固定相。

如果固定相分子与组分分子越相似，那么，柱子对该组分的保留能力越强。如果各组分分子之间差异越大，那么，各组分的分离就越好。

2. 特殊样品

对于强极性高沸物或挥发性较小而组成又不十分复杂的样品，如果选用与其结构相似或者极性相似的固定相，往往造成出峰时间过长、操作温度过高等一系列问题。因此，宜选用与样品的结构或者极性不很相似或不相似的固定相，以便降低柱温和加快分析速度。

例如：含四氯间苯二甲腈（熔点 251℃）和六氯苯（熔点 229℃）这类极性较强的高沸物样品的气相色谱分离分析。

如果按相似相溶的原则采用腈类固定相，在 250℃ 的柱温条件下，其保留时间长达 2 个多小时；若选用与样品不相似的弱极性固定相时（如：甲基硅橡胶 E_{301} 等），则能在较低的柱温条件下即可达到快速分离分析之目的，其流出曲线如图 2-27 所示，色谱条件为：5% E_{301} 于 60/80 目上试 101 AW 白色载体，柱长 1m，柱温 180℃，载气 N_2 为 40mL/min。

二、特征常数

1. 确定固定相的替代性

根据麦克雷诺兹常数系统所给出的固定相特征常数，则不难确定固定相之间的替代性。例如：OV-210 与 QF-1 的麦氏常数几乎相同，故此两种固定相可以互相替代，另外当 OV-1 和 OV-17 柱子能给出相似的结果时，不必实验就可判断 OV-11 也能给出相似的结果，因为它的麦克雷诺兹常数值介于 OV-1 与 OV-17 之间。

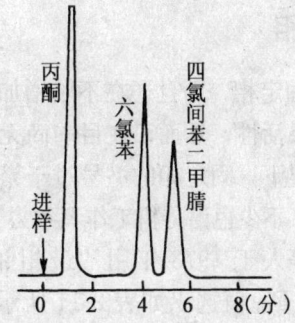

图 2-27 分析四氧间苯二甲腈

2. 确定固定相的选择性

根据麦克雷诺兹常数系统所给出的固定相特征常数,可用于要求选择把一类化合物与另一类化合物的分离。例如:当需要对醇的保留作用比对芳烃大的柱子时,则应选用 Y' 比 X' 大的固定相;为了得到对醇的保留作用比对酮大的柱子,必须选用 Y' 比 Z' 高的固定相;为了找出醇在酮之前流出的柱子,则应选用 Z' 比 Y' 大的固定相。

三、广谱固定相

在现有的固定相中,尚无真正的广谱固定相,相比而言,硅氧烷类和高分子多孔小球可视为是其中的"广谱固定相"。

硅氧烷类固定相既有较好的选择性又有较广泛的适用性,既有较宽的使用温度范围又有较好的稳定性,因此,能分析许多种类的有机物。

高分子多孔小球是一类新型固定相,较适用于分析分子量较低的极性样品。由于此类固定相既可分析液体样品也能分析气体样品,既能使水在大部分有机物之前流出又能使极性组分流出峰形比较对称,而且可直接用作柱填料,所以是一类用途广泛的固定相。

硅氧烷类和高分子多孔小球,至少可作为选择时的初试固定相。

四、优选固定相

现在已有上千种固定相,而且还在不断增加。这虽然加宽了选择范围,增加了选择的灵活性,然而,在目前尚无类似"对号入座"这种简易选择方法的状况下,固定相的型号过于繁多,却给选择带来了巨大的工作量。因此,不少色谱分析工作者致力于固定相的优选工作。

利里(Leary)等人于 1973 年用"最相邻技术"优选了固定相,根据最相邻距离 D_{AB} 值选出如表 2-11 所示的 12 种较有代表性的固定相。

$$D_{AB} = \left[\sum_{i=1}^{m}(\Delta I_{Ai} - \Delta I_{Bi})^2\right]^{\frac{1}{2}} = \left[\sum_{i=1}^{m}(I_{Ai} - I_{Bi})^2\right]^{\frac{1}{2}} \quad (2-20)$$

式中,ΔI_{Ai}——组分 i 在固定相 A 与在角鲨烷上保留指数之差值;

ΔI_{Bi}——组分 i 在固定相 B 与在角鲨烷上保留指数之差值;

I_{Ai}——组分 i 在固定相 A 上之保留指数;

I_{Bi}——组分 i 在固定相 B 上之保留指数;

D_{AB}——固定相 A 和 B 间最相邻距离。

此外,Mann 等人(J. Chromatogr. Sci.,216,1973)和 Hawkes 等人(J. Chromatogr. Sci.,115,1975)也优选出较有代表性的固定相 6~24 种。就现有优选结果来看,被优选的次数最多、性能较好和较有代表性的固定相是:SE-30、OV-17、OV-210 (QF-1)、Carbowax-20M 和 DEGS 等五种。

须知,这里所介绍的优选固定相种类虽属推荐名单,在实际选择工作中,若用这些较有代表性的固定相进行试验,至少可为选择适宜的固定相提供一些有用的资料。

五、混合固定相

在气相色谱分析中,使用单一种类的固定相常难以达到规定的分离要求时,可考虑使用混合固定相。实验表明,分离性能不同的固定相,若能以适当的方式混合使用,那么,混合固定相往

表 2-11　优选固定相名称和相关性能

序号	固定相名称	型号	麦氏常数前 5 项之和	D 值	最高使用温度/℃
1	角鲨烷	SQ	0	0	150
2	甲基硅油或甲基硅橡胶	SE-30，OV-101 SP-2100，SF-96	205～229	100	350
3	苯基（10%）甲基聚硅氧烷	OV-3	423	194	350
4	苯基（20%）甲基聚硅氧烷	OV-7	592	271	350
5	苯基（50%）甲基聚硅氧烷	DC-710，OV-17，SP-2250	827～884	377	375
6	苯基（60%）甲基聚硅氧烷	OV-22	1075	488	350
7	三氟丙基（50%）甲基聚硅氧烷	OV-210，QF-1，SP-2401	1500～1520	709	275
8	β氰乙基（25%）甲基聚硅氧烷	XE-60	1785	821	250
9	聚乙二醇-20000	Carbowax-20M	2308	1052	225
10	聚己二酸二乙二醇酯	DEGA	2764	1259	200
11	聚丁二酸二乙二醇酯	DEGS	3504	1612	200
12	1，2，3-三·(2-氰乙氧基)丙烷	TCEP	4145	1885	175

往同时具有各单一固定相的分离特性。

1. 常用的混合方法

①串联并联法：把不同性质的固定相柱子，按适当的柱子长度串联或并联使用。

②填料混合法：把不同性质的色谱柱填料，按一定的比例混合后装入柱内使用。

③混合涂渍法：把不同性质的固定液按一定的比例混合涂于同一载体之后使用。

2. 混合固定相配比

关于混合固定相配比的确定，色谱分析工作者已摸索出一些行之有效的方法，其中比较有效的是图解法。现以图解法为例，说明如何确定混合固定相的配比。

例如：含 C_6H_{10}、C_2H_6I、C_6H_{12} 和 CH_3I 的混合物样品，在长 1m 的 10% DC-710 柱上的分离情况如图 2-28 所示；而在长 1m 的 10% PEG-400 柱上的分离情况如图 2-29 所示。以此两图中组分的保留值为纵坐标和以固定液的浓度为横坐标作图（如图 2-30 所示），将同一组分的两个保留值点作连线，然后从图 2-30 上找出彼此分离较好的位置，即可确定固定液的配比。对于 10% 总浓度而言，本例 DC-710 与 PEG-400 之比可为 1.4/8.6 或 8.6/1.4；若按前者，所得色谱图如图 2-31 所示。

此外，先以 1:1 或 1:2 或 1:3 进行混合，然后根据分离情况再行调整，也是一种比较简单易行的混合方法。

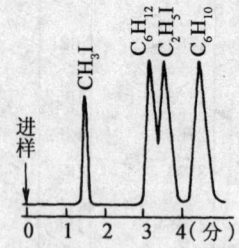

图 2-28　在 DC-710 分离

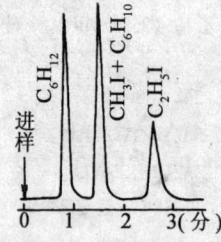

图 2-29　在 PEG-400 分离

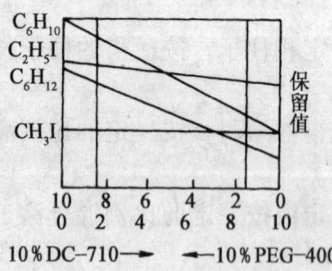

图 2-30　确定固定相混合比例

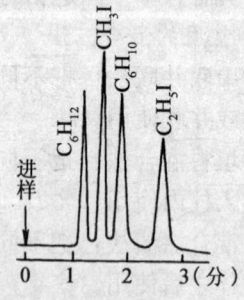

图 2-31　在混合柱分离

六、特殊选择性

在色谱分析中，为了选择性地保留给定组分，常需利用具有某些特殊作用力的固定相。这里介绍几种具有特殊选择性的固定相，以供选择时参考。

1. 有机酸盐

有机酸盐能选择性地保留胺、氨基酸、醇和酯等，这是因为它们麦克雷诺兹常数值中 Y' 和 S' 值要比其他值大得多的缘故。例如：硬脂酸锌的 X' 为 61，Y' 为 231，Z' 为 59，U' 为 98，S' 为 544。

2. 无机酸盐

硝酸银、高氯酸银和硝酸铊等，能选择性地保留芳烃异构体、烯烃异构体以及萜烯异构体等；硝酸钾（或钠、锂）和氯化铯能选择性保留多聚苯。

3. 有机皂土等

有机皂土固定相、低分子液晶固定相、高分子液晶固定相、高分子冠醚固定相、环糊精衍生物固定相等，主要利用特殊作用力使含有邻、间、对位的异构体的样品组分获得分离。例如：二甲苯异构体、二氯苯异构体、二甲酚异构体、二甲基萘异构体等的分离。

4. 手性固定相

手性氨基酸衍生物固定相、手性金属配合物固定相、环糊精衍生物固定相等，利用氢键作用力和化学作用力使含有手性异构体（对映异构体）的样品组分获得分离。例如：氨基酸对映异构体、卤代环丁烷和丁基醚以及哌啶衍生物等异构体的分离。

5. 碳分子筛

碳分子筛是分离能力最好的一种固体吸附剂，常用于分析无机气体和有机气体样品。在此柱上能把同时含 H_2、O_2、N_2、CO、CO_2、H_2O 和低分子气态烃等的混合物完全分离。

七、一柱多用

大量实验表明，同一样品可在不同类型的色谱柱上达到规定的分离分析要求，而在同一柱上往往也能分析许多不同种类的样品。因此，有可能利用同一色谱柱完成多种样品分析。

把样品注入现成的柱中试一试，这是柱子选择中一种非常实用的方法，即使达不到规定的分离要求，也能加深对样品和固定相性能的认识，得到一些非常有用的资料。利用现成柱子进样试一试，至少可为选择适宜的固定相做好第一步工作。

当然，试验尚需遵循一定的规则，而不能以随意的方式进行，也即可参照前述的几种方法和经验或文献中的其他方法进行摸索。例如：气体样品可在固体吸附剂或高分子多孔小球的柱子上试验，液体样品或固体样品溶液可在优选的固定相上尤其可在硅氧烷类固定相上试验，分子量较低的极性样品可在高分子多孔小球上试验等等。

第 7 节 柱填料制备

一、物理涂渍法

物理涂渍法（Physical coating method），系指利用色谱固定液与载体表面分子间的亲和力，把固定液附着到载体表面上的方法。

物理涂渍法具有简单易行的优点，故其应用比较普遍；其缺点是固定液与载体之间结合不很牢固，容易发生流失现象，影响基线的稳定性、缩短柱寿命；再则涂渍法的液膜难以均匀，故也影响柱效率。

（一）固定液浓度选择

固定液的浓度系指固定液占填料总重量的百分比。其计算式如下：

$$Q\% = \frac{W_1}{W_1 + W_s} \times 100\% \qquad (2-21)$$

式中，$Q\%$——填料中固定液浓度（%）；

　　　W_1——填料中固定液质量（g）；

　　　W_s——填料中载体质量（g）。

在实际工作中，经常采用固定液与载体质量之比来表示：

$$Q'\% = \frac{W_1}{W_s} \times 100\% \qquad (2-22)$$

1. 高浓度固定液

①可以承受较大样品量，适于制备色谱。

②便于覆盖载体活性点，减少拖尾现象。

2. 低浓度固定液

①从范第姆特方程看出，柱效率比较高。

②固定相流失相对较少，基线比较稳定。

③所得填料流动性较好，便于装填柱子。

④可明显降低分析温度，加快分析速度。

在早期的色谱分析工作中，固定液的浓度一般为 30%～35%。随着色谱理论、色谱仪器、色谱试剂和色谱技术的进展，现在所使用的固定液浓度大部分为 1%～10%。

（二）制备柱填料规则

制备柱填料有多种方法，无论采取何种方法制备，一般应遵守以下几条规则。

1. 适宜溶剂

一般不用与固定液发生反应的物质来作溶剂，以免改变固定液的特征。所选溶剂应对固定液有足够的溶解能力，而且溶剂本身应该有适宜的挥发性，挥发性不论是过大还是过小均会影响填料质量。

使用何种溶剂，在固定液标签上一般有说明，若无说明可利用相似相溶原理来选用。常用的溶剂有：氯仿、丙酮等有机溶剂。

然而，有少数固定液至今尚未找到合适的溶剂，例如：有机皂土。

2. 涂布均匀

固定液必须均匀地涂渍于载体表面上，以利于增大传质界面，并能更好地覆盖载体表面上的活性点，否则将发生严重的吸附或拖尾现象。固定液在载体表面上分布不均匀时，还将影响重现性和柱效率等。

要使固定液均匀涂布，必须选用适宜的溶剂、适宜的载体、合理的涂布方法以及控制好制备过程。

3. 减少破碎

填料制备中另一个需注意的重要因素是制备时应特别小心，尽量减少破碎现象发生。如果在制备过程中填料颗粒受到破损，破碎后所暴露的表面不但没有固定液，而且也没有经过化学钝化处理，以致造成严重的吸附和拖尾现象，这是初学者失败的主要原因之一。填料表面上活性点暴露太多，有时可能造成样品分解或其他不良影响。

为了减少破碎现象发生，筛选宜用手工筛；带静电载体则应用"湿法筛选"，也即浸于液体中过筛；制备过程中应尽量减少不必要的搅拌或摩擦。

4. 控制氧化

制备填料一般应避免与氧接触，以免发生不必要的氧化作用。因此，干燥过程最好有氮气保护。

然而，有些填料（如磷酸处理过的聚酯）则需要在氧存在的条件下进行干燥。为了改善热稳定性，可将它置于空气中加热到250℃，使磷酸根与聚酯发生交联；对硅酮类固定液而言，有一部分交联是允许的，但若交联形成太多，样品就难溶于固定液中，造成样品迅速通过柱子而达不到分离目的。

一般而言,应在尽可能低的温度下干燥,以减少填料发生氧化作用。比较简便稳妥的方法是于室温条件下,让它们在空气中蒸发,待溶剂几乎挥发完了以后,再适当加热干燥。

(三) 柱填料制备方法

1. 直接法

此法是把固定液与载体直接混合,在制备高浓度固定液填料时曾使用过,但因此法很难制得均匀的填料,现已很少采用。

2. 蒸发法

①操作过程:按欲配制的浓度称量固定液和载体,将固定液溶解于体积略大于载体体积的溶剂中,除去不溶物之后把载体倾入其中混匀,于室温或略高于室温的条件下蒸发溶剂,然后于接近溶剂沸点的温度下干燥。

②相关事宜:在蒸发法操作中,为了使固定液溶液能与载体均匀混合,直至溶剂除去之前,务必经常搅拌。因此,所得填料破碎比较严重,而且固定液涂布也不十分均匀。

3. 吸干法

蒸发法中固定液涂布不均匀、填料破碎较多,究其原因,在很大程度上是由于固定液溶液量过大,造成蒸发时间过长和搅拌过多所致。为此,我们采用如下的"吸干法"制备柱填料。

①操作过程:按欲配制的浓度称量固定液和载体,将固定液溶解于溶剂中,除去不溶物。然后取适量固定液溶液慢慢倒入载体中,吸干、适当拌匀、干燥;然后再取适量剩余的固定液溶液倒入载体中,吸干,适当拌匀、干燥;如此操作,直至固定液溶液全部吸干为止。

每次固定液溶液加入量均以"吸干"为准。

②主要特点:吸干法省去了蒸发法中的"蒸发"操作,大大减少了蒸发过程中搅拌所造成的填料破碎,避免了蒸发过程中固

定液的"粘壁"、"沉底"和"结皮"等现象发生。因此，能得到涂布较均匀和破损较少的柱填料。

4. 过滤法

①操作过程：按欲配制浓度称量载体和固定液（固定液量应比所需浓度的填料中的固定液量多），将固定液溶解于体积比载体体积大得多的溶剂中，除去不溶物，然后把载体倾入其中浸渍，再把过量溶液过滤掉，将此湿填料铺开，置于接近溶剂沸点的温度下干燥。

②主要特点：过滤法所得的填料中固定液涂布比较均匀，破碎现象大大减少，所得填料均一性较好。

③相关事宜：对于黏度大的固定液溶液过滤有困难；对于缺乏经验者而言，填料中的固定液含量较难控制。填料中固定液的浓度，一般用抽提器进行测定；如果没有抽提装置时，通过测定滤液中残存的固定液量，也能粗略估计涂布载体上的固定液量。

（四）特殊填料的制备

1. 混合固定相填料

当制备含有两种或两种以上混合固定液的柱填料时，如果找不到共同的溶剂，则应将固定液分别溶解；为了尽量减少操作期间的环境污染，宜用毒性较低、用较少溶剂量去溶解每种固定液。两种混合固定液找不到共同溶剂时，涂布也必须分两步，两步涂布最好用吸干法来完成。

例如：混合固定液中含有机皂土（Bentone-34）时，就很难找到共同的溶剂，它一般悬浮在其他固定液的溶液中，应注意充分混匀；这类填料必须用蒸发法或吸干法来制备。

2. 制备预老化填料

磷酸是已经得到广泛使用的一种减尾剂，常把它与聚酯固定相结合，用于游离酸的分析。当制备这些填料时，磷酸有助于装柱前的预老化。溶剂蒸发以后，把填料置于浅盘中，在

200～250℃烘箱的热空气中加热数小时后，可明显看出填料颜色变暗。与未预老化的填料相比，预老化的填料流失明显减少，可得到较好的使用效果，这种类型的填料在游离脂肪酸的分析中已得到广泛的应用。

3. 聚四氟乙烯为载体

聚四氟乙烯载体常用于制备分析高活性物质或高极性和短链分子用的填料。若掌握恰当，它是一种非常好的载体材料，如果粗心大意，就会变成乱糟糟的，粘结成团。为了获得满意的结果，必须遵守几条规则：第一是不能在玻璃器皿中制备此填料，而应使用聚乙烯（或其他塑料）制的杯子和漏斗等器皿，以助于尽量消除聚四氟乙烯所带的静电；第二是不能用加热的方法蒸发溶剂，可把载体置于干燥空气或氮气流中让溶剂蒸发；第三是要把载体冷却到10℃以下才能涂布，填料干燥以后也要把它冷却到10℃以下才装柱。若能把系统中的湿气排除干净，则最好冷却到0℃装柱，否则冷却到0℃将出现结冰和填料颗粒发生结块现象；第四是把所制备的这类填料置于聚四氟乙烯的密封容器中冷冻过夜后第二天使用，若不马上使用则应把它置于容器中密封起来储存，临使用之前才让它冷冻过夜；第五是填柱时柱子应保持冷却，用振荡器比用敲击装柱效果要好。制备这类填料很费事，暂无其他捷径可循。

4. 以玻璃微珠为载体

以玻璃微珠载体制备柱填料，若不特别小心，要得到每米1000块理论塔板数的色谱柱是有困难的。然而，若能很好控制，则可达到每米3000块理论塔板数的柱效率，这里最主要的控制因素是：所用固定液在室温下为液态、采用较高沸点的溶剂、使用过滤法制备、过滤速度不宜过快、填料应缓慢干燥。

二、化学键合法

化学键合法（Chemical Bonded method），系指利用载体表面上的官能团,通过化学键把固定液结合到载体表面上的方法。

化学键合相(Bonded stationary phase),又称化学键合固定相,系指固定液与载体表面上的官能团之间通过化学反应的方法所得的化学键结合的固定相。

化学键合固定相,国产商品主要有天津试剂二厂的 HDG 系列产品和上海试剂一厂的 500 系列产品;国外品种较多,如美国 Waters 公司生产的 Durapak 系列等。

(一)键合类型

1. 硅氧烷型

①制备:以有机氯硅烷或有机烷氧基硅烷与载体表面硅醇基反应,生成硅—氧—硅—碳键($\equiv$Si—O—Si—C$\equiv$)硅烷化键合固定相。

②特点:这种键合相的最大特点是热稳定性好,在气相色谱和液相色谱中广泛使用。

2. 硅脂型

①制备:利用扩孔后的硅珠表面羟基与醇类的酯化反应,生成硅-氧-碳键($\equiv$Si—O—C$\equiv$)硅酸酯键合固定相。

②特点:这种键合相在一定条件下可能发生水解或醇解,热稳定性比硅氧烷型稍差。

3. 硅碳型

①制备:将载体表面的硅醇基用 $SiCl_4$ 等氯化后,再与有机锂或格氏(Griynard)试剂反应,生成硅-碳($\equiv$Si—C$\equiv$)共价键键合固定相。

②特点:这种键合相的最大特点是对极性溶剂不起分解作用,在高达 300℃下使用也不容易发生水解;此类键合相制备手续比较麻烦。

4. 硅氮型

①制备:将载体表面的硅醇基用 $SiCl_4$ 等氯化后,再与伯胺反

应，生成硅-氮（≡Si—N=）共价键键合固定相。

②特点：这种键合相的最大特点是稳定性和选择性很好。

(二) 主要优点

与物理涂渍法所制得的柱填料相比较，化学键合法所制得的化学键合固定相柱填料主要具有下述优点。

1. 耐热性好

键合法比涂渍法所制得柱填料的耐热性能有明显提高。例如：涂渍法的聚乙二醇400在80～90℃时就开始流失，而键合法的流失温度可提高到200℃。

2. 能耐洗脱

固定液与载体之间的结合，键合固定相柱填料比涂渍法的要牢固得多。因而，键合固定相耐溶剂洗脱性能比涂渍法的好，特别更加能耐极性溶剂的洗脱。

3. 柱效率高

化学键合固定相在载体表面上形成均一的牢固的单分子薄层，混合物样品分子在此固定液相中的传质阻力小，从范第姆特方程可以看出能提高其柱效率。

4. 对称性好

实验表明，混合物样品在键合固定相上流出时，无论是极性组分还是非极性组分的色谱峰形，其对称性要比在涂渍法所制得的柱填料上流出的要好得多。

5. 快速分析

键合固定相的H-U曲线的最佳流速范围较宽，在实际使用中可以采用较高的流速而不会导致柱效有明显变化，也即在一定范围内提高流速不影响柱效率。

第8节 色谱填充柱

一、柱管材料

气相色谱填充柱常用的柱管材料有玻璃、石英、不锈钢、铜、铝和聚四氟乙烯等；用于特殊分析的有金、银和钛制的柱管。

1. 玻璃柱

从应用情况来看，玻璃具有最好的惰性；另外一个优点是能看见使用前的柱中固定相的情况、使用过程中的变化，从而了解使用程度与固定相变化程度的关系。如果原来柱子有很好的性能，后来突然出现色谱峰拖尾，这往往相应出现部分固定相变色。有时可看到在管壁上有很小的黑色斑点出现，一般最容易观察到的变化是在柱子入口处的固定相逐渐变黑，这往往是由于进样口温度过高所致；注入的样品积累下来的不挥发性残留物逐渐变质也是造成变黑的一个原因。柱子出口端的固定相出现变黑的现象比较少，只有特别容易变质的固定相发生氧化作用后才会出现变黑现象；如果在柱子老化期间没有与检测器连接，或者即使连接检测器，但连接的是口径大的检测器（如热导），此时没有明显的压力降，氧有可能沿着载气反扩散，导致柱子出口端固定相发生氧化作用。

玻璃柱的最大缺点是质脆、容易破损，因此，使用时应加小心。

2. 石英柱

石英柱除了具有玻璃柱的优点之外，还具有柔性好、强度高、惰性好、柱效高等优点。

3. 不锈钢柱

不锈钢柱的主要优点是不容易损坏，正因为如此也容易引起人们粗心，以致造成柱中填料颗粒破碎。以不锈钢柱不易损坏为由，而认为其操作可比玻璃柱马虎一些的想法是错误的。

在许多应用中，不锈钢柱有像玻璃柱一样的惰性，脂肪酸酯和烃类这两种最普通的化合物用不锈钢柱分析是很适宜的。

4. 铜和铝柱

铜和铝这两种材料的柱子，最明显的缺点是它们的氧化物造成吸附作用，甚至还引起催化作用，铜的表现尤为突出；另一个缺点是管子太软，致使填料颗粒损坏。

然而，克林（Creen）报道，把由 40/60 目 Chromosorb T 涂以 10％聚乙二醇 20M 所制得的填料，填于铜柱中分析水和醇时，其拖尾现象要比填于不锈钢柱中的少一些。克林还指出，用分子筛分析永久性气体时，铜管的效果比不锈钢管的好，而成本仅为不锈钢柱的五分之一。对于教学用的或用几次后就不要了的柱子，可考虑用这些价格比较便宜的柱子。

5. 塑料管柱

塑料柱很少使用，因为它的使用温度低，再则氧和水蒸气能扩散透过管壁而进入柱中，甚至有操作压力的柱子也有这种扩散作用。但聚四氟乙烯柱对于分析低含量的活性物质或强腐蚀性物质特别适用。

在选择柱管材料时，须加考虑的一个因素是柱子的效率，惰性相同时其柱效率由大到小的顺序如下：玻璃＞不锈钢＞铝和铜。填充填料时，应根据材质选用不同振荡阻尼，使填料装得均匀紧实。在一般情况下，玻璃柱的效率比不锈钢柱效率要稍微好一些，也许是玻璃柱中的填料可以看得见，能调整到充填好的状态下工作的缘故。

二、柱管尺寸

柱管的直径和柱子的长度应该很好地加以考虑。为了获得最好的分离，应选择直径小的管子。直径大小应与样品量和检测系统协调。制备色谱所用的柱子，内直径范围为 10～100mm，甚至更大些；分析用的普通填充柱内径一般为 2～3mm，微填充柱为

1mm左右，毛细管柱则为0.1~0.5mm。

在早期的色谱分析工作中，检测器灵敏度较低，所用的样品量大，故色谱柱的内直径一般都比较大；离子化检测器出现以后就只需用较小的样品量，因而就可用直径较小的柱子以改善柱效率。用高灵敏度的检测器时，为了获得较好的结果，填充柱内径可小至1mm。但柱径过小，充填柱填料有困难。因此，现在使用的填充柱柱子内直径大多为2~3mm。

填充柱最常用的柱子长度是1~2m，毛细管柱最常用的柱子长度是10~30m。当然，这种长度并不是实际使用中的唯一尺寸，在现今的快速分离分析中，对短柱越来越感兴趣。

三、柱子形状

在实际使用中的柱子形状可能比想像的还要多，但用得最多的有U形管、盘形管和直形管三种。从实际使用情况来看，柱子形状对柱效率稍有影响；从范第姆特方程中由吉丁斯所补充的第四项中看出，直形管的柱效率最高，U形管要比盘形管的柱效率好，在盘形管柱中，所绕盘形半径越大则柱效率越高。

直形管柱和U形管柱的特点是装柱填料比较容易，所装柱填料比较均匀紧实，因此，也就有较好的柱效率。

盘形管柱的特点是结构紧凑，对于毛细管柱而言，只能采用盘形管柱。

四、填料抵物

在气相色谱填充柱中，填料抵物系指塞于柱子两端口内用于防止填料外出的物质，烧结筛板和玻璃棉可作填料抵物。玻璃棉是最常用的一种填料抵物，其他种类的抵物用得很少或难以得到。玻璃棉的用量越少越好，因为填充柱有许多问题往往是它引起的。

进样部位的玻璃棉所引起的破坏作用要比其他部位如柱出口中的玻璃棉的破坏作用大得多，因进样部位的温度要比柱子的温度高得多，较容易使样品变质。因此，最好使用经硅烷化处理的玻璃棉。

五、柱子充填

选择适宜长度和合适管径的柱子，一端塞上玻璃棉后接上真空源，另一端装上漏斗，把干燥的柱填料慢慢喂入其中，并轻轻敲击管壁（可用铅笔轻敲，以笔芯不损坏为限），直至装满，头上稍留一点空间塞上玻璃棉即可。

充填的要求是填料颗粒不破碎，但又填得均匀紧实。

六、柱子老化

把装了填料的柱子接入气路系统之后，在比操作温度略高的温度条件下，通载气（略大于操作流速）数小时至10多小时，使其性能稳定（记录基线平直），此处理过程称为老化。

老化的主要目的有三个：一是除去填充物中的残余溶剂和挥发性杂质；二是促进固定液更加均匀牢固地结合于载体表面上；三是促使柱内填料均匀排布。

第3章 分析条件选择

在实际分析工作中，色谱分析工作者总希望用较短的柱子和用较短的时间能得到较满意的分离分析结果，为此，需选择较适宜的分析条件。

本章主要讨论使用冲洗法进行样品分离分析时，如何根据范第姆特方程和有关经验来选择适宜的气相色谱分析条件（Gas chromatographic condition）。

一、色谱载体

1. 载体种类

（1）常用载体

①红色硅藻土载体：可用于分离分析烷烃、烯烃和芳烃等非极性物质，以及酯、酮等极性较弱的物质。

②白色硅藻土载体：可用于分析醇、胺等极性较强的物质，也可用于非极性和弱极性样品的分离分析。

③卤化碳载体：可用于分离分析水、醇、酸、胺等短链极性化合物，以及氯硅烷、氟化氢、氯化氢等。

④玻璃微珠载体：因为玻璃微珠载体只能涂渍少量的固定液，所以一般用于分离分析沸点较高的样品。

（2）相关说明

①硅藻土类载体：硅藻土类载体因其几何形状不很规则，而且容易破碎，给柱效率造成一定的影响。然而，此类载体具有较合适的比表面，故能承受20%以上的液相载荷量；具有较适宜的表面能，有较好的湿润性，固定液与载体间的结合比较牢固且能形成比较均匀的固定液膜，因而能获得较高的柱效；再则，此类

载体能承受较高的工作温度、有较适宜的孔结构，能适应多种类型物质的分离，经硅烷化等方法处理过的硅藻土载体则具有更好的惰性。因此，硅藻土载体是一类最常使用的色谱载体。

②其他种类载体：玻璃微珠载体和卤化碳载体的比表面较小，一般仅能涂布小于5％的液相载荷量；再则，其湿润性差，固定液附着不牢固，液膜厚薄不均匀，一般较难获得较高的柱效率，故其应用有限；但就几何形状而言，它们是很规则的球体，可降低范第姆特方程中的弯曲因子值（γ），有利于提高柱效率。所以，若能改进玻璃微珠和卤化碳载体的表面性质，掌握好此类填料的制备技术，获得较高的柱效率也是可能的。

2. 载体目数

①颗粒大小：从范第姆特方程的第一项中看出，塔板高度（H）随着颗粒直径（d_p）的减小而降低，也就是说100/120目的载体要比40/60目的柱效率好。然而，方程中的第一项还有填充项"λ"，颗粒越小则λ值变大，故不宜选用d_p过小的载体颗粒。图2-32中的曲线1表明，颗粒直径（d_p）也要选用最佳值，才能获得好的柱效。

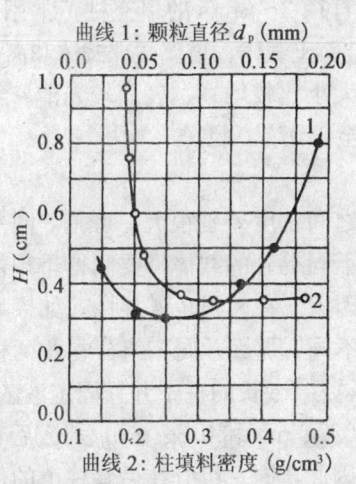

图 2-32　H 与粒径和密度的关系

为了避免过大的压力降,填料还要有好的透气性,柯尔曼斯(Keulemans)测得柱填料透气性(K_{eu})与颗粒直径(d_p)之间的关系式为:

$$K_{eu} = \frac{1}{C_K} E d_p^2 \qquad (2-23)$$

式中,K_{eu}——柱填料透气性;

C_K——与颗粒形状有关的因子;

E——填料孔隙率;

d_p——填料颗粒直径。

从上式看出,颗粒直径过小则透气性差,造成过大压力降。经验表明,柱填料颗粒在 140 目以上时,由于阻力大,流速慢,要获得好的柱效率是很困难的。

②粒度范围:载体颗粒的均匀性直接影响范第姆特方程第二项中的弯曲因子 γ,颗粒大小越均匀则 γ 值越小,换言之,60/80 目的载体要比 40/100 目的柱效率高。

实际使用表明,载体颗粒直径 d_p 为柱子内直径的 1/15~1/20 比较适宜。对于内直径 2~3mm 的填充柱,常用 60/80 目、80/100 目、100/120 目的硅藻土载体;玻璃微珠载体和卤化碳载体,因其几何形状比较规则、大小比较均一、表面较光滑、不易破碎、有较好的透气性,则可小至 120/140 目。

3. 载体密度

不同种类载体之间密度差别很大,可是,同一类型载体密度有时也不很一致。用不同批号的载体,要制得重现性好的柱填料,密度是一个很关键的因素。在两根色谱柱中,如果填料中固定液浓度相同,但载体密度不同,那么,同一组分在此两柱中的保留值就不可能一样。例如:同为 1m 长的柱子并且固定液浓度相同的条件下,两载体密度分别为 0.2g/mL 和 0.3g/mL,那么后者柱中的固定液量要比前者多 50%,因此,同一组分在后者柱上的保留时间要比前者大得多。

为了得到重现性好的柱填料，则需查明载体密度。检查方法很简单，只要用量筒装满 10mL 载体，然后称量，即可得出载体的密度值。

载体密度不仅影响保留值，而且对柱效率也有明显影响。迪威特（Dewet）等人研究了密度对柱效率的影响，得到如图 2-32 中的曲线 2 所示的关系。从图中看出，填料堆积密度必须大于 0.2g/mL 才能获得较高的柱效率。

二、固定相

1. 固定相种类

从范第姆特方程看出，固定相种类主要通过容量因子 k 来影响柱效率。

容量因子 k 表示组分在固定相中的量与在流动相中的量之比。一般情况下 k 值都大于 1，因此 $k/(k+1)^2$ 之值随 k 的增加而减少。因为 k 等于分配系数 K 除以相比率 β，而 β 是载气在柱内所占有体积与固定相所占有体积之比。对于给定相比率而言，通过选择对组分保留能力较强的固定相，也即选用 k 值较大的固定相则可达到提高柱效率之目的。

在选择固定相时，除了需要有较大的 k 值外，当然对不同组分应当有不同的 k 值，也即对不同组分有不同的保留能力的固定相才能使混合物获得分离。

2. 固定液用量

从范第姆特方程看出，固定液量主要通过有效液膜厚度 d_f 来影响柱效率。

由于 H 与 d_f^2 成正比，显然，低固定液量柱填料的柱效率要高些；采用低固定液量填料有助于提高柱效率的另一个因素是填柱时柱中填料分布比较均匀，使填充项 λ 值比较小。因此，在一定范围内减少固定液用量有助于提高柱效率，而且也有利于降低柱温。减少固定液量后，进样量也应随之减少，故需使用较灵敏的检测器。

须知，固定液量也不能太低，因为当固定液量不足以覆盖载体表面上的活性点时，反而使柱效率下降。再则，对于给定固定液而言，分配系数 K 值不变，而容量因子 k 可通过 β 来改变，固定液量增加虽使 d_f 增大影响柱效率，但它能使 β 值变小，这有利于提高 k 值，也就有利于减小 $k/(k+1)^2$ 值而改善柱效率。所以，固定液量也不宜过小。

固定液用量除了与固定液本身性能、载体种类和性能、给定的工作温度、进样量和检测器灵敏度等因素有关之外，还与样品性质有关。分离分析气体和低沸点样品时，固定液用量一般可适当高一点，如10%左右；分离分析液体样品时则可低些，常用5%左右的固定液量；分离分析高沸点样品时，则应采用低固定液量，一般宜在3%以下。

三、流动相

1. 载气种类

气相色谱法中最常用的载气种类是：氮、氢、氦、氩，偶尔也用二氧化碳。

组分在气相中的扩散系数 D_gas 与载气种类有很大关系，因为 D_gas 与载气分子量或密度 (d) 的平方根之倒数成正比，也即载气种类直接影响范第姆特方程中的 B 项。图 2-33 表明，用较大分子量或较大密度的气体作载气时，可获得较高的柱效率。

当载气流速 $(\overline{U})$ 较小时，范第姆特方程中的 B 项起控制作用，应采用分子量较大的氮或氩作载气，以便提高柱效率。

在快速分析中往往用氢、氦作载气，因为快速分析中的 $\overline{U}$ 值较大，此时范第姆特方程中的 C 项起控制作用，D_gas 虽然较大，却对 H 无明显影响。氢和氦的黏度较小，可减少柱子压力降。在其他条件相同的前提下，载气通过柱子的压力降 (ΔP) 与载气黏度 (ε) 的关系为：

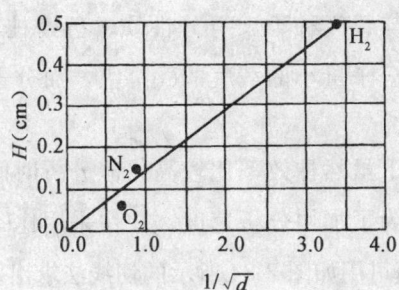

图 2-33 载气密度与柱效率的关系

$$\Delta P = \varepsilon L \bar{U}/K_{eu} \qquad (2-24)$$

式中，ΔP——柱子的压力降；

ε——载气黏度；

L——柱长；

K_{eu}——柱填料透气性。

载气种类选择主要应考虑对检测器的适应性。例如：热导检测器常用 H_2、He 和 N_2，氢焰检测器、火焰光度检测器和热离子检测器常用 N_2 和 H_2，电子捕获检测器常用 N_2（纯度 $\geqslant$ 99.99%），氩离子化检测器用 Ar，气体密度天平检测器用 CO_2 作载气等。

2. 载气流速

从范第姆特方程看出，第二项的值随载气流速（$\bar{U}$）增加而减小，而第三项和吉丁斯所加第四项的值则随载气流速增加而增加。因此，欲要获得最好的柱效率，也即使塔板高度 H 值最小，则需选择最佳流速（$\bar{U}_{最佳}$）。

以三种不同载气流速，测得三个对应的 H 值后，按式（1—48）和式（1—51）可求出 $\bar{U}_{最佳}$，其求解过程在第一篇第 3 章中已作过介绍；另外，用作图法也能得出 $\bar{U}_{最佳}$，但至少需要 7 组已知的 $\bar{U}$ 和 H 值。

须知，$\bar{U}_{最佳}$ 与载气种类、组分性质、色谱柱子等条件有关。在同一条件下，分子量小的载气的 $\bar{U}_{最佳}$ 大，而分子量大的载气的 $\bar{U}_{最佳}$ 小。

在最佳流速下虽然柱效率比较高，但分析时间比较长。在实际分析工作中，为了加快分析速度，往往采用比 $\bar{U}_{最佳}$ 大的实用流速（$\bar{U}_{实用}$），其值可用如图 2-34 所示的切线法求出。在能达到规定分离要求的前提下，还可采用比 $\bar{U}_{实用}$ 更大的载气流速。对于内径 2~3mm 的填充柱而言，常用流速为 10~60mL/min；对于毛细管柱而言，流速则更低些。若被分析样品的沸程太宽，也可采用程序变流进行分离分析。

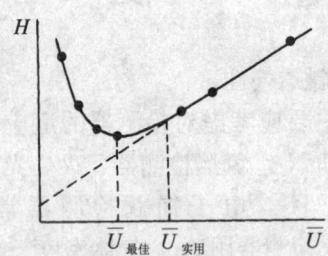

图 2-34　切线法求实用流速

3. 载气压力

为了使载气能在色谱柱中移动，柱子进出口之间需存在一定压力差。在给定载气流速前提下，进口压力与操作温度和柱子条件等因素有关。实验表明，对于长度小于 4m 的柱子，当其他条件固定时，载气进口压力与其流速之间几乎呈线性关系。

载气压力直接影响扩散系数 D_{gas} 值，提高平均压力可减小 D_{gas} 值和使柱内流速稳定而提高柱效率。然而，若仅提高进口压力，而流速和压力降过大，会造成柱效率下降。为了维持较高的平均压力通过柱子，也要提高柱出口压力，一般在柱子出口处的阻力装置即可达到此目的。

如果给定柱子、流速和温度等条件时，载气压力则无选择的余地，但通过观察柱前压力，则能了解气路系统的气密性和畅通性以及填料的松紧程度等。因此，载气压力也是实际操作中一个很重要的参数。

长度在4m以下、柱管内径2～3mm的填充柱，柱前载气压力一般控制在0.3MPa（3kg/cm^2）以下，而柱出口压力最好能大于大气压；在特殊分析中，也可把气路出口接至真空系统。

四、工作温度

1. 柱子温度

柱温影响范第姆特方程中的 D_{gas} 和 k 值。适当提高柱温有利于提高 k 值，在相比率 β 不变的条件下则有利于改善柱效率；此外，提高柱温有利于减小固定液黏度和载气黏度，加快传质过程，故有利于加快分析速度。然而，温度也不宜过高，因为温度过高使 D_{gas} 变大而降低柱效率；再则温度过高使固定液流失严重，仪器也难以稳定，给操作带来很多不便。因此，一般宜选用较低的柱温。

柱温选择主要取决于样品性质。分析永久性气体和其他气态物质时，柱温一般控制在50℃以下；对沸点在300℃以下的物质，柱温往往控制在150℃以下；沸点大于300℃的物质，柱温最好能控制在200℃以下；高分子物质大多分析其裂解产物。若被分析样品的沸程较宽，则可采用程序升温分析。

此外，柱温还与固定相性质、固定相用量、载气流速等因素有关。通过选择适宜的固定相、适当减少固定液用量和加大载气流速等措施，则可达到降低柱温、加快分析速度之目的。

2. 气化温度

在气相色谱法中，一般是使样品以气体状态进入柱中进行分离。因此，除气体样品外，液体或固体样品均需气化。气化温度与样品的性质和进样量等因素有关，因为气相色谱分析的进样量很小，一般仅以μg计，是一个很稀的气态溶液体系。所以，气化温度往往仅比柱温高 10~50℃ 即可使样品瞬间气化。

3. 检测温度

检测温度一般与气化温度接近，若柱温是程序升温，则把检测温度控制于接近最高柱温即可。须知，氢焰检测器和火焰光度检测器则应高于 100℃，以免积水；检测器一般对温度变化很敏感，检测温度必须精确控制。

五、柱子尺寸

1. 柱形和柱径

从吉丁斯所补充的范第姆特方程第四项看出，塔板高度 H 与柱管内半径 r_0 的四次方成正比，而与柱形曲率半径 R_0 的平方成反比。故选用内径较小的柱管和较大的柱形曲率半径，以及柱管内径和曲率半径都较均匀的柱子，可获得较高的柱效率。由此也可看出，为什么毛细管柱的柱效率要比填充柱高，以及直形管和 U 形管的柱效率要比盘形管高的道理。

然而，柱管内径过小则造成充填填料困难和压力降过大等一系列问题，给操作带来很多不便，故目前常用填充柱的内直径多为 2~3mm；毛细管柱的内直径多为 0.1~0.5mm。

就柱形而言，柱效率的顺序为：直形管＞U 形管＞盘形管。为了缩小仪器体积，气相色谱实际使用多为 U 形和盘形柱。须知，为了获得较好的柱效率，制备和安装柱子时应尽量减少不必要的弯曲。

2. 柱子长度

色谱柱子长度主要取决于分离的需要，在其他条件相同的前提下，增长柱子长度一般能获得较好的分离。但也造成分析时间增长、压力降增大和需用较高柱温等问题，故一般不宜采用过长的柱子。随着色谱试剂和色谱技术等的进步，现在已能用较短的柱子获得较好的分离，填充柱的柱子长度大多在 4m 以下，其中最常用的长度是 1~2m；毛细管柱长度大多为 10~30m。

六、进样技术

1. 进样量

进样量与气化温度、柱容量、仪器线性响应范围等因素有关，也即进样量应控制在能瞬间气化、达到分离要求和线性响应范围之内；定量分析时，应注意进样量读数准确。

气相色谱冲洗法的瞬间进样量：气体样品一般为 $0.1 \sim 10 mL$，液体样品或固体样品溶液一般为 $0.01 \sim 10 \mu L$；毛细管柱因柱容量小，其允许进样量则少得多。

2. 进样时间

进样时间长短对柱效率影响很大。若进样时间过长，则使色谱区域加宽而降低柱效率，因此，对于冲洗法色谱而言，进样时间越短越好，必须小于1s。

3. 进样设备

气体样品常用六通阀定量管进样，其最大特点是重现性好，相对偏差小于1‰。此外，它还具有进样速度快、操作简便、气密性好等优点；采用医用注射器进气体样品时，应特别注意气密性和进样量的准确性。

液体样品和固体样品溶液一般用微量注射器进样，微量注射器常用规格有 $0.1 \mu L$、$0.5 \mu L$、$1.0 \mu L$、$5.0 \mu L$、$10 \mu L$、$50 \mu L$ 等。微量注射器气密性比较好，能承受 $0.2 MPa$（$2kg/cm^2$）的压力，容量相对偏差小于±5‰。

毛细管柱一般允许的进样量仅为 $10^{-3} \sim 10^{-2} \mu L$，故需采用与一般填充柱不同的进样系统，也即分流/不分流进样器，或者别的进样装置。

此外，固体样品也有用固体进样器直接进样，高分子样品用裂解器裂解后进样等等。

选择分析条件之目的在于获得较好的分辨率（R）和较快的分析速度。在色谱分析中，一般希望难分离物质对的 R 值大于1.0，也即两组分至少达 98% 的分离，而且还希望在 10min 以内的时间里出完样品所有的组分峰。

　　必须指出，由于现有色谱理论和实际色谱过程之间存在着一定的距离，再则，样品情况千变万化，而且同一型号固定相性能也不一定完全相同，因此，上面所介绍的方法仅供实际选择分析条件时参考。

第4章 毛细管色谱

毛细管色谱（Capollary gas chromatography，CGC），又称毛细管气相色谱法，系指以毛细管柱进行分离分析的一种气相色谱法。

毛细管柱（Capollary column）又称空心毛细管柱、开口管柱（Open tubular column）、戈雷柱（Golay column）。毛细管柱内径多为 0.1～0.5mm，固定相于其内壁而中间为空心，故此色谱柱渗透性大、传质阻力小，比填充柱具有更好的分离效能、更快的分析速度，为天然产物、环境样品、生物样品等复杂混合物的分离分析开辟了广阔的前景。

第1节 发展简史

1955 年戈雷（M. J. E. Golay）在研究提高色谱柱的柱效率时发现，使用毛细管柱可以使柱效率大大得到提高。

1956 年戈雷根据他自己的理论研究成果，发明了柱效率极高的空心毛细管色谱柱，他被公认为是毛细管色谱的创始人。

1957 年 6 月戈雷在美国仪器学会组织的第一届气相色谱会议上发表了第一篇毛细管气相色谱论文"涂壁毛细管气液分配色谱理论和实践"，介绍了他在一支 91m 长的毛细管气相色谱柱上所得的第一张毛细管气相色谱图。

1958 年在阿姆斯特丹的国际气相色谱会议上，戈雷发表了戈雷方程，阐述了影响柱性能的各种参数，为毛细管色谱的发展奠定了基础。美国的兹拉克斯（Zlatkis）等人、英国的德斯迪（Desty）等人、德国的凯瑟（Kaiser）等人，相继为早期毛细管气相色谱发展做出了贡献。

20 世纪 60~70 年代使用玻璃毛细管气相色谱柱；此前，戈雷用聚乙烯制成第一支毛细管气相色谱柱；后来使用过不锈钢毛细管气相色谱柱。

1979 年丹登纽（Dandeneau）等人制备出熔融二氧化硅毛细管气相色谱柱（即弹性石英毛细管柱），此种毛细管柱具有柔性好、强度高、惰性好、柱效高等优点。

20 世纪 70~80 年代末把毛细管柱固定相的线性分子交联为网状结构，并开始使用键合毛细管柱；此前的方法是把固定液直接涂渍在毛细管内壁上。

20 世纪 80 年代出现大孔径毛细管柱，它既有毛细管柱的高柱效，又有填充柱的大柱容量，并且有较好的重现性。

20 世纪末毛细管色谱又有许多新发展，例如：出现了高容量、快速度的集束毛细管柱；出现了可以在 480℃ 的柱温下工作的毛细管柱；出现了分离手性化合物的手性毛细管柱；开发了便携式气相毛细管色谱仪等。

第2节 主要特点

1. 柱容量小

毛细管柱所含有的固定液量仅为几十毫克，液膜厚度为 0.1~2.0μm。因固定液含量低，则柱容量小，故其允许进样量少。一般允许的进样量仅为 $10^{-3} \sim 10^{-2} \mu L$，故需采用与一般填充柱不同的进样系统，也即分流/不分流进样器，或者别的进样装置。

2. 渗透性好

载气通过毛细管色谱柱时所受到的流动阻力小，故其柱渗透性好。色谱柱的渗透性一般用比渗透率 B_0（Specific permeability）表示：

$$B_0 = \frac{L\varepsilon}{\Delta P j} U \qquad (2-25)$$

式中，L——色谱柱柱长；

ε——载气黏度；

$\overline{U}$——载气平均线速度；

ΔP——柱子进口与出口间的压力降；

j——压力梯度校正因子。

毛细管柱 B_0 可用式（2—26）估算

$$B_0 = \frac{d^2}{32} = \frac{r^2}{8} \qquad (2-26)$$

式中，d——毛细管柱直径；

r——毛细管柱半径。

填充柱 B_0 可用式（2—27）估算

$$B_0 = \frac{d_p^2}{1012} \qquad (2-27)$$

式中，d_p——填料颗粒的平均直径。

一般毛细管柱的比渗透率为填充柱的 100 倍左右；通常情况下，1m 长的填充柱与 100m 毛细管柱的柱压降大致相近。

3. 相比率大

根据式（1—15）及式（1—30），可得相比率（β）与柱效率（n）的关系如下：

$$n = 16R^2 \left(\frac{S_f}{S_f - 1}\right)^2 \left(1 + \frac{1}{k}\right)^2 = 16R^2 \left(\frac{S_f}{S_f - 1}\right)^2 \left(1 + \frac{\beta}{K}\right)^2$$

$$(2-28)$$

从式（2—28）看出，在固定液液膜厚度小的条件下，β 值大，有利于提高柱效。

4. 快速分析

由于毛细管柱的 β 值比填充柱 β 值大得多，根据式（1—15）可知，毛细管柱的 k 值比填充柱小；再则，毛细管柱的渗透性大。所以，可用较高的载气流速，进行快速分离分析。

5. 总柱效高

普通填充柱每米柱长的理论塔板数为 $10^2 \sim 10^3$ 块，而毛细管

柱为 $10^3 \sim 10^4$ 块,柱效略优于普通填充柱;但由于毛细管柱的柱长多为普通填充柱的 10 倍以上,所以总柱效比普通填充柱要高得多。因此,在分离分析复杂样品时最能显示其特色。

第 3 节 基础理论

无论是毛细管柱还是普通填充柱,都是利用混合物样品组分在固定相和流动相间的溶解-解析能力、或者吸附-脱附能力、或者其他亲和力的不同而达到分离目的,因而它们具有相同的分离理论模型。但因毛细管柱为空心柱,使其理论模型中一些影响因素略有差异。

一、柱效率表达式

毛细管气相色谱的柱效率与普通填充柱一样,均用理论塔板数(n)的表达式(1—28)来表示。

$$n = 16\left(\frac{t_R}{y}\right)^2 = 5.54\left(\frac{t_R}{y_{1/2}}\right)^2 \tag{1-28}$$

二、R 与 n 关系式

毛细管气相色谱与普通填充柱一样,相邻组分的分离度(R)与理论塔板数(n)之间的关系,均可用式(1—29)或者式(1—30)表示。

$$n = \frac{16R^2 r_{is}^2}{(r_{is}-1)^2}\left(\frac{k_i+1}{k_i}\right)^2 \tag{1-29}$$

或 $$R = \frac{\sqrt{n}}{4}\left(\frac{r_{is}-1}{r_{is}}\right)\left(\frac{k_i}{k_i+1}\right) = \frac{\sqrt{n}}{4}\left(\frac{S_f-1}{S_f}\right)\left(\frac{k_i}{k_i+1}\right) \tag{1-30}$$

三、速率理论方程式

在第一篇中已经讨论过普通填充柱的速率理论方程,其表达式如下:

$$H = 2\lambda d_p + \frac{2\gamma D_{gas}}{\bar{U}} + \left[\frac{8k}{\pi^2(k+1)^2} \times \frac{d_f^2}{D_{liq}} + \frac{0.01k^2}{(k+1)^2} \times \frac{d_p^2}{D_{gas}}\right]\bar{U}$$

(1—55)

毛细管柱的速率理论模型与普通填充柱基本相同,但空心毛细管柱涡流扩散项为零,故其速率理论方程式为:

$$H = B/\bar{U} + C\bar{U} \tag{2-29}$$

其中分子扩散项 $B/\bar{U} = 2D_{gas}/\bar{U}$ (2—30)

传质阻力项 $C\bar{U} = (C_{liq} + C_{gas})\bar{U}$ (2—31)

戈雷研究表明,不同类型的毛细管柱的传质阻力项 $C\bar{U} = (C_{liq} + C_{gas})\bar{U}$ 是不同的。他于 1957 年提出了涂壁开管柱(WCOT)的速率方程表达式,1963 年提出了涂载体开管柱(SCOT)的速率方程表达式。

1. 涂壁开管柱速率方程表达式

$$H = \frac{2D_{gas}}{\bar{U}} + \frac{kd_f^2}{6(1+k)^2 D_{liq}\beta^2}\bar{U} + \frac{1+6k+11k^2}{24(1+k)^2} \times \frac{r_g^2}{D_{gas}}\bar{U}$$

(2—32)

式中,k——容量因子;

  D_{gas}——气相扩散系数;

  D_{liq}——液相扩散系数;

  $\bar{U}$——载气平均线速度;

  d_f——平均液膜厚度;

  r_g——自由气体流路半径,$r_g = r - d_f$,r 为毛细管柱半径;

  β——相比率,其表达式为:

$$\beta = \frac{V_m}{V_s} = \frac{K}{k} = \frac{a\bar{U}}{Lb} = \frac{a}{bt_A} \tag{2-33}$$

式中,V_m——毛细管中流动相气体体积;

  V_s——毛细管中固定液所占体积;

  K——分配系数;

$\overline{U}$——载气平均线速度；

t_A——死时间；

L——柱子长度；

a, b——分别为峰宽与保留值间关系直线的截距和斜率。

相比率是毛细管柱型及结构的重要特征，毛细管柱的 β 值一般为 $60\sim600$。

2. 涂载体开管柱速率方程表达式

$$H = \frac{2D_{gas}}{\overline{U}} + \frac{k}{6(1+k)^2} \times \frac{d_f^2}{D_{liq}F^2\beta^2}\overline{U}$$

$$+ \left[\frac{1+6k+11k^2}{(1+k)^2} + 8\alpha + \frac{16k\alpha}{(1+k)^2}\right]\frac{r_g^2}{24D_{gas}}\overline{U} \quad (2-34)$$

式中，F——SCOT 与 WCOT 液相表面积之比（约 $8\sim10$）；

α——多孔层相对厚度（$\alpha = \dfrac{d}{r_g} = \dfrac{d}{r\cdot d}$，约 $0.05\sim0.1$）；

d——多孔层平均厚度（约 $20\sim40\mu m$）。

其余符号含义同前。

四、影响柱效率因素

从上述方程式看出，影响毛细管柱色谱柱效率的因素很多，大部分与普通填充柱相同或相近，但有很多影响更为复杂；毛细管柱与普通填充柱两者柱效率的影响因素比较如下。

1. 相同之处

①毛细管色谱与普通填充柱均用理论塔板数来表示柱效率。
②相邻组分分离度与其理论塔板数之间的关系式两者相同。
③速率理论方程式既适用于普通填充柱也适用于毛细管柱。
④其分子扩散项均与气体扩散系数成正比而与流速成反比。
⑤气相传质阻力项与气体扩散系数成反比而与流速成正比。
⑥板高均与液膜厚度平方成正比而与液相扩散系数成反比。

2. 不同之处

①涡流扩散项在毛细管柱为零，而填充柱则受到明显影响。

②液相传质阻力项的影响因素，毛细管柱比填充柱复杂些。
③气相传质阻力项的影响因素，毛细管柱比填充柱更复杂。
④两相传质阻力项的容量因子，对毛管柱的影响错综复杂。

第4节　仪器设备

一、仪器流程

毛细管气相色谱仪的基本构造如图 2-35 所示，它与填充柱气相色谱仪不同之处在于：柱前和柱后两处有区别，也即在柱前为一个分流/不分流进样器（或者别的进样装置），柱后加一个尾吹气路。

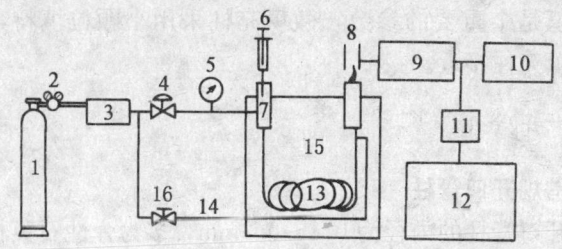

1. 载气钢瓶　2. 减压阀　3. 净化器　4. 稳压阀　5. 压力表　6. 注射器
7. 气化室　8. 检测器　9. 静电计　10. 记录　11. 模数转换
12. 数据处理系统　13. 毛细管色谱柱　14. 补充气（尾吹气）
15. 柱恒温箱　16. 针形阀

图 2-35　毛细管气相色谱仪示意图

从图 2-35 可见，毛细管气相色谱仪与填充柱气相色谱仪的构造大同小异，现在很多实验室用的气相色谱仪既可做填充柱色谱分析，也可进行毛细管柱色谱分析。

二、柱子类型

毛细管色谱柱是毛细管色谱仪的特色部件，其内径一般小于 1mm，可分为填充型和开管型两大类。

（一）填充型

1. 填充毛细管柱

填充毛细管柱（Packed capillary column），系指将多孔性填料疏松地装入玻璃管中，然后拉制成内径为 0.25～0.5mm 的毛细管柱，其中常用填料有硅藻土载体、碳分子筛、活性氧化铝等。载体涂渍（或键合）固定液后就成为气-液填充毛细管柱；装吸附剂则为气-固填充毛细管柱。

2. 微填充柱

微填充柱（Micro-packed column），系指采用内径小于 1mm 的柱管，填充小颗粒填料的色谱柱。在填充柱中柱管内径与填料粒径的比值是个重要的参数，微填充柱采用小颗粒填料，故其比值与一般填充柱接近。

（二）开管型

一）常规开口管柱

这类开口管柱的内径为 0.1～0.3mm，多为弹性石英柱，但也有玻璃柱。

1. 涂壁开管柱

涂壁开管柱（Wall coated open tubular column，WCOT），又称壁涂开口管柱、壁涂毛细管柱，系指把毛细管内壁先行预处理，然后再把固定液涂渍于毛细管内壁上的色谱柱。这种柱就是 Golay 最早提出的一种毛细管柱，现用的毛细管柱很多属于这种类型。

2. 多孔层开管柱

多孔层开管柱（Porous-layer open tubular column，PLOT），又称多孔层毛细管柱，系指在毛细管壁上用适当的方法沉积上一层多孔性物质的毛细管柱。多孔层厚度以不超过 0.1mm 为宜，此多孔性物质可为色谱载体，也可为吸附剂。

3. 涂载体开管柱

涂载体开管柱（Support coated open tubular column，SCOT），又称载体涂层开管柱、载体涂层毛细管柱，系指先在毛细管内壁沉积上一层载体（如硅藻土），然后在此载体上涂以固定液的毛细管柱；有时也可先将固定液与载体混合，然后再涂到毛细管内壁上。这种毛细管柱的内表面较大、柱容量较高、渗透性较好，故具有高效、快速等优点。

4. 交联型开管柱

交联型开管柱（Cross open tubular column），又称交联型毛细管柱，系指采用交联引发剂，在高温下处理，把固定液交联到毛细管内壁上的色谱柱。此种柱子具有高效、快速、耐温及耐溶剂冲洗等优点，是较理想的一类毛细管柱。

5. 键合型开管柱

键合型开管柱（Bonded open tubular column），又称键合型毛细管柱，系指将固定液以化学键合的方法键合到经涂敷硅胶的或者经表面处理的毛细管内壁上的色谱柱。键合型开管柱具有高效、快速、耐温及耐溶剂冲洗等优点，是较理想的一类毛细管柱。

二）特种开口管柱

1. 小口径开管柱

小口径毛细管柱（Microbore column），系指内径小于 $100\mu m$ 的弹性石英毛细管柱；此种柱子多用于快速分析。

2. 大口径开管柱

大口径毛细管柱（Megaobore column），系指内径大于 $300\mu m$ 的弹性石英毛细管柱，其固定相液膜厚度为 $5\sim 8\mu m$；此种柱子兼有毛细管柱和填充柱的功能。

3. 集束毛细管柱

集束毛细管柱（Multicapillary column），系指由许多支细小内径的微毛细管柱组成的毛细管束。例如：已有由 919 支内径 $40\mu m$ 的微毛细管所组成的毛细管束，此种柱子具有容量大、分析速度快等特点。

三、柱子物性

毛细管柱的柱子长度、柱管内径、液膜厚度、个峰容量以及分离能力等,与普通填充柱相比,两者存在一定差别,相关物性数据见表 2-12。

表 2-12 毛细管柱与普通填充柱物性比较

色谱柱种类		柱子长度/m	柱管内径/mm	液膜厚度/μm	个峰容量/ng	分离能力
普通填充柱		1~4	2~3	5~10	5000~10000	中
毛细管柱	SCOT	10~50	0.5~0.8	0.8~2	50~300	良
	WCOT	10~100	0.1~0.8	0.1~1	≤100	优

第 5 节 柱子制备

1956 年,戈雷(M. J. E. Golay)用聚乙烯制成第一支毛细管气相色谱柱,也使用过不锈钢毛细管气相色谱柱;20 世纪 60~70 年代,主要使用玻璃毛细管色谱柱;1979 年丹登纽(Dandeneau)等人首先制备出弹性石英毛细管柱,由于此种毛细管柱除了具有抗张强度高、柔韧性好、不易折断的优点之外,还有很好的惰性和很高的柱效。因此,迄今为止,弹性石英毛细管柱已成为最常用的毛细管色谱柱。

一、毛细管拉制

(一) 玻璃毛细管

玻璃毛细管柱目前已很少使用,但对于大口径毛细管柱(如内径 0.75mm)还常用玻璃材料来拉制。现代玻璃毛细管拉制机由计算机控制,基本原理与英国的德斯迪(Desty)等人最早的发明相似。

1. 拉制过程

常用外径为 4~10mm、内径为 2~6mm 的玻璃管为原料,由送料轮送入温度为 650～850℃ 加热炉中软化，然后由拉伸轮驱动已软化的玻璃管，拉伸变细成所需的毛细管。再在弯管炉中加热至 550～650℃，成盘管后存放在支架托盘上。

2. 控制因素

①内径控制：控制送料轮和拉伸轮的转速比，可以拉制得到不同内径的毛细管。

②质量控制：原料管内外径粗细均匀，加热炉及弯管炉温度稳定，送料轮与拉伸轮的转比适当，则可得到质量好的毛细管。

（二）石英毛细管

石英比玻璃熔点高，用一般玻璃拉制机无法拉制石英毛细管，可用光导纤维拉制机拉制；石英毛细管的拉制机构造示意图如图 2-36 所示。

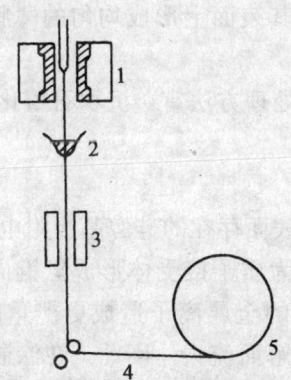

1. 高温炉　2. 聚酰亚胺涂制槽　3. 烘干器
4. 毛细管　5. 转鼓

图 2-36　石英毛细管拉制机

1. 拉制过程

将石英原料管送入石墨炉中加热，于 1900～2000℃ 时拉制出薄壁毛细管柱，所拉出的石英毛细管立即通过聚酰亚胺涂制槽，然后通过烘干器烘干,使柱子的外表敷上一层保护膜,最后将拉好的石英毛细管绕到转鼓上。拉制的石英毛细管内径为0.1～0.5mm,壁厚≤0.05mm。

2. 控制因素

除了与拉制玻璃毛细管相似的控制因素之外,还应注意如下因素。

①石英毛细管的表面不能被污染或受潮,应立即涂层保护石英毛细管以免强度下降。

②聚酰亚胺涂层最高使用温度为350℃,铝涂层的弹性石英毛细管可耐更高的温度。

二、内壁改性

1. 粗糙化

光滑的玻璃毛细管柱或石英毛细管柱的内表面,如果未经处理就难以使固定液在其表面上形成均匀的薄膜,因此必须先行粗糙化处理。

比较好的粗糙化处理方法有:沉积石墨化炭黑、沉积氯化钠、沉积二氧化硅等。

2. 脱活性

玻璃和石英材料表面存在的硅醇基吸附电子密度高的化合物,硅氧桥的离子特征作为质子接受体形成氢键而吸附易给质子的化合物,玻璃表面存在的金属离子造成更严重的吸附和催化作用,使高温下的固定液分解而流失。因此,在涂制固定液之前必须对内表面进行处理。

比较好的脱活性方法有:水热处理法、硅烷化处理法等。

三、柱子制备

1. 涂渍固定相

①静态涂渍法:根据所需液膜厚度计算所需固定液量后,称量于容量瓶中,加入适量溶剂(常用1∶1的正戊烷-二氯甲烷混合溶

剂），充分摇动、超声波振荡，使固定液完全溶解并脱气，配成浓度约 0.1~0.5g/100mL 的固定液溶液；然后装入充液瓶中，以压缩氮气把溶液均匀压入毛细管柱中，充满后用肥皂封住出口端；置于水浴中于 30~40℃ 的温度下抽真空 2h 左右，然后切去封口端，约过 30s 后断开真空源，把柱子从温水中取出；于室温条件下通氮气约 1~2h 之后，以 2~4℃/min 的速率程序升温至接近固定相的最高使用温度，并在此温度下老化 8h 左右，直到基线平稳为止。

②动态涂渍法：根据所需液膜厚度计算所需固定液量后，称量于容量瓶中，加入适量溶剂（常用 1∶1 的正戊烷-二氯甲烷混合溶剂），充分摇动、超声波振荡，使固定液完全溶解并脱气，配成浓度约 1~20g/100mL 的固定液溶液；然后装入充液瓶中，用氮气以 1cm/s 左右的线速度把固定液溶液均匀地压入毛细管柱的 1/3 左右，并以相同速度通氮气将液柱推出柱外；于室温条件下继续通氮气 4h 左右，然后以 2~4℃/min 的速率程序升温至接近固定相的最高使用温度，并在此温度下老化 8h 左右，直到基线平稳为止。

2. 交联固定相

把涂渍在毛细管柱上的线状固定相分子，进行交联处理使之变成网状结构，就能提高固定相的稳定性、耐热性、耐溶剂冲洗等，属性能较好的一类毛细管柱。

常用聚硅氧烷类固定液来制备交联固定相。其交联方法之一是采用高温缩合的途径，使聚硅氧烷上的硅羟基与另一分子（或毛细管壁）的硅羟基缩合，分子间形成硅-氧-硅键交联；交联方法之二是经引发剂作用，使聚硅氧烷上的甲基（或乙烯基）发生碳-碳键之间的结合，分子间形成硅-碳-碳-硅键交联。

交联引发剂种类有：臭氧引发剂、有机过氧化物引发剂、偶氮化合物引发剂等。

3. 键合固定相

采用特定的化学反应方式使固定液与经表面处理的毛细管内壁上或者涂于内壁的硅胶上的特定基团（例如：硅羟基）产

生化学键合，从而在表面上形成均一的牢固的单分子薄层。因而具有高效、快速、耐温及耐溶剂冲洗等优点，属性能较好的一类毛细管柱。

常用键合固定相的类型有：硅-氧-碳型、硅-氧-硅-碳型、硅-碳型、硅-氮型等。

四、有关说明

1. 柱子保护

氧是导致柱子变质的主要因素，应使用高纯氮载气、减少色谱气路系统氧含量；控制正确的操作条件，减少固定液流失，以延长柱子使用寿命。

2. 柱子供应

现已有许多色谱仪器公司、色谱试剂公司有现成的各种型号毛细管柱供应，一般不必自己制备毛细管柱。国外毛细管柱常见商品类型见表2-13。

表2-13 国外毛细管柱常见商品类型及其应用

毛细管柱	相似固定相	使用温度	分析对象
非极性毛细管柱			
100%聚二甲基硅氧烷	AT-1, BP-1, DB-1, Rtx-1, HP-1, MTX-1, OV-17, OV-101, SE-30, SF-96, SP-2100, CP-SIL-5	恒温 60～325℃ 程升 60～350℃	烃、胺、酚、农药、硫化物、香料
5%二苯基-95%二甲基硅氧烷	AT-5, BP-5, DB-5, Rtx-5, HP-5, MTX-5, OV-5, PTE-5, RSL-150, SE-54, SE-52, CP-SIL	恒温 60～325℃ 程升 60～350℃	生物碱、酯、卤化物、芳烃、药物
中等极性毛细管柱			
6%氰丙基苯基-94%二甲基硅氧烷	AT-1301, DB-1301, HP-1301, Rtx-1301, Rtx-624, 007-502, DB-624	恒温 20～280℃ 程升 20～300℃	醇、氧化剂、农药、防火液压系统液

续表

毛细管柱	相似固定相	使用温度	分析对象
中等极性毛细管柱			
6%氰丙基-94%二甲基硅氧烷	AT-624，CP-624，CP-Select 624 CB，DB-VRX，Rtx-624，Rtx-502，VOCOL，007-624	恒温 20~260℃ 程升 20~270℃	挥发性卤化物
35%二苯基-65%二甲基硅氧烷	AT-35，DB-35，Rtx-35，SPB-3，SPB-608，Sup-Herb，HP-35	恒温 40~300℃ 程升 40~320℃	胺、农药、药物、防火液压系统液
4%氰丙基苯基-86%二甲基硅氧烷	AT-1701，DB-1701，HP-1701，OV-1701，Rtx-1701，SPB-1701，007-1701	恒温 20~280℃ 程升 20~300℃	农药、药物、糖、防火液压系统液
50%二苯基-50%二甲基硅氧烷	AT-50，BPX-50，CP-Sil19，DB-17，DB-17ht，HP-50，OV-17，Rtx-50，SP-2250，SPB-50	恒温 40~260℃ 程升 40~280℃	药物、乙二醇、农药、甾族化合物
50%三氟丙基-50%甲基硅氧烷	AT-210，HP-210，DB-210，Rtx-200	恒温 45~240℃ 程升 45~260℃	醛类、酮类、有机磷、农药
50%氰丙基苯基-50%二甲基硅氧烷	OV-225，Rtx-225，RSL-500，SP-2330，007-225，AT-225，BP-225，CP-Sil43	恒温 40~220℃ 程升 40~240℃	醛醇、酯、中性甾醇、不饱和脂肪酸
50%氰丙基-50%甲基硅氧烷	SP-2330/2340/2380/2560，007-23，DB-23，HP-23，Rtx-2330	恒温 40~250℃ 程升 40~260℃	脂肪酸顺/反异构体
极性毛细管柱			
键合聚乙二醇	AT-WAX，BP-20，HP-INNO-Wax，Supelcowax-10，DB-WAX-etr，Stabilwax，CarbowaxPEG20M	恒温 40~260℃ 程升 40~270℃	醇类、芳烃、香精油、溶剂

续表

毛细管柱	相似固定相	使用温度	分析对象
极性毛细管柱			
键合聚乙二醇	Carbowax, HP-Wax, Rtx-Wax	恒温 20～250℃ 程升 20～264℃	醇、芳烃、香精油、溶剂、乙二醇类
交联聚乙二醇	AT-1000, CPWax58CB, DB-FFAP, 007-FFAP OV-351, Stabilwax-DA, SP-1000, HP-FFAP	恒温 60～240℃ 程升 60～250℃	酸、醇、醛、酮、腈、丙烯酸酯
多孔层毛细管柱			
氧化铝多孔层毛细管柱	Al_2O_3/KCl, Al_2O_3/Na_2SO_4, Alumina Plot, CP-Al_2O_3/KClPLOTHP-PLOTAl_2O_3, AT-Alumina, GS-Alumina, Rt-Alumina Plot	200℃	C_1～C_6烃、环丙烷、丙烯乙炔、丙二烯、1,3-丁二烯
分子筛多孔层毛细管柱	AT-Mole Sieve, CP-Molesieve 5A, HP-PLOT Molesieve, Molesieve 5A-PLOT, RT-Msieve 13X, WGS-Molesieve	300℃	气体分析
超低流失毛细管			
100%聚二甲基硅氧烷	DB-1, HP-1, Rtx-1	恒温 60～325℃ 程升 60～350℃	烃、胺、酚、农药、硫化物、香料
5%二苯基-95%二甲基硅氧烷	DB-5S, HP-5MS, PTE-5, Rtx-5MS	恒温 60～325℃ 程升 60～350℃	GC/MS痕量分析、生物碱、酯、卤化物、芳烃
5%二苯基-95%二甲基亚芳基硅氧烷	HP-5TA, CP-Si18CB-MS, DB-5MS, MDN-5S, PTE-5, Rtx-5MS, XTI-5	恒温 60～325℃ 程升 60～350℃	GC/MS痕量分析、生物碱、酯、卤化物、芳烃
35%二苯基-65%二甲基亚芳基硅氧烷	BPX-35, DB-35MS, HP-35MS, MDN-35, Rtx-35	恒温 40～340℃ 程升 40～360℃	胺、农药、防火液压系统液

注：以上毛细管柱的生产厂家为 Agilent, Alltech, J&W, Supelco, Restek

第 5 章 顶空色谱法

顶空分析（Headspace analysis），又称液上气体分析；顶空气相色谱分析（Gas chromatographic headspace analysis，GC-HS analysis 或者 GC-HS），又称液上气相色谱分析，系指用气相色谱法对液体或固体物质中的挥发性成分的一种间接测定法。

在顶空气相色谱分析中，气相色谱分析操作条件的选择与普通气相色谱分析类似，这里就不再赘述。本章主要介绍顶空气相色谱分析的基本特点、主要类型和应用实例，以及讨论此法定性定量分析中的有关问题。

第 1 节 主要特点

以往顶空分析中，大都采用红外光谱法、紫外光谱法、质谱法等测定在液体（或固体）样品中的挥发性组分。由于这些测试方法的灵敏度有限和缺乏分离混合物的能力，因此，当气体中有几个组分存在时，就难以得到理想的分析结果。

自从气相色谱法问世以来，许多色谱分析工作者把气相色谱法应用于顶空分析之中，由于气相色谱法具有分离效能好、灵敏度高、样品用量少、分析速度快、应用范围广等特点，使顶空分析展现出崭新的前景。

顶空气相色谱分析主要有如下的特点。

1. 广泛适用

顶空气相色谱法既可分析液体样品中的挥发性组分，也能分析固体样品中的挥发性物质；既适用于单组分挥发性气样的分析，也能对组成复杂的挥发性组分混合物进行分离分析；既能用于常量顶空气样分析，又能检测低含量的挥发性组分。

2. 快速简便

顶空气相色谱分析直接取液体样品（或固体样品）的挥发性气态样品送进气相色谱仪进行分离分析。在很多情况下，可以省去样品前处理操作，故此法要比普通的色谱分析更为快速简便。

3. 低检测限

顶空气相色谱分析有时还可获得比普通气相色谱分析更低的检测限，这是因为避开了常规样品前处理过程中所带来的溶剂干扰、以及顶空样品的某些特殊性的缘故。对于容易分解和无法直接进样分析的液体或固体样品而言，则更有它的实用价值。

由于顶空气相色谱分析具有其独特的优越性，因此，在食品科学、环境科学、材料科学、生化科学等的分析领域中，得到了广泛的应用。

顶空气相色谱法处于方兴未艾的阶段，定量和定性分析中均有大量问题等待解决。

第 2 节　基本类型

顶空气相色谱法大体可分为静态顶空气相色谱法和动态顶空气相色谱法两大类。

1. 静态顶空气相色谱法

静态顶空气相色谱法系指在密闭的恒温系统中，与液体（或固体）样品相平衡的其挥发性气态成分的气相色谱分析。

静态顶空气相色谱分析的取样装置如图 2-37 所示，用注射器取气体样品，然后送入气相色谱柱进行分离分析。所使用的分析仪器为一般实验室用的气相色谱仪，并配有气体六通阀进样装置。

2. 动态顶空气相色谱法

动态顶空气相色谱法也称为吹扫-捕集气相色谱分析法，此法使用惰性气体（常用氮气）通入液体（或固体）样品中，把其中的挥发性气态成分吹扫出来，进行选择性富集（可用吸附剂、冷阱等），然后经加热（或其他方法）把所富集的气态组分由载气带

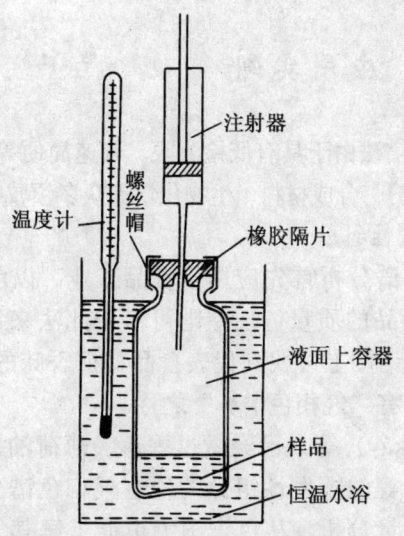

图 2-37 静态顶空分析取样装置

入气相色谱柱中进行分离分析。

动态顶空色谱分析的取样装置如图 2-38 所示,所使用的分析仪器为一般实验室用的气相色谱仪,并配有气体六通阀进样装置。

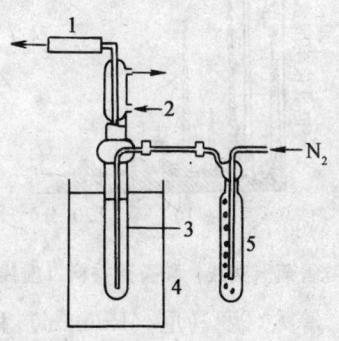

1. 捕集管 2. 冷却水 3. 样品管
4. 水浴槽 5. 洗气瓶

图 2-38 动态顶空分析取样装置

第3节 应用实例

顶空气相色谱法由于具有低检测限、快速简便等特点,因而在食品卫生、环境保护、合成材料、生物化学等众多领域中得到广泛应用。

1. 食品挥发性组分

顶空气相色谱分析首先应用于食品工业。以前仅凭人的嗅觉和味觉来鉴别食品的质量,现在则可借用此法来帮助鉴别,在很多情况下,从色谱图上可找到代表食品特征香味的组分峰,因此,顶空气相色谱法有"气相色谱鼻"之称。

马凯(Mackay)等人已经做过香蕉、薄荷油、烤咖啡、白兰地酒、威士忌酒等的挥发性组分的顶空气相色谱分析。即使没有作精密的定性定量分析,从色谱图上也能了解其气味或味道的真实情况。图 2-39 表示新鲜香蕉与香蕉香料的分析比较。

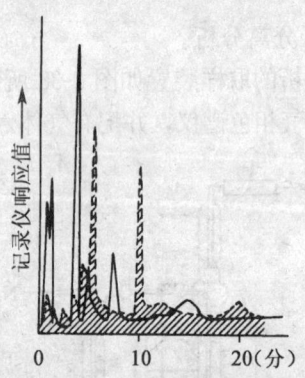

图 2-39 新鲜香蕉(实线)和香蕉香料(虚线)顶空分析

布朗(Brown)等人,罗马尼(Romani)和库(Ku)等人分别做过苹果和梨子挥发物的分析。德劳埃特(Drawert)等人做过用戊烷-二氯甲烷(2∶1)为溶剂的液-液萃取法与顶空气相色谱法对苹果香味的分析比较,两种方法得到不同的结果。他们认为顶空气相色谱分析对于产生气味物质组分的定性分析是非常有用的,但其定量分析的准确度有待提高。

韦洛曼(Weurman)用顶空气相色谱法研究过在成熟的木莓中挥发性酶的组成。此外,他还做过包裹食物中的 NO、N_2O、N_2、O_2、CO_2、CO 和 H_2 的测定;做过新鲜蔬菜、冰冻蔬菜、包裹蔬菜的质量对比分析。

米特可(Miethke)用顶空气相色谱法分析过各种醇类饮料的组成。例如:梨酒、蛋酒、白兰地、樱桃白兰地、法国白兰地等,测定了其中醇的含量、组分名称和掺杂物等。

杰茨希(Jentzsch)等人用顶空气相色谱法把甘菊茶与薄荷茶区分出来。

2. 高聚物的分散系

顶空气相色谱法可用于分离分析塑料、共聚物、高聚物的分散系。例如:用于检测聚乙烯基团降解产物,如乙烷、丙烷、正丁烷和1-丁烯等。聚乙烯用作牛奶的包装材料时,这些组分造成牛奶产生不正气味。

哈切伯格(Hachenberg)已经给出顶空气相色谱法用于测定固体高聚物和高聚物分散系的例子。他发现用此技术检测残留单体比用常规的把高聚物溶解后再度沉淀的方法要灵敏得多。

图 2-40 说明用常规的气相色谱法测定聚苯乙烯中的苯乙烯。首先把聚苯乙烯溶解于二氯甲烷(CH_2Cl_2)之中,然后加入甲醇(CH_3OH)使其沉淀,再用注射器取样品溶液,送入色谱柱进行分离分析。在此分析中,除苯乙烯峰之外,惟一只见到内标峰,溶剂(CH_2Cl_2)和沉淀剂(CH_3OH)则一起流出,而其他的杂质没有分离出来,被隐藏于 CH_2Cl_2 和 CH_3OH 的混合峰中。图中表明仅能测出样品中含量较高的两个组分,因此用常规方法测定苯乙烯的灵敏度是很低的。

顶空气相色谱分析不必花费制备样品(溶解和沉淀)的时间,取其挥发性气态样品直接进行气相色谱分离分析,得到如图 2-41

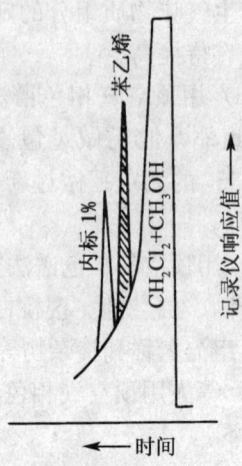

图 2-40 聚苯乙烯分散系常规色谱分析

所示的色谱图。从图中可以看出，顶空气相色谱分析能测出更多的组分，可以达到更低的检测限。故此法具有快速、灵敏等特点。

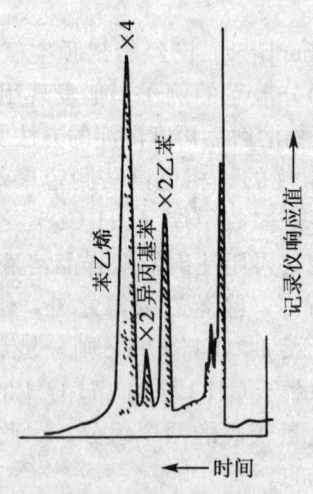

图 2-41 聚苯乙烯分散系顶空色谱分析

用顶空气相色谱法还分析过高聚物中残留的石油醚；分析过α-甲基苯乙烯和其他一些种类的高聚物、共聚物和高聚物分散系等。

3. 高聚物的稳定性

顶空气相色谱法也是测试高聚物化学稳定性的一种快速而又简便的方法。取容器中的气体进行气相色谱分析，则可了解在各种温度下容器材料的抗水蒸气、抗HCl气等的性能。

例如：图2-42表示聚缩醛暴露于HCl气之前的顶空分析；图2-43表示此材料暴露于HCl气中0.5～1h之后的顶空分析。比较两图可以看出，聚缩醛暴露于HCl气之后，气态组分明显增加，表明聚缩醛受到了破坏。

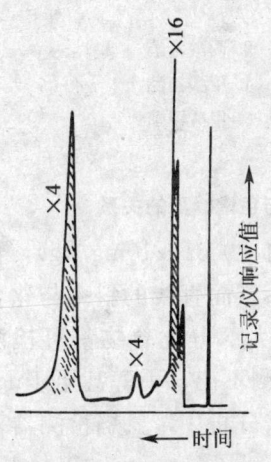

图2-42 聚缩醛暴露于HCl之前顶空分析

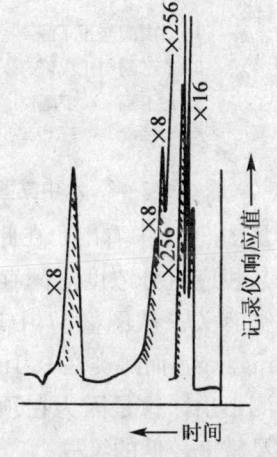

图2-43 聚缩醛暴露于HCl之后顶空分析

4. 水中挥发性组分

戈陶夫（Gottauf）用顶空气相色谱法定量分析过水中的挥发性有机杂质组分。在进行气相色谱分析之前，先用填有吸附剂的富集管对水上气体中的组分进行吹扫浓缩，然后经适当加热，把所富集的气态组分由载气带入气相色谱柱中进行分离分析。

奥泽利斯（Ozeris）等人用顶空气相色谱法对水中微量有机物组分（例如：醇、酮、醛、酯和硫化物等）做过定量分析研究工作，建立了水中微量有机物组分的浓度与峰高之间的关系如图 2-44 所示。

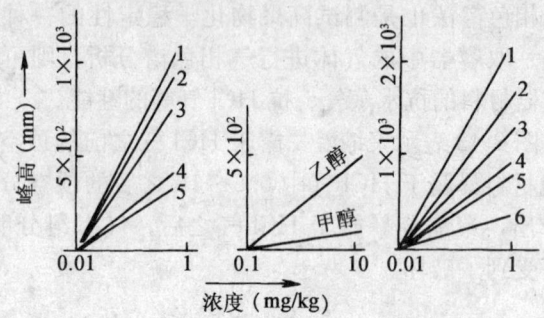

1. 2-戊酮与正丁醛　　1. 二乙基硫醚　2. 丙酸乙酯
2. 2-己酮与正戊醛　　3. 乙酸乙酯　　4. 甲酸乙酯
3. 2-丁酮　4. 丙酮　　5. 烯丙基硫醚　6. 甲酸甲酯
5. 正丙醛

图 2-44　水中某些有机物浓度与色谱峰高的关系

从图 2-44 中看出，在此浓度范围内（0.01～10mg/kg），色谱峰高与相应组分浓度之间存在线性关系，而直线的斜率与化合物的种类有关。从图 2-44 中还可看出，大部分化合物都可检测到 0.01mg/kg，而醇类在 0.1mg/kg 就检测不出，甲醇甚至 1mg/kg 都检测不出，这是因为在顶空气相色谱分析中，氢焰检测器对甲醇的灵敏度较低的缘故。

第 4 节　定性定量

一、定性分析

顶空气相色谱分析中的定性分析与普通气相色谱定性分析一样，常以保留值为定性参数、多柱定性，需用已知标准纯物质以及与其他分析方法结合,才能完成对组分峰的鉴别任务。

就一般情况而言,要对每个组分都定性是不容易的,对于含量很低的组分尤其是这样。然而,若有灵敏度非常高的质谱仪或其他大型分析仪器,采用气相色谱-质谱(或其他仪器)联用系统,则能较顺利地完成顶空气相色谱分析中的定性分析工作。

巴泽特(Basette)等人利用选择性反应,达到了对液体样品的挥发性组分化合物基团作定性鉴别之目的。例如:在液体样品中加入酸化羟胺溶液,以除去挥发性气态成分中的酮、加入氯化汞除去硫化物、加入碱性羟胺溶液除去酯等。帕罗(Palo)介绍了用同样的方法,鉴别了食品中挥发性组分的官能团。

汗斯(Heins)等人用50m长的聚丙二醇为固定液的毛细管柱和用气相色谱-质谱联用系统,完成了对茶叶和咖啡中的挥发性组分的鉴别工作;利比希(Liebich)等人用气相色谱-质谱联用系统鉴别过糖酒香味的挥发性组分。

二、定量分析

顶空气相色谱分析虽能对液体或固体中的挥发性气态组分作定量测定,但由此而准确得出其对应液体(或固体)样品中的组分的含量却非轻而易举的事情,因为只有当样品中的组分含量与其平衡气相中对应组分的蒸汽压之间成线性关系时才便于求出。只有理想溶液才存在着线性关系,而实际样品则不一定全都符合理想状态。

由于样品性质和浓度的影响,顶空气体存在着两类不同的情况。

(一)理想溶液

各分子间的吸引力完全相同、距离完全相等和完全依从拉乌尔定律的溶液称为理想溶液。例如:氧气和氮气,氯苯和乙基苯,正己烷和正庚烷,甲醇和乙醇,对二甲苯和间二甲苯的混合物等。

若由 n 个挥发性组分所组成的混合物为理想溶液,那么,根据道尔顿定律可得：

$$P_{总} = \sum_{i=1}^{n} P_{ig} = \sum_{i=1}^{n} (n_i R_g T/V) \tag{2-35}$$

式中，$P_{总}$——顶空气体总压（atm）；

P_{ig}——顶空气体中 i 组分的分压（atm）；

n_i——顶空气体中 i 组分的摩尔数（mol）；

R_g——通用气体常数（为 0.08206L·atm/K·mol）；

T——绝对温度（K）；

V——顶空气体体积（L）。

根据拉乌尔定律可得：

$$P_{总} = \sum_{i=1}^{n} X_i^M P_i^\circ \tag{2-36}$$

式中，X_i^M——混合物样品中 i 组分的摩尔分数；

P_i°——i 组分在纯态时的蒸汽压。

对于理想溶液而言，根据色谱分析和上述关系式等，则可求出样品中组分的含量。

（二）非理想溶液

各分子间的吸引力不完全相同、距离也不完全相等，致使溶液的实际蒸汽压与拉乌尔定律计算值之间存在偏差的溶液称为非理想溶液，非理想溶液包括下列三种不同的情况。

1. 正偏差

混合物样品中，如果不同种类分子间的吸引力小于纯物质分子间的吸引力时，那么，它们就企图离开混合物，这就造成液体或固体中的挥发性气态组分压力（分压和总压）大于拉乌尔定律计算值。一般当极性分子和非极性分子在一起时则有可能出现这种情况，例如：乙醇和庚烷的混合物。

2. 负偏差

混合物样品中，如果不同种类分子间的吸引力大于纯物质分子间的吸引力时，那么，此液体或固体中的挥发性气态组分混合物的气体压力（分压和总压）则小于拉乌尔定律计算值。若分子具有永久性或诱导偶极矩时，这些静电作用力将导致氢键的发生或使分子间产生不稳定的化学键，丙酮和氯仿的混合物就属于这种情况；另一个例子是氯化氢水溶液，由于 H_2O 和 HCl 间相互作用形成 $H_3O^+ + Cl^-$，使蒸汽压明显下降以致无法检测，非常稀的水溶液则只有水蒸气压出现，当溶液很浓时，则只见 HCl 蒸汽压。

3. 混合偏差

还有一类混合物（例如：水和吡啶），其蒸汽压曲线则出现凹向和凸向曲率的情况，也即在某一条件下出现负偏差，而在另一条件下出现正偏差。

对于非理想溶液，则需使用如下的关系式：

$$P_{总} = \sum_{i=1}^{n} \gamma_i X_i^M P_i^\circ \tag{2-37}$$

式中，γ_i——i 组分的活度系数；

其余符号含义同前。

只有得知混合物中各组分的活度系数值，才有可能进行定量计算。

（三）相关事项

1. 精心操作

顶空气体定量分析中，须注意设备的可靠性、操作条件的稳定性和重现性等。例如：样品要小心制备和容器必须很好恒温，以建立蒸汽压平衡；收集样品时应避免吸附损失，转移时应避免由于冷凝而改变它的组成；采样设备清洗干净也是十分重要的，以免把残留物转移到下一样品中去；精心操作减少误差。

2. 充分混合

在恒温条件下，采用转动的方法可使蒸汽分压较快平衡。宾德（Binder）特别注意了样品制备过程中所造成的误差，各种物质的扩散速率有很大的不同,这将导致顶空气相色谱分析中产生定量误差,当平衡周期短和液上空间大的情况下尤为显著;如果在其中装有叶轮搅拌,使其充分混合,则可避免此问题。

3. 适当稀释

在高浓度区域内分压的变化与浓度变化不呈线性关系,如果不注意这点,可能得到完全错误的结果,故定量校正工作尤其重要。在很多情况下,样品溶液若能适当稀释,使其接近理想混合物,则有可能得到线性关系。

哈切伯格(Hachenberg)建议对于浓度较大的醋酸乙烯酯溶液在分析之前最好用甲醇适当稀释。对在甲醇溶液中低浓度醋酸乙烯酯做过定量分析,证明了顶空气相色谱分析法用于分析分散系的重现性和准确性。表 2-14 是顶空气相色谱分析与溴化物-溴滴定法对醋酸乙烯酯的定量分析比较。

表 2-14 顶空气相色谱分析与滴定法定量分析比较

样品	醋酸乙烯酯的含量/% (W/W)					
	滴定法	顶空气相色谱法				
		1	2	3	4	5
A	7.0	7.6	7.7	7.5	7.6	7.6
B	0.5	0.7	0.7	0.5		0.7
C	19.0	19.1	18.7	18.0	—	18.6

4. 瓶塞影响

顶空容器用橡胶塞封口时应特别注意,有可能造成误差,使分析结果的准确性和重现性受到影响。麦尔(Maier)在分析产生香味的固体物质时,发现橡胶塞吸附了大量欲分析的组分。他认为,即使把塞子加热,或改用铝箔或聚四氟乙烯薄膜,此吸附作用都无法避免,改用银制帽子也不一定能给出满意的结果。因此,分析固体样品时,最好先测出空白试验值。做液体样品的顶空分析时,则观察不出气相中组分浓度的减少,这可能是它们从液相中能迅速挥发出来的缘故。图 2-45 表示吸附在橡胶塞中各种组分蒸汽的量与时间的函数关系。

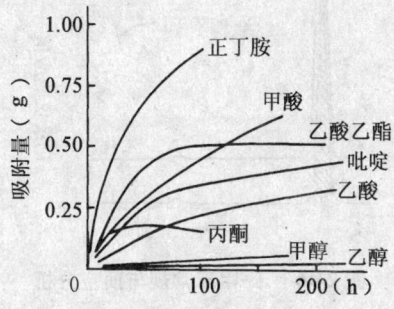

图 2-45　橡胶塞对有机蒸汽的吸附

戴维斯（Davis）认为，在同一条件下吸附作用的大小与被吸附的化合物的分子量和分子结构有关。他的实验表明，用橡胶塞密封液上气体样品瓶时，在 30min 内乙烯的浓度减少 2.0%、已烷减少 7.6%、庚烷减少 21.9%、丙醛减少 4.6%、戊醛减少 26.3%、庚醛减少 64.5%。因此，他推荐用玻璃考克，以减少这种影响。

5. 温度影响

杰茨希（Jentzsch）等人的实验认为，顶空容器的温度必须选择在样品蒸汽压尽可能高的温度。例如：含 1% 苯的样品（苯-甲苯混合物样品），按常规取液体样进行色谱分析给出如图 2-46A 所示的色谱图，而取 40℃ 时的顶空气体分析给出如图 2-46B 所示的色谱图。也即在 40℃ 做这种分析时，顶空气相色谱分析中苯的含量为常规液体样品色谱分析的 4.3 倍。因此，对组分（这里指苯）的检测极限可以更低一些，也即可检测出更低的含量。

6. 水样分析

提高水溶液样品的顶空气相色谱分析灵敏度的一个办法是加入无机盐。例如：加入无水硫酸钠，对羰基化合物的检测极限可达 0.01mg/kg；凯普纳（Kepner）等人在稀的样品溶液中加入硫酸铵或氯化钠至饱和，其灵敏度能提高 7 倍；杰茨希等人在特丁醇水溶液中加

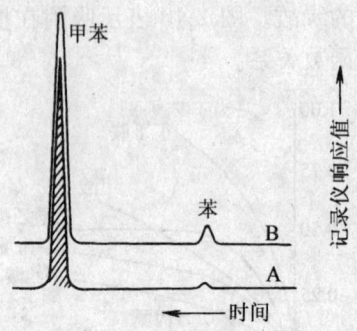

图 2-46 苯-甲苯常规与顶空分析

入碳酸钙,明显提高了灵敏度,据报道其检测极限达到 0.05mg/kg。

7. 固体样品

固体样品的顶空气相色谱定量分析的校正工作就更困难些。有适宜溶剂的固体样品,可先将其制成溶液并加入内标物后再行分析。

罗尔施奈德(Rohrschneider)的实验指出,对固体样品的顶空气体分析而言,固体颗粒与其气相之间的平衡速度太慢,需要漫长的时间。因此,他建议把固体样品(例如:高聚物)溶于二甲基甲酰胺中,在两小时内即可达到平衡;聚苯乙烯样品与相应标准样品的顶空气相色谱分析之间的比较如图 2-47 所示。

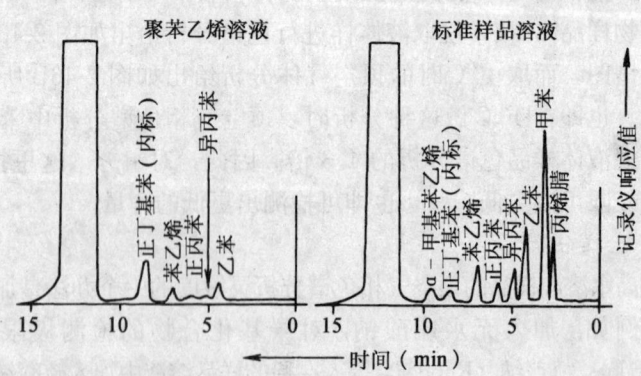

图 2-47 聚苯乙烯溶液与标准样品的顶空气相色谱分析比较

8. 定量校正

若降低某物质在水溶液中的溶解度时，也就改变了其平衡蒸汽压，这在分析时必须加以考虑；样品各组分的浓度有很大的差别时，将造成定量分析中的很大困难。例如：高浓度的乙醇，对于低浓度的其他化合物溶解度和蒸汽压就有影响。同样，在做啤酒和柠檬水的顶空分析时，高浓度的二氧化碳也产生相似的影响。实验表明，醋酸异戊酯、异丁醇和异戊醇在水溶液中的峰高比在啤酒中的峰高要小些。但是上述的一些影响对有些化合物的影响则比较小，如己酸乙酯在水中和在甜酒中具有同样的峰高。这表明在做顶空气体分析时，每种样品都必须做专门的定量校正工作。

豪克（Hauck）和特伏罗斯（Terfloth）研究了血醇的自动化分析中造成误差的原因之后，大力推荐在液上气体分析中采用内标法定量；他们还发现样品瓶每提高1℃时，乙醇和内标物（丁醇）峰高增加相等。

第6章 裂解色谱法

裂解（Pyrolysis），又称热解、热裂解，系指高分子物质在高温条件下，分子链断裂成小分子的过程。

裂解气相色谱法（Pyrolysis gas chromatography，PyGC），又称热解气相色谱法、热裂解气相色谱法，系指分子量较大的物质在严格控制的操作条件下加热，迅速裂解成小分子碎片后，直接进入气相色谱仪进行分离分析的方法。

由于裂解碎片的组成和相对含量与被测物质的结构、组成有一定的对应关系，因此，每种物质的裂解产物色谱图具有各自的特征性，被称为指纹裂解谱图，可作为定性分析的依据。此外，还可利用指纹裂解谱图中能反映物质结构、组成的特征碎片，对混合物中的各组分进行定性和定量分析。

因裂解气相色谱法既有气相色谱法的高效、灵敏、快速等特点，又有裂解技术获取指纹信息的能力，故在合成材料、地球化学、环境科学、生命科学等众多领域中得到广泛应用。

第1节 发展简史

1862年威廉斯（Williams）在研究天然橡胶的结构时，使用裂解技术与化学分析相结合的方法，确定了天然橡胶的单体为异戊二烯。

1954年戴维森（Davison）首先用气相色谱法脱机分析了高聚物的裂解产物。

1959年马丁（Martin）等人把裂解装置与气相色谱仪联机，直接分析聚合物的热裂解产物获得成功。

1966年辛蒙（Sinnmon）等人实现了裂解气相色谱与质谱（PyGC-MS）联机分析，鉴定了氨基酸的裂解碎片。

1979年开始出版热裂解学术刊物《Journal of Analytical and Applied Pyrolysis》（即《分析和应用裂解杂志》）。

在裂解装置方面，出现了管式炉裂解器、热丝裂解器、居里点裂解器、激光裂解器，这些裂解器一直沿用至今。新式裂解器的出现及其性能的提高，促进了PyGC的发展。

20世纪80年代以来，随着裂解色谱与质谱、傅里叶红外光谱、核磁共振等联用技术日臻成熟，随着计算机的应用，裂解气相色谱法现已成为研究高分子微观结构必不可少的手段。

第2节 基本特点

一、主要特点

1. 具有气相色谱的特点

裂解气相色谱法中，色谱柱大都使用毛细管色谱柱，检测器常用氢焰离子化检测器，因而具有分离效能高、分析速度快、样品用量少、检测灵敏度高等特点。

2. 展现裂解技术的特长

①适用各种样品：在裂解气相色谱法中，裂解设备能适应各种形态的有机高分子物质样品，无论是黏稠的液体物质还是固体样品，无需进行前处理，均可直接进样裂解。

②获取指纹谱图：裂解器能把高分子样品迅速裂解成小分子碎片，直接进入色谱分析得到指纹谱图。它与被测物质的结构、组成有对应关系，为定性定量分析奠定基础。

3. 发挥联用技术的优势

利用色谱法能把混合物分离成单组分的特长，利用质谱等对纯物质结构的识别能力，把裂解气相色谱与质谱（傅里叶红外光谱、核磁共振等）联用，加上计算机的应用，大大提高了对裂解指纹谱图的解读能力，为研究高分子物质提供了有力的工具。

二、相关事宜

1. 重现性有待提高

由于裂解谱图随实验条件不同而变化，要得到能重现的、在不同实验室间可互相通用的标准指纹裂解谱图并非轻而易举，其主要原因如下。

①渐次裂解：样品在裂解器中加热温度上升至选定的裂解温度以前已发生渐次裂解，使过程和产物复杂化，影响指纹裂解谱图的重现性。

②二次反应：在热解过程中，热解碎片往往进一步发生二次反应，形成新的反应产物，并减少特征碎片，这就使谱图复杂化、特征性降低。

为了消除上述因素，应采用窄的加热区、用尽可能短的时间达到裂解温度，使样品能在瞬间裂解并迅速进入色谱柱。此外，还应减少样品量和加快载气流速等。

2. 某些信息可能丢失

能从色谱柱流出的组分只是热稳定性好的、分子量相对小的一些碎片，而非热稳定性的组分或分子量相对大一点的组分，可能永久性滞留在柱中，也即造成某些碎片丢失。因此，有些样品的裂解谱图不一定能完全反映样品的组成和结构。

据此，裂解气相色谱法除了选择好柱子种类、工作温度和载气流速等分析条件之外，还必须与其他适当的分析技术配合使用，才能充分发挥其作用。

第3节 仪器设备

大量实验表明，高分子或非挥发性有机物在一定温度条件下遵循一定的规律裂解，也即在特定条件下每种物质裂解能够产生具有各自特征的裂解产物及产物分布。

据此，从裂解气相色谱法分离分析裂解产物之后，进而能了解原样品的组成、结构和物化性能等。此外，裂解气相色谱法还可以用于研究裂解机理和反应动力学。

一、仪器流程

裂解气相色谱仪的流程如图 2-48 所示。把待测样品置于裂解器中，在严格控制的操作条件下快速加热，迅速裂解成小分子碎片后，直接进入气相色谱柱中进行分离分析。

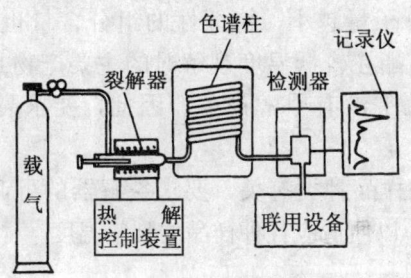

图 2-48 裂解气相色谱流程示意图

从图 2-48 中可以看出，裂解气相色谱仪的构造与普通气相色谱仪大同小异，主要区别在于用裂解器取代一般的进样器。

裂解器是裂解气相色谱仪最为重要的部件之一，其性能直接影响分析结果。

二、热裂解器

在其他各种条件相同的前提下，样品的裂解作用主要取决于裂解温度和到达裂解温度所需的时间。裂解温度不同，导致裂解产物产生差异；到达裂解温度所需的时间不同，裂解产物也不尽相同。

由此可见，裂解器是裂解气相色谱的关键部件，裂解控制应包括到达裂解温度所需的时间和样品的实际裂解温度。比较理想的裂解器应在尽可能短的时间里达到精确的裂解温度，并能很好地重复这些过程，这样才能获得重现性好的指纹裂解谱图。

除了裂解器的性能之外，影响裂解反应的因素还有很多。例如：样品性质、进样量、载气流速、柱室温度、柱子种类、裂解器与色谱柱的连接等等，这在操作过程中必须加以注意。

（一）技术要求

1. 控温精度高

裂解温度直接影响裂解产物的分布，一般情况下裂解温度越高则裂解产物分子量越小，特征性的组分含量也就减少。例如：聚甲基丙烯酸甲酯在较低温度裂解时的主要产物是甲醇，而在较高温度裂解时几乎没有甲醇产生。因此，要求裂解器的控温精度高。

裂解温度与样品种类有关，要求裂解器的可调温度范围宜在室温至 1500℃，以便适应各种样品的裂解温度。

2. 升温时间短

样品在加热温度上升至选定的裂解温度以前，很容易发生渐次裂解，使裂解过程和裂解产物复杂化。因此，要求升温到达裂解温度所需的时间要尽可能短、温度-时间曲线要有很好的重现性，以减少渐次裂解发生。

3. 合理的结构

裂解器应有合理的结构，适于裂解各种形态的样品，并对裂解无干扰、无催化作用；裂解器和接口的体积小、死体积小，以减少二次反应。

（二）主要种类

1. 管式炉裂解器

管式炉裂解器系属电阻加热型连续式裂解器。由一个外壁加热的圆管组成，将样品放在一个白金舟内送入加热管中，样品不与管壁接触，样品的实际温度低于管壁温度。

管式炉裂解器的优点是平衡温度连接可调，而且易于控制和测量裂解温度，适用于不同物态样品；缺点是死体积大、升温时间长、加热区域宽，二次反应较突出。

管式炉裂解器早期使用较多，现在使用较少。

2. 热丝圈裂解器

热丝圈裂解器系属电阻加热型间歇式裂解器。由镍铬丝或铂金丝绕成的线圈作为加热元件，样品就附在电热丝上，通电后样品裂解。

热丝圈裂解器的优点是结构简单、操作方便、死体积小；缺点是升温时间长、温度不均匀，热丝阻值易变，对裂解反应有催化作用。

热丝圈裂解器1961年出现，目前仍然是应用较广泛的裂解器之一。

3. 居里点裂解器

居里点裂解器系属感应加热型间歇式裂解器。以铁磁材料作为发热元件，在高频磁场中迅速加热，当到达居里点（铁磁-顺磁转变点）时，温度达到平衡并在较小范围内保持稳定。铁磁材料的组成不同，其居里点也就不同。

居里点裂解器的优点是温升时间比较短（约 $20\sim100ms$）、死体积小、二次反应少、谱图的重现性较好；缺点是温度不能连续可调，使用受样品状态限制。

居里点裂解器是较早使用的一种，现在仍然使用比较广泛。

4. 激光裂解器

激光裂解器系属辐射加热型间歇式裂解器。以激光作高温能源，由激光器发出的激光束，经透镜聚光后射到样品上，样品吸收光能后迅速分解。切断光源后，裂解室很快降到室温，裂解产物被载气带到色谱柱中进行分离分析。

激光裂解器的优点是温升时间短（仅 0.1～0.3ms）、二次反应少、谱图简单、重现性好；缺点是裂解温度的控制和测量存在困难，实验结果受样品状态（色泽、致密性和表面状况）的影响。激光裂解器 1966 年出现，1969 年用于裂解气相色谱，但因裂解温度的控制和测量存在困难，故至今仍未能实现商品化。

第7章 色谱测比表面

第1节 方法概述

比表面又称比表面积（Specific surface area），系指1g固体物质所具有的表面积，它包括内表面积和外表面积之和，常用符号S_A来表示，单位为$m^2 \cdot g^{-1}$。它是表征固体吸附剂性能的最重要参数之一，可提供有关吸附作用以及催化机理的信息，因此，在生产、科研和教学中，测定比表面积的方法有着广泛的应用。

BET法是测定比表面积的经典方法，以往的方法测定操作比较费时，应用受到一定限制。依据BET法原理，运用迎头色谱法测定比表面，设备简便、操作易行；迎头色谱法所得谱图的计算，采用"高斯曲线一点法"（Gauss curve one-point calculating method），具有快速、准确等优点。

一、迎头色谱

迎头色谱法又称前沿色谱法（Frontal chromatography），系指连续不断地通入气体（或者液体气化）样品，而且样品组成和进样速度均保持恒定。载气把样品带入色谱柱以后，样品中吸附或溶解能力最弱的第一个组分以纯态流出，其次流出的是最弱的和次弱的组分的混合物，然后是最弱、次弱和第三弱等三个组分的混合物，依次类推。其流出曲线如图2-49所示。

此法可用于从含微量杂质的混合物中切割出一个纯组分，而不适于对混合物各组分进行全分离；但是迎头色谱法很适合于测定固体物质比表面和孔径以及其他物性参数。

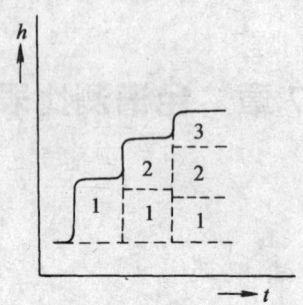

图 2-49 迎头色谱流出曲线

二、基本原理

在迎头色谱法中,利用载气把吸附质(如:苯)连续恒定地带入装着固体吸附剂的柱中,由于吸附剂的吸附作用,因而有一段时间无吸附质从柱中流出,此段色谱流出曲线与基线重叠;当吸附逐步达到平衡的同时,就开始流出部分吸附质,最后全部流出,此段色谱流出曲线为正态分布曲线。吸附过程的色谱流出曲线如图 2-50 所示。

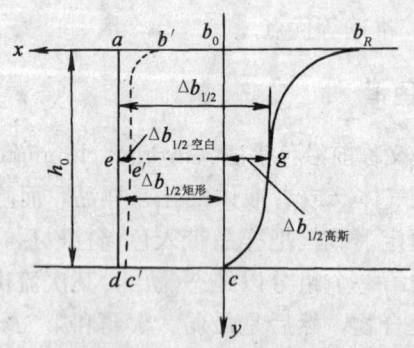

图 2-50 吸附流出曲线

实验表明,当吸附质的相对蒸汽压控制在 $0.05 \sim 0.35$ 的条件下(也即与 BET 法相同的条件),固体吸附剂的比表面积与吸附流出曲线所围成的面积存在着线性关系。据此，从吸附色谱流出曲线所围成的面积，利用 BET 方程即可计算出固体样品的比表面积。

三、测定条件

仪器：全套装置如图 2-51 所示，以苯为吸附质，N_2 为载气。

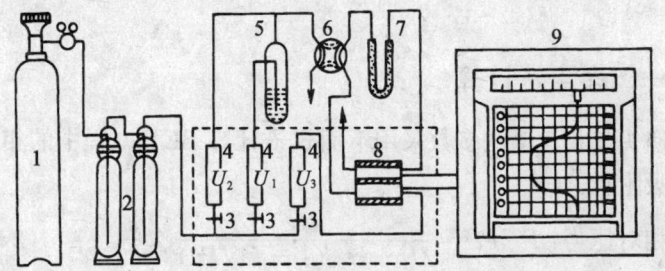

1. 氮气瓶 2. 净化器 3. 稳流阀 4. 流量计 5. 饱和器 6. 四通阀 7. 样品管 8. 热导池 9. 记录仪

图 2-51 迎头色谱法测比表面仪器装置示意图

温度：各单元均在室温下工作。

流速：U_1 为 5.5～8.5mL/min，U_2 为 36mL/min，U_3 为 U_1 与 U_2 之和。

检测：热导检测器。

样品：40/80 目固体颗粒，0.1～0.2g。

四、操作过程

非吸附性惰性载气 N_2 经过装有硅胶、分子筛的净化器之后，分成三路经过针形阀和转子流量计，调节 U_1 和 U_2 以及 U_3 至所需流速，四通阀首先置于如图 2-51 所示实线通路，用 U_3（纯 N_2）冲洗样品管中的欲测固体吸附剂样品，待基线平稳后转动四通阀至图示虚线位置，通以带吸附质的载气，样品发生吸附作用，流出曲线与基线重合，当吸附逐步达到平衡的同时，就开始流出部分吸附质，最后全部流出，流出曲线台阶高度稳定后表示吸附达到平衡。然后转动四通阀，让 U_3 流过样品管，以纯 N_2 冲洗样品，使吸附质脱附，直到流出曲线降至基线稳定为止。其吸附流出曲线如图2-50所示。

第2节 计算方法

一、多点法计算

迎头气相色谱法多数采用下面式子计算 BET 方程中的相对压力和吸附量。

相对压力：
$$P_i/P_0 = \frac{U_1}{U_1 + U_2(1 - P_0/P_a)} \times \frac{h_i}{h_0} \quad (2-38)$$

吸附量：
$$a_i = \frac{1}{22.4 \times 10^3} \times \frac{273 P_a}{760 T} \times \frac{U_1 P_0 \tau}{(P_a - P_0) G} \times \frac{A_i}{A_{i0}} \quad (2-39)$$

考虑到仪器系统的表面积和死体积以及扩散作用等所造成的影响，我们对 a 提出了如下的修正式：

$$a_i = \frac{1}{22.4 \times 10^3} \times \frac{273 P_a}{760 T} \times \frac{U_1 P_0 \tau}{(P_a - P_0) G} \times \left[\frac{A}{A_{i0}} - \frac{A_{空白}}{A_{i0}} \right] \quad (2-40)$$

方程式（2-38）、（2-39）、（2-40）中符号的定义为：

U_1——通过吸附质（苯）的载气（N_2）的流速，mL/min；

U_2——稀释气（N_2）的流速（mL/min）；

P_0——在实验温度下吸附质的饱和蒸汽压，mmHg；

P_a——大气压（mmHg）；

h_0——流出曲线色谱峰高（mm）；

h_i——流出曲线某点 i 的高度（mm）；

T——绝对温度，即测定时的温度 t 加 273（°K）；

τ——吸附（或脱附）达平衡时的时间（min）；

G——样品质量（g）；

A_i——流出曲线某点 i 所对应的谱图面积（mm^2）；

$A_{空白}$——流出曲线某点 i 所对应的空白试验流出曲线谱图面积（mm^2）；

A_{i0}——流出曲线某点 i 所对应的长方形面积（mm^2）。

在单一色谱流出曲线上取几个点，从这些点所计算的 P/P_0 和 a，与固定系统中分别做这些相应点的测定所得到的结果是能很好吻合的。得出对应几组 P_i/P_0 和 a_i 之后，代入 BET 方程，作 P_i/P_0 与 $\dfrac{P_i/P_0}{a_i(1-P_i/P_0)}$ 的关系图，从它的截距和斜率求出单分子层饱和吸附量 a_m，进而求出比表面。

BET 方程：$\dfrac{P_i/P_0}{a_i(1-P_i/P_0)} = \dfrac{1}{a_m c} + \dfrac{c-1}{a_m c} \times P_i/P_0$ （2—41）

单分子层饱和吸附量：$a_m = \dfrac{1}{截距+斜率}$ （2—42）

比表面：$S_A = N_a w_0 a_m = 2.409 \times 10^5 a_m (m^2/g)$ （2—43）

式中，N_a——阿伏加德罗常数，6.023×10^{23}；

w_0——苯分子截面积，40Å^2。

多点法的计算过程比较复杂，举例 $E_{灼}$ 硅胶样品比表面的计算如表 2-15 所示。而且，从梯形法或长方形法求流出曲线所围成的面积（见图 2-52）和从作图求 a_m（见图 2-53），其精确度受到一定限制，若无自动积分装置或者没有计算机而单凭人工计算的话，多点法计算是很费时的。

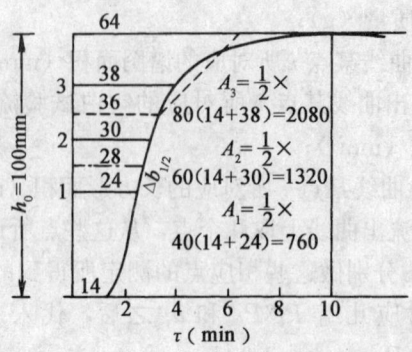

图 2-52　硅胶 $E_{灼}$ 吸附流出曲线图

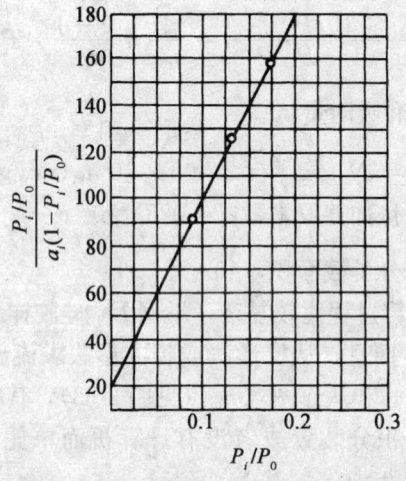

图 2-53　$E_{灼}$ 的 P_i/P_0 与 $\dfrac{P_i/P_0}{a(1-P_i/P_0)}$

二、一点法计算

对于 S 型等温线用一点法计算，其误差一般不超过 5%。BET 方程实际上所描绘的是一条 S 型等温线。因此，在常规分析的实际计算中，常采用一点法。

表 2-15　举例硅胶样品 $E_{灼}$ 测比表面的多点法计算

样品	\multicolumn{8}{l}{$E_{灼}$ 为青岛海洋化工厂产的粗孔硅胶,经 800℃ 灼烧处理,40～60 目}							
测定条件	G 0.1001g	t 室温 29℃	U_1 8.5mL/min	U_2 36mL/min	u 10mm/min	P_0 114mmHg(苯)	P_a 取 760mmHg	τ 10min
相对压力	\multicolumn{8}{l}{$P_i/P_0 = \dfrac{U_1}{U_1+U_2}(1-P_0/P_a) \times \dfrac{h_i}{h_0} = 0.217 \dfrac{h_i}{h_0}$}							
吸附量	\multicolumn{8}{l}{$a_i = \dfrac{1}{22.4\times10^3} \times \dfrac{273P_a}{760T} \times \dfrac{U_1 P_0 \tau}{(P_a-P_0)G} \times \left[\dfrac{A_i}{A_{i0}} - \dfrac{A_{i空白}}{A_{i0}}\right] = 6.1\times10^{-3}\left[\dfrac{A_i}{A_{i0}} - \dfrac{A_{i空白}}{A_{i0}}\right]$}							

子项	$A_{i空白}/A_{i0}$	h_0	h_i	h_i/h_0	P_i/P_0	$1-P_i/P_0$	A_{i0}	A_i	$a_i \times 10^{-3}$	$a_i(1-P_i/P_0)$	$\dfrac{P_i/P_0}{a_i(1-P_i/P_0)}$
$0.4h_0$	0.0150	100	40	0.4	0.0868	0.9132	4000	760	1.065	0.973×10^{-3}	92
$0.6h_0$	0.0250	100	60	0.6	0.1302	0.8698	6000	1320	1.190	1.035×10^{-3}	126
$0.8h_0$	0.0385	100	80	0.8	0.1736	0.8264	8000	2080	1.335	1.100×10^{-3}	158

截距	20
斜率	$(180-20)/0.2 = 800$
a_m	$1/(800+20) = 1.22\times10^{-3}$
S_A	$2.409\times10^5 a_m = 294 m^2/g$

$$P/P_0 = \frac{U_1}{U_1+U_2}(1-P_0/P_a) \qquad (2-44)$$

$$a = \frac{1}{22.4\times10^3} \times \frac{273P_a}{760T} \times \frac{U_1 P_0 \iota}{(P_a-P_0)G}\left[\frac{A}{A_0} - \frac{A_{空白}}{A_0}\right]$$

或
$$a = \frac{1}{22.4\times10^3} \times \frac{273P_a}{760T} \times \frac{U_1 P_0}{(P_a-P_0)Gu}\left[\frac{A}{h_0} - \frac{A_{空白}}{h_0}\right] \qquad (2-45)$$

$$a_m = a(1-P/P_0) \qquad (2-46)$$

$$S_A = 2.409\times10^5 a_m \qquad (2-47)$$

式中，A——流出曲线所围成的全部面积（mm^2）;

u——记录纸的速度（mm/min）;

其他符号含义同前。

为了在室温条件下测定各种样品比表面的计算简便，以苯作吸附质，N_2 为载气，固定 $U_2=36mL/min$，取 $P_a=760mmHg$，作出 P/P_0 与 U_1 和 t 的关系图，用数理统计推导出 P/P_0 与 U_1 和 t 的关系简式，以及 a 中的 $\dfrac{1}{22.4\times10^3} \times \dfrac{273P_a}{760T} \times \dfrac{U_1 P_0}{(P_a-P_0)}$（令它为 y）与

U_1 和 t 的关系图,然后按方程式 (2-45)、(2-46)、(2-47) 计算。这样,可使计算比较简便。

现将 $E_{灼}$ 硅胶样品的一点法计算举例如下(测定条件见表 2-15,色谱图见图 2-52)。

$$\frac{A}{A_0} = \left[(14+36)69 \times \frac{1}{2} + (36+64)31 \times \frac{1}{2}\right]/100 \times 100$$
$$= 0.3238$$

算出:$P/P_0 = 0.217$,$y = 6.1 \times 10^{-5}$

实测:$\frac{A_{空白}}{A_0} = 0.0664$

$\therefore \quad a = 6.1 \times 10^{-5} \times \frac{10}{0.1}(0.3238 - 0.0664) = 1.57 \times 10^{-3}$

$a_m = 1.57 \times 10^{-3} (1 - 0.217) = 1.225 \times 10^{-3}$

$\therefore \quad S_A = 2.409 \times 10^5 a_m = 296 \, m^2/g$

第 3 节 简化计算

上述一点法的计算显然要比多点法快得多,但是,其中还有两处是比较麻烦的。一处是流出曲线所围成的面积 A 的计算问题,常用的方法是把它分成数块矩形或梯形,这不但计算烦琐,而且图的补舍也难作得准确。再有一处是 a 和 a_m 的计算,其中有一连串的数据要计算,在室温测定的情况下尤其是这样。

我们对迎头色谱法测比表面的计算进行了简化和修正,因主要以高斯曲线为研究基础,故将所得的计算方法称为"高斯曲线一点法"(Gauss curve one-point calculating method)。

一、流出曲线面积的计算式

在气相色谱法中,当进样浓度很低并在吸附等温线的线性范围内时,流出曲线可用高斯方程(正态分布密度函数)来描绘。

迎头色谱法测比表面的流出曲线(如图 2-50 所示)一般可分

成两部分：一段平行于 x 轴的直线段（$dc'c$）；一段按高斯方程分布的曲线（cgb_R）。

直线段（$dc'c$）部分所围成矩形（dcb_0a）。面积可从下式求出：

$$A_{矩形} = h_0 \Delta b_{1/2 矩形} \qquad (2-48)$$

高斯曲线部分所围成的面积 $A_{高斯}$，即 cgb_Rb_0 所围成面积的求解过程如下：

$$h = \frac{1}{\sigma\sqrt{2\pi}} \exp\left[-\frac{1}{2}\left(\frac{b-b_0}{\sigma}\right)^2\right] \qquad (2-49)$$

式中，h——记录笔的瞬时偏转度（即高斯曲线任一点上的峰高）；

　　　b——离原点距离；

　　　b_0——最大偏转度时离原点的坐标距离；

　　　σ——标准偏差（也即与陡峭程度有关的因子）。

高斯曲线的峰高 h_0 的表达式可由导数的方法求得：

$$\frac{dh}{db} = \left\{\frac{1}{\sigma\sqrt{2\pi}} \exp\left[-\frac{1}{2}\left(\frac{b-b_0}{\sigma}\right)^2\right]\right\}'$$

$$= \frac{1}{\sigma\sqrt{2\pi}} e^{-\frac{1}{2\sigma^2}(b-b_0)^2} \times \left[-\frac{2}{2\sigma^2}(b-b_0)\right]$$

$$= \frac{(b-b_0)}{\sigma^3\sqrt{2\pi}} e^{-\frac{1}{2\sigma^2}(b-b_0)^2}$$

当 $dh/db = 0$ 时，h 达到极值（h_0），

若使 $dh/db = 0$，则需 $b - b_0 = 0$，代入方程（2-49）得：

$$h_0 = \frac{1}{\sigma\sqrt{2\pi}} \qquad (2-50)$$

由高斯曲线部分所围成的理论面积 $A_{高斯}$，可从方程（2-49）对 b 积分求得：

$$A_{高斯} = \frac{1}{\sigma\sqrt{2\pi}} \int_{-\infty}^{0} \exp\left[-\frac{1}{2}\left(\frac{b_R - b_0}{\sigma}\right)^2\right] db$$

$$= h_0 \int_{-\infty}^{0} e^{-\left(\frac{1}{\sigma\sqrt{2}}\right)^2 (b_R - b_0)^2} db$$

$$= h_0 \frac{\sqrt{\pi}}{2 \times \frac{1}{\sqrt{2}}} = \frac{1}{2} h_0 \sigma (2\pi)^{1/2} \qquad (2-51)$$

此关系式对任何高斯曲线都是正确的，同时也说明对于给定 σ 时，峰面积是正比于峰高的。实际上，比较容易测定的是半高峰的宽度，若以 $\Delta b_{1/2高斯}$ 表示半高处 $\left(\frac{1}{2} h_0\right)$ 峰的宽度 $(b-b_0)$，则从方程式 (2-49)、(2-50) 可求出 $\Delta b_{1/2高斯}$ 的表达式。

当 $h = \frac{1}{2} h_0$ 时，将方程式 (2-49)、(2-50) 分别代入等式两边：

$$\frac{1}{\sigma\sqrt{2\pi}} \exp\left[-\frac{1}{2}\left(\frac{b-b_0}{\sigma}\right)^2\right] = \frac{1}{2} \times \frac{1}{\sigma\sqrt{2\pi}} e^{-\frac{1}{2}\left(\frac{b-b_0}{\sigma}\right)^2} = \frac{1}{2}$$

两边取对数得：

$$b - b_0 = \sigma (2\ln 2)^{1/2}$$

$$\Delta b_{1/2高斯} = b - b_0 = \sigma (2\ln 2)^{1/2} \qquad (2-52)$$

从方程式 (2-50)、(2-51)、(2-52) 可以证明，用峰高 (h_0) 与半高处的峰宽 $(\Delta b_{1/2高斯})$ 的乘积所得的面积 $(A_{实测})$ 来表示高斯曲线所围成的面积是能近似表达的。

实际计算面积：

$$A_{实测} = h_0 \times \Delta b_{1/2高斯}$$
$$= h_0 \sigma (2\ln 2)^{1/2}$$

理论积分面积：

$$A_{高斯} = \frac{1}{2} h_0 \sigma (2\pi)^{1/2}$$

$$A_{高斯} / A_{实测} = \frac{1}{2}\left(\frac{\pi}{\ln 2}\right)^{1/2} = 1.06$$

因此，$A_{高斯} = 1.06 A_{实测}$
$$= 1.06 h_0 \Delta b_{1/2高斯}$$
$$\approx h_0 \Delta b_{1/2}$$

整个流出曲线所围成的面积 A，即由 $adcb_R$ 所围成的面积可从下式求出：

$$A = A_{高斯} + A_{矩形}$$
$$= 1.06 h_0 \Delta b_{1/2高斯} + h_0 \Delta b_{1/2矩形}$$
$$= h_0 (1.06 \Delta b_{1/2高斯} + \Delta b_{1/2矩形})$$
$$\approx h_0 \Delta b_{1/2} \quad (2-53)$$

同理，空白试验的流出曲线所围成的面积 $A_{空白}$，即由 $dc'b'a$ 所围成的面积可表示如下：

$$A_{空白} = 1.06 h_0 \Delta b_{1/2空白}$$
$$\approx h_0 \Delta b_{1/2空白} \quad (2-54)$$

式中，$\Delta b_{1/2空白}$——空白试验流出曲线半高处峰宽（对于固定仪器系统是个定值）。

我们提出用 $A_{空白}$ 对原有的计算式进行修正，以消除仪器系统表面积等所造成的影响，这既可提高测定结果的准确度，又能使仪器设备和操作条件简易化。

二、比表面 S_A 和吸附量 a 的计算

将方程式（2-53）、（2-54）代入式（2-45）得：

$$a = \frac{1}{22.4 \times 10^3} \times \frac{273 P_a}{760 T} \times \frac{U_1 P_0}{P_a - P_0}$$
$$\times \frac{1}{Gu}[1.06 \Delta b_{1/2高斯} + \Delta b_{1/2矩形} - 1.06 \Delta b_{1/2空白}]$$
$$\approx \frac{1}{22.4 \times 10^3} \times \frac{273 P_a}{760 T} \times \frac{U_1 P_0}{P_a - P_0} \times \frac{1}{Gu}(\Delta b_{1/2} - \Delta b_{1/2空白})$$
$$(2-55)$$

从上式看出，无需求出流出曲线面积，而只要测量流出曲线半高处的宽度 $\Delta b_{1/2}$，即可算出吸附量 a。

将方程式（2-55）代入式（2-46），然后将式（2-46）代入式（2-47）得：

$$S_A = 2.409 \times 10^5 (1 - P/P_0) \frac{1}{22.4 \times 10^3} \times \frac{273 P_a}{760 T} \times \frac{U_1 P_0}{P_a - P_0}$$

$$\times \frac{1}{Gu}[1.06\Delta b_{1/2高斯} + \Delta b_{1/2矩形} - 1.06\Delta b_{1/2空白}]$$

$$\approx 2.409 \times 10^5 (1 - P/P_0) \frac{1}{22.4 \times 10^3} \times \frac{273 P_a}{760 T} \times \frac{U_1 P_0}{P_a - P_0}$$

$$\times \frac{1}{Gu}(\Delta b_{1/2} + \Delta b_{1/2空白}) \tag{2-56}$$

$$令 K = 2.409 \times 10^5 (1 - P/P_0) \frac{1}{22.4 \times 10^3} \times \frac{273 P_a}{760 T}$$

$$\times \frac{U_1 P_0}{P_a - P_0} (\text{m}^2/\text{min}) \tag{2-57}$$

现以苯为吸附质,以氮为载气,固定 $U_2=36$mL/min,取 $P_a=760$mmHg,操作温度在 12~34℃ 和 $U_1=5.5$~14mL/min 范围内,K 与操作因子的关系如图 2-54 所示。

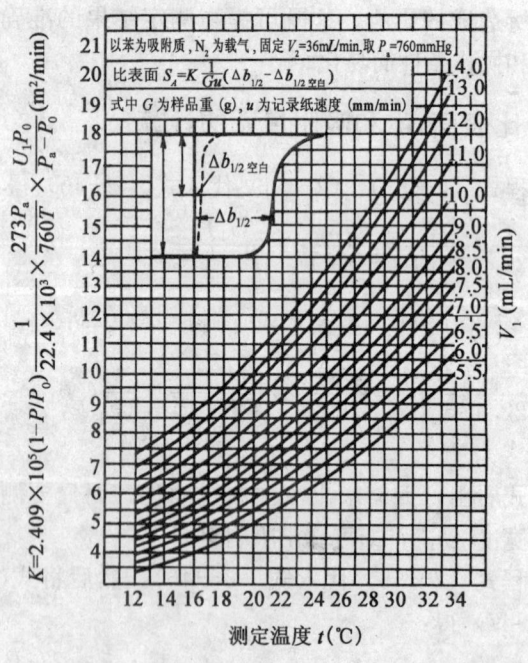

图 2-54 "高斯曲线一点法算图"

则 $S_A = K \dfrac{1}{Gu} [1.06\Delta b_{1/2高斯} + \Delta b_{1/2矩形} - 1.06\Delta b_{1/2空白}]$

即 $S_A \approx \dfrac{K}{uG}(\Delta b_{1/2} - \Delta b_{1/2空白})$ (2-58)

这样，无需经过复杂的计算，利用"高斯曲线一点法表达式"（方程式 2-58）和"高斯曲线一点法算图"（图 2-54），就能简捷地计算出室温条件下测定的各种样品的比表面。

现将 $E_{灼}$ 硅胶样品按"高斯曲线一点法"计算举例如下：

测定条件：$U_1 = 8.5\text{mL/min}$，$U_2 = 36\text{mL/min}$，$G = 0.1001\text{g}$，$t = 29℃$，$u = 10\text{mm/min}$

色谱流出曲线：如图 2-50 所示。

空白试验测得仪器系统的 $\Delta b_{1/2空白} = 4\text{mm}$（不同仪器其值不同，需实际测定）

测得吸附流出曲线半高处宽度 $\Delta b_{1/2} = 25\text{mm}$

根据测定条件从图 2-54 查得 $K = 11.4$

按式（2-58）计算得 $S_A = 280\text{m}^2/\text{g}$

从多点法、一般的一点法和"高斯曲线一点法"计算 $E_{灼}$ 硅胶样品的比表面的计算过程中看出，用"高斯曲线一点法"计算最为简便，而且，所得测定数据与前两者以及 BET 法相吻合，表 2-16 中的数据也得出同样的结论。

表 2-16　"高斯曲线一点法"与其他方法处理数据比较

样品	温度 (℃)	U_1 (mL/min)	U_2 (mL/min)	P/P_0	K (m^2/min)	比表面（m^2/g）		出厂指标 (m^2/g)
						一般的一点法和多点法	高斯曲线一点法	
通化炭	24	5.5	36	0.147	6.2	1060	1025	1000～1200
上海炭	28.5	5.5	36	0.151	7.8	980	970	900～1000
太原5#炭	33	8.5	36	0.219	13.7	700	740	700～800
太原5#炭	24	5.5	36	0.147	6.2	748	735	

续表

样品	温度 (℃)	U_1 (mL/min)	U_2 (mL/min)	P/P_0	K (m²/min)	比表面 (m²/g)		出厂指标 (m²/g)
						一般的一点法和多点法	高斯曲线一点法	
通化净化炭	24	5.5	36	0.147	6.2	744	747	700～800
通化净化炭	28.9	5.5	36	0.151	7.8	755	763	
上海层析炭	29	8.5	36	0.217	11.4	320	327	300～400
上海层析炭	19	8.5	36	0.207	7.0	326	337	
磺化煤	26	8.5	36	0.214	9.9	175	169	100～300
扩孔硅胶 A_e	30	8.5	36	0.219	11.9	62, 64	68	71 (长炼BET法)
灼烧硅胶 E_c	22.5	8.5	36	0.210	8.35	210, 215	220	217 (长炼BET法)
灼烧硅胶 $E_{灼}$	29	8.5	36	0.217	11.4	294, 296	280	278 (长炼BET法)

三、相关因素

1. 流出曲线形状

不管流出曲线是比较平滑还是比较陡峭（即所谓 S 型和 Y 型），只要曲线轮廓接近高斯分布的，都可利用方程式（2—57）计算 S_A 和用方程式（2—55）计算 a，因为平滑与陡峭的程度仅与标准偏差 σ 有关，在高斯方程中 σ 的直观意义见图 2-55。从有关文献所发表的色谱图来看，其吸附流出曲线形状都是接近高斯分布的。

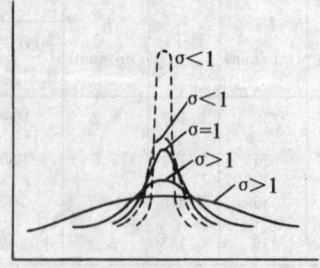

图 2-55　σ 的直观意义

2. 大气压的影响

"高斯曲线一点法算图"(图 2-54)中的 K 值都是按 $P_a=760 \text{mmHg}$ 计算所得到的,现将 P_a 的变化对 K 值所造成的影响列于表 2-17。从表中看出,在温度 $t=12\sim34℃$, $U_1=5.5\sim14\text{mL/min}$, $U_2=36\text{mL/min}$ 的条件下,大气压的变化($720\sim780\text{mmHg}$) 对 K(或 y)值无明显的影响,K(或 y)值的误差都小于 $\pm1.5\%$。

表 2-17 大气压的变化对 K(或 y)值的影响

t (℃)	P_0 (mmHg)	P_a (mmHg)	$U_1=5.5\text{mL/min}$, $U_2=36\text{mL/min}$				$U_1=14\text{mL/min}$, $U_2=36\text{mL/min}$			
			$y\times10^{-5}$	误差	K	误差	$y\times10^{-5}$	误差	K	误差
12	50.47	760	1.610	基准	3.42	基准	4.26	基准	7.25	基准
		720	1.615	+0.3%	3.43	+0.3%	4.27	+0.2%	7.27	+0.3%
		780	1.604	−0.4%	3.41	−0.4%	4.24	−0.5%	7.22	−0.4%
34	142.3	760	5.00	基准	10.12	基准	12.70	基准	20.70	基准
		720	5.07	+1.4%	10.25	+1.5%	12.89	+1.5%	21.00	+1.5%
		780	4.97	−0.6%	10.06	−0.6%	12.62	−0.6%	20.55	−0.6%

3. 比表面的大小

①当 $\Delta b_{1/2矩形} \gg \Delta b_{1/2高斯}$ 时,也即比表面较大时,用下面式子计算比较精确。

$$a = y\frac{1}{Gu}(\Delta b_{1/2} - \Delta b_{1/2空白})$$

式中 $y = \dfrac{1}{22.4\times10^3} \times \dfrac{273 P_a}{760 T} \times \dfrac{U_1 P_0}{P_a - P_0}$

$$S_A = K\frac{1}{Gu}(\Delta b_{1/2} - \Delta b_{1/2空白})$$

②当 $\Delta b_{1/2矩形} \ll \Delta b_{1/2高斯}$ 时,也即比表面较小时,则用下面式子计算比较精确。

$$a = 1.06 y\frac{1}{Gu}(\Delta b_{1/2} - \Delta b_{1/2空白})$$

$$S_A = 1.06K \frac{1}{Gu}(\Delta b_{1/2} - \Delta b_{1/2空白})$$

当 $G=0.1g$（称准至 $0.0002g$），到 $u=10mm/min$，则方程式（2—55）和方程式（2—57）可简单表示如下：

$$a = y(\Delta b_{1/2} - \Delta b_{1/2空白})$$

$$S_A = K(\Delta b_{1/2} - \Delta b_{1/2空白})$$

4. 测定条件选择

从迎头色谱法有关文献中看出，以 $U_2=30\sim50mL/min$，以及 $U_1/U_2 = \frac{1}{3} \sim \frac{1}{5}$ 为宜。据此，取 $U_2=36mL/min$ 和 $U_1=5.5\sim8.5mL/min$ 的工作条件（也即 $P/P_0=0.14\sim0.22$ 左右），对于 $40\sim80$ 目 $0.1g$ 左右的样品在室温条件下测定时，其重现性好，一般都能获得满意的结果。

四、其他应用

须知，气相色谱法除了用于测定比表面积之外，还可用于测定微孔孔径、扩散系数、吸附热、吸附平衡常数等等，在表面科学和催化科学领域中已成为必不可少的研究手段和分析测试方法。此外，气相色谱法在比重、熔点、沸点、分子量、溶解度、折光指数以及其他物性数据的测试工作中也得到了广泛的应用。

第8章 分析应用实例

第1节 烃及卤化物

1. 烷烃色谱分析

柱子：长 2m 内径 3mm 不锈钢柱，以 4‰ SE-30 涂于 80/100 目 101 白色载体上为柱填料。

检测：氢焰检测器

柱温：170℃

载气：N_2 为 45mL/min

峰序：如图 2-56 所示，①正癸烷、②正十二烷、③正十四烷、④正十六烷、⑤正十八烷。

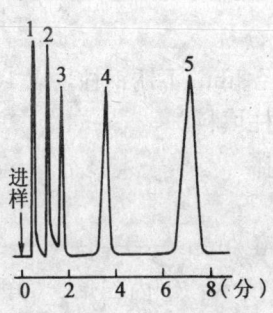

图 2-56 烷烃谱图

2. 烷烃毛细管色谱分析

柱子：长 50m 内径 0.25mm 石英毛细管柱，以 OV-101 为固定相。

检测：氢焰检测器

进样：分流

柱温：70℃恒温

峰序：如图 2-57 所示，在 15min 时间内出峰的有甲烷、乙烷、丙烷、异丁烷、正丁烷、异戊烷、正戊烷、2,2-二甲基丁烷、2-甲基戊烷（2,3-二甲基丁烷和环戊烷）、3-甲基戊烷、正己烷、2,2-二甲基戊烷、甲基环戊烷（即 2,4-二甲基戊烷）。

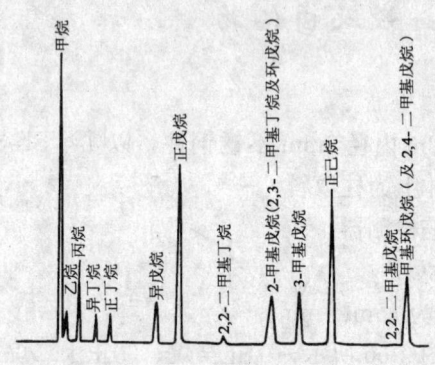

图 2-57　烷烃毛细管法谱图

3. 不饱和烃色谱分析

柱子：长 3m 内径 3mm 不锈钢柱，以 10％ DC-704 涂于 60/80 目 201 红色载体上为柱填料。

检测：氢焰检测器

柱温：40℃

载气：N_2 为 35mL/min

峰序：如图 2-58 所示，①丙二烯、②丙炔、③丁二烯、④乙烯基乙炔、⑤丁二炔。

4. 芳烃色谱分析

柱子：长 4m 内径 3mm 不锈钢柱，以 2.3％ DNP 和 2.3％ 有机皂土涂于 60/80 目 201 红色载体为柱填料。

检测：氢焰检测器

柱温：70℃

载气：N_2 为 30mL/min

峰序：如图 2-59 所示，①苯、②甲苯、③乙基苯、④对-二甲苯、⑤间-二甲苯、⑥邻-二甲苯。

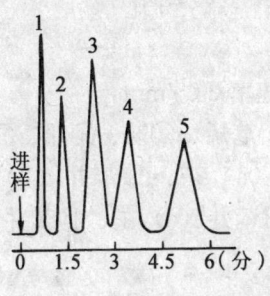

图 2-58 不饱和烃谱图

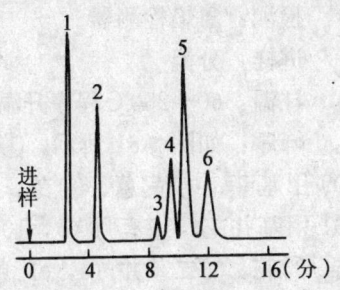

图 2-59 苯等芳烃谱图

5. 芳烃异构体色谱分析

柱子：长 2m 内径 3mm 玻璃柱，以 5％ SP-1200 和 1.75％ 有机皂土涂于 100/120 目 201 红色载体上为柱填料。

检测：氢焰检测器

柱温：75℃

载气：N_2 为 20mL/min

峰序：如图 2-60 所示，①苯、②甲苯、③乙基苯、④对-二甲苯、⑤间-二甲苯、⑥邻-二甲苯、⑦异丙基苯、⑧苯乙烯、⑨正丙基苯。

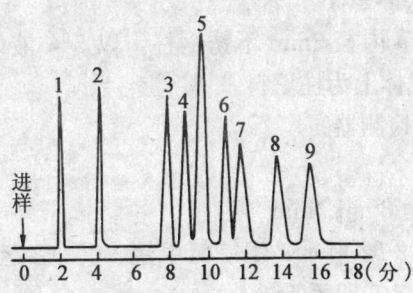

图 2-60 芳烃异构体色谱图

6. 稠环芳烃毛细管色谱分析

柱子：长 50m 内径 0.25mm 石英毛细管柱，以 OV-3 为固定相。

检测：氢焰检测器

进样：分流

柱温：60~230℃程序升温，升温速率 2℃/min

峰序：如图 2-61 所示，①联苯、②茚烯、③芴、④菲、⑤蒽、⑥9-甲基菲、⑦荧蒽、⑧芘、⑨苯并（a）芴、⑩苯并（b）芴、⑪1-甲基并芘、⑫苯稠（9，10）菲、⑬苯并（e）芘、⑭苯并（a）芘、⑮苝、⑯二苯并（a，c）蒽。

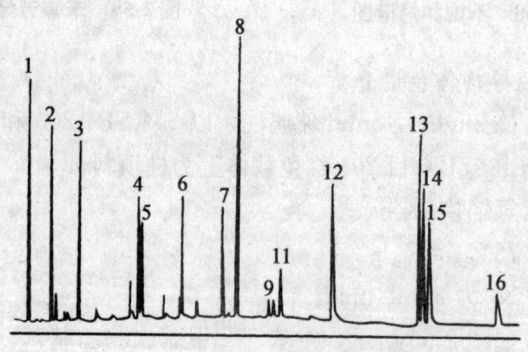

图 2-61 稠环芳烃毛细管法色谱图

7. 卤代烃色谱分析

柱子：长 2m 内径 3mm 不锈钢柱，以 5% 液体石蜡涂于 60/80 目 201 红色载体上为柱填料。

检测：热导检测器

柱温：90℃

载气：H_2 为 80mL/min

峰序：如图 2-62 所示，①三氯甲烷、②二氯乙烷、③四氯化碳、④三氯乙烷、⑤四氯乙烯。

8. 卤代芳烃色谱分析

柱子：长 3m 内径 3mm 玻璃柱，以 8% DC-200 和 4% 有机皂土涂于 80/100 目 101 白色载体上为柱填料。

检测：热导检测器

柱温：150℃

载气：H_2 为 40mL/min

峰序：如图 2-63 所示，①苯、②氯苯、③对-二氯苯、④间-二氯苯、⑤邻-二氯苯。

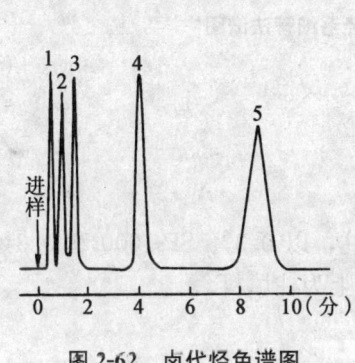

图 2-62 卤代烃色谱图

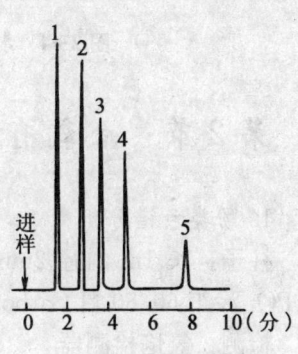

图 2-63 卤代芳烃谱图

9. 水中卤代烃毛细管色谱分析

柱子：长 10m 内径 0.25mm 石英毛细管柱，以 SP-2100 为固定相。

检测：氢焰检测器

取样：顶空法

柱温：50℃恒温

峰序：如图 2-64 所示在 3min 内把氯仿、一溴二氯甲烷、一氯二溴甲烷、溴仿等全分离。

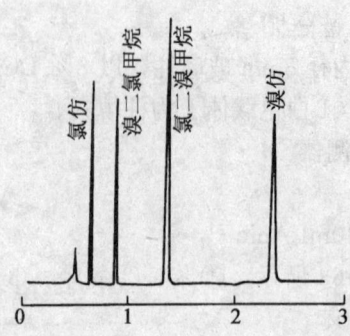

图 2-64　水中卤代烃毛细管法谱图

第 2 节　含氧有机物

1. 酚类色谱分析

柱子：长 1m 内径 2mm 玻璃柱，以 0.3% SP-1000 和 0.3% H_3PO_4 涂于 60/80 目 Carbopack A 上为柱填料。

检测：氢焰检测器

柱温：185℃

载气：N_2 为 20mL/min

峰序：如图 2-65 所示，①苯酚、②邻-甲酚、③间-甲酚、④对-甲酚。

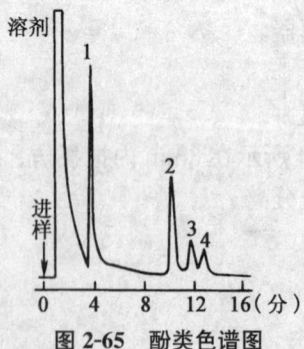

图 2-65　酚类色谱图

2. 卤代酚色谱分析

柱子：长 1m 内径 3mm 不锈钢柱，以 6％甲基乙烯基硅橡胶 110-2 涂于 40/60 目 102 白色载体上为柱填料。

检测：热导检测器

柱温：160℃

载气：H_2 为 50mL/min

峰序：如图 2-66 所示，①苯酚、②2,4-二氯酚、③2,4,6-三氯酚。

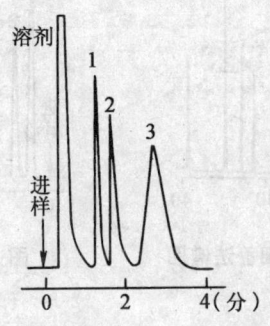

图 2-66　卤代酚谱图

3. 水中酚类毛细管色谱分析

柱子：长 20m 内径 0.25mm 石英毛细管柱，以 SE-30 为固定相。

检测：氢焰检测器

取样：顶空法

柱温：100～220℃程序升温，升温速率为 8℃/min

组分：如图 2-67 所示，在 40min 时间内能分离许多种酚类化合物，例如：酚、2-硝基酚、4-硝基酚、二硝基酚、2-氯酚、二氯酚、三氯酚、五氯酚、二甲基酚、二氯甲酚、二硝基甲基酚。

4. 醇类色谱分析

柱子：长 1m 内径 3mm 不锈钢柱，以 10％聚乙二醇 20M 涂于 60/80 目 101 白色硅烷化载体上为柱填料。

检测：氢焰检测器

柱温：150℃

载气：N_2 为 40mL/min

峰序：如图 2-68 所示，①甲醇、②乙醇、③正丙醇、④正丁醇、⑤正戊醇、⑥正己醇。

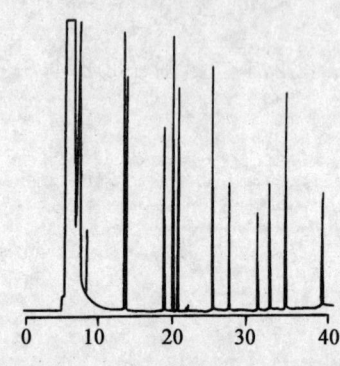

图 2-67 水中酚类毛细管法谱图

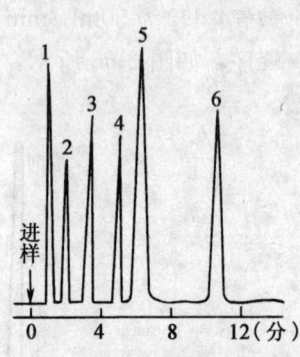

图 2-68 醇类色谱图

5. 醛类色谱分析

柱子：长 2m 内径 3mm 不锈钢柱，以 10% 聚乙二醇己二酸酯涂于 80/100 目 Gas Chrom P 上为柱填料。

检测：氢焰检测器

柱温：190℃

载气：N_2 为 40mL/min

峰序：如图 2-69 所示，①十四烷醛、②十六烷醛、③十八烷醛、④十八烯醛、⑤十八二烯醛、⑥十八三烯醛。

6. 酮类色谱分析

柱子：长 1m 内径 3mm 不锈钢柱，以 80/100 目 Amberlite XAD-2 树脂为柱填料。

检测：氢焰检测器

柱温：150℃

载气：N_2 为 30mL/min

峰序：如图 2-70 所示，①丙酮、②丁酮、③戊酮-2、④4-甲基戊酮-2。

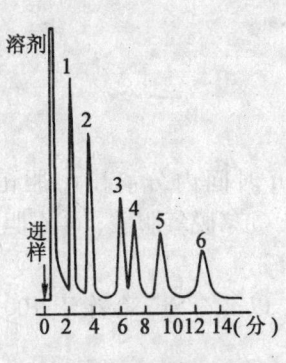

图 2-69　醛类色谱图

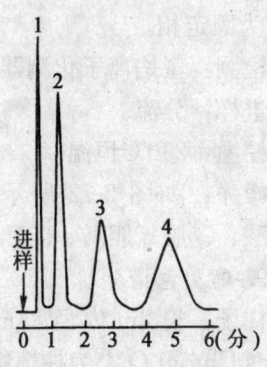

图 2-70　酮类谱图

7. 酸类色谱分析

柱子：长 1m 内径 2mm 玻璃柱，以 0.3% SP-1000 和 0.3% H_3PO_4 涂于 60/80 目 Carbopack A 上为柱填料。

检测：氢焰检测器

柱温：135℃

载气：N_2 为 20mL/min

峰序：酸经甲酯化后得到如图 2-71 所示，①乙酸、②丙酸、③异丁酸、④正丁酸、⑤异戊酸、⑥正戊酸。

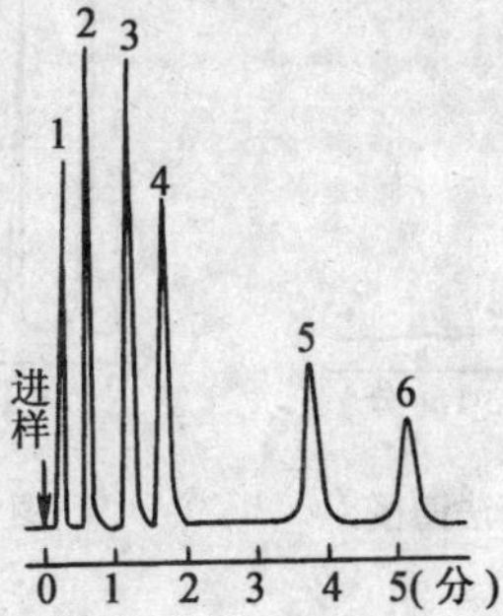

图 2-71　酸类谱图

8. 胆酸毛细管色谱分析

柱子：长 25m 内径 0.20mm 石英毛细管柱，以 Carbowax 20M 为固定相。

检测：氢焰离子化测器

进样：分流

柱温：250℃恒温

峰序：如图 2-72 所示，在 15min 时间内分离出①胆甾醇、②胆酸、③脱氧胆酸、④鹅脱氧胆酸、⑤猪脱氧胆酸、⑥石胆酸。

9. 酯类色谱分析

柱子：长 2m 内径 3mm 玻璃柱，以 3% SE-30 涂于 100/120 目 Gas Chrom Q 上为柱填料。

检测：氢焰检测器

柱温：110℃

载气：He 为 42mL/min

峰序：如图 2-73 所示，①苯甲酸乙酯、②苯甲酸丙酯、③苯甲酸异丁酯、④苯甲酸正丁酯、⑤苯甲酸异戊酯、⑥苯甲酸正戊酯。

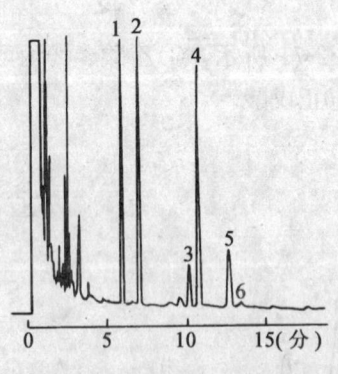

图 2-72　胆酸毛细管法谱图

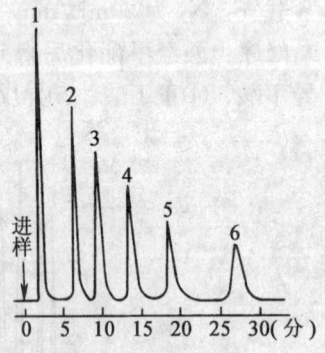

图 2-73　酯类色谱图

第3节 含氮有机物

1. 腈类色谱分析

柱子：长3m 内径3mm 不锈钢柱，以 2% H_3PO_4 和 3% F-26 以及 3% 聚乙二醇 20M 涂于 60/80 目 101 白色烷硅化载体上为柱填料。

检测：氢焰检测器

柱温：130℃

载气：N_2 为 20mL/min

峰序：如图 2-74 所示，①苯甲腈、②邻-甲基苯甲腈、③间-甲基苯甲腈、④对-甲基苯甲腈、⑤苯乙腈。

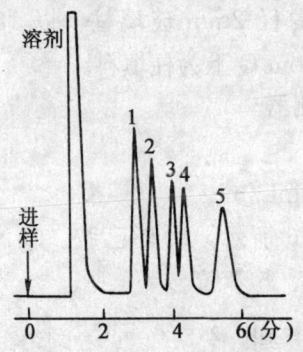

图 2-74 腈类色谱图

2. 腈和二腈色谱分析

柱子：长1m 内径3mm 不锈钢柱，以 4% 有机皂土和 4% 聚乙二醇 20M 涂于 60/80 目 101 白色载体上为柱填料。

检测：氢焰检测器

柱温：150℃

载气：N_2 为 30mL/min

峰序：如图 2-75 所示，①苯甲腈、②间-甲基苯甲腈、③对-甲基苯甲腈、④对-苯二甲腈、⑤间-苯二甲腈、⑥邻-苯二甲腈。

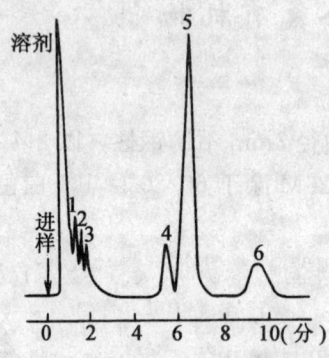

图 2-75　腈和二腈色谱图

3. 胺类色谱分析

柱子：长 2m 内径 2mm 玻璃柱，以 10% Poly-A 135 涂于 100/120 目 Gas Chrom Q 上为柱填料。

检测：氢焰检测器

柱温：105℃

载气：N_2 为 30mL/min

峰序：如图 2-76 所示，①环己胺、②N-乙基环己胺、③苄胺、④N,N-二甲胺、⑤苯胺。

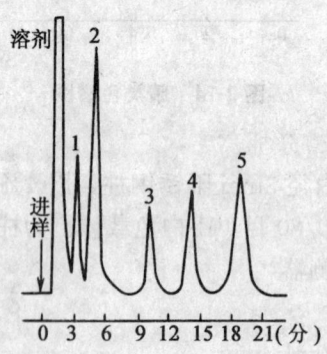

图 2-76　胺类色谱图

4. 酰亚胺色谱分析

柱子：长 1m 内径 3mm 不锈钢柱，以 5％ F-Ⅱ 和 4％ 1，2-丙二醇己二酸聚酯涂于 60/80 目 101 白色载体上为柱填料。

检测：氢焰检测器

柱温：165℃

载气：N_2 为 45mL/min

峰序：如图 2-77 所示，①间-苯二甲腈、②邻-苯二甲酰亚胺。

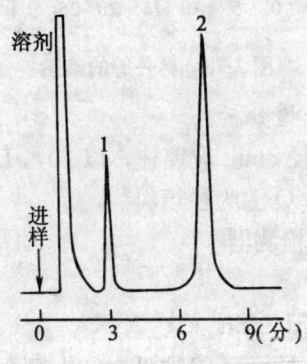

图 2-77　酰亚胺等的谱图

第 4 节　农药分析例

1. 林丹等的色谱分析

柱子：长 2m 内径 2mm 玻璃柱，以 3％ SE-30 涂于 100/120 目 Gas Chrom Q 上为柱填料。

检测：电子捕获检测器

柱温：175℃

载气：N_2 为 30mL/min

峰序：如图 2-78 所示，①林丹、②七氯、③艾氏剂、④环氧七氯、⑤狄氏剂。

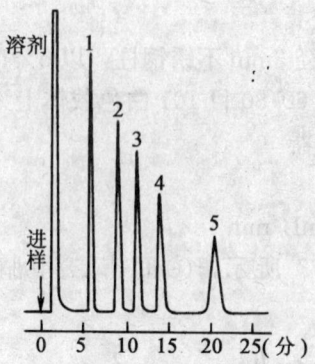

图 2-78 林丹等的谱图

2. 滴滴涕等的色谱分析

柱子：长 2m 内径 3mm 玻璃柱，以 10% DC-200 涂于 100/120 目硅烷化 Gas Chrom Q 上为柱填料。

检测：电子捕获检测器

柱温：200℃

载气：N_2 为 70mL/min

峰序：如图 2-79 所示，①林丹、②七氯、③艾氏剂、④环氧七氯、⑤狄氏剂、⑥异狄氏剂、⑦P,P'-滴滴涕。

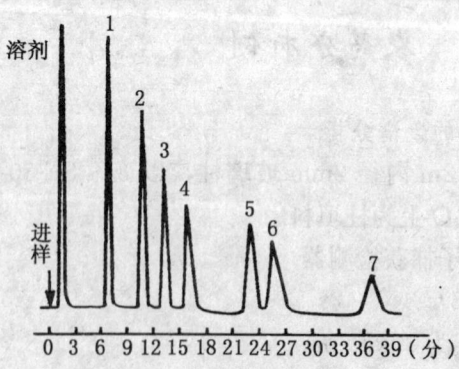

图 2-79 滴滴涕等的谱图

3. 六六六等的色谱分析

柱子：长2m内径2mm玻璃柱，以2.5% OV-11和1.0% QF-1以及0.5% XE-60涂于100/120目Chromosorb W上为柱填料。

检测：电子捕获检测器

柱温：190℃

载气：N_2 为26mL/min

峰序：如图2-80所示，①六氯苯、②α-六六六、③γ-六六六、④七氯、⑤艾氏剂、⑥β-六六六、⑦δ-六六六、⑧环氧七氯、⑨P,P'-滴滴伊、⑩狄氏剂、⑪O,P'-滴滴滴、⑫O,P'-滴滴涕、⑬P,P'-滴滴滴、⑭P,P'-滴滴涕。

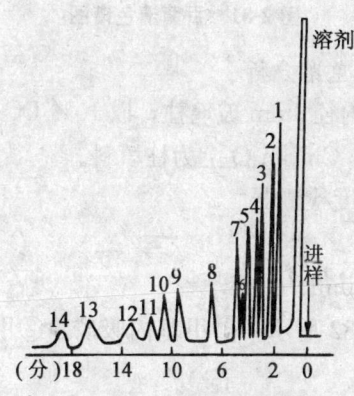

图2-80 六六六等的谱图

4. 百菌清色谱分析

柱子：长1m内径3mm不锈钢柱，以5% F-Ⅱ和4% 1,2-丙二醇己二酸聚酯涂于60/80目101白色载体上为柱填料。

检测：氢焰检测器

柱温：185℃

载气：N_2 为45mL/min

峰序：如图2-81所示，①间-苯二甲腈、②六氯苯、③二氯间苯二甲腈、④三氯间苯二甲腈、⑤四氯对苯二甲腈、⑥四氯间苯二甲腈（百菌清原粉）。

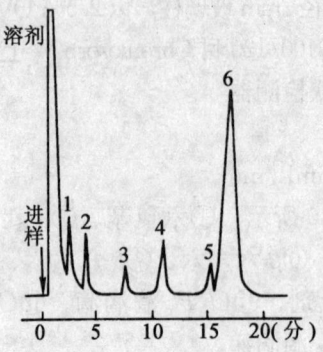

图 2-81　百菌清色谱图

5. 甲基内吸磷色谱分析

柱子：长 1m 内径 3mm 玻璃柱，以 10％ DC-200＋1.5％ QF-1 涂于 80/100 目 Gas Chrom Q 上为柱填料。

检测：火焰光度检测器

柱温：200℃

载气：N_2 为 80mL/min

峰序：如图 2-82 所示，①甲基内吸磷、②甲基对硫磷、③对硫磷、④苯硫磷。

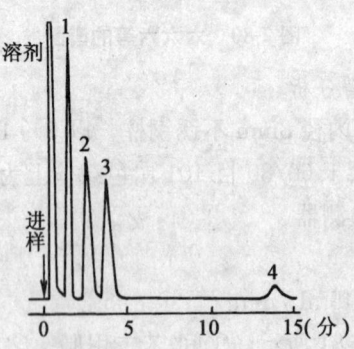

图 2-82　甲基内吸磷等的谱图

第5节 其他化合物

1. 腈和胺色谱分析

柱子：长1m内径3mm不锈钢柱，以4％有机皂土和4％聚乙二醇20M涂于60/80目102白色载体上为柱填料。

检测：氢焰检测器

柱温：140℃

载气：N_2 为 65mL/min

峰序：如图2-83所示，①对-苯二甲腈、②间-苯二甲腈、③二丙基乙酰胺。

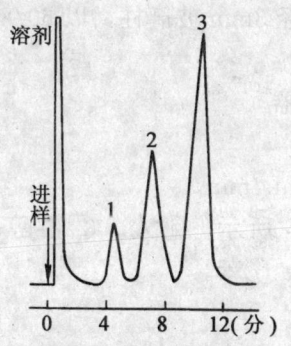

图2-83 腈和胺色谱图

2. 非那西丁等的色谱分析

柱子：长2m内径3mm不锈钢柱，以3％环氧树脂E44涂于60/80目101白色硅烷化载体上为柱填料。

检测：氢焰检测器

柱温：185℃

载气：N_2 为 50mL/min

峰序：如图2-84所示，①对-氨基苯乙醚、②邻-乙酰胺基苯乙醚、③间-硝基苯胺、④对-乙酰基氯苯、⑤非那西丁。

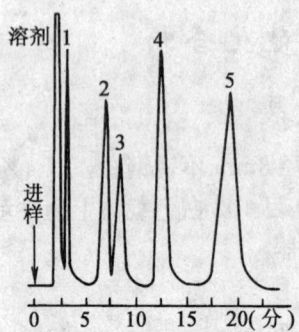

图 2-84 非那西丁等的谱图

3. 水和醇等的色谱分析

柱子：长 1m 内径 3mm 玻璃柱，以 60/80 目上试 403 高分子多孔微球为柱填料。

检测：热导检测器

柱温：170℃

载气：H_2 为 70mL/min

峰序：如图 2-85 所示，①水、②甲醇、③乙醇、④丙酮、⑤醋酸乙烯、⑥氯仿、⑦苯。

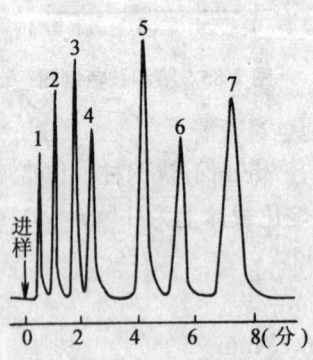

图 2-85 水和醇等的谱图

4. 甾醇色谱分析

柱子：长 2m 内径 2.7mm 玻璃柱，以 3% XE-60 涂于 80/100 目 Gas Chrom P 上为柱填料。

检测：氢焰检测器

载气：N_2 为 50mL/min

峰序：如图 2-86 所示，①别孕甾二醇、②孕甾二醇、③雄甾酮、④本胆烷醇酮、⑤脱氢表雄甾酮、⑥孕甾烷醇酮、⑦孕甾三醇、⑧孕甾三醇酮。

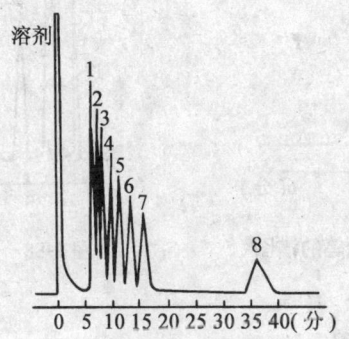

图 2-86 甾醇色谱图

5. 硫化氢等的色谱分析

柱子：长 4m 内径 3mm 玻璃柱，以 60/80 目 GDX-102 高分子多孔微球为柱填料。

检测：热导检测器

柱温：60℃

载气：H_2 为 40mL/min

峰序：如图 2-87 所示，①氧和氮、②二氧化碳、③硫化氢、④水。

6. 气体色谱分析

柱子：长 2m 内径 3mm 不锈钢柱，以 40/60 目 TDX-01 为柱填料。

检测：热导检测器
柱温：100℃
载气：Ar 为 40mL/min
峰序：如图 2-88 所示，①氢、②氮、③一氧化碳、④甲烷、⑤二氧化碳。

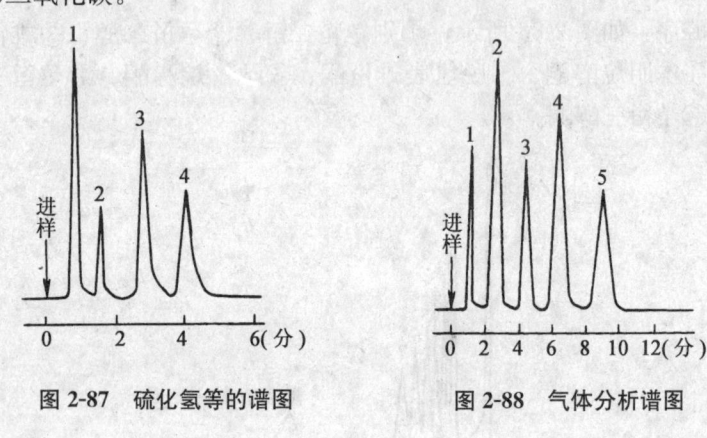

图 2-87　硫化氢等的谱图　　图 2-88　气体分析谱图

练 习 题

1. 检测器如何分类？对检测器的基本要求是什么？

2. 绘出惠斯登电桥线路图和氢焰检测器的构造示意图。

3. 热导检测器、氢焰检测器、电子捕获检测器、火焰光度检测器、热离子检测器是根据何种原理制成的？它们利用哪些条件来达到检测之目的？

4. 热导检测器的灵敏度测定，进纯苯 $1\mu L$，苯的色谱流出峰高为 4mV，半峰宽为 1min，柱出口载气流速为 20mL/min，求 S_c？（答：91mV·mL/mg）

5. 氢焰检测器灵敏度测定：进含苯 0.05% 的 CS_2 溶液 $1\mu L$，苯的色谱峰高为 10cm，半峰宽为 0.5cm，记录仪纸速为 1cm/min，记录纸每厘米宽为 0.2 mV，总机噪音为 0.02 mV，求其灵敏度和

检测限。（答：1.36×10^8 mV·s/g，1.47×10^{-10} g/s）

6. 气相色谱仪由哪些主要部件所构成？仪器安装使用应注意哪些安全事项？

7. 常用哪些种类的气体作载气？如何进行净化处理？

8. 绘出六通阀和气化器的结构示意图。

9. 已知在柱前压力和室温条件下转子流量计的读数为20mL/min（转子流量计已经校正），柱前压力为1900mmHg，柱出口压力为760mmHg，求柱出口载气在室温条件下的体积流速？（答：50mL/min）

10. 皂膜流量计从柱后测得载气流速为10mL/30s，已知柱前表压为2atm，出口压力为1atm，柱温120℃，室温为20℃，求 j、$\bar{P}$、$\bar{U}_{cr}$、$\bar{U}_{cc}$。（答：$j=0.462$，$\bar{P}=2.17$atm，$\bar{U}_{cr}=9.03$mL/min，$\bar{U}_{cc}=12.1$mL/min）

11. 如何检查气路系统的畅通性和密封性？

12. 何谓色谱固定液？固定相？载体？柱填料？

13. 对色谱载体有何要求？常用哪几类载体（举例说明）？常用哪些方法处理载体？

14. 固体吸附剂和高分子多孔小球有何特点？它们分别适用于分析何种类型样品？

15. 对固定液有何要求？固定液如何分类？请举出常用固定液10例。

16. 写出罗尔施奈德常数表达式，并就各项符号加以说明。

17. 麦克雷诺兹常数中 X'、Y'、Z'、U'、S' 分别代表何种物质的 ΔI 值？

18. 目前选择固定相有哪些方法和经验？

19. 物理涂渍法制备柱填料有哪几种方法？化学键合固定相有何优点？

20. 柱子老化的目的是什么？

21. 试拟定一个分离沸点几乎一样的苯和环己烷的实验方案。

22. 试从麦克雷诺兹常数表中寻找几种与癸二酸二辛酯分离性

能类似的固定液。

23. 在某分析中采用 Mer-21 作固定液,能否找出其他固定液替代它?

24. 现有含正丁基乙基醚(沸点 91℃)和正丙醇(沸点 97℃)的混合物,试从麦克雷诺兹常数表中选出能使正丁基乙基醚在前面流出的固定相,再选出能使正丙醇在前面流出的固定相。

25. 现有含苯、戊酮-2 和碘代丁烷的混合物,用"卤碳油 10-25"(Halocarbon 10-25)作固定液进行色谱分析,试问其流出顺序如何?

26. 如何选择较适宜的色谱分析条件?写出有关操作因素中常用数据范围。

27. 当载气流速为 5、10、15、20、25、30、35 和 40mL/min 时,其塔板高度分别为 2.85、2.46、2.44、2.63、3.15、3.65、4.15 和 4.65mm,试用作图法求最佳流速和实用最佳流速。(答:$\bar{U}_{最佳} = 15\text{mL/min}$,$\bar{U}_{实用} = 20\text{mL/min}$)

28. 在某色谱柱上分离两组分的混合物,当柱子进口压力为 1.25 个大气压时,其分辨率为 1.25。若柱子进口压力改变为 2.50 个大气压时,对分辨率、保留时间和理论塔板高度有何影响?

29. 试预测下列操作对色谱峰形的影响:①进样时间超过 10s;②气化温度太低以致样品不能瞬间气化;③升高柱温;④加大载气流速;⑤柱长增加 1 倍;⑥记录纸速度增加 1 倍。

30. 要实现气相色谱的快速分析,需采取哪些措施?

31. 毛细管气相色谱法有何特点?毛细管柱有哪些类型?

32. 试比较一下毛细管柱与普通填充柱的速率理论方程式,并讨论影响两者柱效率的因素。

33. 如何拉制玻璃和石英毛细管柱?应注意哪些事项?

34. 毛细管柱固定液如何涂渍?如何交联?如何键合?

35. 何谓顶空气相色谱分析?请举出顶空气相色谱分析的例子。

36. 在顶空气相色谱分析中所有样品的液上气体压力是否全都符合拉乌尔定律？为什么？

37. 如何提高顶空气相色谱分析的灵敏度？造成顶空气相色谱定量分析误差的主要因素有哪些？

38. 何谓裂解气相色谱法？裂解气相色谱法的主要特点是什么？

39. 对裂解器有何技术要求？试叙述常用裂解器种类并说明其优缺点。

40. 迎头色谱法测定比表面的基本原理是什么？测比表面时为什么要扣除仪器的空白试验值？

41. 写出"高斯曲线一点法"的表达式，并了解各项符号的含义。

42. 测定活性炭的比表面：G 为 0.100g，纸速为 10mm/min，U_1 为 6.5mL/min，U_2 为 36mL/min，工作温度为 33℃，P_a 为 760mmHg。已测 $\Delta b_{1/2空白}$ 为 1.5mm，$\Delta b_{1/2}$ 为 71.5mm。试根据"高斯曲线一点法"求 S_A？（答：$S_A=770m^2/g$）

43. 根据第 3 章中所介绍的方法，请给第 8 章所列举图例中补充气化温度、检测温度，以及氢焰检测器中氢气和氧气（或空气）流速等的数值范围。

44. 分别拟订水中挥发性卤代烃、香烟中稠环芳烃的分离分析方案。

45. 分别拟订甾醇、胆酸、农药残留量的分离分析方案。

46. 如何分离二甲苯异构体？如何检测乙醇中的微量水分？

第三篇 液相色谱法

第1章 液相色谱概述

一、液相色谱简史

1903年植物学家茨维特（Tswett）首先发现液-固洗脱技术能分离植物中的色素，1906年公开发表其研究成果。他被公认为是柱色谱法（Column chromatography）的创始人。

1941年马丁（Martin）和辛格（Synge）把含有一定量水分的硅胶填充到色谱柱中，然后将氨基酸的混合物溶液加入柱内，再用氯仿淋洗，结果各种氨基酸得到分离。这种实验方法与茨维特的实验形式上相同，但其分离原理则有所不同，称其为分配色谱（Partition chromatography），而茨维特的被称为吸附色谱（Adsorpting chromatography）。

1944年马丁（Martin）和辛格（Synge）提出了纸色谱法和薄层色谱法，成功地用于氨基酸的分离，许多无机物（如含铁、钴、镍、铜、镉的盐类）和有机物（如糖类、肽类）都可用纸色谱法和薄层色谱法进行分离和鉴别。从而创立了纸色谱法（Paper chromatography）和薄层色谱法（Thin layer chromatography）。

在所有色谱技术中，液相色谱法（Liquid chromatography,

LC）是最早（1903年）发明的，但其初期发展比较缓慢，在高效液相色谱法普及之前，气相色谱法、纸色谱法和薄层色谱法是色谱分析法的主流。马丁（Martin）和辛格（Synge）在1941年就提出高效相色谱的设想，然而直到60年代后期，由于各种技术的发展，高效液相色谱才逐步付诸实现。到了20世纪60年代，将已经发展得比较成熟的气相色谱的理论与技术应用到液相色谱上来，使液相色谱得到了迅速的发展。特别是填料制备技术、检测器和高压输液泵性能的不断改进，使液相色谱分析实现了高效化。具有优良性能的液相色谱仪于1969年商品化，从此，这种分离效能高、分析速度快的液相色谱就被称为高效液相色谱法（High performance liquid chromatography，HPLC）。

二、液相色谱分类

液相色谱法（Liquid chromatography，LC）系指以液体为流动相的色谱法。此法系利用样品中各组分与固定相及流动相之间的分子间相互作用（如：分配、吸附、离子交换、体积排阻）的差异，而达到分离。因而，根据分离机理可分为：分配色谱法、吸附色谱法、离子交换色谱法、体积排阻色谱法等；根据固定相的形式，又可分为平面色谱法和柱色谱法，前者包括纸色谱法和薄层色谱法，后者包括经典柱色谱法和高效液相色谱法。

（一）按分离的机理

按分离的机理可分为分配色谱法、吸附色谱法、离子交换色谱法、体积排阻色谱法等。

1. 分配色谱法

分配色谱法（Partition chromatography），系指以液体物质为固定相，混合物在通过固定相（填于柱内或形成薄层）时，各组分由于溶解度不同，其滞留程度就不同，从而获得互相分离的方法。由于溶解性能是由组分在流动相和固定相两相之间的平衡分配系数来表示，因此，这种利用溶解性能不同的色谱分离分析方法称为分配色谱法。

若所选用流动相溶剂的极性小于固定相的极性时，则此色谱系统称为"正相色谱"（Positive phase chromatography）。

若所选用流动相溶剂的极性大于固定相的极性时，则此色谱系统称为"反相色谱"（Reversed phase chromatography）。

2. 吸附色谱法

吸附色谱法（Adsorption chromatography），系指以固体吸附剂为固定相，混合物在通过固定相（填于柱内或形成薄层）时，各组分由于吸附性能强弱不同，其滞留程度就不同，从而获得互相分离的方法。

3. 离子交换色谱法

离子交换色谱法（Ion exchange chromatography，IEC），系指用能交换离子的材料为固定相来分离离子型化合物的色谱方法，属于液相色谱的一个重要分支。

4. 体积排阻色谱法

体积排阻色谱法（Size exclusion chromatography，SEC），系指根据样品分子量大小或形状结构不同而进行分离的液相色谱法。此法又称凝胶色谱法、分子排阻色谱法、空间排阻色谱法、分子筛色谱法等，固定相为化学惰性的多孔性物质，多为凝胶，其孔径大小须与被分离化合物分子大小相近似。组分保留程度取决于组分分子的大小，小分子可渗透进入孔中而被滞留，中等分子可部分进入，大分子则完全不能进入。因此，大分子比小分子先流出柱子，也即按分子尺寸从大到小的顺序流出而得到分离。

用亲水性凝胶（如葡聚糖）作固定相、用水溶液作洗脱剂时，此方法称为凝胶过滤色谱法（Gel filtration chromatography）。

用疏水性凝胶（如聚苯乙烯）作固定相、用有机溶剂作洗脱剂时，此方法称为凝胶渗透色谱法（Gel permeation chromatography）。

排阻色谱法除了作一般分离分析外，特别适用于高聚物分子量分布的测定。

（二）按固定相形式

按固定相形式可分为平面色谱法、柱色谱法。前者包括纸色谱法和薄层色谱法，后者包括经典柱色谱法和高效液相色谱法等。

1. 纸色谱法

纸色谱法（Paper chromatography，PC），系指以纸为载体、以液体为流动相的色谱法。

纸色谱法的分离原理属于分配色谱范畴。常以纸纤维上吸附的水分（或水溶液）为固定相，用不与水相溶的有机溶剂作流动相。

样品点在纸条的一端，然后在密闭的容器中用适宜溶剂（流动相）展开。当溶剂移动一定距离后，各组分移动距离不同，最后形成互相分离的斑点。将纸取出，待溶剂挥发后，用显色剂或其他适宜方法确定斑点位置和大小。

2. 薄层色谱法

薄层色谱法（Thin layer chromatography，TLC），系指把固定相均匀地分布在玻璃板或塑料板上，形成薄层，在此薄层上进行色谱分离的方法。

样品溶液点在薄板的一端（点样量一般为几微克至几百微克），在密闭容器内用适宜溶剂（流动相）展开，各组分移动距离不同，最后形成互相分离的斑点，采用显色剂或其他适宜方法定出斑点位置和大小。

3. 经典柱色谱法

柱色谱法（Column chromatography，CC），系指固定相装于柱内，在流动相推动下使样品在柱内沿一个方向移动而达到分离的色谱法。

经典液相柱色谱法（Classical liquid column chromatography，

CLCC），系指在常压的条件下，依靠重力作用使液体流动相移动，而达到样品组分互相分离的柱色谱法。

4. 高效液相色谱

高效液相色谱法（High performance liquid chromatography, HPLC），系指由高压作用下的液体为流动相的柱色谱法，故又称高压液相色谱法；又因在高压推动下流动相具有较快的流速，故又称高速液相色谱法。

第2章 平面液相色谱

平面色谱法（Plane chromatography），包括纸色谱法（Paper chromatography）和薄层色谱法（Thin layer chromatography，TLC）。

第1节 纸色谱法

纸色谱法（Paper chromatography）系指以纸为载体的色谱法，它具有仪器设备简单、分离效能较高、操作比较容易、应用范围广泛等特点，因而在有机化学、无机化学、生物化学等许多领域中得到应用。

一、基本原理

纸色谱法属于分配色谱，以纸为载体，可利用纸纤维吸附的水（或水溶液）作固定相，用不与固定相相溶的有机溶剂作流动相。

纸纤维素是由 n 个葡萄糖分子组成的大分子，其中含有多个亲水性羟基。当纸吸附了水时，其羟基能与水分子形成氢键，将水分子牢牢地吸附在纸的表面上，其中约有6%的水与纤维素形成复合物。

纸色谱法以这种与纤维素形成复合物的水为固定相，水溶液作流动相。被测样品组分在固定相和流动相之间进行分配时，由于各组分分配系数的不同而得到分离。

常用滤纸作层析用纸，将滤纸剪成长条，在纸的一端的4cm处点上样品，风干后悬于一盛有流动相的密闭层析缸中，让点样的一端浸入溶剂（浸入溶剂深度约为1cm），溶剂沿纸慢慢爬行，试样中的组分也就随溶剂流动并不断在两相之间进行分配。当溶剂运行到一定距离时,从层析缸中取出层析纸条,立即划出溶剂到达的前沿线,随后风干。

如果被分离组分是有色物质,它们被分离后在纸的不同位置就呈现出有色的斑点;如果是无色物质,可用相关显色方法得到有色的斑点。

(一) 组分的比移值（R_f）

$$R_f = x/(x+y)$$

式中,x——原点至斑点中心的距离（见图 3-1）;
　　　y——斑点至溶剂前沿的距离（见图 3-1）;
　　　R_f——比移值,表示被分离组分在纸上的相对位置。

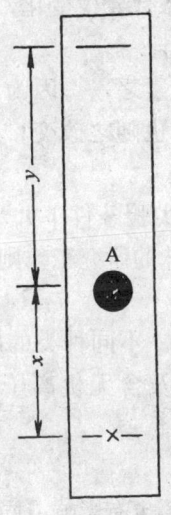

图 3-1　比移值

R_f 值大,表示该组分在流动相中的溶解度较大,而在固定相中的溶解度较小;R_f 值小,表示该组分有流动相中的溶解度较小,而在固定相中的溶解度较大。

R_f 值有如物质的熔点、沸点、折光率一样,可看作是某种物质的特征值。

不同组分有不同的 R_f 值,利用 R_f 值这一特征值可对各组分进行定性分析。一般被分离物质的 R_f 值最好在 0.05~0.85 之间;当两种物质 R_f 值的差值大于 0.05 时,就足以使这两种物质获得互相分离。

(二) 影响 R_f 值的因素

由于影响 R_f 值的因素很多,要得到重现性好的 R_f 值,必须严格控制好纸层析色谱操作条件。

1. pH 值

pH 值是影响 R_f 值的重要因素。弱酸和弱碱的解离受 pH 值的影响,解离度越大,极性越强,极性组分越容易分配到极性强的一相中,致使组分的分配系数发生变化,从而引起 R_f 值的改变。

2. 温度

温度是影响 R_f 值的因素之一。因为温度的变化会引起物质分配系数的变化,所以 R_f 值也随之改变;此外,温度的变化还将改变展开剂的组成。

这些影响,在一般的实验条件下并不很严重,一般没有外加恒温装置,但是对一些特殊的研究工作则需采用恒温装置。

3. 层析纸

纸的性质也影响 R_f 值。不同种类的层析纸,它的厚度、均匀性、纸纤维的松紧程度以及含无机离子(如 Ca^{2+}、Mg^{2+}、Fe^{3+} 等)的多少都会影响 R_f 值。

4. 展开距离

溶剂展开的距离对 R_f 值也有影响。同样的展开剂在同样的条件下展开,当所分离的组分相同而展开距离不同,则 R_f 值可能不完全一样。展开距离大,R_f 值可能较大;展开距离小,R_f 值可能较小。

5. 饱和情况

层析缸中有机溶剂蒸汽的饱和情况对 R_f 值会产生影响。如果有机蒸汽未达饱和,则流动相中的有机溶剂将继续挥发,流动相中的含水量就相对增加，组分在流动相中溶解得越多，K 值就会减小，R_f 值就会增加。

如果层析纸吸水量没有饱和，则流动相中的水（流动相中总会含有少量水）就被层析纸吸留，流动相中含水量减少，则 K 值有所增加，R_f 值降低。

6. 共存物质

共存物质对组分的 R_f 值也产生影响。纯物质的 R_f 值与它在样品中测得的 R_f 值常常存在一定的偏差，这是由于样品中各组分之间发生相互影响的缘故。

由于 R_f 值的影响因素较复杂，要得到重现性好的 R_f 值，需严格控制实验条件。

为消除或减少这些因素的影响，常采用相对比移值 R_{st} 值作对照：

R_{st} ＝样品的 R_f 值／对照物的 R_f 值

＝原点至组分斑点中心的距离／原点至对照斑点中心的距离

R_{st} 称为相对 R_f 值，它可消除系统误差。

所采用的对照物可以是样品中的某一个组分，也可以是另外加入的标样。

二、层析条件

（一）层析纸

1. 层析纸应具备条件

① 纸质均匀，厚薄比较一致，边缘整齐。

② 没有折痕，没有破损现象，强度较好。

③ 表面洁白，无污点无杂质，纯度较高。

纸纤维松紧适宜，溶剂的渗透速度适当。渗透速度太快，则容易引起斑点拖尾；如果渗透速度太慢，则耗费时间太长。

在实际使用中，应根据分离对象选择适宜的层析纸型号。一般较简单的纸色谱实验对层析纸并无特殊的要求,实验室用的滤纸也可做层析纸使用;一些较严格的研究工作则对层析纸有特殊的要求,需做净化处理。

2. 层析纸净化方法

层析纸净化处理方法首先是将层析纸放在 1mol/L 的醋酸中浸泡数日,然后取出用蒸馏水充分洗涤,这样可以除去纸中大部分无机杂质;再把层析纸放在丙酮与乙醇的混合液(1:1)中浸泡至少1周的时间,再取出风干,这样可除去纸中的大部分有机杂质;使用时必须注意把层析纸干燥。

(二) 固定相

纸色谱中使用的层析纸系由纤维素所组成,它具有较强的吸水性,可吸留 20%～25% 的水,其中有 6% 的水以氢键的形式与纤维素中的羟基结合在一起,形成复合物,这就是纸色谱中起分离作用的固定相,而纸纤维实际上就是起支持作用的载体。

以水作为固定相的纸色谱法,属于正相纸色谱法,它主要用于分离一些极性较强的样品混合物;对于极性较小的样品,常用甲酰胺或二甲基甲酰胺、丙二醇等作固定相,以增加样品的溶解度,提高分离效能。

纸色谱法也可采用反相色谱法,它是以非极性或弱极性有机物作固定相,以水溶液(或有机溶液)作流动相的一种纸色谱法,主要用来分析非极性物质或弱极性物质。

(三) 展开剂

展开剂的选择,是决定样品分离成败的关键问题。在选择展开剂时,下列几条可供参考。

① 溶样性:所选择展开剂能使样品完全溶解。

② 挥发性:挥发性太大的溶剂不宜作展开剂。

③ 饱和液:用水饱和了的有机溶剂作展开剂。

④ 水溶液：水溶液在反相色谱法中作展开剂。

在分离有机物样品时，一般采用水饱和的一种或几种有机溶剂作展开剂；在分离无机离子样品时，常采用被无机酸、盐等的水溶液饱和的有机溶剂作展开剂。

（四）层析缸

层析缸是一种用于进行纸层析的容器，其材质一般为玻璃，外形多为方形或圆形，常用容积为1～3L，要求盖子密封性好又容易打开。

使用时，内壁附上一层吸液纸（常用滤纸），以使容器内空间被展开溶剂蒸汽所饱和。

三、操作过程

（一）点样

样品若为液体，可直接点样或稀释后点样；样品如果是固体，可将样品溶解在适当的溶剂后点样。一般以展开剂或与展开剂极性相似的溶剂把样品溶解、稀释，配成浓度0.1‰～1‰的溶液作预备实验，再根据实验具体情况作调整。

点样量与层析纸的性能、厚薄、显色剂的灵敏度以及展开方法有关，一般点样体积为0.1～20μL。

在纸色谱的定性分析中，可使用玻璃毛细管或细滴管点样。

在纸色谱的定量分析中，要用微量移液管或微量注射器点样，以提高定量的准确性。

点样时先把样品吸入管内，让样品液露出管尖半滴，使液滴接触层析纸时渗透到层析纸上。点出的原点越小越好，原点直径≤0.3mm为宜；若样品浓度较稀则可多点几次，每次待溶剂挥发后再点。

样点距纸一端4cm左右为宜，样点之间的距离约1～2cm。

(二) 展开

纸层析展开的方法常用上行法和下行法，装置如图 3-2 所示。

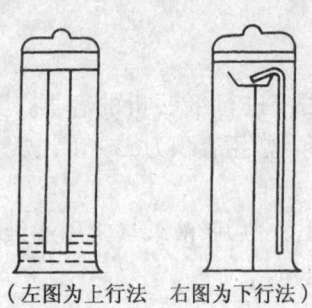

（左图为上行法　右图为下行法）

图 3-2　纸层析展开装置

1. 上行法

将溶剂放入层析缸底部，样品点在离层析纸一端约 4cm 处，层析纸浸入溶剂约 1cm 深度，溶剂借助毛细管效应向上爬行，因而使各组分获得分离。

此法使用的装置简单，应用广泛，但展开的速度较慢。

这种方法由于展开的距离比较小，对于比移值（R_f）较小的样品而言，分离效果较差，因而需考虑采用其他展开方法。

2. 下行法

下行法是借助重力作用使溶剂沿毛细管向下运行，以使组分获得互相分离的一种展开方法。

这种展开法能使溶剂连续展开，使组分移动较大的距离，从而达到较满意的分离效果。这种展开法可用于一些极性较强或分子量较大的样品组分的分离。

3. 特殊法

对一些组成较为复杂的混合物样品，利用上述方法难以满足分离要求时，可采用双向展开法。即把样品点在层析纸上以后，先用一种展开溶剂沿层析纸一个方向展开,层析完毕后烘干,然后再选用另一种展开溶剂与第一次展开呈垂直方向作第二次展开,利用这种展开方法可使从蛋白质中水解出来的几十种氨基酸获得分离。

除双向展开法之外,还有一些特殊的展开方法,如水平展开法、圆形展开法等等。

(三) 风干

纸层析展开完毕后从层析缸中取出,立即用笔画下展开溶剂的前沿,然后把层析纸风干。

(四) 显色

如果样品本身具有鲜明的颜色,分出的斑点可直接检出;但是对无色物质的鉴别却无法直接进行,而需选用适当的方法使斑点显色,以确定各斑点在纸上的位置和大小。

显色方法常用的有化学法和物理法两大类。

1. 化学显色法

化学法是利用显色剂与样品组分进行显色反应,以鉴别斑点的位置。

实验时将显色剂放入喷壶中,喷壶如图 3-3 所示。向层析纸喷射显色剂时,首先将层析纸悬挂起来,喷壶咀离纸约 30cm,用手捏橡皮球耳,显色剂呈细雾状喷洒在层析纸上,使纸刚呈润湿状态即可。

显色剂喷得太多,在纸上流动会影响斑点的清晰度;显色剂喷得太少,显色不明显,影响鉴别。

化学显色剂的种类很多,常用有如下几种的显色剂。

① 硝酸氨银:常用于鉴别糖类物质,硝酸氨银与还原糖反应,析出褐黑色的金属银。使用时把 0.1mol/L 的硝酸银和 5mol/L 氨水以等体积混合均匀,然后喷在层析纸上与还原糖斑点反应,于

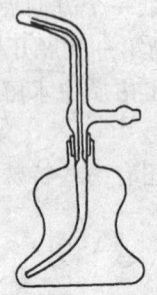

图 3-3 喷壶

105℃加热 5~10min 后即有黑褐色斑点出现。

该试剂需临时使用时配置,久放后效果变差。

② pH 指示剂:常用于鉴别有机酸、有机碱及一些两性物质。使用时将溴甲酚绿等 pH 指示剂溶液喷射在层析纸上,如被分离物质含有羧酸,喷射溴甲酚绿后斑点显黄色。

③ 茚三酮:常用于鉴别氨基酸类物质,茚三酮分子中羧基的 α 位可与氨基酸、肽、蛋白质等反应,一般呈现紫色,有时也显黄或蓝色。使用时把淡黄色茚三酮配制成 0.1%~0.25% 的水饱和正丁醇溶液,喷到层析纸上后再于 90~100℃加热数分钟即显色。

其他化学显色剂可参见表 3-3。

2. 物理显色法

在物理显色法中,最常用的是荧光显色。不少有机物在紫外线照射下会出现不同的荧光,许多金属离子与 8-羟基喹啉的化合物在紫外线下也会呈现不同色调的荧光。因此利用这种紫外线灯照射产生荧光的方法,可检出许多有机和无机化合物。

与化学显色法相比,物理显色法具有灵敏度高、不破坏斑点的化学组成等优点,但能直接进行检测的样品种类有限。

此外,还可采用生化法等进行显色。

四、定性分析

纸色谱法的定性分析，大致可按以下两种类型进行。

1. 有色物质

对有色物质而言，可用有色样品的斑点颜色和位置与标准物质相对照。也就是把样品和标样在同一层析纸上点样、展开，比较它们的 R_f 值，即可作出定性鉴别。

2. 无色物质

对无色物质的定性，可采用化学方法和物理方法对样品组分显色，测定组分的 R_f 值，然后再与标准物质对照，即可作出定性鉴别。

须知：在纸色谱的定性分析中，由于操作条件的变化、标准物质的纯度以及混合物组分与单组分 R_f 值的差异等，往往使 R_f 值的重现性较差，给定性分析带来一定的影响。因此，无论是有色物质还是无色物质，在定性鉴别时必须严格控制操作条件，把样品与标样点在同一层析纸上，选用不同的展开剂和展开方法多次测试，直接比较其 R_f 值，如果重复测定所得结果一致，那么定性鉴别结果就比较可靠。

为了尽可能减少各种因素的影响，在实际定性分析工作中常采用相对比移值（R_{st}）定性。

五、定量分析

1. 斑点洗脱测量法

将样品点在层析纸一端离下边沿 4cm 处，点样量视检测灵敏度而定，一般点成一长条，长条两端距边沿约 3～5cm。

若样品组分为有色物质，展开后可根据斑点颜色直接定性鉴别，确定组分的位置后将其剪下，用适当的溶剂洗下斑点物质。

若样品组分为无色物质，则需在长条样品两端近处点上标样，展开后将样品层析带遮盖，在标样层析带上喷射显色剂显色，以对比方式确定样品斑带的位置。剪下样品长条斑点，用选定的溶剂洗脱，再用其他方法定量，常用定量方法有分光光度法、萤光法、生物试验法等。

斑点洗脱测量法这种定量方法比较准确，但分析周期较长，速度较慢。

2. 斑点目视比色法

将标准物质配制成多种浓度的系列标样，样品和标准系列标样在同一层析纸上点样、展开、显色。根据组分与标准系列斑点颜色的深浅进行目视比色，以两者接近者作为定量依据；也可测量斑点的面积，近似地求出定量结果。

这种方法是一种半定量法，所得结果有时误差较大（一般为 $5\% \sim 30\%$），但分析速度较快，常用于最小检出量的测定。

3. 斑点扫描测定法

利用层析扫描仪直接进行光密度扫描测定，从而得到定量结果。这种方法的精密度和准确度都很高、分析速度快，使纸色谱的定量分析进入了一个新的阶段。

六、相关事宜

1. 展开剂双前沿现象

使用含盐酸或硝酸的丁醇、丙醇类展开剂时，有时可发现在层析滤纸上出现两个前沿，即在最前面是一个不显酸性的有机相，在稍后的位置上又出现一个呈酸性的前沿，这在喷甲基橙类指示剂时很容易观察到。

实验表明，出现这种两个前沿间的距离与溶剂中的酸度有密切关系。当溶剂中的酸度增加时，两个前沿界限趋于接近，当酸度增加到一定浓度时，两个前沿的界限重合而成为单一的前沿，完全呈现均一的酸性前沿。

2. 组分斑点的形状

样品组分在纸上展开后，斑点所呈显的形状可能有如图 3-4 所示的几种。

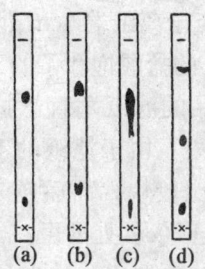

图 3-4 组分斑点形状

（a）的斑点为圆形，属于理想的层析斑点。

（b）的斑点为凹形，这在有机物中共存一些无机盐类时常会出现的现象。

（c）的斑点为拖尾，其可能原因如下：一是层析滤纸对样品吸附性太大；二是悬浮液样品；三是样品中含盐量太高；四是由于展开过程中样品发生变化（如有机酸的次级电离，无机离子及某些有机物的氧化、还原、水解等等），弄清出现这些现象的原因，并设法消除之，才可能得到理想的斑点。

（d）的图形为双前沿，这是属于前面提过的溶剂展开过程中出现的两相双前沿现象，有时在无机物的纸层析中可以看到，可通过调整酸度加以克服。

3. 组分斑点数目

如果分离不好，那么多个组分可能只出现一个斑点；如果一个单一组分的物质，展开后出现多个斑点，这往往是溶剂或层析纸或层析缸中含有杂质所致。

七、应用实例

纸色谱法已用于无机物、氨基酸、生物碱以及其他多种类型样品的分离分析，应用举例如下。

例 1. 金属离子的分离

层析纸：以长 25cm 宽 3cm 的滤纸为层析纸，把含有汞离子、镉离子和铜离子的样品点于离纸端 4cm 处。

展开剂：以 2mol/L 的盐酸饱和了的丁醇为展开剂。

展　开：把点了样品的滤纸垂直悬挂在层析缸中，使纸下端浸到展开剂中约 1cm 深处，由于滤纸的毛细管现象，溶剂沿着滤纸向上爬行，开始渗透比较快，而后越来越缓慢，约经过 3.5h，当溶剂前沿到达预定标记 20cm 处即可。

风　干：把纸条从缸中取出，挂在通风橱内使之风干，直至完全干燥。

显　色：用喷雾器把蒸馏水吹到层析滤纸上使滤纸稍稍润湿，然后放到硫化氢气体发生器的出口处熏一下，在滤纸上立即呈现各种离子不同颜色的斑点。

比移值：汞离子的比移值最大、镉离子次之，铜离子最小，三者完全分离。

例 2. 氨基酸的分离

层析纸：以长 25cm 宽 3cm 的滤纸为层析纸，取缬氨酸、甘氨酸、白氨酸分别配成 5% 的水溶液，再以等体积混合即作为样品溶液。

展开剂：取正丁醇：冰醋酸：水以 4：1：2 的体积比在分液漏斗中充分混匀，静置分层，取其上层溶液作展开溶剂使用。

展　开：把点了样品的滤纸条垂直悬挂在层析缸中，使纸下端浸到展开剂中约 1cm 深处，由于滤纸的毛细管现象，溶剂沿着滤纸向上爬行，当溶剂渗透前沿到达预定标记 20cm 处即可。

风　干：即把纸条从缸中取出，挂在通风橱内使之风干，直至完全干燥。

显　色：把茚三酮溶于水饱和的正丁醇中，配成 0.2% 溶液作显色剂使用。用喷雾器把显色剂溶液喷到层析滤纸上使滤纸稍稍润湿，然后在 80～100℃ 恒温箱内加热数分钟，在滤纸上即出现紫红色三个斑点。

比移值：白氨酸的比移值最大、缬氨酸次之，甘氨酸最小，三者完全分离。

例 3. 生物碱的分离

层析纸：以长 25cm 宽 3cm 的滤纸为层析纸，经 0.5mol/L 的氯化钾溶液浸渍后使用。

展开剂：正丁醇-浓盐酸（体积比为 50∶1），再用水饱和，以此混合溶液为展开剂。

展　开：上行法展开，把点了样品的滤纸条垂直悬挂在层析缸中，使纸下端浸到展开剂中约 1cm 深处，溶剂沿着滤纸向上爬行，随着渗透距离增加速度越来越缓慢，当溶剂渗透前沿到达预定标记 20cm 处即可。

风　干：即把纸条从缸中取出，挂在通风橱内使之风干，直至完全干燥。

显　色：在紫外灯下观察荧光。也可使用 Dragendorff 试剂显色〔将 0.8g 硝酸铋溶于 40mL 水和 10mL 冰醋酸（A）；将 8g 碘化钾溶于 20mL 水（B）；使用前取 A 液 5mL、B 液 5mL、醋酸 20mL 和水 100mL，混合均匀后喷到滤纸上〕，产生橙到红的斑点。

比移值：罂粟碱的比移值为 0.94，海洛因的比移值为 0.84，可待因为 0.61，吗啡为 0.49，槟榔碱为 0.41，吡啶为 0.17，乙酰胆碱为 0.08；各组分的分离比较完全。

第 2 节　薄层色谱

薄层色谱（Thin layer chromatography，TLC），系指把固定相均匀地涂在玻璃板或塑料板上，形成一定厚度的固定相薄层，在此薄层上进行色谱分离的方法。

薄层色谱法具有设备较简单、展开速度快、分离效能好、灵敏度较高等特点，因此，薄层色谱法比纸色谱法发展快，应用也更为广泛。

一、基本原理

薄层色谱按其分离机理可分为吸附薄层色谱、分配薄层色谱、离子交换薄层色谱、体积排阻薄层色谱等，其中用得较多的是吸附薄层色谱。

（一）分离机理

吸附薄层色谱用的吸附剂多为极性物质，它对不同极性的样品组分有不同的吸附作用力，对极性大的组分吸附作用力大，对极性小的组分吸附作用力小。

将薄层色谱的吸附剂涂于薄层板上、风干、活化，样品点于板的一端离边沿约 4cm 处，在密闭层析缸中展开。

当展开剂（流动相）带动样品组分不断地流过吸附剂时，组分在运行中就会反复多次地被吸附、解吸、再吸附、再解吸，由于不同组分有不同的作用力，致使其运行速度不同，一段时间后各组分获得互相分离，在薄层板上形成彼此分离的斑点。

测定了斑点至原点的距离以及斑点至溶剂前沿的距离之后，即可计算出比移值（R_f 值），此值含义与纸色谱中的比移值相同，参见图 3-1。

在一定条件下各组分的比移值是一个特征值，可利用比移值进行定性分析。

（二）影响 R_f 因素

1. 展开温度

在室温条件下展开，对薄层色谱的分离影响不很明显。倘若温度变化较大时，则可能造成一定的影响。在其他条件相同的情况下，温度低比温度高时展开要慢一些、分离会好一些。

2. 薄层厚度

经验表明，当湿板厚度在 0.1mm 以下时，板的厚度变化对比移值影响明显；当板的厚度达到 0.2mm 时，板的厚度变化对比移值的影响较小；当板的厚度在 0.25mm 左右，此时分离效果最佳。

3. 吸附剂含水量

吸附剂的含水量不同，组分的比移值也将不同。吸附剂的含水量与吸附剂的种类、使用时的加水量、风干时间、活化温度、活化时间等诸多因素有关。

实验表明，在 120℃活化 3h 与 10h，所得的 R_f 值相差无几。硅胶薄层板一般在 120℃的温度条件下，活化时间控制在 1h 左右即可。

4. 层析缸中蒸汽

层析缸中展开剂蒸汽未达饱和时，R_f 值将不能重现，产生明显的边沿效应。所谓边沿效应，就是当使用混合溶剂展开时，有时会出现同一组分在薄层板中部与在薄层板两边沿处移动速度不同的现象，也即同一种组分在中部的比移值与在边沿的比移值不一样，往往边沿的大一些。

为使层析缸中展开剂蒸汽达到饱和， 是在缸内壁附上一层滤纸，让展开剂全部湿润；二是把展开剂放入层析缸内一段时间后，才放入薄层板；三是尽可能在恒定温度条件下层析。

5. 其他影响因素

除了上述因素之外，还有展开剂的 pH 值、展开时间、展开距离、样品浓度、点样量以及薄层板所用吸附剂中的黏合剂的种类和用量等等，都有可能影响样品组分比移值的大小。

二、层析条件

（一）固定相

在薄层色谱法中，可采用硅胶、键合硅胶、氧化铝、硅藻土、葡聚糖、纤维素、聚酰胺等作固定相。

1. 硅胶

硅胶是薄层色谱中使用最多的一种固定相，在吸附色谱、分配色谱中都可以使用的一种固定相。作薄层层析板用的硅胶，一般为小于300目的微细颗粒，并在其中含有粘结剂（常加入5%～15%的石膏）和荧光剂，根据使用要求还可加入缓冲液、淀粉、酸性或碱性物质等。

薄层色谱中常用的硅胶有如下几种：硅胶H（不含石膏），硅胶HF254（含荧光剂254nm激发）；硅胶G（含石膏），硅胶GF254（含石膏和荧光剂254nm激发）。

硅胶的活性与其含水量有关，其活性分级见表3-1。通过加热使硅胶失去水分，以调整其活性，薄层色谱实验中常选用Ⅱ级硅胶。

硅胶活性的测定：称取偶氮苯（a）、对甲氧基偶氮苯（b）、苏丹黄（c）、苏丹红（d）、对羟基偶氮苯（e）等五种染料各约20mg，溶于10mL苯中，再加50mL石油醚（沸程60～90℃）稀释，取此溶液10mL加到1.5cm×10cm的硅胶柱上，再用20mL苯-石油醚混合液（1:4）冲洗，流速1.0～1.5mL/min，冲洗后观察染料的位置，由表3-2确定硅胶的活性级。

表3-1 硅胶的活性分级

活性级	Ⅰ	Ⅱ	Ⅲ	Ⅳ	Ⅴ
含水量（%）	0	5	15	25	38

表3-2 硅胶活性定级法

染料	活性级			
	Ⅰ	Ⅱ	Ⅲ	Ⅳ
偶氮苯	0.59	0.74	0.85	0.95
对甲氧基偶氮苯	0.16	0.49	0.69	0.89
苏丹黄	0.01	0.25	0.57	0.78
苏丹红	0.00	0.10	0.33	0.56
对一氨基偶氮苯	0.00	0.03	0.08	0.19

（注：表中数字为R_f值，定义为溶质移动的距离与流动相移动的距离之比）

2. 键合硅胶

在硅胶微球上通过化学反应键合上 C_2、C_8、C_{18} 等烷基，产品型号为 RP-2、RP-8、RP-18，这类似于高效液相色谱中的化学键合固定相，可用于液-液分配色谱，大大拓宽了薄层色谱的应用领域。

3. 氧化铝

薄层色谱用的氧化铝一般是 200～300 目甚至更细的颗粒，如硅胶一样，氧化铝可单独使用，也可加入黏合剂（如加入 5%～15% 的石膏）做成固定层析板使用。

由于氧化铝吸附活性比硅胶大，因此一般常用作吸附色谱的固定相之用。氧化铝本身是微碱性物质，可用于碱性物质、脂肪族物质以及硅胶不能很好分离的一些中性物质的分离分析。

氧化铝通常分为碱性（pH=9.5～10.5）、酸性（pH=4～5）、中性三种。碱性氧化铝主要用于碱性或中性化合物的分离；酸性氧化铝适用于酸性物质、对酸性稳定的中性物质的分离；中性氧化铝适用于酸性、碱性物质的分离。

4. 硅藻土

在硅藻土上涂渍适量固定液作为分配色谱固定相，用于分离碳水化合物、氨基酸等。硅藻土可单独用，也可加入约 15% 的石膏混合作成固定板使用。

5. 纤维素

纤维素与纸色谱法原理相同，与纸色谱相比，其斑点浓集、分离时间短，只用纸色谱的 1/6 左右的时间（1～1.5h）即可达到较好的分离效果；可用于分离生物碱及核苷酸等。

6. 葡聚糖

用葡聚糖（Sephadex）制成薄层板，用于分离蛋白质；用 DEAE-Sephadex A 25 加上离子交换树脂制成薄层板，用于分离乳酸脱氢酶异构体。

7. 聚酰胺

聚酰胺也可用作色谱固定相材料，例如把聚酰胺粉末（ε-聚己内酰胺粉）用氯仿或甲醇调成糊状铺成薄层（5g 聚酰胺加 45mL 溶剂），待溶剂挥发后即可使用。

8. 其他固定相

除了上述固定相之外，根据分离对象不同还可选择其他一些有机或无机物作为薄层色谱的固定相。

例如：把 Dowex-1（阴离子）或 Dowex-50（阳离子）离子交换树脂磨成 200~400 目的粉末，与纤维素粉以 1∶1 混合做成薄层，用来分离一些有机和无机物。

一些高聚物如聚乙烯、聚四氟乙烯、聚三氟氯乙烯（Kel-F）等可作反相色谱的载体。

一些无机物如硅酸镁、硫酸钙（烧石膏）、氢氧化锌、氢氧化钙、碱式磷灰石 $[Ca(OH)\cdot Ca_4(PO_4)_3]$ 等也可用作吸附剂，用来分离蛋白质、甾族等物质。

（二）黏合剂

在薄层色谱固定相材料中加入黏合剂可以使其更牢固地附着在薄层板上，常用的黏合剂有煅石膏、淀粉、羧甲基纤维素等。在实际制板操作中，还常加入聚乙烯醇水溶液作黏合剂。

1. 一般性能

用煅石膏制成的薄层板，机械强度比较差，但比较耐腐蚀。

用羧甲基纤维素制成的薄板，强度较好，但耐腐蚀性稍差。

用淀粉作黏合剂制成的板，强度好，但不宜用碘蒸气显色。

用聚乙烯醇水溶液作黏合剂制成的板，具有强度好，一般不妨碍斑点显色；但须注意，制胶时一定要把聚乙烯醇溶解完全，否则将影响薄层的均匀性。

2. 使用事宜

① 硅胶 G 薄层板：制备时先将石膏在 140℃烘 4h，取出后以

含煅石膏 5%～15% 的比例与硅胶和水一起研匀后制板；若已配石膏的层析硅胶，直接加水研匀即可。

② 氧化铝薄层板：其制备方法是先将石膏在 140℃烘 4h，一般加入约 5% 的煅石膏，再与氧化铝研匀即可制板；若已配石膏的层析硅胶，直接加水研匀即可制板。

③ 硅胶 CMC 薄层板：其制备方法是按 1g 羧甲基纤维素（CMC）溶于 100mL 水中，加热煮沸至全溶解；制板时取上层清液几滴，加入与硅胶和水一道研匀即可制板。

④ 硅胶聚乙烯醇薄层板：其制备方法是按 1g 聚乙烯醇溶于 15mL 水中，加热近沸，直至完全溶解；制板时取上层清液几滴，加入与硅胶和水一道研匀即可制板。

(三) 展开剂

1. 选择因素

选择薄层色谱展开剂的影响因素很多，但可从样品性质、色谱类型以及溶剂类型等三个方面来考虑。

① 样品性质：根据相似相溶原理，选作展开剂的溶剂的结构或性质尽可能与样品相似，以确保样品充分溶解，获得较好的分离效果。

② 色谱类型：在吸附色谱中，据样品极性强弱选用相应极性的溶剂作展开剂；在分配色谱中，一般选择极性较大的溶剂作展开剂。

③ 溶剂类型：可用单一溶剂也可用混合溶剂作展开剂，而混合溶剂的优点在于可通过改变混合溶剂的种类和配比来提高分离效果。

如果用初选的溶剂展开，所得 R_f 值都较小并靠近原点时，可考虑改用极性较大的溶剂或加入适量极性较大的溶剂；如果 R_f 值都较大并靠近溶剂前沿时，可考虑改用极性较小的溶剂或加入适量极性较小的溶剂。因此，在做样品的分析条件选择时，往往需要做多次探索性试验,才能找到较为理想的展开剂。

2. 选择方法

① 一般方法:分离新样品时,开始可选用极性较弱的溶剂作展开剂,如果分离满足要求,那就可以使用;如果所得 R_f 值过小,则可在其中加入极性较强的溶剂(如水、甲醇、乙腈、二甲基甲酰胺等),以增大溶剂的极性,通过调整加入的比例,最终可达到分离要求。

② 圆形色谱:展开剂的选择可用圆形色谱法快速简便地进行。即把样品先点在薄层板上,可同时点几个点,然后把初步选用的溶剂,按极性大小顺序各加相同体积于每一个样品点上,观察斑点扩散范围的大小。其中,扩散范围最大、分出同心圆数目最多的溶剂往往是这种样品最好的展开剂。

③ 图形方法:如图 3-5 所示,可用图形方法(外三段圆弧和内三角形)来表示样品性质、展开剂、固定相等三者之间的关系。

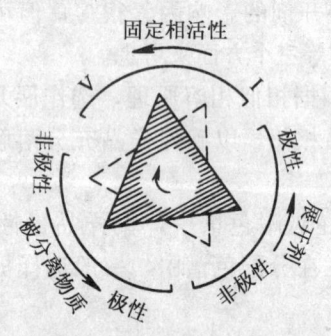

图 3-5　图形法选择展开剂

在进行选择时,先将待分离样品极性大小固定在三角形的一个顶角上,再从三角形的其他两个顶角指向,选出固定相的活性和展开剂的极性。

例如:待分离样品的极性较弱时,则宜选用活性较高的固定相,并选用极性较弱的溶剂(可用单一溶剂或混合溶剂)作展开剂。

(四) 层析缸

层析缸是一种用于进行纸层析的容器,其材质一般为玻璃,外形多为圆形或方形(图 3-6 为方形层析缸),常用容积为 1~3L,要求盖子密封性好又容易打开。

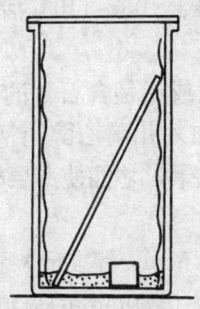

图 3-6 层析缸

使用时,内壁附上一层吸液纸(常用滤纸),以使容器内空间被展开溶剂蒸汽所饱和。

三、操作过程

(一) 制板

可用玻璃、塑料、金属等材料制薄层色谱的底板。以玻璃为底板时,要求玻璃板表面平整、边缘光滑、洁净无染。定性分析可选用 6cm×18cm 的板;也可用 2.5cm×7.5cm 的显微镜载片;定量分析选用稍大的板,如 16cm×18cm、10cm×20cm 或 20cm×20cm 的板;制备纯品时,则应选用较大的层析板。

底板在使用之前用洗涤剂浸泡,再用自来水、蒸馏水洗净,不能有任何的油斑或污迹,否则将影响制板质量和层析效果。

1. 倾注法

将 18cm×6cm 的平板玻璃放在平台桌上，取 5g 硅胶 G 放入小研钵中，加 10mL 水，再加入 2 滴聚乙烯醇水溶液，用研棒在 1~1.5min 内研磨成均匀糊，将糊状硅胶迅速倾注在平板玻璃板上，用玻璃棒迅速刮平，轻轻振动玻璃板，使硅胶分布均匀紧实。

放于水平处风干，再于 105~110℃ 活化约 0.5~1h，然后置于干燥器中，备用。

须知：一是用纤维素或者是含石膏的硅胶制板，宜于 2min 内铺就，以免失效；二是加入几滴乙醇消泡，使薄层无气孔；三是铺后一定要放在水平处风干，才能使薄层板平整。

2. 刮平法

将平板玻璃（18cm×6cm、厚 4cm）置于平台桌上，在长条方向的两边放两条厚 0.25~0.30mm 的玻璃条做边，按比例将硅胶研成糊状后，迅速倒在平板玻璃上，用有机玻璃尺沿一个方向把硅胶刮平成一薄层，去掉两边的玻璃条，轻轻振动玻璃板，使硅胶均匀紧实。放于水平处风干，于 105~110℃ 活化约 0.5~1h，然后置于干燥器中，备用。

3. 涂布器法

市售的制薄层板涂布器类型很多，采用涂布器制板比手工制作简单，制成的薄层板质量比较一致。

说明：现在层析板已有许多专业厂家生产，可直接购置，而不必自制。

（二）点样

薄层色谱点样是影响分离效果的重要因素之一，要求样品点的范围越小越好，点样时一般要注意以下几个方面。

1. 点样方法

用直径小于 1mm 的玻璃毛细管、微量注射器或微量移液管吸入样品，点样时管端或针尖要尽可能靠近薄层板面，让样品液滴

（注意：不是管端或针尖）接触层析板，使液滴被吸附剂吸收而落下。须知，点样时头一滴点完后，待溶剂挥发之后再点第二滴，这样点成的样品点不致过大，不会造成斑点严重扩散。

作定性鉴别时，只需在同一原点上点 1~2 滴即可；作定量分析时，需将较多的样品点在同一原点上，也可点成长条，但要尽可能点成直线。

采用自动点样器点样时，不但样点均匀，而且样点是很规范的圆点或长条。

2. 样品溶剂

一是宜用挥发性有机溶剂作样品溶剂，以加快点样速度；二是尽可能用展开剂或与其相近的溶剂作样品溶剂，以使样品均匀展开；三是在同一板上分离若干样品时，所用溶剂应一致，以免相互干扰。

3. 样品浓度

样品浓度一般控制在 1‰~0.1‰。浓度太高，易引起斑点拖尾；浓度太低，则容易造成斑点扩散。

1mm 厚的薄层硅胶最大样品点负荷为 100mg，因而点样量与薄层板的厚度有关，在厚度 0.2mm 左右的薄层板上，一般每个样点为 $0.1~20\mu L$。

4. 点样速度

在密闭装置中点样时，点样速度可以稍许慢一点；在空气中点样时，点样时间不能超过 5min，因为硅胶在空气中吸湿而降低其活性，从而引起斑点拖尾和造成比移值发生变化。

5. 样点位置

样品一般点在离板一端的 4cm 处。多个样品点样时，每个样点之间的间距以 1~3cm 为宜；点成长条时，样品条两端离板边沿约 3cm 左右。

(三) 展开

薄层色谱的展开方法与纸色谱法相类似,有上行展开法、下行展开法、近平展开法、圆形展开法、双向展开法等等。

展开前将所选用的展开剂倒入层析缸中,把滤纸附着在缸内壁并浸入展开溶剂中,随即盖紧,让缸内空间为展开剂蒸汽所饱和。再把点了样的薄层板迅速放入缸中,在不接触展开剂的情况下让其饱和10min,然后将板浸入展开剂中展开。

展开距离常为10～15cm,展开时间一般为30～45min。

对 R_f 值相近或移动速率很慢的组分,有时可用水平展开的圆形色谱法,也可用连续展开法、变换溶剂多段展开法等。

1. 上行展开法

上行法展开是一种最为常用的展开方法,试验时把薄层板浸于展开剂中约0.5～1cm,板稍呈倾斜角度即可。

2. 下行展开法

固定相中加有黏合剂而且附着牢固的薄层板,可采用下行法进行展开。试验时把薄层板呈倾斜或垂直角度放置,倾斜下行展开法如图3-7所示。

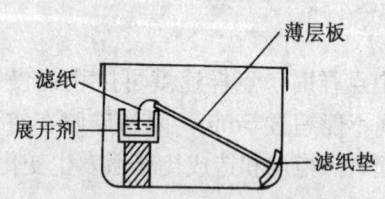

图 3-7 倾斜下行展开法

3. 近平展开法

没有加黏合剂的层析板,因其薄层比较疏松,常采用近平展开法(见图3-8)。试验时将其置于倾角10°～20°上进行展开。

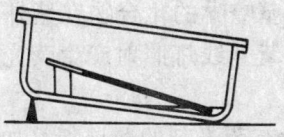

图 3-8　近平展开法

4. 圆形展开法

先把样品加在层析板的中心，然后让流动相从样品点的中心持续进入，随着展开剂从中心不断向外扩散展开，得到圆形色谱图。此法的优点是展开时间较短、样品量较大。

5. 双向展开法

即把样品点在层析板上以后，先用一种展开溶剂沿层析板一个方向展开，层析完毕后烘干，然后再用另一种展开溶剂与第一次展开呈垂直方向作第二次展开。对于组成复杂的样品，采用此法可获得较好的分离。

6. 其他展开法

对于比移值较低的或者性质较接近的混合物样品，经一次展开后得不到满意的结果时，采用重复展开法或者连续展开法等往往能解决问题。

（四）显色

对有色物质的分离，展开后可直接观察斑点的颜色，无需进行显色处理；无色物质的分离，展开后需用适宜的方法使斑点显色，以便进行分析。

1. 物理显色法

荧光显色法是一种常用的物理显色法，它具有灵敏度高、不破坏斑点的化学组成等优点，当找不到适当的显色剂或者显色剂对定量分析有干扰时，荧光显色法尤为适用。

① 荧光样品：不少有机物在紫外线照射下会出现不同的荧光，

许多金属离子与 8-羟基喹啉的化合物在紫外线下也会呈现不同色调的荧光。利用这种紫外线灯照射产生荧光的方法，可检出许多有机和无机化合物。

② 荧光背景：含有荧光剂的薄层板（如：硅胶 GF254、硅胶 HF254），在紫外线照射激发下薄层板的背景显荧光，无荧光性样品斑点呈暗色，从而也可确定斑点的位置。

须知：观察荧光显色时，要有安全措施，以免紫外线伤害眼睛、皮肤等。

2. 生化显色法

一些生化物质如维生素、激素等，以及一些抗生素物质如青霉素、金霉素等，这些物质对某些微生物的生长具有显著的促进作用或者抑制作用。利用这种性质，可以对许多样品组分斑点进行鉴别。

3. 化学显色法

① 喷射显色：喷射显色采用适宜的显色剂与样品组分发生化学反应生成有色物质，从而判明组分斑点的位置和大小。这种显色方法所使用的显色剂，有的能使多种样品斑点很快直接显出颜色，如氯化钯能使很多含硫、磷的农药显色。

但也有一些显色剂在喷射以后，并不能很快直接显出颜色，而是生成了中间产物，需加热以后，才慢慢呈现出各种颜色。如：胺甲丙二酯用酸性的碘铂酸盐试剂喷射后，在 110℃ 加热 10min 以后才显出暗棕色斑点；层析常用化学显色剂参见表 3-3。

表 3-3　层析法常用化学显色剂

试 剂	配 制 与 使 用	样 品 显 色
96%浓硫酸	喷雾，100~120℃ 加热，或紫外光下颜色	高级醇、醛、酮、甾族等显褐~黑
2% 硫酸铵	喷雾，100~120℃	高级醇、醛、酮、甾族等显褐~黑
1:1的硫酸-硝酸	喷雾，加热，颜色变化	芳香族等显褐~黑色

续表

试剂	配制与使用	样品显色
硫酸-重铬酸钠	3g 重铬酸钠＋20mL 水＋10mL 浓硫酸；喷雾	有机物在红色本底上显绿色
硫酸-重铬酸钾	5g 重铬酸钾＋100mL40％硫酸；喷雾	有机物在白色本底显褐～黑色
碘蒸气	结晶碘或 0.5％氯仿溶液；碘蒸气熏或喷氯仿溶液	有机物在黄色本底显暗褐色
2′,7′-二氯荧光黄	二氯荧光黄 0.2％乙醇溶液；喷雾，紫外线照射	有机物在暗紫色本底显绿黄色
三氯化锑	25g 三氯化锑＋75g 氯仿或溶于 50％冰醋酸；喷雾，10min 后在 100～110℃加热，紫外线照射	维生素 A，类胡萝卜素，甾族，配糖体等天然产物显示不同颜色
五氯化锑	20％ V/V 四氯化碳溶液，喷雾，120℃加热，紫外线照射	维生素 A，类胡萝卜素，甾族，配糖体等天然产物多显紫灰色
茚三酮	水饱和丁醇的茚三酮饱和液；喷雾，加热	胺类，氨基酸等显桃红～紫色
二苯基硼酸 β-氨基乙酯	1％乙醇溶液，喷雾	多种天然有机物，显各种特征颜色
Dragendorf 试剂	① 1.7g 硝酸氧铋溶于 100mL 20％醋酸 ② 400g 碘化钾溶于 100 mL 水 ③ 20 mL①和 5 mL②加 70 mL 水混匀	有机碱，生物碱，特别季、叔胺碱，在黄色本底上显橙～橙红色
Ehrlich 试剂	1％对二甲氨基苯甲醛乙醇溶液（95％）	色氨酸，含硫物等显黄～黄橙色

② 蒸气显色：蒸气显色法是一种常用的化学方法，通常用于显色的蒸气有氨气、溴蒸气、碘蒸气等，当薄层板展开后可放入

蒸气中直接显色。

采用碘蒸气显色时,将薄层板放入存有结晶碘的密闭容器(如干燥器)中,由于碘的升华,整个容器空间充满碘蒸气,斑点吸收了碘蒸气后显出黄棕色。

③ 硫酸显色:浓硫酸氧化法对所有有机物都适用。用96%的H_2SO_4喷射薄板并将薄板直接在火焰上或于100℃加热,有机物组分被碳化呈现出黑色斑点。这种方法适用于硅胶板和氧化铝板的检测,但这些薄板中不应含有除样品之外的任何其他有机物。

四、定性分析

1. 比移值法

在一定条件下,各组分的比移值是一个特征值,因此,可利用比移值进行定性分析。为了使比移值获得较好的重现性,每次实验时对薄层板固定相的含水量、薄层板的厚度、样品点样量、展开剂的组成、展开距离、展开时间、展开温度、层析缸中溶剂蒸气的饱和程度等,都应严格控制一致。

2. 相对比移值

为了消除系统误差的影响,常采用标准物质对照法定性。这种方法是将待测物质与一个性质相近的标准物质在同一层析板上点样,与相同条件下展开、显色,分别测得它们的比移值,再求出相对比移值(即R_{st}值)来进行定性鉴别。

3. 标样对照法

此方法用待测组分的标样物质作对照定性。将待测组分与其标样在同一块层析板上点样,于相同条件下展开、显色,测得它们的比移值,如果两者吻合,则表示待测组分与对照标样为同一物质。

4. 不同展开剂

为了考察定性结果的可靠性,只少用两块相同的点样薄层板,在不同的展开剂中展开。如果样品组分与标样的比移值在不同展开条件下两者均吻合，则表示待测组分与对照标样为同一物质。

5. 多种方法定性

为了进一步确证定性结果，可将斑点从层析板上洗脱下来，再用其他方法进行定性分析，以确保定性结果准确无误。

五、定量分析

1. 目视比较法

配制系列浓度的标样，将样品与标样在同一薄层板上等体积点样，展开、显色后用目视的方法比较样品斑点和标样斑点面积大小和颜色深浅，取与样品最接近的标样斑点，根据标样的含量对样品进行定量计算，所得结果误差可达到小于±10%。

2. 仪器分析法

① 薄层色谱扫描

薄层色谱扫描仪（如瑞士产 CAMAG 型薄层扫描仪）是一种用于薄层色谱定量的仪器。选择适宜的单色光进行扫描，薄层板在单色光下通过，当组分斑点通过狭缝时，斑点开始对光产生吸收，记录描绘组分斑点的吸收曲线，曲线呈高斯峰形，根据峰高或峰面积大小对组分进行薄层色谱定量分析。

② 放射性同位素

使用放射性同位素研究生物体内的复杂的生化过程以及研究化学反应的机理时，可采用薄层色谱进行分离。薄层上各种具有放射性的样品斑点可以利用射线照相的方法进行检出，或者把薄层分成若干等分的小面积，用放射性计数管分别测其各单位面积的放射性强度，据此检出斑点的位置，即可进行定量分析。

六、发展动向

1. 反相薄层色谱法

反相薄层色谱的固定相与高效液相色谱中的反相色谱相似，多为非极性或弱极性的键合固定相，可以用于多种类型的样品分析，故反相薄层色谱是薄层色谱发展的方向之一。

2. 高效薄层色谱法

根据速率理论方程式，柱效与柱填料的颗粒直径成反比，也即颗粒直径越小柱效越高。据此，高效薄层色谱法如同高效液相柱色谱法那样采用微颗粒固定相，例如：制板所用硅胶的粒径仅为 $3\sim 8\mu m$，此外，还有键合 C_2、C_8、C_{18} 烷基的硅胶用于反相高效薄层色谱法。

在一块 10cm×20cm 的高效薄层板上，可检测 30 个以上样品，层析时间只需几分钟，最小检出量达到 $10^{-9}\sim 10^{-12}$ g，可与气相色谱法和高效液相色谱法相媲美。

七、应用实例

薄层色谱法已广泛应用于各种有机物和无机物的分离分析，用于实验室制取纯品；此外，薄层色谱法也已用于研究反应历程，还可与其他方法联用测定有机物的结构等。

例1. 氨基酸的分离

层析板：吸附剂是纤维素 MN-300，层厚 0.25mm。

展开剂：正丁醇：乙酸：水（60：15：25）。

展　开：把点了样品的层析板置于层析缸中，使下端浸到展开剂中约 1cm 深处，上行法展开，展开时间约 5h，展开距离 15cm。

风　干：把层析板从缸中取出，于通风橱内使之风干，直至完全干燥。

显　色：展开后用重氮化的对氨基苯磺酸显色或用水合茚三酮显色。

比移值：天门冬氨酸、甘氨酸、β-丙氨酸、β-氨基异丁酸、3-碘酪氨酸、亮氨酸，它们的 R_f 值分别为 0.27，0.33，0.45，0.56，0.65，0.73。分离良好，因为比移值之差大于 0.05 即能很好分离。

例 2. 农药残留量分析

① 马拉松、稻瘟净混合农药残留量的测定

层析板：用 GF_{254} 制成薄层板，于 110~120℃ 活化 50min。

展开剂：石油醚：乙酸乙酯（8：2）的混合溶液。

展　开：把点了样品的层析板置于层析缸中，使下端浸到展开剂中约 1cm 深处，上行法展开，展开距离 16cm。

风　干：把层析板从缸中取出，于通风橱内使之风干，直至完全干燥。

显　色：烘干后将薄层板置于紫外灯下（254nm）显色。

比移值：从紫外灯下，可以观察到各组分完全分离。

② 百菌清、多菌灵、2,4-D 等农药残留量的测定

层析板：2g 硅胶 G 于研钵中，加入 5g 水立即研匀，再加 1 滴 10％聚乙烯醇水溶液，迅速混匀后均匀地涂于长 15cm 宽 8cm 的干净玻璃板上，自然晾干后于 120℃ 的烘箱中活化 1.5h，取出，放入干燥器中冷却备用。

展开剂：用乙酸乙酯溶剂作展开剂。

展　开：取百菌清、多菌灵和 2,4-D 等标样配制成浓度为 1.0~0.1μg/mL 的标样溶液和样品溶液，各取 1μL 点于板上（离边 3cm），展开距离 10cm。

风　干：让其自然晾干。

显　色：紫外灯下照射 15min 后喷洒硝酸银氨溶液，再照射 5min，显色。

比移值：2,4-D 的 R_f 值为 0.8，百菌清为 0.71，多菌灵为 0.23；分离良好。

例 3. 无机阳离子的分离

将各阳离子转变为 3-甲基-1-苯基-4-硫代苯甲酰吡唑-5-酮（SBMPP）螯合物。吸附剂为硅胶 G，流动相为二氯甲烷：苯（1：1）。上行法展开 15cm，分离良好。各螯合物本身为深色，不需显色。

例 4. 有机染料的分离

称 6g 硅胶 G 于研钵中,加入 14g 水立即研匀,再加 1 滴 10% 聚乙烯醇水溶液,迅速混匀后均匀地涂于长 18cm 宽 10cm 的干净玻璃板上,自然晾干后于 120℃的烘箱中活化 1.5h,取出,放入干燥器中冷却备用。

取甲基紫、酸性湖蓝等配制成浓度为 $0.1\sim0.01\mu g/mL$ 的标样溶液和样品溶液,各取 $1\mu L$ 点于板上 (离边 3cm),用乙醇-丙酮 (4/1)混合溶剂展开,展开距离 10cm,酸性湖蓝的 R_f 值约为 0.8,甲基紫的 R_f 值约为 0.2;分离良好,各斑点颜色鲜明,直接可见。

第3章 经典柱色谱法

柱色谱法（Column chromatography，CC），系指固定相装于柱内，在流动相推动下样品在柱内沿一个方向移动而达到分离的色谱法。

经典柱色谱法（Classical column chromatography，CCC），系指在常压的条件下，依靠重力作用使液体流动相移动而使样品达到色谱分离的柱色谱法。

由于经典液相柱色谱法依靠重力使液体流动相流动，因此分离速度慢；再则，所使用的柱填料的颗粒较粗，柱效有待提高。

在所有色谱技术中，创立于1903年的经典柱色谱法，是最早使用的一种色谱方法。由于此法具有设备简易、载荷量大、节省能源、操作方便等优点，因此现在仍被广泛应用，例如：生化样品的分离、天然产物的纯化、标准样品的制备、环保样品的提取等等。

在经典液相柱色谱法中，比较常用的有两种类型：液-固吸附和液-液分配柱色谱法。

一、液-固吸附柱色谱法

（一）分离机理

液-固吸附柱色谱法（Liquid-solid adsorption column chromatography，LSACC），系指利用各组分在吸附剂与洗脱剂之间的吸附和解吸能力的差异而达到分离的色谱法。

当样品组分分子到达吸附剂表面时，由于吸附剂表面与样品组分分子的相互作用，使样品组分分子在吸附剂表面的浓度增大，这种现象称为吸附。当洗脱剂连续通过吸附剂表面时，由于洗脱剂对样品组分分子的作用力，样品组分分子被洗脱剂溶解下来，在一定温度下，吸附和溶解达到平衡。但由于洗脱剂不断地移动，这种吸附与溶解的过程反复多次发生并不断建立新的平衡，样品组分分子随洗脱剂移动的速度与其平衡常数和洗脱剂流速有关。当控制流速一定时，各组分就依据其平衡常数（或称吸附平衡常数）的不同而得到分离。

(二) 色谱峰形

当吸附达到平衡时，样品组分在固体吸附剂和洗脱剂中的浓度的关系曲线称为吸附等温线。当温度一定时，样品组分在吸附剂上的吸附规律可用吸附等温线表示，通常吸附等温线可分为直线形、凹线型和凸线型等三种类型。

马丁（A. J. P. Martin）根据样品组分所服从的吸附（或分配）等温线的类型和色谱过程条件的理想性，把谱带形状分为四种类型：线性理想时的谱带形状为矩形，线性非理想时为高斯分布的对称峰形，非线性理想时为拖尾峰，非线性非理想时为前伸峰。

在实际液-固吸附色谱中，一般是非线性（凸线型）理想的状态居多，也即谱带形状多为拖尾峰。这是因为吸附剂表面存在吸附作用力，当样品浓度较高时，样品分子与吸附剂之间的吸附作用力相对减弱，容易被洗脱，也即向前移动较快的部分形成了色谱峰的主体；当样品浓度降低时，样品分子被吸附得较牢固，较难被洗脱，这就出现了拖尾峰。

(三) 吸附剂

1. 硅胶

硅胶是一种最常使用的极性吸附剂，它具有吸附容量大、容易制成各种不同尺寸的颗粒。

表面孔隙直径为 30～300Å（Å=10^{-8}cm），在实际使用中，吸附剂的孔隙大小对分离效果有直接影响。

一般可用 $mSiO_2 \cdot xH_2O$ 来表示硅胶的组成，其中含有 Si—O—Si 键，在它的表面存在 Si—OH 基团，能吸附大量的水，这会使其吸附力降低。但加热至 100℃时，所吸附的水又能失去，其吸附力又会得到增强。因此，硅胶的吸附力（活性）与含水量有关，其活性分级见表 3-1。

2. 氧化铝

氧化铝是另一种常用的吸附剂，具有较强的吸附能力，通常分碱性、酸性、中性三种，其中以中性氧化铝使用较多。

碱性氧化铝（pH 值为 9.5～10.5）主要用于碱性化合物的分离；酸性氧化铝（pH 值为 4.0～5.0）主要用于有机酸类化合物和酯类化合物；中性氧化铝用于分离生物碱、油脂、萜类、树脂、皂甙以及其他多种化合物。

氧化铝有 12 种以上的晶型，它们中的大多数可用于色谱分析，但是其中以 γ-型氧化铝使用效果较好。

氧化铝的活化：在 350℃的马弗炉中加热 6～8h，再于干燥器内冷却至室温即可。按氧化铝含水量的多少将其活性分为五级，如表 3-4 所示。

表 3-4　氧化铝的活性分级

活 性 级	I	II	III	IV	V
含水量（%）	0	3	6	10	15

在经典液-固吸附柱色谱中，除了硅胶和氧化铝之外，还有硅藻土、活性炭、纤维素等也可用作固体吸附剂。

（四）流动相

在经典液-固吸附柱色谱中，流动相对样品组分分离影响很大，所选择的流动相要对混合物组分达到最好的分离，这就要求流动相具有合适的洗脱能力，才能使样品各组分从柱中洗脱达到互相分离。

1. 影响洗脱能力的因素

① 吸附剂活性：吸附剂的活性小则其含水量高，对极性化合物的作用力就强；活性大则含水量低，对极性化合物的作用力就较弱。因此，在分离极性较强的化合物时，一般选用活性较小的吸附剂。

② 吸附剂种类：吸附剂的吸附能力也与吸附剂的种类有关。极性吸附剂对不饱和分子、芳香族和极性组分分子等具有较大的吸附能力；非极性吸附剂如活性炭、硅藻土对极性分子吸附能力则小一些。

③ 样品的性质：要注意样品性质对洗脱能力的影响，样品的性质与其极性和结构特征有关。在分析样品时，应根据样品的性质选择相应极性大小的溶剂作流动相，才能使样品组分获得较好的分离。

2. 有机物样品极性顺序

在吸附柱色谱中，硅胶等极性吸附剂，较易吸附极性的样品分子，这就需用极性较大的流动相洗脱。极性大小与其结构有关，有机物的极性排序如下：

烷烃＜烯烃＜醚类＜硝基化合物＜酯类＜酮类＜醛类＜胺类＜醇类＜酚类＜酸类

3. 流动相溶剂极性顺序

在吸附柱色谱分离中，样品组分的极性和吸附剂的性能确定之后，选择不同极性的流动相是影响分离的主要因素。一般来说，极性大的溶剂对极性大的组分具有较大的亲和力，弱极性的溶剂对弱极性的组分具有较大的亲和力。

当混合物样品中有不同极性的组分时，选择相应的不同极性的流动相就可将各组分分离。如样品中有极性大与极性小的两种组分，选择极性小的流动相就可将极性小的组分与极性大的组分分离。在实际分析中，所选的流动相最好就是样品的溶剂。

常用的流动相溶剂按其极性的大小顺序排列如下：

石油醚＜环己烷＜四氯化碳＜苯＜乙醚＜乙酸乙酯＜丙酮＜乙醇＜水

4. 流动相一般选择原则

在进行吸附柱色谱分离时，应根据样品的性质、吸附剂的性能、流动相的极性等三方面的影响因素加以选择。

一般的选择原则是：如果样品的极性较大，则应选用吸附性较弱（即活性较低）的吸附剂，用极性较大的溶剂进行洗脱；如果样品的极性较弱，就应选用吸附性较强（即活性较高）的吸附剂，用极性较小的溶剂进行洗脱；也可参见图 3-5 的图形法选择流动相。

在实际操作中，常用两种或两种以上的混合溶剂作为流动相，以便调整流动相的极性和提高洗脱能力，从而获得更好的分离效果。

二、液-液分配柱色谱法

（一）分离机理

液-液分配柱色谱法（Liquid-liquid partition column chromatography，LLPCC），系指利用样品组分在流动相和固定相中的溶解度的不同而有不同的分配系数来实现分离的色谱法。其中，流动相是液体，另一相是浸渍或键合在载体上的固定相也是液体，故称为液—液分配色谱。

当样品加入到柱头上时，流动相携带样品组分沿柱填料流动，样品组分就在两相之间进行分配。当温度一定时，分配达到平衡，组分在固定相中的浓度与在流动相中的浓度之比为一常数，用下式表示为：

$$K = C_s / C_m$$

式中，K——分配系数；

C_s——样品组分在固定相中的浓度；

C_m——样品组分在流动相中的浓度。

分配系数 K 是分配色谱中的重要参数。组分的分配系数越大，表明该组分在柱中的运行速度就越慢；组分的分配系数越小，则在柱中运行速度就越快。

如果样品中两个组分的分配系数相同，那么它们的色谱峰就重合，就达不到分离；如果两个组分的分配系数相差越大，则它们的色谱保留值就相差越大，此两组分的分离就越好。

（二）载体

1. 基本要求
① 化学惰性比较好。
② 颗粒大小较均匀。
③ 机械强度比较高。
④ 牢固结合固定液。
2. 常用种类

在经典液-液分配柱色谱中，常用的载体有硅藻土型、硅胶型和高分子聚合物型等。为了获得较好的分离，载体最好先行惰性化处理。

（三）固定液

在经典液-液分配柱色谱中，使用的固定相都是一些极性较强的物质，如水及各种水溶液、甲醇、甲酰胺等；现在也有采用化学键合固定相（如 C_2、C_8、C_{18} 键合相）作经典液-液分配柱色谱的固定相，提高了柱效，拓宽了应用领域。

（四）流动相

经典液-液分配柱色谱中的流动相的选择，一般是先采用对样品各组分溶解度较大的溶剂作流动相，再根据分离情况调整流动相的组成。

1. 混合溶剂

以单一溶剂为流动相，当样品混合物分离不好、很快从柱中流出时，可在流动相中添加另外一种溶剂，改善样品组分的分离效果。以此混合溶剂作流动相时，则称为混合流动相。

混合溶剂由基础溶剂和调节溶剂所组成。基础溶剂的作用在于使样品溶解，而调节溶剂的作用则是改变溶剂的极性，从而改变组分的分配系数，以实现分离目的。

在实际分析工作中，混合溶剂使用得很普遍。例如，分离硬脂酸和油酸时，使用乙醚-乙醇混合溶剂作流动相，可达到分离要求。

2. 常用溶剂

在经典液-液分配柱色谱中，常用的流动相溶剂有：醇类、酮类、酯类、石油醚、芳烃、卤代烷烃等及其混合物。

（五）正相色谱与反相色谱

1. 正相色谱

在经典液-液分配柱色谱中，正相色谱法所用的固定相是水、甲醇等强极性物质，流动相是疏水性（非极性）的有机溶剂。

2. 反相色谱

在经典液-液分配柱色谱中，反相色谱法的固定相是弱极性物质，流动相是水、甲醇以及其他强极性溶剂。反相色谱法的固定相极性小，流动相的极性大，十分有利于分离。

采用正相色谱法分离不好的混合物样品，用反相色谱法往往可达到有效的分离。

三、操作过程

经典柱色谱法是一种设备比较简易、应用非常广泛的实用技术。柱色谱试验操作过程包括：柱管准备、填料准备、填料装柱、样品加入、组分洗脱和分离情况记录等。每一个步骤都有可能对混合物的分离带来影响，因此，必须精心做好每一步操作。

（一）柱管准备

用一根下端带有玻璃活塞的干净玻璃管（也可用实验室常用的酸式滴定管），将处理过的玻璃棉填紧下端。

如果柱子短、直径大，则分离效果较差，但洗脱时间较短；若柱子长、直径小，则分离效果较好，但洗脱时间较长。经验表明，柱子的直径与长度之比，一般以 1∶10～1∶50 为宜，应根据实际情况进行选择。经典液相柱色谱法常用的柱长为 10～250cm、内径 1～5cm。

若待分离样品中的组分性质较相似，分离比较困难，则宜选较长的柱子；若需制备较大量的纯品，则可选用直径较大的柱子。

（二）填料准备

1. 填料种类

用色谱法分离混合物样品时，固定相填料的选择是至关重要的，它与色谱类型、样品对象等因素有关。

① 吸附色谱法：在经典液-固吸附柱色谱中，常用的柱填料是固体吸附剂，如硅胶、氧化铝、活性炭、纤维素、硅藻土、聚酰胺等；此法适用于具有极性官能团化合物的分离，特别有利于按族分离。采用固体吸附剂作柱填料时，在使用之前需进行活化处理；活化方法一般是在 105～110℃ 处理 1h，如果通氮气活化，效果则更好。

② 分配色谱法：在经典液-液分配柱色谱中，使用的柱填料是一些极性较强的物质以及化学键合固定相；此法可用于多种类型样品的分离分析。

③ 其他色谱法：根据分离需要，也可采用离子交换剂柱填料，用于分离分析离子型样品；还可采用凝胶为柱填料，用于分离大分子样品。

2. 填料尺寸

除了选择柱填料的类型之外，还需要考虑填料颗粒的大小。在经典液相柱色谱中，填料一般以 $75\sim600\mu m$（也即 $30\sim200$ 目）为宜，其柱效为每米的理论塔板数为 $2\sim50$ 块；而现在也朝着小颗粒柱填料的方向发展。

3. 填料用量

柱填料用量与样品量有关，对于一般较容易分离的样品而言，柱填料量与样品量之比通常为 50∶1 左右；如果样品中的组分性质较为相似，则要使用较多的柱填料，其用量可为样品量的 100 倍以上。

（三）填料装柱

1. 干法装柱

把柱填料盛于干净小烧杯中，置一干净漏斗于柱口上，将柱填料从漏斗缓慢倾入柱中，边装边轻轻敲打柱子，使其填充均匀、紧实。

取溶剂由漏斗沿玻璃管壁慢慢加入，使柱填料润湿。

填料润湿后不能有气泡、空穴或架桥现象存在；如果存在，则需在柱口再加入溶剂并适当加压或振动，使气泡逸出，直至无气泡、无空穴、无架桥为止。

2. 湿法装柱

将柱填料放入小烧杯中，加入适量溶剂（流动相溶剂）于小烧杯中，充分搅拌使柱填料湿透。让柱子下端的活塞半开，先加入流动相溶剂，继之缓慢地加入柱填料和流动相溶剂的混合物，柱填料在柱中慢慢下降，直到装满为止。

继续用流动相溶剂洗 $1\sim2$ 次，关闭柱子下端的活塞，准备加样。

一般而言，湿法装柱的效果比干法装柱的要好，柱内填料较为均匀、紧实，因此，柱效比较高。

（四）样品加入

柱子装好后就可加样。尽可能选用极性与样品相宜的溶剂，先把样品溶解，溶液体积要小，体积大了分离时谱带加宽。

加样前轻轻旋动柱管下端的活塞，使洗脱剂（流动相溶剂）液面刚好与柱填料表面水平吻合。将准备好的样品溶液用小滴管沿柱管内壁加入柱中，待全部样品溶液到达液面时，慢慢旋动活塞，使样品慢慢下降至刚好与柱填料表面水平吻合。

样品加入量一般为 1～10g。

（五）组分洗脱

沿柱管内壁连续地、缓慢地加入流动相溶剂（洗脱剂）进行洗脱。在洗脱剂的推动下，样品组分开始迁移，其移动速度取决于柱填料与样品组分之间的亲和力。若样品中各组分的亲和力不同，则它们将彼此分离。

若样品各组分的亲和力差别大，则用较短的柱子就可将其分离；反之，则需用较长的柱子才能分离。

在洗脱时流速要严格控制，流速太快，分离往往不好；流速太慢，则分离时间过长。一般先以 1～2 滴/秒的流速进行试验，然后根据具体情况再做调整。

洗脱时要注意不能让洗脱剂流干，否则流干后再加入洗脱剂时，柱中气泡难以除尽，严重影响分离效果。

有色样品组分在柱中的分离情况，可凭视觉直接辨别，容易收集到分离的各个组分。

分离无色样品时，则应分段收集洗脱液，并立即用相关方法进行检测，以确定组分的分离情况。

（六）分离记录

柱子洗脱液中各组分的浓度变化情况应及时记录，然后做出柱后流出物组成及浓度随时间变化的关系图，即得到色谱流出曲线。

四、应用实例

柱色谱可用于多种液体样品和固体样品的分离分析，此法还常用于纯物质的提取，应用举例如下。

例1. 染料的分离

柱子：取一段内径 0.5cm、长 15cm 的玻璃管，把其一端拉细，再接上阀门，洗净后干燥，然后在阀门上部的柱底填入一团脱脂棉。

填料：以层析用的吸附剂氧化铝为柱填料，填料装至柱长约 4/5 处，柱填料应装得均匀紧实，装好之后再把一小团脱脂棉置于填料顶端压紧，再用适当的方法把柱子垂直牢牢固定。

样品：取少量曙红、甲基紫、甲基橙、亚甲基蓝，用适量乙醇溶解成溶液。

洗脱：先以滴管用 1~2mL 蒸馏水使柱子顶端氧化铝润湿，再加 1~2mL 染料溶液，待溶液完全渗入柱中时，再缓慢加入适量乙醇，随着乙醇向下移动柱上依次出现上述各染料的特征色带。

效果：柱子自上而下，依次为曙红、亚甲基蓝、甲基紫、甲基橙，从图 3-9（b）中看出，各组分彼此分离完全。

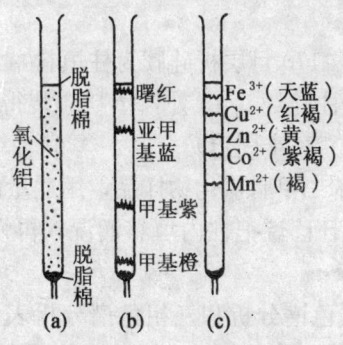

图 3-9 柱层析图

例 2. 金属离子的分离

柱子：取一段内径 0.5cm、长 15cm 的玻璃管，把其一端拉细，再接上阀门，洗净后干燥，然后在阀门上部的柱底填入一团脱脂棉，压紧。

填料：以层析用的吸附剂氧化铝为柱填料，填料装至柱长约 4/5 处，柱填料应装得均匀紧实，再把柱子垂直牢牢固定。

样品：取适量铁、锰、铜、钴、锌等的盐类，用水溶解，使其含量均为 5mg/mL 左右。

洗脱：先用 70%乙醇 1～2mL 把柱内填料润湿，再加入 0.5～1mL 样品溶液，待溶液渗入柱中后再加数滴蒸馏水，并在柱填料上端放入一小团脱脂棉压紧，再加入黄血盐和赤血盐的混合溶液（分别配成 5%溶液后，以等体积混合），在柱上出现各离子的特征色带。

效果：柱子自上而下，依次为铁离子（天蓝色）、铜离子（红褐色）、锌离子（黄色）、钴离子（紫褐色）、锰离子（褐色）的谱带，从图3-9 (c)中看出，各组分彼此完全分离。

例 3. 氯化物的分离

柱子：取一段内径为 1cm 长 50cm 玻璃管做层析柱，把其一端拉细，再接上阀门，洗净后干燥，然后在阀门上面的柱底填入一团玻璃棉。

填料：以 140～170 目层析硅胶为柱填料，经 110℃活化 8h 之后装柱。填料装至柱长约 9/10 处，填料应装得均匀紧实，再用不锈钢支架把柱子垂直牢牢固定。

样品：取 1g 苯二甲腈氯化物样品，用适量丙酮把样品溶解。

洗脱：取适量环己烷把柱内填料润湿，再慢慢加入样品溶液，以苯-环己烷洗脱。

效果：用薄层色谱分析和气相色谱分析表明，苯二甲腈氯化物的洗脱基本上按苯二甲腈氯化物的分子量从大至小的顺序流出。

例4. 氨基酸的分离

柱子：取一段内径约 0.5cm 长 20cm 玻璃管做层析柱，把其一端拉细，接上阀门，洗净后干燥，然后在阀门上面的柱底填入一团玻璃棉。

填料：以 140~160 目活性炭为载体，以 KCN 吸附于活性炭表面为固定液。填料装至柱长约 9/10 处，填料应装得均匀紧实，再把柱子垂直牢牢固定。

样品：取脂肪族氨基酸和芳香族氨基酸样品少量，用适量的稀乙酸水溶液溶解。

洗脱：把样品溶液加入于柱填料顶端后，脂肪族氨基酸从柱中流出，而芳香族氨基酸被吸于柱填料中，再用 5% 的苯酚+20% 的乙酸溶液洗脱出芳香族氨基酸。

效果：用薄层色谱分析和气相色谱分析表明，脂肪族氨基酸和芳香族氨基酸获得分离。

第4章 高效液相色谱

第1节 方法概述

高效液相色谱（High performance liquid chromatography, HPLC），从20世纪60年代问世以来，由于具有独特的优点，因而在各领域得到了广泛的应用，现已成为不可或缺的分离分析手段。

马丁（Martin）和辛格（Synge）早在1941年就提出高效液相色谱的设想，然而直到60年代后期，随着气相色谱理论的逐步成熟、各种技术的飞速发展，高效液相色谱法才得以实现。这种色谱技术曾被称为高压液相色谱法（High pressure liquid chromatography）、高速液相色谱法（High speed liquid chromatography），现在使用最多的名称是高效液相色谱法；这种新颖快速的分离分析技术，亦被称作现代液相色谱法。

高效液相色谱法是在经典的液相柱色谱法的基础上，引入了气相色谱法的理论，在技术上采用了高压输液泵、高效固定相、梯度洗脱器、新型检测器、自动进样器等，从而实现了分析速度快、分离效能高、检测性能好、操作自动化等目的。

高度自动化计算机的应用，使高效液相色谱仪不仅能自动处理数据、绘图和打印分析结果，而且还可以自动控制色谱条件，使色谱系统自始至终都在最佳状态下工作。

现代高效液相色谱正朝着自动化和智能化方向快速发展。

一、基本特点

① 分析速度快：高效液相色谱仪配备了高压输液设备，流速

最高可达 10mL·min^{-1}，因而，一般样品分析在几分钟到几十分钟即可完成。

② 分离效能高：高效液相色谱柱每米的理论塔板数可达 10^4 块，微型液相填充柱和毛细管液相色谱柱，每米的理论塔板数超过 10^5 块。

③ 检测性能好：使用紫外、荧光、电化学、质谱仪、蒸发激光散射等高灵敏度的检测器，最小检测量可达 10^{-9}g（紫外）～10^{-12}g（荧光）。

④ 适用范围广：高效液相色谱法适于分析液体和固体样品溶液，大分子、强极性、高沸点、热稳定性差的样品和离子型物质特别适用。

⑤ 分析精度高：高效液相色谱仪配备了计算机控制系统，实现了对分析条件、分析过程的全自动化操作，因而重现性好、分析精度高。

二、方法比较

（一）与气相色谱法比较

1. 两者相似之处

① 理论基础：气相色谱法和高效液相色谱法均以塔板理论、速率理论为基本理论。

② 分离原理：气相色谱法和高效液相色谱法均以两相作相对运动，使混合物分离。

③ 定性定量：气相色谱法和高效液相色谱法的定性定量方法、主要依据基本相同。

④ 发展方向：均可用计算机控制操作条件和进行数据处理，实现自动化和智能化。

2. 两者相异之处

① 色谱仪：气相色谱仪多以高压气瓶供给流动相气源，工作

压力常为 (0.1~0.3) MPa，而高效液相色谱仪采用高压泵输送流动相，压力高达（2~20）MPa；气相色谱仪一般都在较高温度下进行分离分析工作，而高效液相色谱仪的分离分析工作则大多在室温条件下完成；再则，两者所使用的检测器以及检测原理也有明显差异。

② 固定相：气相色谱法当前使用的柱填料粒度比较粗，常用的柱填料目数为 60~140 目，也即其颗粒直径为 $100~250\mu m$；而高效液相色谱法的柱填料粒度比较细，一般仅为 $3~10\mu m$。再则，气相色谱法常用柱长 1~3m、每米的理论塔板数为 $10^2~10^3$ 块，毛细管柱长 10~100m、每米的理论塔板数为 $10^3~10^4$ 块；而高效液相色谱法常用柱长 0.10~0.25m，每米的理论塔板数为 $10^3~10^4$ 块，毛细管柱长 5~10m，每米的理论塔板数为 $10^4~10^5$ 块。

③ 流动相：气相色谱法以惰性气体作流动相，流动相气体黏度为 $10^{-5}Pa\cdot s$，与样品分子之间的作用力很小，也即改变载气对柱效和分离效果影响不大。

高效液相色谱法以液体作流动相，流动相液体的黏度比气体大 100 倍以上，扩散系数比气体小 $10^2~10^5$ 倍，故流动相液体分子与样品分子之间有较大的作用力，参与固定相对样品分子作用的全过程，这就相当于增加了一个控制和改进分离条件的参数；再则可用不同种类的溶剂或数种混合溶剂作流动相，通过改变流动相溶剂的种类或组成来改善分离效果，因此更有利于分离性质或结构类似的物质。此外，液体洗脱组分容易收集，便于纯品制备。

④ 适用性：气相色谱法一般分析沸点 500℃ 以下、分子量小于 450 的物质。热稳定性差、易于分解、易变质，以及具有生理活性的物质，都不能直接用升温气化的方法分析。因此，气相色谱法分析对象主要是气体和沸点较低的化合物，约占有机物总数 15%~20%。但是，通过裂解、衍生等方法进行处理，可大大拓宽样品范围。

高效液相色谱法在室温或在接近室温条件下工作，除了可分析一般的液体和固体样品之外，可用于分析沸点在500℃以上，分子量在450以上的有机物质，这些有机物质约占总数的80%～85%。尤其适合于分析那些用气相色谱难以分析的物质，如极性强、挥发性低、具有生物活性、热稳定性差的物质。现在，高效液相色谱法的应用范围已经远远超过气相色谱法，位居色谱法之首。

必须指出，高效液相色谱法和气相色谱法各有所长，相互补充。在高效液相色谱法越来越广泛获得应用的同时，气相色谱法仍然发挥着重要作用。

（二）与经典柱色谱比较

1. 两者相似之处

① 固定相：经典液相柱色谱和高效液相色谱的固定相均装在圆柱内。

② 流动相：经典液相柱色谱和高效液相色谱的流动相均为液体物质。

2. 两者相异之处

① 固定相：经典液相柱色谱的柱长为10～250cm、内径1～5cm，固定相粒度一般为75～600μm，柱效较低，每米理论塔板数小于50块；高效液相色谱的柱长为10～25cm、内径0.2～1cm，使用高性能细颗粒（3～10μm）的固定相和均匀填充技术，柱效一般每米可达10^4块理论塔板，近几年来出现的微型填充柱和毛细管液相色谱柱，理论塔板数每米超过10^5块，实现高效分离。再则，经典液相柱色谱的填料一般只能使用1次，而高效液相色谱柱可反复使用。

② 驱动力：经典液相柱色谱系以重力为驱动力使液体流动相移动，故其流速较慢；而高效液相色谱使用高压泵输送流动相，流速可达10mL·min^{-1}，为经典液相柱色谱的数十倍。高效液相色谱完成一次分离分析一般只需几分钟到几十分钟，而经典液相

柱色谱则需几小时至几十小时。例如：用高效液相色谱法分离 20 种氨基酸混合物在 60min 之内即可完成，而用经典柱色谱法（柱长约 170cm，柱径 1cm，流动相速度为 30mL·h^{-1}）则需 20 多小时才能完成。

③ 适用性：经典液相柱色谱法的最大特点是样品处理量比较大，其进样量可高达 10g 以上，因此，经典液相柱色谱法现今主要用于大样品量的分离工作，如：生化样品的分离、天然产物的纯化、标准样品的制备、环保样品的提取等等。而高效液相色谱法的进样量一般仅为微克，使用紫外、荧光、蒸发激光散射、电化学、质谱仪等高灵敏度检测器，其最小检出量可达 10^{-9} g（紫外）～10^{-12} g（荧光），因此，高效液相色谱法现今主要用于快速定性定量分析。

高效液相色谱法比起经典液相柱色谱法来，其最大优点在于高速、高效、高灵敏，并可实现自动化。然而，经典液相柱色谱法以其设备简单、载荷量大、节省能源、操作方便等优点，现在仍然在众多领域中应用。

第 2 节 仪器设备

高效液相色谱仪（High performance liquid chromatograph），由于使用了高压泵，所以一开始把它叫做"高压液相色谱仪"（High pressure liquid chromatograph），因其流速比经典柱色谱快了许多，故又叫做"高速液相色谱仪"（High speed liquid chromatograph），现在一般叫做"高效液相色谱仪"。

一、色谱流程

高效液相色谱仪的构造如图 3-10 所示。高效液相色谱仪主要由贮液瓶、高压泵、梯度器、进样器、色谱柱、检测器、记录仪等设备所组成。

贮液瓶：高压液相色谱的流动相溶剂装于贮液瓶中，经过滤

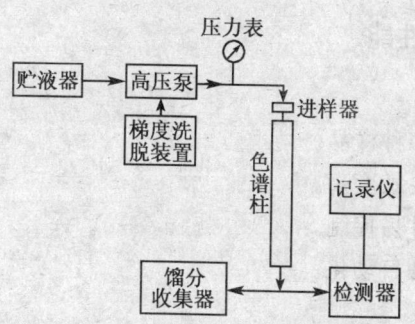

图 3-10　高效液相色谱仪构造示意图

头进入高压泵。

　　高压泵：高压输液泵为流动相移动提供驱动力，并使输送流速恒定，其作用与气相色谱中的压力气源相似。

　　梯度器：梯度洗脱控制器是用于改变流动相组成的装置，其目的与气相色谱仪的程序升温控制器相类似。

　　进样器：进样器是一种能把样品溶液送入高压色谱系统中的装置，其作用和构造与气相色谱的六通阀（气体样品进样器）相似。

　　色谱柱：高效液相色谱柱是高效液相色谱仪的心脏，欲测样品混合物组分能否分离取决于色谱柱的性能，也即取决于固定相的分离能力，其作用与气相色谱柱完全相同。

　　检测器：检测器是高效液相色谱仪的眼睛，检测器的功能直接影响高效液相色谱仪的应用范围、灵敏度大小、定量精密度等，其作用与气相色谱检测器完全相同。

　　记录器：记录器是一种自动记录检测结果的设备，无论是气相色谱仪还是高效液相色谱仪，现在大多配置色谱工作站，可自动进行数据处理、绘图和打印分析结果。

　　计算机的应用，可以实现自动进样、自动控制色谱条件，使色谱仪成为自动化的仪器。

二、仪器性能

1. 基本要求
① 可测定多种样品。
② 检测器灵敏度高。
③ 操作条件易控制。
④ 数据处理自动化。
2. 设备性能
① 高压泵及其他部件材质均能耐化学腐蚀。
② 能精确控制流动相的组成和流动相流速。
③ 具有能检测多种样品的高性能的检测器。
④ 自动控制设备和数据处理系统性能良好。

三、主要部件

（一）贮液瓶

分析用高效液相色谱仪的流动相贮液瓶，最简单的是一个棕色玻璃瓶，常用体积为 $0.5\sim2.0L$。在贮液瓶连接到泵入口处的吸液管线上，于插入到贮液瓶中的一端装上一个过滤器（如 $0.45\mu m$ 的过滤芯），防止流动相溶剂中的固体颗粒被抽进高压泵内。

所有流动相溶剂在放入贮液瓶之前，都必须经过 $0.45\mu m$ 滤膜过滤和脱气处理，然后才能装入贮液瓶内。过滤为了除去机械杂质，以免损坏高压泵；脱气为了避免流动相产生气泡而造成基线噪音以至检测灵敏度下降。

常用的脱气方法有：超声脱气、加热脱气、真空脱气、吹氦脱气等，不管用什么方法脱气，以安全、流动相组成和浓度无变化为原则。

为了防止流动相和固定相间发生反应，必须除去流动相中的氧。采用氦气吹扫流动相的办法可除去其中的痕量氧气。脱气后的流动相液面上应保持有惰性气体，这样可以防止氧再次溶解到流动相中，还可避免可燃性溶剂蒸汽着火。

（二）高压泵

1. 基本要求

① 高压泵的材料可耐化学腐蚀，能适应各种流动相的使用。
② 泵体及泵内各部件性能良好，能承受长时间的连续工作。
③ 输出流动相流速可调范围大，能满足多种样品分析需要。
④ 高压泵各方面性能比较稳定，能确保色谱分析的重现性。

2. 结构材料

制造泵的材料主要是不锈钢，密封材料一般是加了石墨填料的聚四氟乙烯；当用于强腐蚀性流动相时，可用聚四氟乙烯或者玻璃制造，但此泵的工作压力比较低；最新材料是采用纳米陶瓷来制造泵；有些往复泵的活塞和单向球阀用蓝宝石做成。

3. 泵的类型

输液泵有两种类型：恒流泵和恒压泵。恒流泵使输出的液体流速恒定；而恒压泵则使输出液体压力恒定。恒流泵中有往复泵、注射泵；恒压泵有气动放大泵。

（1）往复泵

① 优点：往复泵的优点是输液连续、输出流速始终恒定，流速与色谱系统的压力变化无关；泵的液缸容积很小，一般为几十至几百微升，清洗方便，更换溶剂容易。采用往复泵输送流动相，保留值重现性好，能满足高精度分析，特别适用于梯度洗脱和再循环洗脱。

② 缺点：往复泵的缺点是液流脉动，引起基线噪声，使折光检测器难以准确定量。克服的办法一是使用具有两个或三个泵头的往复泵，以减轻液流脉动；二是采用电子器件调节活塞冲程频率来补偿输液脉动；三是在泵和进样器之间装脉冲缓冲器或串入盘状阻尼管。

③ 种类：往复泵有活塞式和隔膜式两种，前者的活塞直接与流动相接触，后者的活塞是通过某种介质推动隔膜，隔膜再压缩或吸入流动相；无论是活塞式往复泵还是柔韧隔膜式往复泵，其泵室容积只有 $35\sim400\mu L$；在高效液相色谱中，应用最多的是活塞式往复泵。

④ 构造：往复泵主要由传动机构、泵室、柱塞和单向阀等构成。传动机构由电动机和偏心轮组成，使柱塞作往复运动，偏心轮旋转一周柱塞完成一次往复运动，也即完成一次抽吸冲程和输送冲程。改变电动机的转速，可以控制柱塞的往复频率，获得所需要的流速。

在泵头上装有止逆阀，阀和活塞（或隔膜）同步动作，活塞（或隔膜）作一次往复运动可以吸入并输出一个泵室容积的流动相。泵入口和出口处的止逆阀（单向阀）是靠泵头的液体压力控制的，当吸入流动相时，泵头压力降低使出口止逆阀关闭、入口止逆阀同时打开；当输出流动相时，泵头压力增加使泵入口止逆阀关闭、泵出口止逆阀同时打开。

在泵吸入流动相时无液流输出，只有在活塞泵出流动相时才有液流进入色谱系统，所以形成脉冲式供液。为了解决这一问题，出现了双柱塞泵、三柱塞泵使液流脉动减小。

累积型往复泵有两个泵头，以串联方式连接在一起，这样可以提供平稳的液流。因为两个腔排液体积不同，第一级泵腔是第二级泵腔的 2 倍。两个活塞运动的方向呈 $180°$，因此，当第一级泵输出液流时，50%进入色谱柱，50%留存在第二级泵腔中（即从第一级泵中吸取液流）。当第一级泵吸入液流时，第二级泵把已吸入的液流泵入色谱柱，从而减小液流脉动。

(2) 注射泵

注射泵的构造类似于注射器，用1台步进电机驱动注射泵的活塞，把液流从泵腔中压出，泵腔体积较大，一般为 $250\sim500mL$，密封性好的活塞使泵腔中的液体等速流出。

(3) 气动泵

①优点：气动放大泵优点是容易获得高压，没有脉冲，流速范围大。

②缺点：气动放大泵缺点是受系统压力变化的影响大，流速不如恒流泵精确稳定。因此，保留值重现性较差，不适于梯度洗脱操作；泵体积较大，一般为 2~70mL，更换溶剂麻烦，耗费量大。

③原理：气动放大泵是利用气体为动力源，通过帕斯卡原理把气体的压力放大成流动相的压力。设与气体直接接触的活塞面积大 (A_G)，与流动相接触的活塞面积小 (A_L)，其压力放大的倍数 X 可按下式求出。

$$X = A_G / A_L$$

这种泵可以用较小的气体压力得到较高的流动相压力。在气动放大泵的气缸内，通常气动活塞的截面积为液动活塞的截面积的 23~46 倍，也即当气缸压力为 1kPa 时，液缸压力则为 23~46kPa。

气动泵属于恒压泵，输出无脉动的液流，这种泵构造简单，价格低廉，但流速不如恒流泵精确稳定，现代的液相色谱仪已不用这种泵，但是它很适合于液相色谱柱填料装填时使用。

(三) 梯度器

在高效液相色谱中，间断地或连续地变更流动相的化学组成，从而变更色谱作用力的洗脱方法称为梯度洗脱。用于控制液体流动相进行梯度洗脱的装置称为梯度器。梯度洗脱亦称溶剂程序，是指在分离过程中，随时间函数程序改变流动相组成，即程序地改变流动相的强度（如极性、pH 值或离子强度等）。

① 优点：一是对于具有较大保留值的组分能有效地缩短分析时间；二是增加混合组分的总分离效能；三是改善峰形减少拖尾；四是能有效地增加灵敏度。

液相色谱的梯度洗脱与气相色谱的程序升温的目的相类似，

只是液相色谱的梯度洗脱是通过改变流动相的组成、而不是改变温度实现的。由于流动相组成改变,致使分配比(k'值)改变。在分离分析组成比较复杂的混合物样品时,若用同一浓度的流动相(等度或均液)进行洗脱难以达到分离要求,改用梯度洗脱可能很容易就得到解决。

② 种类:梯度器有两种,一种是低压梯度洗脱装置;另一种是高压梯度洗脱装置。

低压梯度是在常压下预先按设定的程序将溶剂混合后,再用泵输入色谱柱。这种装置只需 1 台高压泵,造价较低,而且使用简便。须知:如果所用溶剂的体积随压力而变化,那么实际梯度曲线与所设定曲线有偏差。

高压梯度是按预先设定的程序用 2 台泵分别将两种溶剂打入混合器,混合均匀后再进入色谱柱。这种装置需用 2 台高压泵,造价较高;但是其准确度较好,实际洗脱梯度与所设定的比较一致。

无论用哪种装置,在梯度洗脱中流动相组成的变化均可以是分段的或连续的,溶剂组成的变化程序可以是阶式的、线性的,也可以按指数方式变化,这些程序均由微机控制。

③ 应用:梯度洗脱广泛用于液-液色谱中,在液-固色谱中梯度洗脱可以变更溶剂的极性,在离子交换色谱中可以变更流动相的离子强度或者 pH 值进行梯度洗脱。但是,梯度洗脱不适用于分子排阻色谱法。

(四) 进样器

进样器是将样品引入色谱柱中的装置,要求进样重现性好、对色谱系统液流造成的波动小,并便于实现自动化。

1. 隔膜式进样

隔膜式进样方式与气相色谱法相似,样品用微量注射器刺过弹性隔膜(氟橡胶)的进样口,直接注入到色谱柱头的中心位置上。

这种进样方式的优点是：装置比较简单，可根据需要任意改变进样量；但缺点是不能承受高压，隔膜的针刺部分容易泄漏。为了克服此缺点，可采用双层隔膜双隔板的进样器，在每块弹性隔膜之间隔有一块中心有小孔（直径 0.7mm）的不锈钢隔板。因此在弹性隔膜上只有很小的面积承受压力，可在 20MPa 的压力下，穿刺 170 次以上。

2. 六通阀进样

六通阀进样器如图 3-11 所示，此进样系统包括进样口、六通阀、定量管、注射器等，它可以直接向高压系统内迅速进样而不必停止流动相流动。由于每次进样量都是用定量管来定量的，因此重现性较好，误差小于 0.5%，是当今高效液相色谱最为通用的一种进样器。

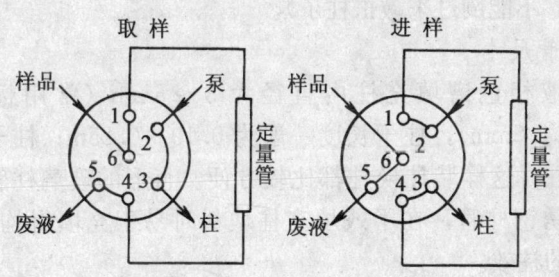

图 3-11 六通阀进样器

须知：这种进样方式在进样时要排掉一部分样品；所用注射器的针头是平头的。另外，如要变更进样体积，则需更换不同的定量管；六通阀进样对峰宽的影响，往往比隔膜式进样要大一些。

3. 自动进样器

自动进样器是在程序控制器控制下，自动进行取样、进样、清洗等一系列动作。操作人员只需将样品按顺序置于样品盘中，设置好工作程序，然后按启动键，设备即可自动进行工作。自动进样器价格较高，其最大特点在于能自动完成工作，并且重现性好。

(五) 色谱柱

色谱柱是色谱仪的心脏部件，它包括柱管和固定相两部分。固定相是使混合物获得分离的关键物质，固定相种类多，一般根据样品的物理化学性质和所采用的色谱分离模式进行选择，这将在"第3节固定相"中作专题讨论。

1. 柱管材料

高效液相色谱柱的柱管材料，可用不锈钢管或厚壁玻璃管，但最常用柱管材料是不锈钢管，要求耐高压、内壁抛光、管径均匀、无条纹或微孔等。每根柱端都有一块多孔性（孔径 $1\mu m$ 左右）的金属烧结隔膜片（或多孔聚四氟乙烯片），用以阻止填充物逸出或注射口带入颗粒杂质。当反压增高时，应予更换（更换时，用细针剔出，不能倒过来敲击柱子）。

2. 柱管尺寸

高效液相色谱填充柱内直径为 $3\sim 6mm$（常用标准柱为 $3.9mm$ 和 $4.6mm$），柱子长度一般为 $0.10\sim 0.25m$；柱子的形状多为直形柱，这样装柱换柱都比较方便。直形的玻璃柱管和内壁抛光的不锈钢柱管，在干式填充柱填料时易于充填得均匀紧实，具有较高的柱效。

微填充柱内直径为 $0.5\sim 1.0mm$，柱长一般为 $15\sim 50cm$；毛细管柱内直径为 $10\sim 50\mu m$，柱长一般为 $1\sim 10m$。

3. 装柱方法

在高效液相色谱中，高效填料能否获得高柱效，装柱技术是很关键的因素。如果柱中固定相装得松散或留有较大的空穴，流动相在此将会产生涡流而使谱带扩张，柱效下降。

常用的装柱方法有湿法装柱和干法装柱两种。前者多用于粒度小于 $20\mu m$ 的固定相和具有溶胀性的固定相的装柱；后者则多用于粒度大于 $20\mu m$ 的易于充填的固定相的装柱。

① 干法装柱：干法装柱与气相色谱柱的装法相似。在柱子一

端装好筛板,另一端接上小漏斗,保持垂直,通过漏斗将柱填料分次小量倒入柱中,并将柱子垂直地在桌面上轻敲,如此反复直至填满为止。卸下漏斗,继续轻敲至均匀紧实为止,装好筛板,接上高压泵,在高于平常使用的压力下,用流动相冲洗半小时左右,逐出空气即可。

② 湿法装柱:用湿法装柱时,常用二氧六环和四氯化碳等溶剂,配成密度与柱填料相似的混合液为匀浆剂。然后,用匀浆剂把柱填料调成半透明的匀浆,脱气后装入匀浆罐中。开动高压泵,顶替液(环己烷或丙酮等)便迅速将匀浆顶入色谱柱中,匀浆剂、顶替液通过柱下端的筛板,流入废液缸。当柱中匀浆剂全部被顶替液置换之后,逐渐调节泵的压力,使其缓慢匀速地降至常压、停泵,柱子装填完毕,即可安装使用。

装柱是一项技术性较强的工作,并且需要一些特殊的设备。现在已有许多厂家供应液相色谱柱,一般不必自己装柱。

(六) 检测器

检测器可谓是高效液相色谱仪的眼睛,现已有多种多样的检测器,可分为通用型和选择型两大类。

通用型检测器:蒸发激光散射检测器(ELSD),示差折光检测器(DRID)。

选择型检测器:紫外吸收检测器(UVD),二极管阵列检测器(PDAD),荧光检测器(FD),电导检测器(ECD)。

1. 蒸发激光散射检测器(ELSD)

蒸发激光散射检测器(Evaporation laser scattering detector,ELSD),是新出现的通用型高效液相色谱检测器,它可以检测挥发性低于流动相的任何样品,已被广泛用于高效液相色谱(HPLC)、超临界流体色谱(SFC)和逆流色谱(CDC)等。

(1) 主要特点

① 通用型检测器:因为散射光强度只与溶质颗粒大小和数量

有关，可以检测挥发性低于流动相的任何样品，无论其是否有生色官能团，所以 ELSD 属通用型的质量型检测器。

② 可测物质纯度：蒸发激光散射检测器的响应值与被测组分的质量有关，因而可用于测定物质的纯度，甚至还可以测定未知物。

③ 适应梯度洗脱：柱温或者实验室温度变化、流动相的变化，对蒸发激光散射检测器无明显影响，仍然可保持基线稳定；再则，它消除了流动相溶剂的干扰，对样品中的早流出的组分峰无任何影响。与示差折光检测器相比，它的基线漂移不受温度影响，信噪比高，可用于梯度洗脱。

④ 灵敏度比较高：蒸发激光散射检测器具有较高的灵敏度，其检测限达到纳克数量级。

(2) 基本构造　蒸发激光散射检测器的构造并不十分复杂，主要由雾化器、加热漂移管（溶剂蒸发室）、散射室、激光光源和光检测器（光电转换器）等部件构成，其构造示意图如图 3-12 所示。

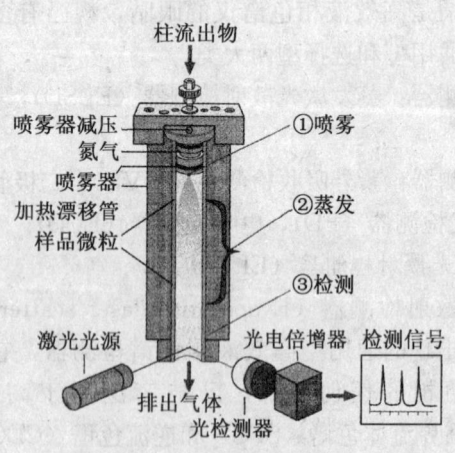

图 3-12　蒸发激光散射检测器构造示意图

(3) 工作原理　蒸发光散射检测器的独特检测原理是：首先将色谱柱洗脱液导入雾化器，被载气（压缩空气或氮气）雾化成微细液滴，形成气溶胶；然后在加热的漂移管中将溶剂蒸发，最后余下的是挥发性低于流动相的样品溶质颗粒。在光散射检测池中，激光束照在溶质颗粒上产生光散射，光收集器收集散射光并通过光电倍增管转变成电信号。

(4) 检测过程　检测过程中雾化、蒸发、检测示意图分别参见图 3-13、图 3-14 和图 3-15。

图 3-13　蒸发激光检测器喷雾示意图

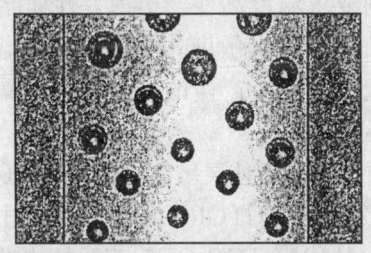

图 3-14　蒸发激光检测器蒸发示意图

① 喷雾：经 HPLC 分离的柱后洗脱液进入雾化器，在此与载气（压缩空气或氮气）混合，形成气溶胶。气溶胶由均匀分布的液滴组成，液滴大小取决于载气的流速。

载气流速越低，形成的液滴越大，液滴越大则散射的光越多，从而提高了分析灵敏度；但越大的液滴在漂移管中越难蒸发。须知，每种方法均存在产生最佳信噪比的最优化载气流速。

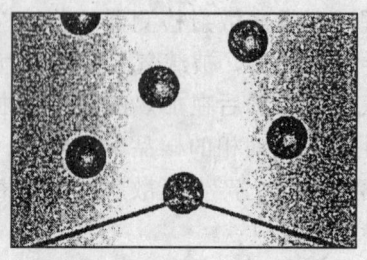

图 3-15 蒸发激光检测器检测示意图

当流动相流速较低时,雾化用的载气流速则可低一些。用内径 2.1mm 的细径柱代替内径 4.6mm 标准型分析柱,能大大降低流动相流速,从而提高分析的灵敏度。

② 蒸发:气溶胶中挥发性成分在加热的不锈钢漂移管中蒸发。漂移管温度的设定,取决于流动相组成和流速大小,以及样品的挥发性。如果流动相中含水量高,则蒸发漂移管温度应设置高一些,若有机物含量高则温度可低些;流动相流速低时漂移管温度可低些,流速高则要求温度高些。半挥发性样品要求采用较低的漂移管温度,以获得最佳灵敏度。须知,最佳温度设置,需要通过观察在各种温度条件下所产生的检测信号和噪音的情况,然后根据信噪比的大小来确定。

为了使各种应用获得最佳灵敏度,ELSD2000 有两种操作模式可供选择:"关闭"(IMPACTOR OFF)表示撞击器平行于气溶胶的流路,"打开"(IMPACTOR ON)表示撞击器垂直于气溶胶流路。在"关闭"的模式下,撞击器并不干扰气溶胶流入漂移管,此时全部样品流都到达光检测池,可获得最佳灵敏度,此种模式最适用于分析非挥发性样品,或者使用挥发性流动相时的样品分析;在"打开"的模式下,气溶胶与撞击器相遇,大的液滴从废液管排出,余下的液滴从撞击器周围通过并通过漂移管,此种模式最适用于分析半挥发性样品,或者使用高流速(5.0mL/min,包括急变梯度)或者高含水量流动相时的样品分析。

流动相和雾化气体中的杂质会导致噪音。采用高品质的气体、溶剂和挥发性缓冲液,使用前用 $0.45\mu m$ 滤膜过滤,能在很大程度上降低基线噪音。如果流动相没有完全挥发,那么将导致基线噪音上升。因此,必须仔细选择设置检测器的参数,以保证流动相完全挥发。

③ 检测:悬浮的样品颗粒,从漂移管进入到光散射检测池。在检测池中,样品颗粒散射激光光源发出的光。散射光被硅光电二极管检测,产生电信号以模拟信号输出端口,由工作站进行数据采集、计算、绘图。

(5) 应用领域　蒸发激光散射检测器是通用型的质量型检测器。可以检测挥发性低于流动相的任何样品,尤其适合于无紫外吸收、无电活性和不发荧光的样品的检测。现已成功用于无生色官能团物质的检测,例如:药物、类脂物、聚合物、碳水化合物、表面活化剂、没有经过衍生处理的脂肪酸和氨基酸,以及结构不明的未知物等。

须知:如果物质的熔点等于或小于雾化室温度,则可能难以检测;分析组成复杂的样品时(如:植物提取物),必须多加考虑。

2. 示差折光检测器(DRID)

示差折光检测器(Differential refractive index detector, DRID),又称差示折光检测器,是一种较为广泛应用的通用型的浓度型检测器。在溶质对紫外光和可见光无吸收的情况下,可考虑采用示差折光检测器。

(1) 主要特点

① 属于通用型检测器:几乎所有物质都有各自不同的折射率,因此示差折光检测器是一种通用型检测器;因其检测信号大小与物质浓度有关,故属浓度型检测器。

② 不能用于梯度洗脱:由于折光率与温度有关,浓度与流动相的流速有关,也即 DRID 对温度和流速敏感。因此,当温度或者

流动相流速发生变化时,折光率就发生变化,测定结果就不可能准确,不能用于梯度洗脱。

③ 中等灵敏度检测器:最小检出量一般为 $10^{-6}\,\text{g}\cdot\text{cm}^{-3}$,对流动相流量变化敏感,不宜用于痕量分析。

(2) 工作原理　各种物质几乎都有各自的折光率,示差折光检测器利用纯流动相与含有样品组分的洗脱液二者折光率之间的差别进行检测。这种检测器可以连续检测参比池流动相和样品池中流出物之间的折光率差值,这一差值与样品的浓度成比例关系。

(3) 基本类型

①偏转式:偏转式示差折光检测器光通路如图 3-16 所示。当样品池和参比池都是通过纯流动相时,光束无偏转,配对的两个光电管的信号相等,此时输出平衡信号;当样品池有样品通过时,溶液折光率改变引起折射光偏转角发生变化,使本来已经平衡的光束发生位移,这样就造成到达配对的两个光电管上的光量不等,从而产生了不平衡的电信号。信号大小与位移成正比关系,也即服从斯奈尔(Snell)定律。这种位移本身是样品浓度的函数,此种检测器输出的信号与折射光偏转角的变化有关,所以称为偏转式示差折光检测器。

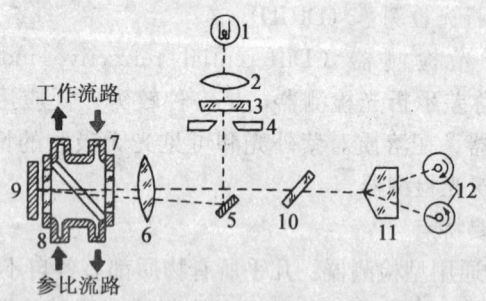

1. 光源　2. 透镜　3. 滤光片　4. 遮光板　5. 反射镜　6. 透镜　7. 样品池
8. 参比池　9. 反射镜　10. 细调透镜　11. 棱镜　12. 光电管

图 3-16　偏转式示差折光检测器光路图

②反射式：一定强度的光通过溶液时，因样品池和参比池的折光率不同，从而引起光强度（即折射光 I 和入射光 I_0 之比值）发生变化，并服从菲列斯奈尔（Fresnel）定律。光强度变化的本身就是对样品浓度的一种度量，根据这个原理设计制成的检测器称为反射式示差折光检测器。

偏转式、反射式是两种最常用的示差折光检测器，前者池体积较大（约 $10\mu L$）可用于各种溶液的折光率测定，后者池体积较小（约 $3\mu L$）应用也相当多。此外，还有一种叫做干涉式示差折光检测器，因其价格高，故很少使用。

(4) 应用领域　示差折光检测器是一种通用的浓度型检测器。凡是与流动相的折光率有差异的样品，都可采用示差折光检测器进行检测。每种物质几乎都有其特定的折光率，因而大多数物质都能用此检测器进行检测。

但是由于示差折光检测器的灵敏度比紫外检测器要低 2 个数量级，因此一般只适合于常量分析；在体积排阻色谱法中，这种检测器最为适用。

这种检测器受温度、流动相流速变化的影响较大，故只能用于恒温恒流的分析，而不能用于梯度洗脱的分析工作。

须知：使用时温度变化最好控制在 $\pm 0.001℃$ 范围之内。

3. 紫外吸收检测器（UVD）

紫外吸收检测器（Ultraviolet and visible absorption detector, UVD），是高效液相色谱仪中使用最广泛的检测器之一。但样品必须在可见或紫外光区内有吸收作用才能进行检测，故紫外吸收检测器属于选择型检测器。

(1) 主要特点

① 适用范围广阔：波长在 $195 \sim 850nm$ 范围内可以任意选择，因而在此波长范围内有吸收作用的样品，都能用紫外吸收检测器进行检测。

② 灵敏度比较高：紫外吸收检测器的最小检测浓度可达 $10^{-9}g/$

mL，因而即使是对紫外光吸收较弱的物质，也可以用这种检测器进行检测。

③ 适应梯度洗脱：紫外吸收检测器对温度和流动相变化不敏感，适合用于梯度洗脱。

(2) 工作原理　紫外检测器是一种吸收光谱型检测器，它的作用原理是基于被分析样品对特定波长紫外光的选择吸收，样品浓度与吸光度的关系服从朗伯—比尔定律。

$$D=\log(I_0/I)=\varepsilon bc$$

式中，D——光密度；

I_0——入射光强度；

I——透过光强度；

ε——吸光系数；

b——光程长度（液槽中液层厚度）；

c——待测组分的浓度。

当入射光强度 I_0 和光程长度 b 一定时，检测器的输出讯号（即光密度 D）与样品组分的浓度 c 成正比。

(3) 主要类型

① 固定波长紫外检测器：固定波长的紫外检测器通常使用低压汞灯做光源，在紫外区谱线简单，辐射能量大，其中以波长为 254nm 的紫外光最强，占到总能量的 90% 以上。所以常使用固定波长为 254nm 的紫外光作为工作波长，故称为固定波长紫外检测器。

这种紫外检测器不但对 254nm 波长下有特征吸收的物质具有较高的灵敏度，而且对具有中等强度吸收的物质也能检测到纳克的数量级。

② 可变波长紫外检测器：为了克服固定波长的局限性，使某些在 254nm 波长处吸收较弱甚至无吸收，而在其他波长处却有吸收的物质，在检测时能得到较高的灵敏度，又相继出现了可变波长的紫外检测器（以氘灯做光源，波长范围 195～400nm）和紫外—可见分

光光度检测器（以氘灯、钨灯，波长范围为195~850nm），弥补了固定波长检测器选择性过于单一的缺陷。使紫外吸收检测器能根据样品的吸收特征任意选择所需的工作波长，既提高了检测器灵敏度，又扩大了应用范围，选择性也大为提高。因此，紫外吸收检测器成为高效液相色谱仪的主要检测器之一。

③ 紫外检测器的流通池：紫外吸收检测器流通池的结构，主要有"Z"型和"H"型两种。这两种结构中，以"H"型结构较好（如图3-17所示）。因为"H"型的池子，流动相从中间进入后，能立即分成相等的两路经两侧流入光通道，然后在出口处再汇聚成一路流出。这样，由快速液流引起的对光线的扰动可以相互抵消。由于池子的体积较小（一般都在5~10μL）、光路长（一般为5~10mm），所以谱带扩张少、检测灵敏度高，适合于梯度洗脱。

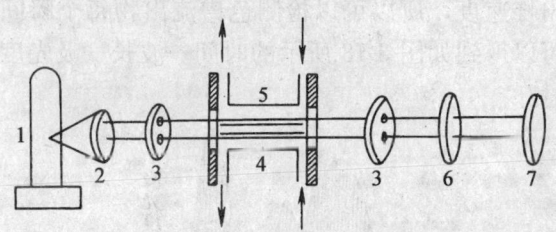

1. 低压汞灯　2. 透镜　3. 遮光板　4. 测量池　5. 参比池
6. 紫外滤光片　7. 双紫外光敏电阻

图3-17　紫外检测器H型流通池

（4）应用领域　在200~800nm波长范围内有特征吸收峰的样品，均可利用紫外吸收检测器进行检测。因对许多物质都有较高的灵敏度，应用范围比较广，故在高效液相色谱中得到广泛的应用。

须知，在使所用波长范围内，有吸收作用的溶剂不能作为流动相。因此，流动相的选择受到了一定的限制。

4. 二极管阵列检测器（PDAD）

二极管阵列检测器（Photo-diode-array detector，PDAD），是

一种新型紫外吸收检测器,属于选择型检测器。

(1) 主要特点

① 全波信息:它与普通紫外吸收检测器的区别在于进入流通池的不再是单色光,获得的检测信号不是在单一的波长上的,而是在全部紫外波长上的色谱信号。因而,一次进样可以检测到样品中不同吸收波长下的所有组分。

② 快速检测:从氘灯发出的紫外光通过一个消色差透镜系统,照射在流通池上,经过一个狭缝后光束照在一个全息光栅上,经色散分光后抵达一组光电二极管阵列上,在几毫秒内即可测定出光谱信息。

③ 三维谱图:二极管阵列检测器先让光束通过流通池,然后由分光系统分光后,使所有波长的光在二极管阵列检测器同时被检测。它的信号是用电子学方法快速扫描而获取,扫描速度远超出色谱的出峰速度,所以可以检测色谱流出物每个瞬间的吸收光谱图,即可以得到如图 3-18 所示的时间—波长—吸光度三维的色谱图。

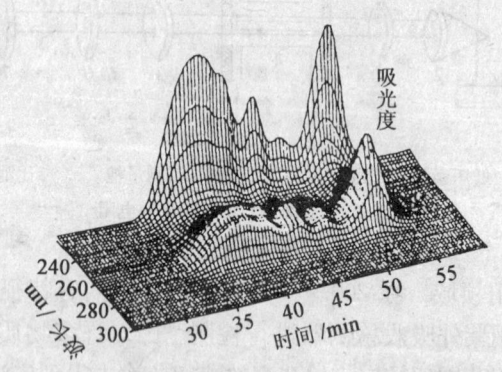

图 3-18 二极管阵列检测器三维色谱图

④ 倒置光学:与普通光谱检测器相比,二极管阵列检测器的分光系统和样品池的相对位置正好相反,因此这种光路结构称为"倒置光学"系统。

(2) 应用领域　二极管阵列检测器与紫外吸收检测器一样，在 200~800nm 波长范围内有特征吸收峰的样品，均可利用紫外吸收检测器进行检测。除此之外，还有以下特殊应用。

① 一次进样可以检测到样品中不同吸收波长下的所有组分。

② 二极管阵列检测器的分辨率高，可以检测物质峰的纯度。

③ 不仅可进行定量检测，还可提供组分的光谱的定性信息。

须知，与紫外吸收检测器一样，在使所用波长范围内，有吸收作用的溶剂不能作为流动相。因此，流动相的选择受到了一定的限制。

5. 荧光检测器（FLD）

荧光检测器（Fluorescence detector，FLD），是用于检测在紫外线照射激发下能发出荧光物质的一种选择型检测器。

(1) 主要特点

① 灵敏度高：荧光检测器的灵敏度比紫外吸收检测器高 100 倍以上，最低检出浓度可达 $10^{-12} g \cdot cm^{-1}$，是当今高效液相色谱仪中灵敏度最高的一种检测器。

② 选择性强：只对在紫外线照射激发下能发出荧光的物质有响应。

③ 线性范围：荧光检测器的线性响应范围一般为 10^4，对有些物质的动态线性范围则可能要小一些。

④ 梯度洗脱：荧光检测器对温度和流动相流速稳定性的要求相对低一些，有时可用于梯度洗脱分析。

(2) 工作原理　荧光检测器是检测样品在紫外光激发下辐射出来的荧光强度的装置。当入射的紫外光强度不变、溶液的厚度一定、样品浓度较低时，溶质受激发而辐射出的荧光强度与被测物质的浓度成正比，据此进行定量分析。

荧光检测器为高灵敏液相色谱检测器之一，它是一种选择性较好的检测器，如用激光做激发光源可大大提高其灵敏度。

(3) 应用领域　适用于多环芳烃及各种发荧光物质的痕量分

析。例如：酶、食品、药物、胺类、氨基酸、维生素、生物样品、甾族化合物、矿物燃料和环境样品等。

荧光检测器也可用于由荧光基团试剂衍生所得到的物质样品分析。

须知：对紫外光和荧光有吸收作用或者有熄灭荧光效应的溶剂不能作为流动相。

6. 电导检测器

电导检测器（Electrical conductivity detector，ECD），是一种用于检测离子（阳离子或者阴离子）的选择型检测器。

(1) 工作原理　电导检测器的主体由铂片（或玻璃碳）制成的导电正极和负极，两电极构成电桥，两电极之间用聚四氟乙烯薄膜隔开，流动池于此薄膜中，体积仅 $1 \sim 3 \mu L$。当含有离子物质的流动相通过流通池时，电导率就发生变化，电桥失去平衡产生检测信号。

(2) 应用领域　电导检测器只适用于能形成离子的样品溶液，故在离子交换色谱中得到广泛应用。

须知：因电导率随温度不同而变化，故测定的条件要求严格，必须保持恒温；也不适用于梯度洗脱。

7. 其他检测器

傅里叶（Fourier）红外检测、质谱检测器（也是一种通用型检测器）等都可以用作高效液相色谱检测器，但是这些都属于大型分析仪器，其价格和操作费用相当昂贵，限制了它们的应用。

（七）记录仪

记录仪是一种用于记录色谱流出曲线的装置。高效液相色谱的谱图记录和数据处理系统与气相色谱完全相同，当今，大都采用色谱工作站、显示器和打印机来完成数据数理、图谱显示和打印工作。

第3节 固定相

色谱柱内用于分离混合物的物质称作固定相（Stationary phase），色谱固定相被视为色谱法的心脏，固定相的选择是建立色谱分析方法的一个重要步骤。因此，了解固定相的有关性能是非常必要的。

高效液相色谱固定相填料是一种颗粒小而均匀，并具有一定机械强度的多孔性物质，常用的固定相有如下三种类型。

一、薄壳型

薄壳型又称表面多孔型，以无孔的玻璃珠为基体，外面包覆一层厚度约为 $1\sim 2\mu m$ 的多孔性物质（如硅胶、分子筛、氧化铝、聚酰胺、离子交换剂等），颗粒直径约 $25\sim 50\mu m$。常用的薄壳型固定相物性参数见表3-5。

表3-5 薄壳型固体吸附剂物性参数

类型	名 称	粒度/μm	比表面/$(m^2 \cdot g^{-1})$	形 状	厂 家
薄壳型硅胶	薄壳玻珠 YBK-1	$25\sim 37$	$2\sim 3$	球 形	上海试剂一厂
	薄壳玻珠 YBK-2	$37\sim 50$	7	球 形	上海试剂一厂
	薄壳玻珠 YBK-3	$37\sim 50$	14	球 形	上海试剂一厂
	Perisorb A	$30\sim 40$	14	球 形	德国 E. Merck
薄壳型硅胶	Zipax	$25\sim 44$	$0.8\sim 1$	球 形	美国 Du Pont
	Corasil Ⅰ	$37\sim 50$	7	球 形	美国 Waters
	Corasil Ⅱ	$37\sim 50$	14	球 形	美国 Waters
	Vydac SC	$30\sim 40$	12	球 形	美国 Separations Group
	Pellosel HS（HC）	$37\sim 44$	4（8）	球 形	Reeve Angel
	Pellumina HS（HC）	$37\sim 44$	4（8）	球 形	Reeve Angel
	Pellisieve	$37\sim 44$	$5\sim 15$	球 形	Reeve Angel

1. 主要特点

① 此类固定相表面层薄而均匀,孔道浅,谱带扩张少。
② 薄壳型固定相填料渗透性比较好,有利于快速分析。
③ 薄壳型固定相比表面积比较小,因此其柱容量有限。
④ 薄壳型固定相填料的流动性比较好,可用干法装柱。

2. 应用概况

① 此类柱填料的多孔表层可作吸附色谱的吸附剂。
② 可与某些固定液进行化学反应制成键合固定相。
③ 键合固定液后可用于分配色谱和离子交换色谱。

二、全多孔微球型

全多孔微球型固定相可分为无机和有机全多孔微球两大类。无机全多孔微球型固定相常用的有全多孔硅胶微球(酸性吸附剂)和全多孔氧化铝微球(碱性吸附剂),此类为液-固色谱中的极性固定相;另一类为全多孔共聚物微球,当前一般由苯乙烯-二乙烯基苯共聚而成,此类多为非极性固定相。常用全多孔型固定相物性参数见表 3-6。

表 3-6　全多孔型固体吸附剂物性参数

类型	名称	粒度/μm	比表面/$(m^2 \cdot g^{-1})$	形状	说明
全多孔硅胶	硅胶 YWG-1	5,7,10	约 300	无定形	青岛海洋化工厂
	硅胶 YQG-1	37~55	400~300	球形	青岛海洋化工厂
	微球形硅胶	≤200 目	约 300	球形	青岛海洋化工厂
	硅胶 YQG	5~10	300	球形	北京化学试剂研究所
	堆积硅珠 YDG	3,5,10	300	球形	上海试剂一厂
	DG 1~4	37~75	500~25	球形	天津化学试剂二厂
	Lichrosorb Si-60, 100	5~10	500~400	无定形	德国 E. Merck
	Lichrospher Si-100	5~10	370	球形	德国 E. Merck

续表

类型	名 称	粒度/μm	比表面/$(m^2 \cdot g^{-1})$	形 状	说 明
全多孔硅胶	Polygosil	5～63	450～35	无定形	德国 Macherey-Nagel
	Nucleosil	5～63	450～35	球形	德国 Macherey-Nagel
	Zorbax-Sil	6	300	球形	美国 Du Pont
	Porasil A～D	37～75	500～25	球形	美国 Waters
	Porasil E～F	37～75	20～2	球形	美国 Waters
	μ-Porasil	10	300	无定形	美国 Waters
	Econosphere	3，5，10	200	球形	美国 Alltech
	Econosil	5，10	450	无定形	美国 Alltech
	Micro Pak Si-150	5	550	球形	美国 VarianMicro
	Micro Pak Si-10, 60	5，10	500	无定形	美国 Varian
	Supeleosil	3，5	170～75	球形	美国 Supelco
	Biosil	2～10	400	无定形	美国 Bio-Rad
	Vydac HS	5，10，20	500～300	球形	美国 Separations Group
全多孔氧化铝	Lichrosorb ALOXT	5，10，30	70	无定形	德国 E. Merck
	Spherisorb AY	5，10，30	100	球形	荷兰 Chrompak
	Spherisorb AX	5，10，30	175	球形	荷兰 Chrompak
	Micro Pak-AL	5	70	无定形	美国 Varian
	Micro Pak-AL	10	70	无定形	美国 Varian
	Bio-Rad AG	74	200	无定形	美国 Bio-Rad

续表

类型	名称	粒度/μm	比表面/$(m^2 \cdot g^{-1})$	形状	说明
全多孔共聚物	共聚物交联度40%	15	269	球形	苯乙烯-二乙烯基苯共聚物
	共聚物交联度50%	15	431	球形	苯乙烯-二乙烯基苯共聚物
	共聚物交联度60%	15	463	球形	苯乙烯-二乙烯基苯共聚物
	共聚物交联度80%	15	644	球形	苯乙烯-二乙烯基苯共聚物
	共聚物交联度97%	15	674	球形	苯乙烯-二乙烯基苯共聚物

1. 主要特点

① 此类固定相筛分窄、颗粒较小（$3\sim 10\mu m$），故传质快、谱带扩张少。

② 全多孔微球型柱填料的比表面积较大，故其柱容量比薄壳型固定相大。

③ 全多孔微球型固定相的柱效一般比薄壳型柱的柱效要高出一个数量级。

2. 应用概况

此类固定相填料颗粒小、微孔浅，既改善传质，又提高柱效。因此，在高效液相色谱中大都采用全多孔微球型填料作固体吸附剂；随着装柱技术的提高，全多孔微球型固定相（包括其键合相）已逐步替代薄壳型固定相（包括其键合相）。

薄壳型与全多孔微球型两类固定相的物性参数比较见表3-7。

表 3-7 薄壳型和全多孔型固体吸附剂物性参数比较

性　能	薄壳型	全多孔型
粒度（μm）	30～40	5～10
比表面积（$m^2 \cdot g^{-1}$）	10～15	200～400
最佳理论塔板高度（mm）	0.2～0.4	0.01～0.03
适用柱长（cm）	50～100	10～25
适用柱内径（mm）	2～3	2～5
柱压降*（$Pa \cdot cm^{-1}$）	1.4×10^5	1.4×10^6
样品容量（$mg \cdot g^{-1}$）	0.05～0.1	1～5
键合相覆盖率（%，W/W）	0.5～1.5	5～25
离子交换容量（$\mu mol \cdot g^{-1}$）	10～40	2000～5000
装柱方式	干法	匀浆法

* 系指流动相黏度为 $3 \times 10^{-4} Pa \cdot s$ 和流速为 $1 mL \cdot min^{-1}$，柱内径为 2.1mm 条件下的柱压降。

三、化学键合型

化学键合型固定相简称键合相，它是利用特定的化学反应，把固定液键合到载体表面的特定基团（如 $\equiv Si—OH$ 等）上，使之在载体表面形成均匀牢固的单分子薄层或聚合层。

1. 主要特点

① 化学键合固定相不易流失，提高了柱子稳定性并延长柱子寿命。

② 可以键合不同的官能团，增加了柱子选择性，扩大了样品范围。

③ 流动相的组成或流速变化对键合相无明显影响，适于梯度洗脱。

④ 化学键合固定相为比较均一的薄膜，故可获得较快的传质速率。

这种固定相以化学键合的方式替代固定液的物理附着，不仅克服了固定液涂渍不均匀和容易流失等缺点,而且大大提高了传质速率,每秒可达50块板,在实际使用中可以采用较高的流动相流速而不影响柱效,牢固的化学键合使得由于温度或溶剂作用所造成的损失很小,有利于减少基线噪音,提高检测灵敏度。

2. 应用概况

化学键合固定相广泛用于液-液色谱、液-固色谱、离子交换色谱等,是当今色谱法中使用最为广泛的一种固定相。常用的化学键合固定相种类参见表3-8和表3-9。

表3-8 薄壳型化学键合固定相

名 称	键合官能团	粒度 (μm)	形 状	厂 家
薄壳玻珠-烷基	十八烷基	25～37	球形	上海试剂一厂
ODS-SIL-X-II	十八烷基	30～40	球形	美国 Perkin-Elmer
Permaphase ODS	十八烷基	25～37	球形	美国 Du Pont
Vydac RP	十八烷基	30～44	球形	美国 Spearations Group
Bondapak C_{18}/Corasil	十八烷基	37～50	球形	美国 Waters
Bondapak Phenyl/Corasil	苯基	37～50	球形	美国 Waters
薄壳玻珠-醚基	醚基	25～37	球形	上海试剂一厂
Permaphase ETH	醚基	25～37	球形	美国 Du Pont
薄壳玻珠-氨基	氨基	25～37	球形	上海试剂一厂
薄壳玻珠-氰基	氰基	25～37	球形	上海试剂一厂
Durapak OPN/Corasil	氰基	37～50	球形	美国 Waters
Durapak Carbowax 400/Corasil	羟基	37～50	球形	美国 Waters

表3-9 全多孔型化学键合固定相

名 称	键合官能团	粒度 (μm)	形 状	厂 家
YWG-$C_{18}H_{37}$	十八烷基	10±2	无定形	天津化学试剂二厂
Kromasil C_{18}	十八烷基	5	球形	瑞典 EKA
LiChrosorb RP-18	十八烷基	5,10	无定形	德国 E. Merck

续表

名 称	键合官能团	粒度 (μm)	形 状	厂 家
LiChrospher RP-18	十八烷基	5, 10	球形	德国 E. Merck
Adsorbosphere-C_{18}	十八烷基	3, 5, 10	球形	美国 Alltech
Econosphere-C_{18}	十八烷基	5	球形	美国 Applied Science
Ro Sil-C_{18}	十八烷基	3, 5, 8	球形	美国 Applied Science
Zorbax ODS	十八烷基	6~8	球形	美国 Du Pont
Supelcosil LC-18, LC-18-DB	十八烷基	3, 5	球形	美国 Supelco
Hi-Pore RP318	十八烷基	5	球形	美国 Bio-Rad
Bio-Sil ODS 5, 10	十八烷基	5, 10	球形	美国 Bio-Rad
Bio-Sil ODS 5, 10	十八烷基	5, 10	无定形	美国 Bio-Rad
Nova-Pak C_{18}	十八烷基	4	球形	美国 Waters
Resolve C_{18}	十八烷基	5, 10	球形	美国 Waters
μBondapak C_{18}/Porasil	十八烷基	10	无定形	美国 Waters
Nova-Pak C_{18}	十八烷基	4	球形	美国 Waters
esolve C_{18}	十八烷基	5, 10	球形	美国 Waters
Vydac TP C_{18}	十八烷基	5, 10	球形	美国 Spearations Group
Vydac HS C_{18}	十八烷基	5, 10	球形	美国 Spearations Group
PE HS-3 C_{18}	十八烷基	3	球形	美国 Perkin Elmer
E HS (5) C_{18}	十八烷基	5, 10	无定形	美国 Perkin Elmer
Kromasil C_8	八烷基	5	球形	瑞典 EKA
LiChrosorb RP-8	八烷基	5, 10	无定形	德国 E. Merck
LiChrospher RP-8	八烷基	5, 10	球形	德国 E. Merck
Adsorbosphere-C_8	八烷基	3, 5, 10	球形	美国 Alltech
Supelcosil LC-8, LC-8-DB	八烷基	3, 5	球形	美国 Supelco
Econosphere-C_8	八烷基	5	球形	美国 Applied Science
Ro Sil-C_8	八烷基	3, 5, 8	球形	美国 Applied Science
Resolve C_8	八烷基	5, 10	球形	美国 Waters

续表

名 称	键合官能团	粒度 (μm)	形 状	厂 家
Pecosphere C_8	八烷基	3, 5	球形	美国 Perkin Elmer
P. E. -C_8	八烷基	5, 10	无定形	美国 Perkin Elmer
LiChrosorb RP-2	短链烷基	5, 10	无定形	德国 E. Merck
Adsorbosphere TMS	短链烷基	5, 10	球形	美国 Alltech Assoc
Ro Sil-C_3	短链烷基	3, 5, 8	球形	美国 Applied Science
R Sil-C_3	短链烷基	5, 10	无定形	美国 Applied Science
Supelcosil LC-1	短链烷基	5	球形	美国 Supelco
YWG-C_6H_6	苯基	10±2	无定形	天津化学试剂二厂
Supelcosil DP	苯基	5	球形	美国 Supelco
Adsorbosphere phenyl	苯基	5, 10	球形	美国 Alltech Assoc
μBondapak phenyl	苯基	10	无定形	美国 Waters
Nova-Pak phenyl	苯基	4	球形	美国 Waters
YWG-NH_2	氨基	10±2	无定形	天津化学试剂二厂
Kromasil NH_2	氨基	5	球形	瑞典 EKA
LiChrosorb NH_2	氨基	5, 10	无定形	德国 E. Merck
μBondapak NH_2	氨基	10	无定形	美国 Waters
Adsorbosphere-NH_2	氨基	3, 5, 10	球形	美国 Alltech
Supelcosil NH_2	氨基	5	球形	美国 Supelco
Zorbax NH_2	氨基	6	球形	美国 Du Pont
YWG-CN	氰基	10±2	无定形	天津化学试剂二厂
LiChrosorb CN	氰基	5, 10	无定形	德国 E. Merck
μBondapak CN	氰基	10	无定形	美国 Waters
Resolve CN	氰基	10	球形	美国 Waters
Nova-Pak CN	氰基	4	球形	美国 Waters
Vydac TP CN	氰基	10	球形	美国 Spearations Group
Zorbax CN	氰基	6	球形	美国 Du Pont
Supelco CN	氰基	3, 5	球形	美国 Supelco
Adsorbosphere-CN	氰基	3, 5, 10	球形	美国 Alltech
LiChrosorb diol	二醇基	5, 10	无定形	德国 E. Merck
LiChrosphere diol	二醇基	5, 10	球形	德国 E. Merck
LiChrosphere Si100 diol	二醇基	5, 10	球形	德国 E. Merck

3. 基本类型

制备键合固定相用的载体常为硅胶，利用硅胶表面的硅醇基与适当的有机分子进行化学键合得到固定相。由于键合到载体表面上的基团可以选择，因此，可制得适用于各种类型样品分离分析的键合固定相。

化学键合固定相的种类很多，按表面结构分为单分子键合相和聚合键合相两种；按键的类型分为 Si—O—C 键、Si—C 键、Si—N—C 键、Si—O—Si—C 键等几种；按用于键合用的有机分子基团性质可分为如下三种。

① 疏水基团：C_8 和 C_{18} 等不同链长的烷基、苯基等。

② 极性基团：氰乙基、氨丙基、醇基、醚基等。

③ 离子基团：作为阴离子交换基团的胺基、季铵盐；作为阳离子交换基团的磺酸等。

4. 制备方法

通过化学反应，把固定相分子以化学键的方式结合到硅胶表面上。由于固定相种类不同，致使键合固定相类型有多种多样，但常见的有以下几种类型。

① 硅-氧-碳键（≡Si—O—C≡）硅酸酯键合固定相

硅胶表面硅羟基与醇反应：≡Si—OH+ROH ⟶ ≡Si—O—R

利用硅胶具酸性的特点，采用聚乙二醇等醇类与硅胶表面上的硅羟基于加热条件下进行酯化反应，制得硅酸酯键合固定相。

这类键合固定相具有良好的传质性能，有较高的柱效；但这类固定相填料容易发生水解、醇解，且受热不稳定，因此仅适用于不含水或醇的流动相，用于分离极性化合物样品。

② 硅-碳（≡Si—C≡）或硅-氮（≡Si—N=）共价键键合固定相。

硅胶表面硅羟基与磺酰氯反应：≡Si—OH+$SOCl_2$ ⟶ ≡Si—Cl

氯化硅胶与格林试剂反应：≡Si—Cl+$MgBrC_6H_5$ ⟶

$\equiv$Si—C$_6$H$_5$

氯化硅胶与伯胺反应：$\equiv$Si—Cl + H$_2$NCH$_2$CH$_2$NH$_2$ $\longrightarrow$ $\equiv$Si—N=HCH$_2$CH$_2$NH$_2$

共价键键合固定相不易水解，并且热稳定比硅酸酯键合固定相好；此类固定相适用于 pH 值在 4~8 范围内的流动相。

③ 硅-氧-硅-碳键（$\equiv$Si—O—Si—C$\equiv$）硅烷化键合固定相

硅胶表面硅羟基与氯代硅烷反应：$\equiv$Si—OH + ClSiR$_3$ $\longrightarrow$ $\equiv$Si—O—Si—R$_3$

硅胶表面硅羟基与烷氧基硅烷反应：$\equiv$Si—OH + ROSiR$_3$ $\longrightarrow$ $\equiv$Si—O—Si-R$_3$

因存在空间位阻，分子较大的硅烷化试剂就难以与硅胶表面硅羟基全部反应，也即有残余的硅羟基。故需用小分子的硅烷化试剂进行封尾处理，以消除残余的硅羟基，从而提高键合相的稳定性和分离性能。

这类键合固定相具有热稳定性好、不易吸水、耐有机溶剂等优点，在 pH=2~8 范围内、温度不超过 70℃ 的流动相中正常工作，因而是一种应用较广泛的高效液相色谱固定相。

第 4 节　流动相

色谱过程中携带样品组分向前移动的物质称为流动相 (Mobile phase)。在高效液相色谱法中以液体作流动相，由于液体的黏度大、扩散系数小，流动相分子与样品分子之间的作用力大，因而流动相参与固定相对样品分子作用的全过程，这就相当于增加了一个控制和改进分离条件的参数。因此，在设计一个高效液相色谱分离分析方法时，必须了解流动相溶剂的相关特性。

高效液相色谱中的流动相溶剂，由基础溶剂和调节剂两部分组成。基础溶剂的主要作用是将样品溶解和协同固定相使样品组分获得分离；调节剂的作用则是用于调节基础溶剂的极性和强度，以调整组分在柱中的移动速度和改善分离效果。

一、基本要求

流动相溶剂的种类很多，如水、有机溶剂、无机盐的水溶液或它们的混合液等都可作流动相溶剂。无论采用何类溶剂，对其有如下的基本要求。

① 使用高纯溶剂：为了防止杂质干扰样品分析、为了避免杂质在柱中累积而影响柱性能，必须使用纯度高的溶剂作流动相，常用色谱纯溶剂作流动相。

② 与检测器匹配：所用流动相与检测器一定要匹配，例如：使用紫外吸收和二极管阵列检测器时就不能选用在检测波长上有紫外吸收的溶剂作流动相。

③ 溶剂性能良好：不与固定相发生化学反应、也不溶解固定相，以保持固定相性能稳定、基线稳定；对样品溶解度适宜，以免样品沉积在色谱系统中。

④ 分离效果理想：在液相色谱中流动相溶剂也是影响分离效果的重要因素之一，可根据溶剂的强度、黏度、沸点、极性、折光率等特性参数加以选择。

⑤ 关注使用安全：有机溶剂大多数对人体有毒害，在考虑分离效果的同时应关注人身安全和环境保护，尽可能采用无毒或者毒性较小的溶剂作流动相。

二、溶剂处理

1. 纯化处理

流动相溶剂如果不纯，则会造成基线不稳、产生鬼峰、改变保留值、缩短柱子寿命、污染制备样品，甚至使检测器的灵敏度下降而不能工作。因此，在高效液相色谱分析中，对溶剂的纯化是十分严格的。

常用的溶剂中，除了有目的地加入稳定剂、防腐剂、抗氧剂之外，也会含有少量的杂质。因此，高效液相色谱使用的溶剂，事前一般都要作纯化处理。常用的纯化方法有如下三种。

① 过滤法：除去悬浮在溶剂中的固体微粒杂质。

② 蒸馏法：除去混溶在溶剂中的所用溶剂沸程之外的杂质。

③ 色谱法：选用不同性质的吸附剂，有目的地让溶剂通过经典柱色谱进行纯化。例如：用硅胶、氧化铝作经典柱色谱固定相，可除去极性杂质和部分水分；用活性炭作经典柱色谱固定相，可除去极性小的杂质和水分；用分子筛作经典柱色谱固定相，适用于除去微量水分。

2. 脱气处理

当溶解在溶剂中的气体（主要是空气和氧气）进入色谱柱时，可能与样品、流动相或固定相发生化学反应；或在液流中产生气泡，进入检测器后发生干扰，破坏样品池和参比池的平衡，使基线漂移、检测器的灵敏度下降，严重干扰分离和测定。因此，使用之前必须进行脱气处理，常用的脱气方法有超声脱气、加热脱气、真空脱气、吹氦脱气等四种方法。不管用什么方法脱气，以安全、流动相组成和浓度无变化为原则。

① 超声脱气法：将流动相溶剂装于试剂瓶中，然后置于超声波振荡器水浴中进行振荡脱气。此法简单方便，一般 500mL 溶剂只需振荡 20～30min 即可。

② 加热脱气法：将溶剂置于回流装置中，不断搅拌，加热回流 1～2h。此法适用于水溶性溶剂的处理；对于热不稳定和温度升高后存在危险性的溶剂，不宜采用。

③ 抽吸脱气法：可用水泵或者用微型真空泵进行抽吸脱气；为了加快脱气速度，可在电磁搅拌下抽吸脱气。由于抽真空会导致溶剂的蒸发，对二元或多元流动相的组成会有影响。所以，此法仅适用于单一溶剂脱气。

④ 吹氦脱气法：将氦气经一圆筒过滤器通入溶剂中，以

0.5kg/cm² 的压力保持 10～15min，氮气可将溶解在溶剂中的其他气体除去；此法简便快速，适用于所有溶剂的脱气。

经脱气后的溶剂，为防止氧气再度溶解，常在储液瓶里充入氮气加以保护。

三、特性参数

在高效液相色谱中，用于表征流动相溶剂的特性参数主要有：溶剂黏度参数、溶剂强度参数、溶剂极性参数、溶解度参数等。

1. 溶剂黏度

在高效液相色谱中溶剂的黏度（Viscoxity，符号 η）对柱效有明显影响，它是选择流动相的重要参数之一，溶剂黏度参见表 3-10。

如果流动相溶剂黏度过大，那么样品的扩散受到限制，造成传质速率缓慢，使柱效降低。同时，随着溶剂黏度的增大，渗透性也随之降低，为了保持给定的流速，就需要较高的压力。因此，在给定的流体线速度下，黏度增大，柱压升高，分离的时间就会延长。所以，高效液相色谱流动相的黏度一般不宜过高。

如果流动相溶剂黏度过低，那么其沸点往往也较低，这虽然有利于样品的回收，但由于沸点较低，溶剂的挥发性较大，容易在柱子或检测器中形成气泡，影响分离和检测。

因此，在配制流动相时，可考虑把黏度较低的溶剂与黏度较大的溶剂混合使用，使其混合后的黏度（动力黏度 η）能保持在 0.5 mPa·s 以下的水平，而沸点在 80℃ 左右。

须知，两种黏度不同的溶剂混合后，其混合溶剂的黏度变化不呈线性关系（见图 3-19）。因此，混合溶剂的黏度需以实测值为准。

2. 溶剂强度参数

在液-固吸附色谱中，以流动相溶剂强度参数（Solvent strength parameter，符号 $\varepsilon°$）来表示溶剂的洗脱强度。

如果 $\varepsilon°$ 的数值越大，表明流动相溶剂与固定相吸附剂之间的亲和力越大，那么流动相就越容易把被吸附在固定相中的样品组分

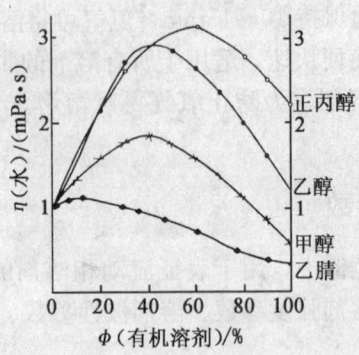

图 3-19　混合溶剂黏度变化

洗脱出来,也即对溶质的洗脱能力越强。

常用溶剂在吸附剂三氧化二铝(Al_2O_3)上的溶剂强度参数 $\varepsilon°$ 参见表 3-10;在硅胶吸附剂上的 $\varepsilon°$ 值,可从硅胶 $\varepsilon°=0.77\times$ 氧化铝 $\varepsilon°$ 换算而得。

对于不同的吸附剂,$\varepsilon°$ 的值一般是不同的,但是它们之间的差别不大。在大多数情况下,单一溶剂作流动相很难满足复杂样品的分离要求,这时可以使用两种或两种以上不同极性的溶剂,按一定的比例混合,调整流动相溶剂的溶剂强度,以满足分离分析的需要。

混合溶剂的配制比例可参考图 3-20 的方法进行。例如:要配制溶剂强度($\varepsilon°$)为 0.25 的混合溶剂时,首先在最上面的水平横线上找出 $\varepsilon°=0.25$ 的位置,然后作垂线,从与垂线相交的各横线自上而下找到各种配制比例(V/V)为:42%二氯甲烷-戊烷,32%乙醚-戊烷,0.7%乙腈-戊烷,0.3%甲醇-戊烷,15%二氯甲烷-氯代异丙烷,10%乙醚-氯代异丙烷等。

3. 溶解度参数

在液-液分配色谱中,以溶解度参数(Solubility parameter,符号 δ)来表示流动相溶剂的极性。若 δ 值大,则表示溶剂的极性强;δ 值小则表示溶剂的极性小。常用溶剂的溶解度参数 δ 见表 3-10。

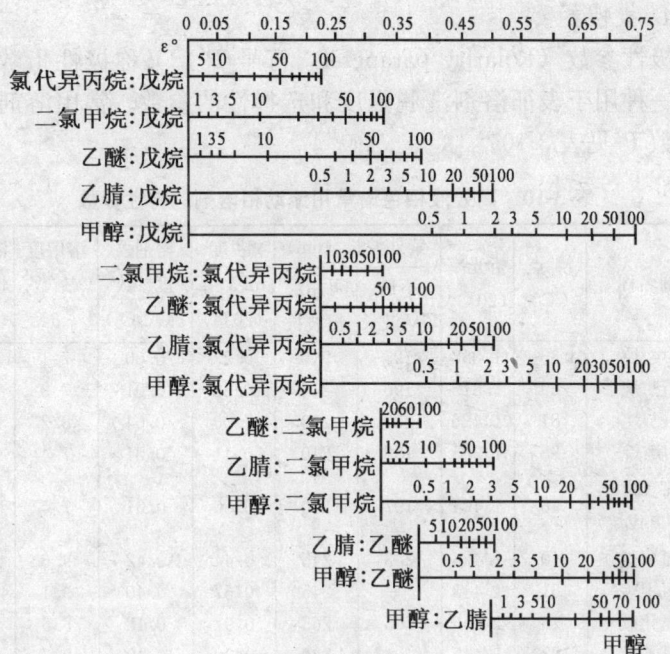

图 3-20 混合溶剂配比与强度

溶解度参数 δ 是溶剂与溶质分子间作用力的总量度，δ 值包括如下几种：δ_d 为色散作用，δ_o 为偶极作用，δ_a 和 δ_h 为氢键作用，其中 δ_a 表示溶剂作为质子接受体的作用能力，δ_h 表示溶剂给出质子的作用能力。

在正相液-液色谱中，溶剂的溶解度参数 δ 越大，则其洗脱强度越大，致使溶质在固定相中的容量因子 k' 值越小。

须知，在反相液-液色谱中正好与正相色谱相反，也即溶剂的溶解度参数 δ 越大，则其洗脱强度越小，致使溶质在固定相中的容量因子 k' 值越大。

因此可见，无论是正相液-液色谱还时反相液-液色谱，均可以通过选择溶剂的 δ 值来改善分离效能；但应注意它们作用效果恰好反之。

4. 极性参数

极性参数（Polarity paraneter，符号 P'）又称极性指数，它也是一种用于表征溶剂洗脱强度和选择性的参数。常用溶剂的极性参数 P' 见表 3-10。

表 3-10 高效液相色谱常用流动相溶剂的特性参数

溶剂名称	沸点（℃）	折光率（20℃）	紫外波长（nm）		黏度 mPa·s（20℃）	溶剂强度参数 $\varepsilon°(Al_2O_3)$	溶解度参数 δ	溶剂极性参数 P'
			不透UV波长	可用最短波长				
正戊烷	36	1.358	195	210	0.23	0.00	7.1	0.0
正己烷	69	1.372	190	210	0.32	0.01	7.3	0.1
环己烷	81	1.426	200	210	1.00	0.04	8.2	−0.2
正庚烷	98	1.385	195	210	0.41	0.01	7.4	0.2
异辛烷（2,2,4-三甲基戊烷）	98	1.404	197	210	0.50	0.01	7.0	0.1
二氯甲烷	40	1.424	233	245	0.44	0.42	9.6	3.1
三氯甲烷	61	1.443	—	245	0.57	0.40	9.1	—
四氯化碳	76	1.466	265	265	0.97	0.18	8.6	1.6
二氯乙烷	83	1.445	—	230	0.79	0.49	9.7	3.5
苯	80	1.501	280	280	0.65	0.32	9.2	2.7
甲苯	110	1.496	285	285	0.59	0.29	8.9	2.4
乙酸甲酯	56	1.362	—	260	0.37	0.60	9.2	—
乙酸乙酯	76	1.370	256	260	0.45	0.58	8.6	4.4
二硫化碳	46	1.626	380	380	0.37	0.15	10.0	0.3
乙醚	34	1.353	218	220	0.23	0.38	7.4	2.8
丙酮	56	1.359	330	330	0.32	0.56	9.4	5.1
四氢呋喃	66	1.408	212	220	0.46	0.45	9.1	4.0
二氧六环	101	1.422	215	220	1.54	0.56	9.8	4.8
乙腈	82	1.344	190	210	0.37	0.65	11.8	5.8
吡啶	115	1.510	—	305	0.94	0.71	10.4	5.3
甲醇	65	1.329	205	210	0.60	0.95	12.9	5.1
乙醇	78.5	1.361	210	210	1.20	0.88	11.2	4.3
正丙醇	97	1.383	240	210	2.30	0.82	10.2	4.0
水	100	1.333	—	210	0.90	大	21.0	10.2
乙酸	118	1.372	—	230	1.16	1.00	12.4	6.2
二甲基甲酰胺	153	1.428	268	—	0.81	—	17.9	6.4

在正相液-液色谱中,溶剂的极性参数 P' 越大,则其洗脱强度越大,致使溶质在固定相中的容量因子 k' 值越小。

须知,在反相液-液色谱中正好与正相色谱相反,也即溶剂的极性参数 P' 越大,则其洗脱强度越小,致使溶质在固定相中的容量因子 k' 值越大。

极性参数 P' 与溶解度参数 δ 和溶剂强度参数 $\varepsilon°$ 的相关性非常强,三者之间的关系如图 3-21 所示。

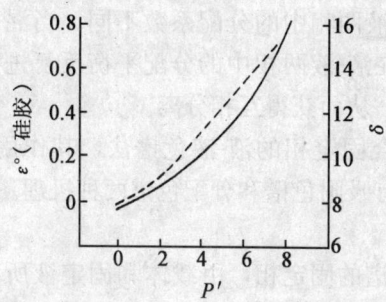

图 3-21　P' 与 $\varepsilon°$(虚线)和 P' 与 δ(实线)的关系曲线

第 5 节　基本类型

按分离机理分类,高效液相色谱基本类型有:液-液分配色谱、液-固吸附色谱、离子交换色谱、体积排阻色谱等。

一、基本类型

(一) 液-液分配色谱

液-液色谱(Liquid-liquid chromatography, LLC),系指流动相和固定相均为液体的色谱方法。液-液色谱的分离机理通常为溶解作用,故又称液-液分配色谱(Liquid-liquid partition chromatography, LLPC)。

1. 应用概况

液-液分配色谱是高效液色谱法中应用最为广泛的一种方法,除了气体样品之外,无论是有机物还是无机物、离子型或是非离子型化合物、天然产物或是人工制品的各种类型的众多样品,大多可用此法进行分离分析。

2. 分离机理

液-液分配色谱中,当混合物中各组分的溶解度不同时,它们在互不相溶的液-液两相中的分配系数不同。当混合物由流动相带入柱中时,组分在液-液两相中的分配平衡反复进行多次之后,各保留值差别明显,从而获得互相分离。

对于化学键合固定相的液-液色谱法,其作用机理尚有争论;一般认为,它兼有吸附色谱和分配色谱两种机理。

3. 固定相

液-液分配色谱的固定相,由载体和固定液所组成。所用载体为薄壳型微珠或者全多孔型微球;而液体固定相物质(固定液),以往采用物理方法涂渍到惰性载体上,而现在大多是通过化学反应键合到细颗粒惰性载体上。

涂渍的固定相容易流失,柱子寿命短,分离效能差、重现性不好,现已很少使用;化学键合固定相能耐溶剂的冲洗、不易流失、柱寿命长,而且分离效能好、重现性好,已被普遍采用。据报道,约有70%以上的分离分析问题可以在化学键合固定相上得到解决。

国内化学键合相常以 YQG、YWG、YBG(分别代表堆积型、无定形、薄壳型硅基)与键合基反应制备化学键合固定相,例如 YWG-$C_{18}H_{37}$ 表示无定型硅基与 $C_{18}H_{37}$ 键合而成。

由于液-液色谱中流动相也参与色谱全过程的分离作用,因此,固定相的选择工作相对比较简单,只需备有几种极性不同的固定相柱子(例如:μBondapak C_{18} 和 YWG-$C_{18}H_{37}$ 为非极性键合固定相柱子,Durapak OPN 和 YWG-CN 为极性键合固定相柱子),即可解决大部分的分离分析问题；常用的化学键合固定相参见表 3-8 和表 3-9。

4. 流动相

在液-液色谱中，对流动相最基本要求是不与固定相互溶，以减少固定相流失和不干扰色谱分离分析。根据"相似相溶"原理，所选流动相与固定相两者的极性应有显著差异，才能防止色谱过程中两相的互溶现象发生。

液-液色谱流动相选择大致可按正相色谱、反相色谱和离子对色谱三种类型加以区别。

（1）正相色谱　若所选用流动相溶剂的极性小于固定相的极性时（非极性或弱极性溶剂流动相—极性固定相），则此色谱系统称为"正相色谱"，其样品组分流出顺序是极性小的先流出，极性大的后流出；正相色谱比较适用于极性化合物样品的分离分析。

为了改进分离状况，在非极性的流动相基础溶剂（如正己烷、环己烷）中可加入一些极性改性剂，以调节流动相溶剂的强度，典型的极性改性剂有甲醇、氯仿、四氢呋喃等。此外，还可结合梯度洗脱技术，以达到较理想的分离效果。

（2）反相色谱　若所选用流动相溶剂的极性大于固定相的极性时（极性溶剂流动相-非极性或弱极性固定相），则此色谱系统称为"反相色谱"，其样品组分流出顺序与正相色谱恰好相反。反相色谱比较适用于非极性、弱极性、中等极性化合物样品的分离分析。

反相高效液相色谱的流动相最常用溶剂是水、甲醇和乙腈等极性溶剂，作为基础溶剂的水的极性最大，其极性参数 P' 为 10.2，而甲醇 P' 为 5.1 和乙腈 P' 为 5.8。使用时以适当的比例把它们混合，还可加入少量的其他溶剂（如冰醋酸）加以调节，再配合梯度洗脱技术，就能很好地分离极性范围较宽的复杂样品组分。因此，反相色谱的应用范围很广。

实践表明，有些样品采用正相色谱法如果分离不好时，改用反相色谱法或许能达到分离要求；反之亦然。

（3）离子对色谱　离子对色谱是液-液色谱中的一种特殊形式，其固定相与反相色谱或正相色谱的固定相相同或相近，而在流动相（或固定相）中加入与样品离子电荷相反的物质（称为"对离子"或"反离子"试剂），使其与样品离子结合形成离子对，从而控制样品离子保留行为，使各组分获得分离的一种色谱法。此法常用于分离分析离子型或可离解的化合物。

根据所用固定相种类的不同，又可分为反相离子对色谱和正相离子对色谱。其中反相离子对色谱适用性比较广泛。

反相离子对色谱常用的流动相是水为主体的缓冲溶液；正相离子对色谱常用的流动相是有机溶剂。

（二）液-固吸附色谱

液-固色谱（Liquid-solid chromatography，LSC），系指用液体做流动相（称为洗脱剂或展开剂）、固体吸附剂做固定相的色谱方法。液-固色谱法的分离机理通常为吸附作用，故又称液-固吸附色谱（Liquid-solid adsorption chromatography，LSAC）。

1. 应用概况

液-固吸附色谱可用于多种类型样品分离分析工作，而其中最突出的特点是适用于分离几何异构体，可用于磷脂、维生素、前列腺素、甾族化合物等的脂溶性化合物的分离分析。

2. 分离机理

液-固吸附色谱法的分离原理：利用样品各组分在固定相（固体吸附剂）上吸附性能的差异，以及流动相溶剂在固定相上的竞争吸附，当流动相带着混合物样品通过柱中固定相时，各组分的滞留程度就有所不同，从而获得互相分离。

3. 固定相

在高效液相色谱法中，薄壳型（又称表面多孔型）和全多孔微球型固体吸附剂都可作吸附色谱中的固定相，它们具有粒度小、筛分窄、孔穴浅等优点，因而柱效较高。

液-固色谱所用固体吸附剂的种类较多，如硅胶、氧化铝、分子筛、聚酰胺等。由于硅胶的优点较多，如不溶胀、容量大、机械性能好、与大多数样品不发生化学反应等，因此，大都是以硅胶为基体的各种类型的硅珠。

薄壳型硅珠的粒度为 $25\sim50\mu m$，比表面积只有 $1\sim20m^2/g$，故柱容量小，只允许微量进样，否则将发生过载现象，需配用高灵敏度的检测器。常用的型号如：国产的 YBK 薄壳玻珠，进口的 Zipax 薄壳玻珠等。

全多孔微球型硅珠最初使用的粒度为 $30\sim70\mu m$，比表面积 $200\sim400m^2/g$，故柱容量大，允许较大进样量。从速率理论简化式看出，固定相的粒度对柱效的影响很大；随着制备技术的进步和装柱水平的提高，粒度 $5\sim10\mu m$ 的全多孔微粒型硅珠现已被普遍采用，无论是柱效、还是柱容量都是比较理想的。常用的型号如：国产的 YWG、YQG、YDG、DG 等全多孔型硅胶，进口的 Zorbax-SIL、μ-Porasil、Porasil A～F 等全多孔型硅胶。

高效液相色谱常用固体吸附剂的物性参数见表 3-5、表 3-6 和表 3-7。

硅胶对各种化合物的分离次序如下：饱和烃（分配系数小）＜烯烃＜芳烃≈有机卤化物＜醚＜硝基化合物＜酯≈醛＜酮＜醇≈胺＜羧酸（分配系数大）。

须知，液-固吸附色谱法存在的问题是重现性比较差，为了使定性定量参数获得较好的重现性，必须严格控制固定相的含水量；通过严格控制流动相的含水量，才能保持色谱系统的水分处于平衡状态。再则，每次分析之后（特别是采用梯度洗脱），色谱柱的充分再生是必不可缺的。

4. 流动相

液-固吸附色谱中流动相通常被称作洗脱剂，洗脱剂的选择主要从如下三个方面考虑。

(1) 溶剂强度 洗脱剂的极性强弱可用溶剂强度参数（$\varepsilon°$）来衡量，$\varepsilon°$越大表示洗脱剂的极性越强。溶剂强度参数（$\varepsilon°$）见表3-10。

对于极性大的样品，通常采用极性强（即$\varepsilon°$值大）的溶剂作洗脱剂；对于极性弱的样品，一般宜用极性弱（即$\varepsilon°$值小）的溶剂作洗脱剂。

(2) 溶剂组成 如果溶剂强度已是最佳化了（流出峰的k'值位于1～10范围内），但仍然有一些组分未能获得分离时，可采用混合溶剂来代替单一溶剂，而混合溶剂强度仍保持原来的溶剂强度，这样一般都能明显改善分离的选择性。

(3) 水分控制 在液-固吸附色谱法中，如何保持色谱系统的水分处于平衡状态是很重要的，其中精确控制流动相的含水量是非常关键的因素。

（三）离子交换色谱

离子交换色谱（Ion-exchange chromatography，IEC），系指用能交换离子的材料为固定相进行分离离子型化合物的色谱方法，属于液相色谱的一个重要分支。

此法是利用离子交换原理和液相色谱技术的结合来测定溶液中阳离子和阴离子的一种分离分析方法。

1. 应用概况

离子交换色谱可用于分离分析凡在溶液中能够电离的物质。它不仅适用无机离子混合物的分离，例如：稀土元素、过渡元素等无机离子的分离分析；亦可用于有机物的分离，例如：核酸、氨基酸、蛋白质等生物大分子的分离分析工作。

2. 分离机理

离子交换色谱系利用样品中不同离子对固定相亲和力的差别而实现分离的。常用离子交换树脂作固定相，树脂上面分布有固定的带电荷基团和能游动的配衡离子。样品从柱头加入后，用适宜的溶液作流动相进行洗脱，此时溶液中所含样品离子即与固定相上能游动的离子进行交换,样品离子在固定相上进行可逆的交换吸附和解吸作用。

固定相以强酸性阳离子和强碱性阴离子交换树脂为例,其离子交换的平衡过程如下:

树脂-$SO_3^-\cdot H^+ + B^+ \rightleftharpoons$ 树脂-$SO_3^-\cdot B^+ + H^+$

树脂-$N^+R_3\cdot OH^- + Y^- \rightleftharpoons$ 树脂-$N^+R_3\cdot Y^- + OH^-$

B^+为溶液中待分离样品的阳离子;

Y^-为溶液中待分离样品的阴离子;

样品离子B^+或Y^-在树脂和洗脱剂之间的分配以分配系数K表示。

$K=(B^+$或Y^-在树脂上的摩尔数/树脂质量克)/(B^+或Y^-在溶剂中的摩尔数/洗脱剂体积毫升)

K值大小决定了样品中各离子在柱内的保留时间。如果样品中各离子的K值差别足够大,这些离子即能以不同速度移动并流出柱外,成为几个分离的谱带。用仪器(如电导检测器、比色计、分光光度计或其他检测设备)测量流出物随时间的变化,即可得有一系列色谱峰图。

用细颗粒和薄壳离子交换树脂以及高压输液泵,可大大提高这种方法的分离效率和分离速度。

3. 固定相

在离子交换色谱中,作为固定相的离子交换剂的基质大致有三大类:硅胶、纤维素、合成树脂,常用的离子交换剂参见表3-11。

(1) 多孔型离子交换树脂　多孔型离子交换树脂主要是苯乙烯和二乙烯苯基的交联聚合物,并引入各种交换基团制成的球形微粒,颗粒直径约为5~20μm,又有微孔型和大孔型之分。

多孔型离子交换树脂对温度的稳定性好,交换容量大;但在水或有机溶剂中容易发生膨胀,造成传质速度慢,柱效低,难以实现快速分离。

(2) 薄膜型离子交换树脂　它是在直径约30μm的固体惰性核

上，凝聚 1~2μm 厚的离子交换树脂层。

（3）薄壳型离子交换树脂　它是薄壳型固体吸附剂上，再在上面凝聚一层 1~2μm 厚的离子交换树脂。

薄膜型和薄壳型离子交换树脂很少发生溶胀，具有传质速度快、柱效高等特点，能实现快速分离。但由于表层上离子交换树脂量有限，交换容量低，柱子容易超负荷。

（4）离子交换键合固定相　离子交换键合固定相是用化学反应将离子交换基团键合到惰性载体表面上的一种优质固定相，可分为两种类型：一种是键合薄壳型，其载体是薄壳玻珠；另一种是键合微粒载体型，它的载体是全多孔微球型硅胶。后者是一种常用的离子交换固定相，其优点是机械性能和分离效能都比较好，可用于高效液相色谱的快速分离分析。

现在使用最多的阴离子键合固定相的基团是季铵、二乙胺基和聚乙亚胺；使用最多的阳离子键合固定相的基团是磺丙基和羧基。

表 3-11　高效液相色谱常用离子交换剂

类型	名　称	离子交换基	强度	交换容量（微克当量/克）	粒度（μm）	形状	厂　家
薄壳型	薄壳玻珠（1）苯磺酸	$R\text{-}SO_3H$	强酸	—	25~37	球形	上海试剂一厂
	薄壳玻珠（2）乙基苯磺酸	$R\text{-}SO_3H$	强酸	—	25~37	球形	上海试剂一厂
	JASCO CV-01	$-SO_3H$	强酸	3.2~100	37~55	球形	日本分光
	JASCO AV-02	$-N^+R_3$	强碱	3.2~100	37~55	球形	日本分光
	Zipax-SAX	$-N^+R_3X^-$	强碱	12	25~37	球形	美国 Du Pont
	Zipax-WAX	$-NH_2$	强碱	12	25~37	球形	美国 Du Pont
	Zipax-SCX	$-SO_3H$	强酸	3.2	25~37	球形	美国 Du Pont
	Zipax-WCX	$-COOH$	强酸	12	25~37	球形	美国 Du Pont
	Perisorb KAT	$R\text{-}SO_3H$	强酸	50	30~40	球形	美国 E. Merck
	Perisorb AN	$-N^+R_3$	强碱	30	30~40	球形	美国 E. Merck

续表

类型	名 称	离子交换基	强度	交换容量（微克当量/克）	粒度（μm）	形状	厂家
多孔型	YWG-SO$_3$H$^+$	—SO$_3$H$^+$	强酸	—	10	无定形	天津
	YWG-R$_4$N$^+$Cl$^-$	—R$_4$N$^+$Cl$^-$	强碱	—	10	无定形	化学试剂二厂
	Permaphase AAX	—N$^+$R$_3$	强碱	100	25～37	球形	美国 Du Pont
	Permaphase ABX	—N$^+$R$_3$	强碱	60	25～37	球形	美国 Du Pont
	Zorbax SCX	—SO$_3$	强酸	5000	6～8	球形	美国 Du Pont
	Zorbax SAX	—N$^+$R$_3$	强碱	≤1000	6～8	球形	美国 Du Pont
	Bondapak AX/Corasil	—N$^+$R$_3$	强碱	10	37～50	球形	美国 Waters
	Bondapak CX/Corasil	—SO$_3$H$^+$	强酸	30～40	37～50	球形	美国 Waters
	Lichrosorb KAT	—SO$_3$H$^+$	强酸	1200	10	无定形	美国 Merck
	Lichrosorb AN	—N$^+$(CH$_3$)$_3$	强碱	550	10	无定形	美国 E. Merck
	Yanaco SCX	—SO$_3$	强酸	4300	6, 12, 18	—	柳本制造厂
	Yanaco HC-175	—SO$_3$	强酸	17.5	—	无定形	日本昭和电工

4. 流动相

离子交换色谱法所用流动相大都是一定 pH 和一定盐浓度（或离子强度）的缓冲溶液，有时还加入适量甲醇、乙腈等能与水相混溶的有机溶剂。

离子交换色谱过程在含水介质中进行，色谱峰的保留值主要是由流动相的 pH 值和缓冲液类型来控制，离子交换色谱流动相的选择从下面三方面来考虑。

(1) pH 值　pH 值对交换基团和样品的离解度有很大的影响。一般来说增加 pH 值，样品的正电性降低，在阳离子交换色谱上样品的保留值降低，而在阴离子交换色谱上样品保留值增加。

分离有机酸和有机碱时，这些酸碱的离解程度可通过改变流动相的 pH 值来控制。增大 pH 值会使酸的电离度增加，使碱的电离度减少；降低 pH 值，其结果相反。

对于强酸和弱酸性阳离子交换树脂最适宜的 pH 值分别为 2~14 和 8~14。而强碱性和弱碱性阴离子交换树脂，最适宜的 pH 值分别为 2~10 和 2~6。

(2) 选择性　离子交换的选择性与离子价数等因素有关。在稀溶液中高价离子的选择性比低价离子的大；在等价离子中，原子序数越大、水合离子半径越小的离子与离子交换树脂的亲和力越大，也即其选择性越大。

强酸性阳离子交换树脂对阳离子的选择性次序大致为：铁离子＞铝离子＞钡离子＞铅离子＞钙离子＞铜离子＞镁离子＞钾离子＞铵离子＞钠离子＞氢离子。

强碱性阴离子交换树脂对阴离子的选择性次序大致为：柠檬酸根离子＞硝酸根离子＞磷酸根离子＞醋酸根离子＞氯离子＞碳酸氢根离子＞氟离子≈氢氧根离子

须知，上述只是用强酸型树脂或强碱型树脂的情况。在此条件下，氢离子、氢氧根离子的选择性都是最小，也即被最先洗出。如果换成弱酸型树脂、弱碱型树脂，那么氢离子、氢氧根离子的选择性就变成最大。另外，在高浓度时，不同价离子的亲和力差异减小，甚至有可能是低价离子的交换能力大于高价离子，如钠离子＞钙离子；再则，酸或碱越强，离子交换能力也越低。因此，综合考虑各方面的影响因素是非常必要的。

(3) 缓冲液　流动相通常是缓冲溶液，通过改变流动相（缓冲溶液）中盐离子的种类、浓度，即可控制 k 值，改变保留值。如果增加盐离子的浓度，则可降低样品离子的竞争亲和力，从而降低其在固定相上的保留值；也可通过改变盐离子的种类，显著地改变试样离子的保留值。离子交换色谱法中常用的缓冲溶液种类参见表 3-12 和表 3-18。

表 3-12　离子交换色谱常用缓冲溶液

缓冲溶液	pK_a	pH 缓冲范围	缓冲溶液	pK_a	pH 缓冲范围
磷酸盐 1	2.1	1.1～3.1	柠檬酸盐 1	3.1	2.1～4.1
磷酸盐 2	7.2	6.2～8.2	柠檬酸盐 2	4.7	3.7～4.7
磷酸盐 3	12.3	11.5～13.3	柠檬酸盐 3	5.4	4.4～6.4
甲酸盐	3.8	2.8～4.8	乙酸盐	4.8	3.8～5.8
硼酸盐	9.2	8.2～10.2	二乙胺	10.5	9.5～11.5
三羟甲基氨基甲烷	8.3	7.3～9.3			

（四）体积排阻色谱

体积排阻色谱（Size exclusion chromatography，SEC），又称凝胶色谱、分子排阻色谱、空间排阻色谱、分子筛色谱等，系指利用多孔凝胶固定相的特性，按样品分子尺寸大小或形状差异进行分离的一种液相色谱方法。

体积排阻色谱具有其他液相色谱法所没有的特点：一是保留值为样品分子尺寸的函数，而固定相与样品分子间作用力极弱（趋于零）对保留值无显著影响；二是进样量较大且出峰快，故可用灵敏度较低的检测器进行测定，如示差折光检测器（DRID）；三是相对分子质量差别必须大于 10% 的组分才能得以分离。

凝胶过滤色谱法（Gel filtration chromatography）：系指以亲水性凝胶（如葡聚糖）为固定相、以水溶液为洗脱剂的体积排阻色谱法。

凝胶渗透色谱法（Gel permeation chromatography）：系指以疏水性凝胶（如聚苯乙烯）为固定相、以有机溶剂为洗脱剂的体积排阻色谱法。

1. 应用概况

体积排阻色谱主要用于相对分子质量较大的分子的分离分析工作，被广泛应用于快速测定大分子物质的相对分子质量及分子量分布。此外，还用于蛋白质等生物样品的分离纯化。

2. 分离机理

体积排阻色谱与前面介绍的三种液相色谱法的分离原理不同，它既不是液-液分配或者液-固吸附作用机理，也不是离子交换作用机理，而是类似于筛分的分离机理。也就是说，基于样品分子的体积尺寸大小或几何形状不同，通过固定相筛分，实现分离。

常以凝胶用作固定相，它类似于分子筛，但孔径比分子筛大，其孔径大小与被分离化合物分子大小相近。当流动相带着样品进入色谱柱时，体积大的分子不能渗透到固定相孔穴中去而被排阻，较早地被淋洗出来；中等体积的分子部分渗透；小分子可完全渗透入内，最后洗出色谱柱。因此，大分子比小分子先流出柱子，也即按分子尺寸从大到小的顺序流出而得到分离。

3. 固定相

用于体积排阻色谱的固定相为化学惰性的多孔性物质，多为凝胶。所谓凝胶，指含有大量液体的柔软而富于弹性的物质，它是一种经过交联而具有立体网状结构的多聚体；按化学类型可分为软性、半刚性和刚性等三种类型；体积排阻色谱常用固定相型号见表3-13。

表3-13 体积排阻色谱常用固定相型号

类型	材 质	型 号	厂 家	流 动 相
软性凝胶	交联葡聚糖	交联葡聚糖凝胶 Sephadex	上海东风生化制品厂 瑞典 Pharmacia	水溶液 水溶液
	羟丙基化交联葡聚糖	交联葡聚糖凝胶 LH-20 Sephadex LH-20	上海东风生化制品厂 瑞典 Pharmacia	水溶液、有机溶剂 水溶液、有机溶剂
	琼脂糖凝胶	珠状琼脂糖 Sepharose Bio-Gel A	上海东风生化制品厂 瑞典 Pharmacia 美国 Bio-Rad	水溶液 水溶液 水溶液
	交联聚丙烯酰胺	Bio-Gel P	美国 Bio-Rad	水溶液

续表

类型	材质	型号	厂家	流动相
软性凝胶	交联聚苯乙烯	Bio-Bead-S Paragel 软性 NGX	美国 Bio-Rad 美国 Waters 天津化学试剂二厂	有机溶剂 有机溶剂 有机溶剂
	交联聚乙酸乙烯酯	软性 Merckogel-OR	德国 E. Merck	有机溶剂
半刚性凝胶	交联聚苯乙烯	半刚性 NGX JD μ-Styragel	天津化学试剂二厂 吉林大学化工厂 美国 Waters	有机溶剂 有机溶剂 有机溶剂
	交联聚乙烯醋酸酯	Emgel-OR	德国 E. Merck	有机溶剂
刚性凝胶	多孔玻璃	CPG-10 Bio-Glass	美国 Electro Nucleoni 美国 Bio-Rad	有机溶剂 有机溶剂
	多孔硅胶	NDG-1~6L Bio-sil TSK μ-Bondagel Spherosil	天津化学试剂二厂 美国 Bio-Rad 美国 Waters 法 Pechiney-St. Gobain	有机溶剂、水溶液 有机溶剂、水溶液 有机溶剂、水溶液 有机溶剂、水溶液
	聚苯乙烯-二乙烯基苯	Progel-TSK H PLGel Micro Pak TSK H, HXL	美国 Supelco 美国 Alltech 美国 Varian	有机溶剂 有机溶剂 有机溶剂
	羟基化聚醚	Bio-gel TSK Micro Pak TSK PW	美国 Bio-Rad 美国 Varian	水溶液 水溶液

(1) 软性凝胶 软性凝胶是一种低交联度的有机物，如葡聚糖凝胶 Sephadex、羟丙基化葡聚糖凝胶 Sephadex LH-20、琼脂糖凝胶 Bio-Gel A、聚苯乙烯凝胶 Paragel、聚丙烯酰胺凝胶 Bio-Gel P、聚乙酸乙烯酯凝胶等，其微孔能吸入大量的溶剂，并能溶胀至自身干体体积的许多倍。它们的流动相既有用水溶液，也有用有机溶剂。

应用：软性凝胶在流动相高流速下被压缩，可从柱末端筛板中被挤压出来，因此不适用于高压液相色谱，而只用于中、低压色谱；用于多肽、蛋白质、多糖、核糖核酸等的分离分析。

(2) 半刚性凝胶　半刚性凝胶是一种由有机高聚物材料制成的多孔性微球，聚苯乙烯凝胶如国产 JD、半刚性 NGX 和进口 μ-styragel 等，聚醋酸乙烯酯凝胶 EMgel-OR 等，它们比软性凝胶稍耐压，溶胀性比软性凝胶小；它们常以有机溶剂作流动相。

应用：用于高效液相色谱时，压力不能超过 15MPa，流速不宜过大；半刚性凝胶孔径不超过 10nm 时，用于分离相对分子质量 10^3 左右的样品；孔径为 10~200nm 时，可用于分离相对分子质量 50~10^7 的多种样品分子。

(3) 刚性凝胶　刚性凝胶按基质材料不同可分为三种类型。

① 无机多孔微球：是一种由硅质材料制成的多孔性微球，如多孔硅胶、多孔玻璃等。常用的商品型号有：多孔玻璃凝胶 Bio-Glass 和 CPG-10；多孔硅胶凝胶 Porasil 和国产 NDA 等。此类凝胶粒度 10μm，孔径 10~200nm，耐压 50MPa，使用温度 4~60℃。它们既有以水溶液作流动相，也有以有机溶剂作流动相。

应用：表面经疏水基团改性的可用于凝胶渗透色谱；而表面经亲水基团改性的既可用于凝胶渗透色谱，也可用于凝胶过滤色谱分离分析核酸、多糖、蛋白质等。

② 苯乙烯-二乙烯基苯共聚物微球：这是一种交联度大于 40% 的共聚物，常用的商品型号为 Progel-TSK H 柱、Micro Pak TSK 系列柱等。此类凝胶粒度 10μm，孔径 10~100nm，耐压 40MPa，工作温度不能超过 150℃。它们多以有机溶剂作流动相。

应用：用于凝胶渗透色谱，分离分析多种聚合物。

③ 羟基化聚醚多孔微球：常用的商品型号为 Bio-Gel TSK 柱、Micro Pak TSK PW 柱等。此类凝胶粒度约 10μm，孔径 5~200nm，耐压 30MPa，使用温度 10~40℃。它们多以水溶液作流动相。

应用：用于凝胶过滤色谱，分离分析聚乙二醇类的线性聚合物和球蛋白等。

4. 流动相

体积排阻色谱的流动相溶剂分为水溶液和有机溶剂两大类，在选择时从以下几方面因素加以考虑。

（1）溶解能力　所选用的流动相必须能溶解样品，并必须与固定相凝胶有相似性，才能润湿凝胶并防止吸附作用；当采用软性凝胶时，溶剂必须能溶胀凝胶。

（2）凝胶种类　亲水性凝胶（如葡聚糖）为固定相时，多以水溶液为洗脱剂；疏水性凝胶（如聚苯乙烯）为固定相时，多以有机溶剂为洗脱剂。

（3）样品种类　水溶性样品采用以水为基质具有一定 pH 值的缓冲溶液作流动相的凝胶过滤色谱；非水溶性样品则采用以有机溶剂为流动相的凝胶渗透色谱。

（4）溶剂黏度　因为体积排阻色谱的样品对象都是相对分子质量较大的物质，所以用作流动相溶剂的黏度以小为宜，才有利于分子扩散作用，提高分离效能。

（5）检测匹配　所选择的流动相溶剂必须与所用检测器相匹配。如果用示差折光检测器（DRID）时，那么则以流动相溶剂的折光率与样品折光率两者之间差别的大者为宜。

常用的流动相溶剂有四氢呋喃、甲苯、三氯甲烷、二甲基甲酰胺和水，它们的物性参数见表 3-14，其他溶剂物性参数见表 3-10；常见聚合物的折光率见表 3-15。

表 3-14　体积排阻色谱常用溶剂相关物性参数

溶　剂	沸点（℃）	黏度(mPa·s)(20℃)	折光率(20 ℃)	无紫外吸收下限(nm)
四氢呋喃	66	0.46	1.408	220
三氯甲烷	61.7	0.58	1.443	245
甲　苯	110	0.59	1.496	285
水	100	0.90	1.333	210
二甲基甲酰胺	153	0.81	1.428	268

表 3-15　常见聚合物的折光率

聚 合 物	折光率（25 ℃）	聚 合 物	折光率（25 ℃）
乙基纤维素	1.47	聚四氟乙烯	1.35
乙酸纤维素	1.46~1.49	聚三氟氯乙烯	1.42
丙酸纤维素	1.46~1.49	聚丙烯	1.49
硝化纤维素	1.49~1.51	聚丙烯酸酯	1.49
尼龙 66	1.53	聚甲基戊烯	1.465
聚乙烯（低密度）	1.51	聚碳酸酯	1.586
聚乙烯（中密度）	1.52	聚砜	1.633
聚乙烯（高密度）	1.54	缩醛均聚物	1.48
聚苯乙烯	1.57~1.60	丁苯热塑弹性体	1.52~1.55
聚氯乙烯	1.52~1.55	脲醛树脂	1.54~1.56

须知：四氢呋喃贮存时在光作用下易生成过氧化物，在蒸馏时容易引起爆炸，因此要特别注意安全。

二、类型选择

在建立样品的高效液相色谱分离分析方法时，首先要选择色谱类型。前述的液-液分配色谱、液-固吸附色谱、离子交换色谱、体积排阻色谱等四种基本类型，各有其自身特点和应用范围，一般可根据样品的分子量大小、溶解性能、分子结构等因素，对色谱类型进行初步选择。

(一) 初选流程

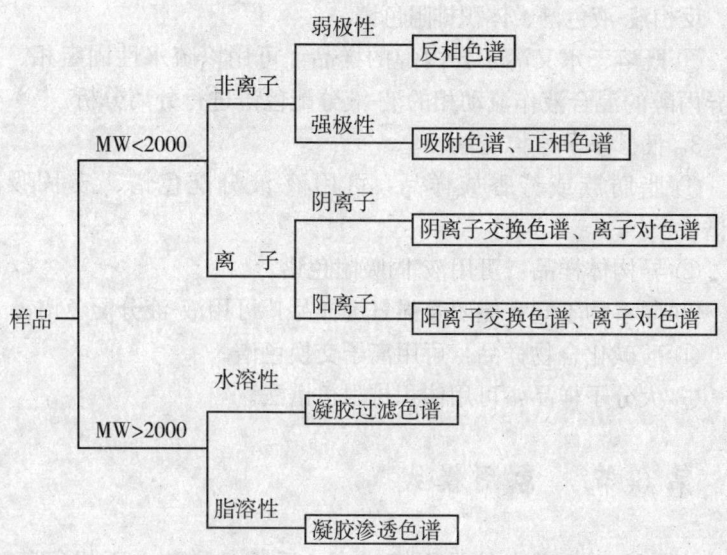

(二) 选择类型

1. 根据分子量选择

① 相对分子质量大于 2000 的样品：可用体积排阻法进行分离分析。

② 相对分子质量小于 2000 的液体和固体样品：可用液-固吸附色谱、液-液分配色谱、离子交换色谱等高效液相色谱法进行分离分析。

此外，相对分子质量小于 450、沸点 500℃ 以下、挥发性和稳定性好的样品，可用气相色谱法直接进行分离分析。

2. 根据溶解性能选择

① 溶于水的样品：用离子交换色谱、体积排阻色谱、反相

液-液色谱、反相离子对色谱。

② 溶于有机溶剂的样品：可采用液-固吸附色谱、正相液-液色谱、反相液-液色谱、体积排阻色谱。

③ 既溶于水又溶于异丙醇的样品：可用以疏水性固定相、水和异丙醇的混合液作流动相的液-液分配色谱进行分离分析。

3. 根据分子结构选择

① 脂肪族或芳香族样品：可用液-液分配色谱、液-固吸附色谱。

② 异构体样品：可用液-固吸附色谱。

③ 同系物不同官能团及强氢键样品：可用液-液分配色谱。

④ 酸碱化合物样品：可用离子交换色谱。

⑤ 大分子样品：可用体积排阻色谱法。

第6节 常用模式

高效液相色谱中的常用模式有：反相色谱法、正相色谱法、离子对色谱法、离子交换色谱法、离子色谱法、体积排阻色谱法、疏水作用色谱法、胶束液相色谱法、亲和色谱法等。

一、反相色谱法

在高效液相色谱法中，以反相色谱法的应用最为广泛，占高效液相色谱法中的 3/4 左右，因为反相高效液相色谱是一种最为通用的分离模式，可以分离分析多种类型的混合物。

（一）基本概念

反相色谱法（Reversed phase chromatography，RPC），系指高效液相色谱中以强疏水性填料作固定相（如在硅胶上键合 C_{18} 或 C_8 烷基的非极性固定相），以水及能与水相溶的有机溶剂为流动相（以极性强的水、甲醇、乙腈作流动相）的液相色谱法。

(二) 分离机理

反相高效液相色谱的分离机理，当前主要有如下三种，一般认为这几种作用也许都存在。

① 溶质在固定相表面上的烃类分子和流动相之间进行分配。

② 溶质被吸附于固定相表面烃类分子上，类似于吸附色谱。

③ 有改性剂时，溶质在"改性固定相"和流动相之间分配。

(三) 固定相

反相高效液相色谱法中，所用固定相一般为化学键合固定相，其基质有如下三大类。

1. 以硅胶为基质

① 常规硅胶键合 C_{18}、C_8 等填料柱。

② 对硅胶进行碱性脱活的反相柱填料。

③ 高覆盖量柱填料，它们有较大保留值。

④ 高稳定性反相柱，能经受酸和碱的作用。

采用 $3\sim5\mu m$ 的十八烷基键合硅胶（ODS）填料，其每米理论塔板数 $\geqslant 1\times 10^4$ 块。

2. 以其他无机物为基质

由于硅胶存在大分子扩散困难和在碱性介质中不很稳定以及剩余硅羟基等问题，为此试用其他无机物作基质。

① 用二氧化钛以及二氧化锆等无机基质。

② 用非多孔基质，采用单分散无孔基质。

有人通过硅烷化/硅氢化反应，对氧化铝、氧化锆、氧化钍、氧化钛改性，他们认为这些基质有巨大的应用前景。

3. 以聚合物为基质

虽然目前高效液相色谱的柱填料仍然以无机基质为主，特别是以硅胶基质为主，但近几年来以有机聚合物为基质的填料日益受到人们的重视。

一类普遍使用的聚合物填料是交联苯乙烯-二乙烯基苯共聚物，这类疏水性基质价格低廉、化学稳定性比较好，可代替硅胶做反相色谱填料，用于分析生物大分子有很好的分离效果。

为了改善这种填料的性能，近年来对高度交联的苯乙烯-二乙烯基苯的共聚物（PS-DVB）进行了各种化学改性，以便适应各种高效液相色谱模式。

近年来发展了更多类型的有机聚合物做高效液相色谱固定相的基质。例如：聚丙烯酸酯类、甲基丙烯酸酯类、苯乙烯和甲基丙烯酸酯-二乙烯基苯的共聚物。

高效液相色谱中常用的化学键合固定相型号参见表 3-8 和表 3-9。

（四）流动相

1. 主要种类

① 极性溶剂：反相高效液相色谱的流动相一般为极性溶剂，最常使用的是水、甲醇、乙腈、四氢呋喃等。其中水为基础溶剂，为了改善分离的选择性常加入适量的甲醇和（或）乙腈等，有时还可加入极少量的冰醋酸等。

② 缓冲溶液：以反相高效液相色谱柱分离极性和离子型化合物时，要使用一定 pH 值的缓冲溶液作流动相。所选择的缓冲溶液应能和有机溶剂相容、与检测器匹配、pH 值 2～8 之间有较大的缓冲容量，才能满足分离分析要求。再则，缓冲溶液中盐的浓度可适当高一点，这样可以避免出现不对称的色谱峰和分叉的色谱峰。

须知：通常不使用乙酸盐缓冲溶液，因为它和带阳离子的溶质会形成非极性络合物；也不能使用卤化物，否则将腐蚀高效液相色谱仪。

2. 纯化处理

① 水的纯化：反相高效液相色谱对水的要求很高，特别是在

进行痕量的梯度洗脱时尤为严格。如果水中的极性杂质积累于色谱柱头,那么当洗脱剂强度增大时这些杂质流出色谱柱,产生鬼峰,并且影响后出峰的组分。因此,一般用蒸馏并进行离子交换的方法对水进行纯化,然后把纯化水贮存在密封的玻璃瓶中;有时还需要一些特殊的纯化手段进行纯化处理,如反渗析、色谱柱分离等。

② 溶剂纯化:为了提高检测的灵敏度,要求使用高纯度的流动相溶剂,这就必须对所用溶剂进行重新蒸馏和纯化,以达到高效液相色谱分析要求。

对流动相溶剂纯度的要求,与所用检测器的类型有关。例如:使用荧光检测器时,有极少量的杂质就会产生噪音。也即,检测器的灵敏度越高,要求所用流动相溶剂的纯度也就越高。

一般而言,均液分析(等度分析)对流动相溶剂纯度的要求要低一些;而采用梯度洗脱时,对流动相溶剂纯度的要求则要高得多。

(五) 应用概况

反相高效液相色谱的应用十分广泛,是高效液相色谱法中应用最为普遍的一种模式,可用于分离分析小分子有机物以及药物、农药、染料、中草药、氨基酸、天然产物、食品添加剂、低聚核苷酸、肽和分子量不大的蛋白质($\leqslant 50kD$)等。

二、正相色谱法

(一) 基本概念

正相色谱法(Normal phase chromatography,NPC),系指以亲水性填料作固定相(如在硅胶上键合羟基、氨基或氰基的极性固定相,现在几乎都使用键合固定相),以疏水性有机溶剂(如己烷)或疏水性有机溶剂混合物为流动相的液相色谱法。在高效液相色谱法中,正相色谱法是常用的分离模式之一。

(二) 分离机理

正相高效液相色谱的分离取决于溶质与固定相及流动相之间的分子间作用力,其中氢键力和静电力起着重要的作用。

溶质是极性分子,它与固定相(比如是带羟基的基团键合到硅胶上)之间有很强的作用力,于是保留时间就很长,要把它洗脱出来就要采用极性较强的溶剂做流动相。

组分的分配比 (k) 值随其极性的增加而升高,但随流动相溶剂极性的增加而降低。

(三) 固定相

在液相色谱发展的初期,类似于气相色谱那样,把含羟基、氨基、氰基的极性固定相涂渍到硅胶上,这种固定相很容易被液体流动相冲洗掉,柱子寿命极短;随着填料制备技术的进步,现在几乎都使用化学键合固定相。

正相色谱键合固定相如同反相色谱那样,大多是在硅胶表面上通过化学反应以化学键结合的各种固定相分子,形成像刷子一样的分子层。

化学键合固定相的种类很多,按表面结构分为单分子键合相和聚合键合相两种;按键的类型分为 Si—O—C 键、Si—C 键、Si—N—C 键、Si—O—Si—C 键等几种;按用于键合用的有机分子基团性质可分为如下三种。

① 疏水基团:C_8 和 C_{18} 等不同链长的烷基、苯基等。

② 极性基团:氰乙基、氨丙基、醇基、醚基等。

③ 离子基团:作为阴离子交换基团的胺基、季铵盐;作为阳离子交换基团的磺酸等。

正相色谱键合固定相所键合的为极性基团,如氰乙基、氨丙基、醇基、醚基等。

高效液相色谱中常用的化学键合固定相型号参见表 3-8 和表 3-9。

(四) 流动相

正相高效液相色谱流动相一般以非极性或极性小的溶剂（如烃类）中加入适量的极性溶剂（如醚、氯仿、短链醇、二氯甲烷、四氢呋喃等）为流动相，分离极性化合物样品。

即以己烷或庚烷作为流动相的基础溶剂，为了洗脱极性较强的样品，需往基础溶剂中加入极性溶剂，以改善分离的选择性，常加入适量的乙醚和（或）氯仿、二氯甲烷等。

(五) 应用概况

正相高效液相色谱主要应用于分离甾醇、类脂化合物、磷脂类化合物、脂肪酸以及其他有机物的分离分析工作。

三、离子对色谱法

(一) 基本概念

离子对色谱法（Ion-pair chromatography，IPC），是液-液色谱法中的一种特殊模式。系指固定相与反相色谱或正相色谱相同或相近，而流动相（或固定相）中加入了与样品离子电荷相反的物质（称为"对离子"或"反离子"试剂），使样品离子与其结合形成"离子对"，从而控制样品离子保留行为，使各组分获得分离的一种液相色谱法。

根据所用固定相及其流动相种类的不同，又可分为反相离子对色谱法和正相离子对色谱法。现在最常用的是反相离子对色谱法，因为它兼有反相色谱和离子色谱的特点，柱效高，操作简便，而且能同时分离离子型化合物和中性化合物。

(二) 分离机理

关于离子对色谱机理,至今已提出三种机理:离子对形成机理,离子交换机理,离子相互作用机理。其中,现在较常用的是离子对形成机理。

离子对色谱分离原理源于"离子对萃取",离子对萃取是一种液-液分配分离离子性化合物的技术。此法是选择合适的反电荷离子加入到水相中,与被分离的化合物形成"离子对",离子对为中性物质,被萃取到有机相中,从而达到萃取分离。

离子对色谱法是把"对离子"试剂加入到流动相(或固定相)中,与样品离子结合生成中性缔合物(称为"离子对"),此离子对在水相中不易离解而进入有机相中,由于样品组分离子的性质不同,它与对离子形成离子对的能力大小以及离子对的疏水性质各不相同,导致各组分在固定相中的滞留时间不同,因而先后出峰,互相分离。

(三) 固定相

1. 反相离子对色谱

反相离子对色谱的固定相主要有:一是非极性疏水键合相(如:C_{18}、C_8、C_2)作固定相;二是涂渍正戊醇的硅胶作固定相;三是涂渍液体离子交换剂的硅胶作固定相,其自身也兼作对离子。

常用的对离子试剂:高氯酸根负离子 ClO_4^-,十二烷基磺酸负离子 $(C_{12}H_{23})SO_3^-$,四丁基铵正离子 $(C_4H_9)_4N^+$,十六烷基三甲基铵正离子 $(C_{16}H_{33})_4N^+(CH_3)_3$ 等。

2. 正相离子对色谱

正相离子对色谱的固定相主要是:在涂渍了具有不同 pH 值的缓冲溶液和对离子试剂的多孔硅胶作固定相。

常用的缓冲溶液:0.1mol/L 甲磺酸,0.1～0.25mol/L 高氯酸等。

常用的对离子试剂：四丁基铵正离子 $(C_4H_9)_4N^+$，高氯酸根负离子 ClO_4^- 等。

（四）流动相

1. 反相离子对色谱

反相离子对色谱常用的流动相是水为主体的缓冲溶液，或水-甲醇（乙腈、二氯甲烷等）混合溶剂。增加甲醇或乙腈，k 值减小；在流动相中增加有机溶剂的比例，应考虑对"对离子试剂"溶解度的影响；流动相的酸度对保留值有影响，一般 pH＝2～7.4 比较适宜。

2. 正相离子对色谱

正相离子对色谱常用的流动相是有机溶剂，如：丁醇、戊醇、二氯甲烷、三氯甲烷、己烷、庚烷、乙酸乙酯、磷酸三丁酯等，以及它们的混合物。

（五）应用概况

离子对色谱常用于分离分析离子型或可离解的化合物。通过调整对离子试剂的种类和浓度，就可以改变样品组分的分配系数，从而达到分离要求。

反相离子对色谱广泛用于分离分析无机离子、羧酸、羧酸盐、磺酸、磺酸盐、胺类、酚类、染料、药物、生物碱、维生素、抗生素等。

正相离子对色谱也可用于分离分析羧酸、磺酸盐、葡萄糖醛酸、有机胺类等。

四、离子交换色谱法

（一）基本概念

离子交换色谱法（Ion-exchange chromatography，IEC），系指

以能交换离子的材料作固定相来分离离子型化合物的色谱方法。此法是利用离子交换原理和液相色谱技术相结合，用于分离分析离子型化合物的液相色谱分离模式。

（二）分离机理

在离子交换色谱法中，由流动相把样品带入柱中，离子交换固定相与样品离子之间发生离子的可逆交换，因样品中不同离子对固定相的亲和力有差异，导致了不同组分的相互分离。

（三）固定相

在离子交换色谱中，作为固定相的离子交换剂的基质大致有三大类：硅胶、纤维素、合成树脂，其中合成树脂是由二乙烯基苯与苯乙烯共聚物形成网状结构高分子聚合物。

离子交换树脂分为阳离子交换树脂和阴离子交换树脂两种。其中阳离子交换树脂又可分为强酸型（$-SO_3H$）和弱酸型（$-COOH$），阴离子交换树脂可分为强碱型（$-CH_2N(CH_3)_3Cl$）和弱碱型（$-NH(R)_2Cl$）。例如：$YWG-R_4N^+Cl^-$ 和 Zipax-SAX 为强碱型阴离子交换树脂，$YWG-SO_3H^+$ 和 Zipax-SCX 为强酸型阳离子交换树脂。常用的离子交换剂参见表 3-11。

（四）流动相

离子交换色谱法所用流动相通常是具有一定 pH 值和一定盐浓度（或离子强度）的缓冲溶液。通过改变流动相缓冲溶液中盐离子的种类、浓度或 pH 值，可改变样品组分的保留值。

在一般情况下，若提高盐离子的浓度，则可降低样品离子的竞争亲和能力，从而减少其在柱中的滞留时间；也可通过改变盐离子的种类、pH 值等，也能显著地改变样品组分的保留值。

虽然离子交换色谱法所用流动相大多是缓冲溶液，但是有时还加入适量甲醇、乙腈等能与水相混溶的有机溶剂，这在一定程度上也能调节保留值。

常用的缓冲溶液种类参见表 3-12 和表 3-18。

(五) 应用概况

离子交换色谱法在生物医学领域里广泛应用，如肽和蛋白质的分离、氨基酸等有机物的分离分析；也可用于有机和无机混合物的分离。

离子交换色谱法常用于从有机物或溶液中去除离子型杂质，是一种重要的纯化手段，已用于水、尿、血浆、氨基酸、缓冲剂、甲酰胺、丙烯酰胺等的分离、浓缩、提纯。

五、离子色谱法

与大多数有机离子不同，无机离子只有在远紫外区才有吸收，因此，光度检测器不适于检测无机离子；电导检测器是可检测电解质溶液的通用型检测器，如果没有一种可以与电导检测器相配合的分离模式，被测离子的电导信号被强电解质流动相的高背景电导信号淹没而无法检测，那么离子交换色谱法在无机离子的分析和应用则受到限制。

为了解决这一问题，1975 年斯马尔（Small）等人提出了一种可以和电导检测器相匹配的分离新模式——"离子色谱法"。由于此法能同时测定多种无机和有机离子，因而在各领域中得到广泛的应用。

(一) 基本概念

离子色谱法（Ion chromatography，IC），系指消除了洗脱液本身离子带来的本底电导干扰的离子交换色谱法；它是由离子交换色谱法派生出来的一种新的分离模式。

为了能使电导检测器检测出从液-液色谱柱分离出来的有机离子和无机离子，必须克服洗脱液中的离子对电导检测器的干扰，于是在分离柱和检测器之间增加一根"抑制柱"或者采用了电导率极低的溶液作洗脱液,从而消除了洗脱液中本身的离子带来的本底电导的干扰,实现电导检测器直接检测有机离子和无机离子之目的,这一方法被称为"离子色谱法"。

(二) 分离机理

1. 双柱离子色谱

在离子交换分离柱与检测器之间增加一根抑制柱的色谱亦称为抑制型离子色谱或称双柱离子色谱。抑制柱中装填与分离柱电荷相反的离子交换树脂,可以除去流动相中的高浓度电解质,把背景电导加以抑制,从而解决了离子色谱中使用电导检测器的问题。

现以含硫酸钠和硝酸钠的样品分离为例,说明双柱离子色谱的分离原理。以阴离子交换树脂为分离柱中的固定相,以碳酸钠溶液为流动相,抑制柱内填充氢离子型阳离子交换剂。在分离柱中,比较容易被碳酸根离子取代的硝酸根离子,先于硫酸根离子流出色谱柱,而洗脱液在进入检测器之前,经过抑制柱把洗脱液中的高电导碳酸钠交换为难离解的碳酸溶液;与此同时硝酸根离子和硫酸根离子在抑制柱中也转化为相应的酸。硝酸和硫酸与碳酸不同,比其盐类有更高的导电性,所以它们可以被电导检测器检测。

2. 单柱离子色谱

后来弗莱兹(Fritz)等人提出不采用抑制柱的离子色谱体系,而采用了电导率极低的溶液(例如 $0.1 \sim 0.5 \text{mmol/L}$ 苯甲酸盐或邻苯二甲酸盐的稀溶液)作流动相,从而消除了洗脱液中本身的离子带来的本底电导的干扰,实现电导检测器直接检测有机离子和无机离子之目的,此法被称为非抑制型离子色谱或单柱离子色谱。

单柱离子色谱省去了抑制柱,它的分离柱也和双柱离子色谱一样,用低容量离子交换剂。为了提高信噪比,洗脱液必须要使用低电导物质,而且它的浓度要比较低,固定相的离子交换容量也降低,这样可以使被测离子的保留时间在合理的范围之内。

(三) 固定相

离子色谱法所用固定相与离子交换色谱法相同,固定相的种类、性能和用途已在前面作了介绍,在此不再赘述。常用离子交换剂型号参见表 3-11。

(四) 流动相

双柱离子色谱法与离子交换色谱法的流动相多为缓冲溶液,两者没有明显差别,常用缓冲溶液参见表 3-12;而单柱离子色谱法的常用流动相有如下两类。

1. 阴离子交换柱离子色谱常用洗脱剂

烟酸、水杨酸、苯甲酸、苯甲酸盐、对羟基苯甲酸盐、邻苯二甲酸盐、均苯三酸盐、酒石酸盐、柠檬酸盐、葡萄糖酸盐、甲基磺酸盐、氯甲基磺酸盐、氢氧化钠。

2. 阳离子交换柱离子色谱常用洗脱剂

硝酸、高氯酸、乙二胺硝酸盐、乙二胺草酸盐、乙二胺盐+α-羟基异丁酸。

(五) 应用概况

离子色谱法已经成为分离分析无机阴、阳离子和有机离子样品必不可少的手段,在环境科学、生命科学、材料科学、食品科学等众多领域中得到广泛的应用。

六、体积排阻色谱法

20 世纪 60 年代,波拉斯 (Porath) 使用低交联的多孔聚合物(葡聚糖) 作固定相,以水溶液为流动相,分离了水溶性的不同分子量的聚合物。1964 年,莫尔 (Moore) 制备了交联聚苯乙烯树脂作固定相,以小分子溶剂为流动相,用于分离分子量从几千到几百万的高聚物分子,测出了高聚物的分子量分布;此法成为分离分析高分子的重要液相色谱分离模式。

(一) 基本概念

体积排阻色谱法(Size-exclusion chromatography,SEC)系指以多孔性凝胶作固定相、以水溶液或者有机溶剂为流动相,使较大分子量混合物按其尺寸大小或形状差异进行分离的液相色谱法。其中:以亲水性凝胶作固定相、以水溶液为洗脱剂的被称作"凝胶过滤色谱法"(Gel fraction chromatography,GFC);以疏水性凝胶作固定相、以有机溶剂为洗脱剂的被称作"凝胶渗透色谱法"(Gel permeation chromatography,GPC)。

(二) 分离机理

体积排阻色谱的分离机理是分子的体积排阻,所用固定相为多孔凝胶,样品高聚物分子在流动相溶液中呈无规则的线团,大的溶质分子不能进入多孔凝胶孔内,故其洗脱体积小、保留时间短;中等大小的溶质分子,渗透到部分孔穴中去,流出稍慢;而小的溶质分子可以渗透到凝胶孔内,洗脱体积大、保留时间长。从而,使样品高聚物分子从大至小互相分离。

(三) 固定相

体积排阻色谱固定相按化学类型可分为软性凝胶、半刚性凝胶和刚性凝胶,它们的性能和用途已在前面做了详细介绍,在此不再赘述。常用固定相型号参见表 3-13。

(四) 流动相

体积排阻色谱流动相可分为水溶液和有机溶剂两类,选择因素已在前面做了介绍,在此不再复述。在凝胶过滤色谱法中,使用以水为基质具有一定 pH 值的缓冲溶液作流动相;在凝胶渗透色谱法中，四氢呋喃是使用最多的流动相。常用流动相溶剂的物性参数见表3-14。

(五) 应用概况

在高分子化学、生物化学等领域的分析工作中，体积排阻色谱法是不可或缺的方法，它既可以快速测定高聚物的分子量分布和各种平均分子量，也可以用于高聚物歧化度的研究。此外，体积排阻色谱法也用于较小分子混合物的分离，还可用于生物样品（蛋白质、核酸、酶等）的分离纯化工作。

七、疏水作用色谱法

疏水作用色谱法是为分离分析蛋白质等生物大分子物质而建立的一种液相色谱新的分离模式。它具有洗脱条件温和、样品变性少、不失活，分辨率高、样品组分分离效果好，样品处理量大，使用成本比较低等特点。因而，现已成为生物大分子的重要分离分析方法之一。

(一) 基本概念

疏水作用色谱法（Hydrophobic interaction chromatography, HIC），系指以含弱疏水性基团的材料为固定相，以高离子强度的盐溶液为流动相，利用样品中各组分具有不同的疏水作用的性质而进行分离分析的液相色谱法。

(二) 分离机理

HIC系利用蛋白质等生物大分子中含有疏水基团，可与固定相之间产生疏水作用而达到分离分析之目的。疏水作用色谱的固定相表面为弱疏水性基团，而流动相为高离子强度的盐溶液。当流动相把含有疏水性基团生物大分子样品带入色谱柱中进行分配时，生物大分子的疏水性基团与固定相的疏水基团相互作用而被保留；当用流动相洗脱时，逐渐降低流动相的离子强度，生物大分子按其疏水性的大小被依次洗脱出来，疏水性小的先流出，疏水性大的后流出，从而使各组分互相分离。

（三）固定相

1. 经典疏水作用色谱固定相

① 软性凝胶：在琼脂糖凝胶上接枝弱疏水性基团（如：苯基琼脂糖凝胶）。

② 半刚性凝胶：甲基丙烯酸酯共聚物的大孔共聚物（如：Spheron）。

上述固定相的颗粒大、刚性差、分离速度和柱效都比较低。

2. 高效疏水作用色谱固定相

① 以硅胶为基质：在多孔性硅胶微球上键合各种弱疏水性基团：如聚酰胺、聚醚等。

② 以高聚物为基质：通过缩水甘油醚把丁基或苯基键合到亲水性的排阻色谱用固定相 TSK-gel 3000SW 上，制备出高效疏水作用色谱固定相。

须知：疏水作用色谱固定相的疏水性要比反相色谱固定相的疏水性低几十倍至几百倍，否则会引起不可逆吸附。

（四）流动相

① 流动相的温度：对大多数生物大分子而言，温度升高使保留作用增大，但也会使其溶解度和生物活性降低，故以室温为宜。

② 流动相的酸度：疏水作用色谱以中性缓冲溶液作流动相（磷酸盐、乙酸盐体系），pH 变化小，对蛋白质的溶解度和活性有利。

③ 流动相离子强度：以高离子强度的溶剂为流动相，其洗脱能力强，容量因子值比较大，选择性比较好，色谱峰形比较尖锐。

（五）应用概况

疏水作用色谱是生物化学中的重要分离分析方法，已应用于蛋白质、多肽、溶菌酶、核糖核酸酶以及其他生物大分子的分离纯化，也适用于其他天然产物的分离纯化和脱色等。

八、胶束液相色谱法

阿姆斯特朗（Armstrong）于1979年首先提出了胶束液相色谱法，这一新的液相色谱分离模式受到很多人的重视，因为它有以下一些特点。

一是以高于临界胶束浓度的表面活性剂水溶液为流动相，毒性比较低。

二是流动相中的表面活性剂相当于增加了一个假固定相，分离效能高。

三是在分析血清和尿样时不需要除去蛋白质可直接进样，分析速度快。

四是克服了离子对色谱法重现性差及平衡时间长等弱点，结果较理想。

（一）基本概念

胶束液相色谱（Micellar liquid chromatography，MLC），系指以高于临界胶束浓度的表面活性剂溶液代替一般液相色谱的水和有机溶剂做流动相，溶质在固定相和胶束相以及水相之间进行分配而达到分离的液相色谱方法。

在水溶液中形成的胶束称为正相胶束，可用于反相液相色谱分离模式；在非极性溶剂中形成的胶束称反相胶束，可用于正相液相色谱分离模式。

（二）分离机理

胶束液相色谱中的表面活性剂是流动相的改性剂，相当于增加了一个有选择性的假固定相。阿鲁尼安阿特（Arunyanart）等人认为在胶束液相色谱中存在两种基本平衡：第一个是流动相中溶质 E_M 与固定相活性部位 L_S 形成络合物 EL_S；第二个是溶质 E_M 与流动相中的胶束 M_M 形成络合物 EM_M。此外还有一个平衡是胶束中的溶质向固定相中转移。

（三）固定相

胶束液相色谱法所采用的固定相，就是液-液高效液相色谱中的反相色谱、正相色谱所用的化学键合固定相，例如：μBondapak C_{18} 和 YWG-$C_{18}H_{37}$ 为非极性键合固定相柱子，Durapak OPN 和 YWG-CN 为极性键合固定相柱子。

高效液相色谱中常用的化学键合固定相型号参见表 3-8 和表 3-9。

（四）流动相

胶束液相色谱法中的流动相系由基础溶剂和表面活性剂两部分组成。

1. 基础溶剂

基础溶剂可用液-液高效液相色谱中的反相色谱、正相色谱所用的溶剂，即极性溶剂（水溶液）、非极性溶剂（环己烷等）；在胶束液相色谱法中，当前常用的基础溶剂是水溶液。

2. 表面活性剂

在胶束液相色谱中形成胶束的表面活性剂主要是十二烷基磺酸钠（SDS），表 3-16 中列出了在胶束液相色谱中常用的表面活性剂。

表 3-16 胶束液相色谱中常用的表面活性剂

类 型	名 称	代 号	CMC (mol)	自聚数
阴离子	十二烷基磺酸钠	SDS	0.0081	62
阳离子	十六烷基三甲基溴化铵	CTAB	0.0013	78
中性分子	聚氧乙烯（23）十二烷醇	Brij-35	0.0001	40
非水反应胶束	丁二酸二辛酯磺酸钠	AOT	0.0006	—

（五）应用概况

胶束液相色谱目前的应用主要是环境监测和药物分析。它能分离中性分子和带相反于胶束电荷的离子，可以用于分析有机金属化合物、无机阴离子、蛋白质和多种药物。

把胶束液相色谱与其他大型仪器联用，可监测环境样品中的 pg 级的甲基砷酸，分析甲基锡和苯基锡等。

九、亲和色谱法

亲和色谱法是液相色谱法的一个新的分支，其主要特点在于对天然生物活性物质能进行高效的分离和纯化。因此，已在生物化学、基因工程等相关领域中得到广泛应用。

（一）基本概念

亲和色谱法（Affinity chromatography，AC），系指利用生物大分子样品与固定相上的配位体之间的特异亲和力进行选择性分离的一种高效液相色谱分离模式。

自 1968 年卡特里凯萨斯（Cuatrecasas）提出亲和色谱概念以来，在寻找特异亲和作用物质上发现了许多组合，如：抗原与抗体、酶与催化底物、凝集素与多糖、激素与受体、寡核苷酸与其互补链、RNA 与和它互补的 DNA 等。

(二) 分离机理

当含有亲和性的复杂混合物样品随流动相流经色谱柱时，在键合了配位体的亲和色谱固定相上，亲和性大分子就与配位体发生可逆性结合而被滞留，其他组分无阻滞地先流出色谱柱。然后改变流动相的 pH 值或组成或离子强度（例如盐的浓度），以降低亲和性大分子与配位体的结合力，从而使保留在柱上的亲和性大分子以纯品形态洗脱下来。

(三) 固定相

亲和色谱固定相系由基体、间隔臂和配位体三部分构成。通常是在基体表面上先键合一种具有一般反应性能的间隔臂；随后，再键联上配位体。具有亲和力特性的生物大分子与这种固定相互相作用而被保留，没有这种亲和力特性的分子不被保留。

亲和色谱常用固定相型号见表 3-17。

表 3-17 亲和色谱常用固定相型号

名 称	粒径 (μm)	孔径 (nm)	厂家
汽巴蓝 Cibacronblue F3GA＝Si300	5	300	Serva
亚氨基二乙酸 Iminodiessigsaure＝Si100	3，5，10	100	Serva
在亲水聚合物上的蛋白质 A PL-AFC Protein A	10	1000	Polymer Laboratories
Tresyl Selectispher Activated Tresyl	10	500	Perstorp Biolytica
硼酸盐 Selectispher Boronate	10	500	Perstorp Biolytica
汽巴蓝 Selectispher Cibacron Blue	10	500	Perstorp Biolytica
伴刀豆球蛋白 A Selectispher Concanavalina A	10	500	Perstorp Biolytica
蛋白质 A Selectispher Protein A	10	500	Perstorp Biolytica

续表

名　称	粒径 (μm)	孔径 (nm)	厂家
蛋白质 G Selectispher Protein G	10	300	Perstorp Biolytica
在 S-DVB 上的对氨苯基脲 TSKgel ABA-SPW	10	1000	Toyo Soda
在 S-DVB 上的汽巴蓝 TSKgel Blue-5PW	10	1000	Toyo Soda
在 S-DVB 上的 m-氨基苯硼酸 TSKgel Boronate-5PW	10	1000	Toyo Soda
在 S-DVB 上的亚氨基二乙酸 TSKgel Chelate-5PW	10	1000	Toyo Soda
在 S-DVB 上的肝素 TSKgel Heparin-5PW	10	1000	Toyo Soda
环氧基官能团 Ultraffinity-EP	10		Beckman

注：表中 S-DVB 为苯乙烯-二乙烯基苯共聚物。

1. 基体

基体通常为凝胶，许多无机和有机聚合物都可形成凝胶，如：多孔硅胶、多孔玻璃、葡聚糖、琼脂糖衍生物、脲醛树脂、甲基丙烯酸酯共聚物、聚丙烯酰胺及其衍生物、高交联度苯乙烯-二乙烯基苯共聚物等。

2. 间隔臂

用作间隔臂的化合物均为双官能团有机化合物，其分子一端与活化基体键合，另一端与配位体键联。

① 作疏水性间隔臂的有机化合物：二胺类、二酸类、氨基酸、卤代醇等。

② 作亲水性间隔臂的有机化合物：二元酰氯、氨基醇、聚醚类、三肽等。

3. 配位体

在亲和色谱固定相上键联的配位体主要有：共价配位体、染料配位体、定位金属离子配位体、包合配合物配位体、电荷转移配位体、生物特效配位体等。

在生物大分子的分离分析工作中,最常用的生物特效配位体有:酶(如底物及其类似物)、辅酶(如类固醇)、抗体(植物激素)、激素(如糖和多糖)、抗生素(核苷酸)等。

(四)流动相

亲和色谱流动相为缓冲溶液:一是由乙酸盐、磷酸盐、硼酸盐、柠檬酸盐构成的具有不同pH值的缓冲溶液体系;二是有机碱(三羟甲基氨基甲烷,简称Tris)与盐酸、顺丁烯二酸构成的缓冲溶液体系;三是在生物大分子亲和色谱分析中还广泛使用生物研究中常用的氢离子缓冲液。常用的缓冲溶液组成参见表3-18。

表3-18 常用缓冲溶液的组成和pH缓冲范围

编号	缓冲溶液的组成	pH缓冲范围
1	0.10mol/L 磷酸+0.1mol/L 磷酸二氢钾	2.1
2	0.03mol/L 磷酸二氢钠+0.04mol/L 磷酸氢二钠	5.0～8.0
3	0.04mol/L 磷酸二氢钠+0.04mol/L 磷酸三钠	8.0～11.0
4	0.10mol/L 磷酸二氢钾+0.05mol/L 四硼酸钠	5.8～9.2
5	0.01mol/L 柠檬酸+0.02mol/L 磷酸氢二钠	2.6～7.0
6	0.02mol/L 醋酸+0.02mol/L 醋酸钠(醋酸铵)	3.6～5.6
7	0.20mol/L 硼酸+0.05mol/L 四硼酸钠	6.8～9.2
8	0.05mol/L 四硼酸钠+0.1mol/L 碳酸钠	9.0～11.0
9	0.05mol/L 三羟甲基氨基甲烷+0.15mol/L 氯化钠	7.4
10	0.02mol/L 三羟甲基氨基甲烷+0.01mol/L 盐酸	7.2～9.1
11	0.02mol/L 三羟甲基氨基甲烷+0.02mol/L 顺丁烯二酸	5.2～6.8

(五)应用概况

亲和色谱法也可以认为是一种选择性过滤方法,它选择性强、纯化效率高,往往可以一步获得纯品,是当前解决生物大分子分离和分析的重要手段。

亲和色谱已广泛用于酶、多肽、氨基酸、蛋白质、核碱、核苷、核苷酸、寡聚和多聚核苷酸、寡糖、多糖、核糖核酸、脱氧核糖核酸等生物大分子的分离及纯化工作。

第 7 节　应用实例

例 1. 稠环芳烃分析

样　品：含六苯并苯等 8 种稠环芳烃的混合物

色谱仪：岛津 LC-10A，配有色谱工作站

检测器：UV 紫外检测器，340nm

色谱柱：C_{18} 键合相（ODS-224），$5\mu m$，柱长 25cm，柱径 4.6mm

流动相：甲醇-二氯甲烷（8∶2）混合溶剂

流　速：1mL/min

进　样：$20\mu L$

结　果：所有组分在 25min 之内全部流出，各组分完全分离，组分出峰顺序为：六苯并苯，二苯二萘嵌苯，三苯二萘嵌苯，苯萘并二萘嵌苯，四苯二萘嵌苯，萘六苯并苯，二苯萘并二萘嵌苯，苯菲并五苯。

例 2. 磺胺分析

样　品：磺胺、磺胺嘧啶、磺胺甲基异噁唑和甲氧苄氨嘧啶的混合物

色谱仪：Waters 高效液相色谱仪，740 色谱数据处理机

检测器：UV 481 型紫外检测器，波长 240nm

色谱柱：μ-Bondapak C_{18}，$5\mu m$，柱长 25 cm，柱径 4.6 mm

流动相：由 KH_2PO_4（0.05mol/L）和 Na_2HPO_4（0.05 mol/L）以及 MeOH 所组成，其用量比例为 200∶10∶165

流　速：1mL/min

进　样：10μL

结　果：所有组分在 6min 之内全部流出，各组分完全分离，组分出峰顺序为：磺胺保留时间为 2.60 min，磺胺嘧啶保留时间为 3.18 min、磺胺甲基异噁唑保留时间为 4.33 min，甲氧苄氨嘧啶保留时间为 5.19min。

例3. 茶碱分析

样　品：含茶碱等三种物质的混合物

色谱仪：Waters 高效液相色谱仪，配有色谱工作站

检测器：UV 紫外检测器，280nm

色谱柱：Micro μBondapak C_{18}，8μm，柱长 25 cm，柱径 4.6 mm

流动相：二甲基甲酰胺：甲醇：醋酸：水＝23.5：1：0.5：75 (V/V)

流　速：1mL/min

进　样：10μL

结　果：所有组分 8min 之内全部流出，各组分完全分离，组分流出顺序为：峰1为可可碱，峰2为茶碱，峰3为咖啡碱。

例4. 银杏内酯分析

样　品：含银杏苦内酯等4种物质的混合物

色谱仪：Alltech 525 二元泵高效液相色谱仪，配有570自动进样器，Rheadyane 77251 进样阀，HP 化学工作站

检测器：500 型 ELSD Alltech 蒸发光散射检测器
　　　　　漂移管温度为 91℃，氮气流速为 2.75L/min

色谱柱：Platinum OPS，5μm，柱长 25cm，柱径 4.6mm

流动相：水：甲醇：四氢呋喃＝75：20：10

流　速：1mL/min

进　样：10μL

结　果：所有组分在 15min 之内全部流出，各组分完全分离，组分流出顺序为：峰1为银杏苦内酯C，峰2为白果内酯，峰3银

杏苦内酯 A，峰 4 为银杏苦内酯 B。

例 5. 脂肪酸甲酯分析

样　品：含 5 种脂肪酸甲酯的混合物

色谱仪：Waters 高效液相色谱仪，配有色谱工作站

检测器：500 型 ELSD Alltech 蒸发光散射检测器

　　　　漂移管温度为 45℃，氮气流速为 1.5L/min

色谱柱：Silver Impregnated Ion-Exchange，柱长 25cm，柱径 4.6mm

流动相：乙腈：甲醇＝2：98

流　速：0.75mL/min

进　样：10μL

结　果：所有组分在 10min 之内全部流出，各组分完全分离，组分流出顺序为：峰 1 为 $C_{18:0}$ 脂肪酸甲酯，峰 2 为 $C_{18:1}$ 脂肪酸甲酯，峰 3 为 $C_{18:2}$ 脂肪酸甲酯，峰 4 为 $C_{18:3}$ 脂肪酸甲酯，峰 5 为 $C_{20:4}$ 脂肪酸甲酯。

例 6. 脂肪酸直接分析

样　品：未经衍生处理的亚麻酸等 6 组分的混合物

色谱仪：HP1100 高效液相色谱仪（美国 Hewlett Packard），四元梯度泵，色谱工作站

检测器：500 型 ELSD Alltech 蒸发光散射检测器

　　　　漂移管温度为 65℃，氮气流速为 2.0L/min

色谱柱：Alltima™ C_{18}，5μm，柱长 25cm，柱径 2.1mm

流动相：A 为水，B 为乙腈

梯度	时间	0min	10min	15min	20min
	A	13%	20%	20%	5%
	B	77%	80%	80%	95%

流　速：0.4mL/min

进　样：20μL

结　果：所有组分 20min 之内全部流出，各组分完全分离，

组分流出顺序为：峰 1 为亚麻酸，峰 2 为肉豆蔻酸，峰 3 为亚油酸，峰 4 为棕榈酸，峰 5 为油酸，峰 6 为硬脂酸。

例 7. 氨基酸衍生物分析

样　品：22 种氨基酸的苯基乙酰硫脲混合物

色谱仪：Dupont 830 型液相色谱仪，Dupont 838 梯度洗脱装置，色谱工作站

检测器：UV 紫外检测器，波长 254nm

色谱柱：柱长 25cm，柱径 0.46cm Zorbax ODS 柱（Dupont）

流动相：A 液为 0.01mol/L 的 NaAc，pH＝4.5
　　　　B 液为 CH_3CN

梯　度：0～6min B/A＝24/76～42/58（V/V）
　　　　6～14min B/A＝42/58（V/V）
　　　　14～20min B/A＝24/76（V/V）

流　速：1mL/min

进　样：自动进样器进样 10μL

结　果：所有组分在 20min 之内全部流出，各组分完全分离，组分出峰顺序为：峰 1 为 ASP，峰 2 为 GLU，峰 3 为 ASN，峰 4 为 SER，峰 5 为 GLN，峰 6 为 THR，峰 7 为 GLY，峰 8 为 MET·SO_2，峰 9 为 HYP，峰 10 为 ALA，峰 11 为 TYR，峰 12 为 HIS，峰 13 为 CYS（CH_2），峰 14 为 VAL，峰 15 为 MET，峰 16 为 PRO，峰 17 为 TRP，峰 18 为 LYS，峰 19 为 PHE，峰 20 为 ILE，峰 21 为 LEU，峰 22 为 ARG。

例 8. 氨基酸直接分析

样　品：12 种未衍生氨基酸混合物溶液（1mmol/L）

色谱仪：HP1100 高效液相色谱仪（美国 Hewlett Packard），四元梯度泵，配有二极管阵列检测器、蒸发光散射检测器和化学工作站

检测器：500 型 ELSD 蒸发光散射检测器
　　　　漂移管温度为 95℃，氮气流速 2.5L/min

色谱柱：Alltima C_{18}，5μm，柱长 25cm，柱径 4.6mm
流动相：A 为含 0.1% TFA 的水
　　　　B 为含 0.1% TFA 的乙腈
梯　度：时间　　0min　　5min　　20min
　　　　A 液　　100%　　100%　　60%
　　　　B 液　　0%　　　0%　　　40%
流　速：0.6mL/min
进　样：20μL
结　果：所有组分在 25min 之内全部流出，各组分完全分离，组分流出顺序为：峰1为丝氨酸，峰2为赖氨酸，峰3为谷氨酸，峰4为精氨酸，峰5为脯氨酸，峰6为缬氨酸，峰7为甲硫氨酸，峰8为酪氨酸，峰9为异亮氨酸，峰10为亮氨酸，峰11为苯丙氨酸，峰12为组氨酸。

例 9. 糖类分析
样　品：含果糖等 6 种糖类物质的混合物
色谱仪：HP1100 高效液相色谱仪（美国 Hewlett Packard），四元梯度泵，色谱工作站
检测器：Mark ⅡA 型 ELSD Alltech 蒸发光散射检测器
　　　　漂移管温度为 100℃，氮气流速为 2.2L/min
色谱柱：Absorbosphere，NH_2，柱长 25cm，柱径 4.6mm
流动相：A 为乙腈，B 为水
梯　度：时间　　0min　　20min
　　　　A　　　85%　　　75%
　　　　B　　　15%　　　25%
流　速：1.5mL/min
进　样：20μL
结　果：所有组分在 24min 之内全部流出，各组分完全分离，组分流出顺序依次为：峰1为果糖，峰2为葡萄糖，峰3为蔗糖，峰4为麦芽糖，峰5为乳糖，峰6为棉籽糖。

例10. 嘌呤分析

样　品：取 1mL 血浆加入 200μL 的 1.98mol/L 的高氯酸 (GR)，再加入 600μL 蒸馏水和 200μL 的 1.47mol/L 的别嘌呤醇 (内标)，用旋转混合器振摇 10s 于 1200g 离心 10min，取上层清液备分析用。

色谱仪：岛津 LC-10A，配有色谱工作站

检测器：UV 紫外检测器，254nm

色谱柱：μBondapsk C_{18}，10μm，柱长 30cm，柱径 3.9mm

流动相：0.02mol/L 的磷酸二氢钾，pH=2.2

流　速：2.0mL/min

进　样：10μL

结　果：所有组分在 12min 之内全部流出，各组分分离完全，保留时间依次为：尿嘌呤为 3.18min（峰1），腺嘌呤为 3.21 min（峰2），次黄嘌呤为 3.90 min（峰3），5-羟基吡嗪酸为 4.75min（峰4），5-羟基吡嗪胺为 5.31 min（峰5），黄嘌呤为 5.90 min（峰6），吡嗪酸为 7.35min（峰7），内标别嘌呤醇为 8.53min（峰8），吡嗪胺为 9.57min（峰9）。

例11. 植物甾醇分析

样　品：含 β-谷甾醇、豆甾醇、菜油甾醇、菜籽甾醇和胆固醇的混合物

色谱仪：岛津 LC-10AV，配有色谱工作站

检测器：Alltech 2000 型 ELSD 蒸发光散射检测器
　　　　漂移管温度为 70℃，氮气流速 1.6L/min

色谱柱：Supecol Discouery C_{18}，5μm，柱长 25cm，柱径 4.6mm

流动相：甲醇

流　速：1mL/min

进　样：10μL

结　果：所有组分在 19min 之内全部流出，各组分完全分离，

组分流出顺序为：峰 1 为菜籽甾醇保留时间 13.70min，峰 2 为胆固醇保留时间 14.62 min，峰 3 为豆甾醇保留时间 15.45min，峰 4 为菜油甾醇保留时间 15.97min，峰 5 为 β 谷甾醇保留时间 17.05min。

例 12. 甾族化合物分析

样　品：含孕酮等 4 种物质的混合物

色谱仪：HP1100 高效液相色谱仪（美国 Hewlett Packard），四元梯度泵，色谱工作站

检测器：Mark ⅡA 型 ELSD Alltech 蒸发光散射检测器

　　　　漂移管温度为 135℃，氮气流速为 1.2L/min

色谱柱：Hyperil C_{18}，$5\mu m$，柱长 25cm，柱径 4.6mm

流动相：甲醇∶水＝70∶30

流　速：1.2mL/min

进　样：20μL

结　果：所有组分在 12min 之内全部流出，各组分完全分离，组分流出顺序为：峰 1 为氢化可的松，峰 2 为强的松，峰 3 为睾酮，峰 4 为孕酮。

例 13. 皮质醇分析

样　品：含皮质醇等 5 种物质的混合物

色谱仪：Trirotar 双泵高效液相色谱仪，配有色谱工作站

检测器：荧光检测器，流动池 30μL

　　　　激发波长 370nm，检测波长 480nm，狭缝均为 20nm

色谱柱：Finepak C_{18}，$10\mu m$，柱长 25cm，柱径 4.6mm

流动相：甲醇∶水＝50∶100（V/V）

流　速：0.8 mL/min

进　样：20μL

结　果：所有组分 70min 之内全部流出，各组分完全分离，组分流出顺序为：峰 1 为皮质醇、保留时间 15.8min，峰 2 为 β-Methasone、保留时间 20.0min，峰 3 为四氢皮质酮、保留时间

22.5min，峰 4 为四反皮质醇、保留时间 32.5 min，峰 5 为四氢-11-脱氧皮质醇、保留时间 65.8min。

例 14. 胆固醇分析

样　品：含胆固醇等 6 组分的混合物

色谱仪：美国 Alltech 高效液相色谱仪 M526 泵，配有色谱工作站

检测器：ELSD 美国 Alltech MKⅢ 蒸发激光散射检测器
　　　　漂移管温度为 65℃，氮气流速为 2.0L/min

色谱柱：Allsphere Silica，3μm，柱长 10cm，柱径 4.6mm

流动相：A 为离子对试剂，B 为正己烷，C 为水

梯　度：

时间	0min	7min	15min
A	58%	52%	52%
B	40%	40%	40%
C	2%	8%	8%

流　速：1.25mL/min

进　样：20μL

结　果：所有组分在 13min 之内全部流出，各组分完全分离，组分流出顺序为：峰 1 为胆固醇，峰 2 为棕榈酸，峰 3 为磷脂酰乙醇胺，峰 4 为磷脂酰丝氨酸，峰 5 为磷脂酰胆碱，峰 6 为神经鞘磷脂。

例 15. 磷脂分析

样　品：含磷脂酰肌醇等 4 种物质混合物

色谱仪：HP1100 高效液相色谱仪（美国 Hewlett Packard），四元梯度泵，色谱工作站

检测器：500 型 ELSD Alltech 蒸发光散射检测器
　　　　漂移管温度为 120℃，氮气流速为 2.7L/min

色谱柱：Rosil NH_2，5μm，柱长 15cm，柱径 4.6mm

流动相：A 为无水乙醇，B 为 0.2mol/L 的草酸溶液

梯　度：时间　0min　15min　30min　30.1min　35.1min

A	95%	85%	85%	95%	95%
B	5%	15%	15%	5%	5%

流　速：1.5mL/min

进　样：10μL

结　果：所有组分在35min之内全部流出，各组分完全分离，组分流出顺序为：峰1为磷脂酰乙醇胺，峰2为磷脂酰丝氨酸，峰3为磷脂酰胆碱，峰4为磷脂酰肌醇。

例16. 多肽分析

样　品：含G-Y等3种多肽物质的混合物

色谱仪：美国Alltech高效液相色谱仪M526泵，配有色谱工作站

检测器：ELSD美国Alltech MKⅢ蒸发激光散射检测器

漂移管温度为110℃，氮气流速为2.19L/min

色谱柱：Alltima™ C_{18}，5μm，柱长25cm，柱径4.6mm

流动相：0.05%TFA水溶液：乙腈＝65：35

流　速：0.6mL/min

进　样：20μL

结　果：所有组分在5min之内全部流出，各组分完全分离，组分流出顺序为：峰1为G-Y，峰2为G-L-Y，峰3为K-D。

例17. 维生素分析

样　品：含维生素A等5种物质的混合物

色谱仪：Waters高效液相色谱仪，配有工作站

检测器：500型ELSD Alltech蒸发光散射检测器

漂移管温度为70℃，氮气流速为2.0L/min

色谱柱：Adsorbosphere C_{18}，5μm，柱长25cm，柱径4.6mm

流动相：甲醇：乙醇＝97：3

流　速：1mL/min

进　样：20μL

结　果：所有组分在21 min之内全部流出，各组分完全分离，

组分流出顺序为：峰 1 为维生素 A，峰 2 为维生素 D_2，峰 3 为维生素 D_3，峰 4 为维生素 E，峰 5 为维生素 K_1。

例 18. 抗生素分析

样　品：含有红霉素等 5 种抗生素的混合物

色谱仪：Alltech 525 二元泵 高效液相色谱仪

配有 570 自动进样器，Rheadyane 77251 进样阀，HP 化学工作站

检测器：2000 型 ELSD Alltech 蒸发光散射检测器
　　　　漂移管温度为 95℃，氮气流速为 2.0L/min

色谱柱：Alltima^{TM} C_{18}，$5\mu m$，柱长 15cm，柱径 4.6mm

流动相：A 为 0.2% 五氟丙酸，B 为甲醇

梯　度：时间　　　　0min　　　5min
　　　　A/B　　　　55%/45%　35%/65%

流　速：1mL/min

进　样：10μL

结　果：所有组分在 6min 之内全部流出，各组分完全分离，组分流出顺序为：峰 1 为红霉素，峰 2 为链霉素，峰 3 为托布霉素，峰 4 为阿米卡星，峰 5 为新霉素。

例 19. 无活菌素分析

样　品：含无活菌素等 5 种物质的混合物

色谱仪：Alltech 525 二元泵 高效液相色谱仪

配有 570 自动进样器，Rheadyane 77251 进样阀，HP 化学工作站

检测器：2000 型 ELSD Alltech 蒸发光散射检测器
　　　　漂移管温度为 96℃，氮气流速为 2.9L/min

色谱柱：Alltima^{TM} C_{18}，$5\mu m$，柱长 25cm，柱径 4.6mm

流动相：THF：水＝60：40

流　速：1mL/min

进　样：20μL

结　果：所有组分在 20min 之内全部流出，各组分完全分离，组分流出顺序为：峰 1 为无活菌素，峰 2 为单活菌素，峰 3 为二活菌素，峰 4 为三活菌素，峰 5 为四活菌素。

例 20. 非离子型去垢剂分析

样　品：3 种非离子型去垢剂物质的混合物

色谱仪：HP1100 高效液相色谱仪，配有色谱工作站

检测器：2000 型 ELSD Alltech 蒸发光散射检测器
　　　　漂移管温度为 65℃，氮气流速为 1.9L/min

色谱柱：Alltech Econosphere™ C_{18}，5μm，柱长 15cm，柱径 4.6mm

流动相：甲醇：水＝90：10

流　速：0.8mL/min

进　样：20μL

结　果：所有组分在 5 min 之内全部流出，各组分完全分离，组分流出顺序为：峰 1 为 n-葵基-β-D-吡喃葡萄糖苷，峰 2 为 n-十二烷基-β-D-吡喃葡萄糖苷，峰 3 为 n-辛葵基-β-D-吡喃葡萄糖苷。

例 21. 牛奶中三聚氰胺分析

样　品：含三聚氰胺等的牛奶

检测器：UV 紫外检测器，240nm

色谱柱：Cnwsil SCX 柱，5μm，柱长 25cm，柱径 4.6mm

流动相：50mmol/L 的磷酸二氢钾溶液（磷酸调节至 pH 为 3.0）＋乙腈（60/40，V/V）

流　速：1.5mL/min

进　样：10μL

结　果：三聚氰胺出峰时间为 9.8min

例 22. 奶粉中三聚氰胺分析

样　品：含三聚氰胺等的奶粉

检测器：UV 紫外检测器，240nm

色谱柱：Kromasil C_{18}，5μm，柱长20cm，柱径4.6mm
流动相：乙腈/（2.10g柠檬酸和2.16g辛基磺酸钠加水溶解，调节至pH为3.0,定溶至1L）=10/90（V/V）
流　速：1.0mL/min
进　样：10μL
结　果：三聚氰胺出峰时间为22min

例23. 防腐剂苯甲酸等的测定

样　品：含苯甲酸等防腐剂的混合物
检测器：UV紫外检测器，230nm
色谱柱：C_{18}，5μm，柱长15cm，柱径4.6mm
流动相：醋酸胺（0.02mol/L）/甲醇=95/5（V/V）
流　速：1.0mL/min
进　样：10μL
结　果：甲醇出峰时间为2.773min，A-K糖出峰时间为6.465min，苯甲酸出峰时间为8.615min，山梨酸出峰时间为11.465min，糖精出峰时间为13.465min。

练　习　题

1. 纸色谱法的基本原理是什么？如何选择层析纸和如何选择展开剂？
2. 何谓比移值？影响比移值有哪些因素？
3. 举例说明纸色谱的实验过程；试说明展开剂双前沿现象和斑点异形的原因。
4. 薄层色谱常用哪几种物质作固定相？请分别说明它们的特点。
5. 在吸附薄层色谱中应如何选择展开剂？当用一种展开剂展开某极性样品时，发现展开后的 R_f 值太小，应考虑采取何种措施使 R_f 值增大？

6. 当层析缸中溶剂蒸汽未达到饱和时,对薄层色谱将产生何种影响?

7. 如何进行薄层色谱点样操作?层析斑点常用哪几种方法进行显色?

8. 常用哪几种方法对纸色谱和薄层色谱进行定性分析和定量分析?

9. 试拟出某一样品的薄层分析方案。

10. 乙胺样品在硅胶板 A 上,用丁醇∶醋酸∶水(为 4∶1∶5)展开,得 R_f 值为 0.37;同一样品用同一展开剂在硅胶板 B 上展开,得 R_f 值为 0.65,请问哪一块硅胶板的活性大些?

11. 吸附柱色谱与分配柱色谱有何异同?吸附柱色谱的流动相的一般选择原则是什么?

12. 为什么要用混合溶剂作流动相?

13. 硅胶活性如何分级?如何测定硅胶的活性?

14. 写出分配系数的表达式,并说明各项符号的含义。

15. 组分 A 和 B 在某色谱柱上的分配系数分别为 400 和 320,请问何组分先流出柱子?为什么?

16. 柱色谱试验包括哪些操作步骤?

17. 试比较经典液相色谱与高效液相色谱的异同。

18. 画出高效液相色谱仪流程图,并说明各主要部件的用途。

19. 高效液相色谱流动相溶剂如何纯化?如何脱气?

20. 试说明蒸发激光散射检测器的基本特点和主要用途。

21. 请比较紫外检测器和二极管阵列检测器性能有何异同。

22. 写出示差折光检测器、荧光检测器、电导检测器的基本特点和用途。

23. 试比较反相高效液相色谱与正相高效液相色谱的区别。

24. 化学键合固定相有何特点和用途?写出 5 例常用化学键合相并说明其主要用途。

25. 试比较离子对色谱、离子交换色谱、离子色谱三者的主要区别。

26. 叙述反相离子对色谱的分离过程。
27. 离子色谱中"抑制柱"的用途是什么？
28. 何谓体积排阻色谱？叙述体积排阻色谱的应用概况。
29. 何谓疏水作用色谱？叙述影响疏水作用色谱的主要因素。
30. 何谓胶束液相色谱？胶束液相色谱是如何实现分离的？
31. 何谓亲和色谱？叙述亲和色谱流动相选择方法和应用概况。

第四篇 色谱新方法

气相色谱法和高效液相色谱法已在众多领域中应用，为各种样品的分离分析工作发挥了重要的作用。随着科学技术的进步，新的分离分析课题急需相应的新方法，因此，新的色谱方法也就应运而生。在此简要介绍超临界流体色谱、毛细管电泳色谱、毛细管电色谱、激光色谱等四种色谱新方法。

一、超临界流体色谱法

超临界流体色谱是20世纪80年代兴起的一种色谱分离分析新方法，它是色谱法的一个分支，第一台商品型的超临界流体色谱仪于1985年出现。由于超临界流体色谱法可以用于分离分析气体、液体和固体样品，并且它能分析气相色谱法所不能或难于分析的许多沸点较高、热稳定性较差的物质；另一方面它比高效液相色谱法容易达到更高的柱效率，并且分析速度更快。因此，超临界流体色谱法应用广泛，发展迅速。

（一）基本概念

超临界流体色谱法（Supercritical fluid chromatography，SFC），系指用超临界流体做流动相，以固体吸附剂（如硅胶）或键合到载体（或毛细管壁）上的高聚物为固定相的色谱法；它可分为填充柱超临界流体色谱法（PSFC）和毛细管柱超临界流体色谱法（CSFC）两大类。

所谓超临界流体系指在高于临界压力和临界温度时的一种物

质状态，它既不是气体，也不是液体，它兼有气体和液体的某些性质。即兼有气体的低黏度、液体的高密度以及介于气、液之间较高的扩散系数等特征。

此外，超临界流体的黏度、扩散系数、溶剂强度等物化参数，都是超临界流体密度的函数。因此，只要改变压力也即改变流体的密度，就可以改变流体的物化参数值，从类似于气体到类似于液体。超临界流体色谱中的程序升压，相当于气相色谱中程序升温和液相色谱中梯度洗脱的效果。

（二）分离机理

混合物在超临界流体色谱中的分离机理与在气相色谱和液相色谱一样，即基于样品中各组分在两相中的分配系数（或吸附能力等）的不同而获得互相分离。

超临界流体色谱的特点是采用在临界温度及临界压力以上的流体做流动相。超临界流体的黏度接近于气相色谱的流动相，因此溶质的传质阻力小，可以获得快速高效分离；另一方面其密度与液相色谱的流动相类似，这样就便于在较低温度下分离和分析热不稳定性、相对分子质量大的物质。因而，测定样品的相对分子质量范围，超临界流体色谱法比气相色谱法要大几个数量级，基本与液相色谱法相当。

由于改变压力使流动相密度改变，相当于改变被分离物质组分在两相中的分配系数（或吸附能力等），因而在超临界流体色谱中常采用程序升压技术，以调整被分离物质组分的保留值，使各组分能获得更好的分离。

（三）仪器设备

1. 色谱仪

超临界流体色谱仪与高效液相色谱仪相类似，但有两处差别明显：一是有类似于气相色谱的恒温色谱柱，以便对超临界流动相的精确温度控制;二是带有一个限流器(或称反压装置),以便对色谱柱维持一个合适的压力,并且通过它使超临界流体转换为液体或气体,进入检测器进行测量。

2. 高压泵

高压泵为无脉冲的注射泵,还可以串联另一个泵使容积成倍增大,流速一般为 $1\sim4000\mu L/min$。通过电子压力传感器和流速检测器,用计算机控制,能程序地改变流动相的密度和流速。

3. 检测器

气相色谱及液相色谱中的检测器,有许多可在超临界流体色谱中使用。

① 气相色谱检测器:使用气相色谱检测器时,超临界流动相在进入检测器之前要通过限流器变为气体,才能与检测器匹配。

火焰离子化检测器(FID)是气相色谱中使用最多的检测器之一,它对一般有机物分析具有很高的灵敏度,将其应用于超临界流体色谱(SFC)也就提高了对有机物测定的灵敏度。在 SFC 检测中,FID 对小分子量化合物可得到很好的结果;对分子量大的化合物常得不到单峰,而是一簇峰,如把检测器加热可使相对分子质量大于 2000 的化合物获得满意的结果。在 SFC 中也可以使用氮磷检测器和火焰光度检测器。

② 液相色谱检测器:使用液相色谱检测器时,超临界流动相在进入检测器之前要变为液体与检测器匹配,可增加检测器的灵敏度,使谱带变窄,而且可以在室温下操作。

紫外吸收检测器(UVD)是液相色谱中使用最多的检测器,在 SFC 中也使用较多,如毛细管超临界流体色谱,UVD 检测器的流通池由一段熔融石英毛细管做成,管外的聚酰亚胺涂层剥去使光通过,这段毛细管柱的体积仅 200nL,不会影响柱效;荧光检测器也可以这样使用。

超临界流体色谱除了可以使用气相色谱和高效液相色谱的检

测器之外，还可与质谱、傅里叶红外光谱等仪器在线联接，因而可方便地进行定性和定量分析。

（四）色谱柱

超临界流体色谱法所用固定相与高效液相色谱法和气相色谱法相类似。高效液相色谱填充柱可以用作超临界流体色谱填充柱；交联气相毛细管色谱柱可以用作超临界流体色谱毛细管柱，一些厂家有专用于超临界流体色谱的交联毛细管柱和填充柱销售。毛细管超临界流体色谱（CSFC）具有特别高的分离效能，分离复杂混合物尤为适用。

须知：由于超临界流体的溶解能力强，所使用固定相必须是键合固定相、毛细管柱必须是交联柱。

（五）流动相

超临界流体色谱法的特点在于采用超临界流体做流动相。由于超临界流体的密度比气体大得多，因此具有相同分配系数的被分离物质在这种流动相中的分配总量要比在一般气体流动相中大得多，这就相当于提高了被分离物质的"挥发度"。这种色谱法因而能分析气相色谱法所不能或难于分析的许多高沸点、热稳定性较差的物质。另一方面由于超临界流体的扩散系数比液体大得多，而且黏度小得多。所以在相应的色谱条件下，这种方法比高压液相色谱法容易达到更高的柱效率。

由于改变压力使流动相密度改变相当于改变被分离物质的"挥发度"，在超临界流体色谱中常采用程序升压技术，以调整被分离物质的保留值，使各组分能更好地分离。

流动相可选用烃、醇、醚和一些无机气体等适当的临界温度物质，例如：二氧化碳、氧化亚氮、氨、乙烯、乙烷、丁烷、戊烷、氯仿、二氯二氟甲烷、甲醇、乙醇、乙醚和四氢呋喃等，通常作为超临界流体二氧化碳等的性质见表4-1。

表 4-1 常用超临界流体的临界温度和压力

流体物质	乙烯	二氧化碳	乙烷	丙烯	氨	己烷	水
临界温度（℃）	9.2	31.1	32.2	91.6	132.4	234.2	374.1
临界压力（MPa）	4.97	7.29	4.82	4.62	11.13	2.93	21.76

在超临界流体色谱中，最广泛使用的流动相是 CO_2 流体，其原因在于：一是 CO_2 无色、无味、无毒，使用比较安全；二是容易获取，并且价格低廉；三是对于含 5～30 个碳原子的各类有机分子都能很好溶解；四是允许对温度、压力有宽的选择范围，适于程序升压技术；五是可在其中引入 1%～5% 甲醇，以改进分离的选择因子值；六是在紫外区是透明的，因而可与紫外检测器或二极管阵列检测器匹配使用。

（六）应用概况

超临界流体色谱具有气相色谱和液相色谱的优点，它可测定的样品对象几乎涵盖了气相色谱和液相色谱的全部样品范畴，也即包括气体、液体和固体中的许多种类的样品。

它还具有气相和液相色谱所没有的特点，能分离分析气相色谱和液相色谱不能解决的一些样品对象，因而发展十分迅速，应用非常广泛。

超临界流体色谱法已应用于天然物质、合成材料、有机物和无机物等各类样品的分离分析。如：食品、药物、石油、液晶、农药、炸药、氨基酸、高聚物、表面活性剂、火药安定剂、火箭推进剂等。

超临界流体色谱法更重要的应用是混合物的分离和制备，即超临界流体提取法，这种技术在风靡世界的天然产物提取中应用尤为广泛。

二、毛细管电泳色谱

经典电泳法不但操作烦琐、费时，而且定量困难，很难满足现代生命科学研究的需要。在经典电泳技术基础上于20世纪60年代末耶尔坦（Hjerten）利用小的毛细管代替传统的大电泳槽，使电泳效率提高了几十倍。

乔根森（Jorgeson）和勒卡斯（Lukacs）在充分研究电泳理论、技术的基础上，将色谱理论和电泳技术相结合，于20世纪80年代初从理论和实际两个方面发展了高效毛细管电泳技术，在全球迅速掀起研究热潮。现在，高效毛细管电泳法已经成为分离科学领域中极为重要的手段。

（一）基本概念

毛细管电泳色谱法（Capillary electrophoresis chromatography, CEC），系指样品组分以高压电场为驱动力，在毛细管中各组分依据淌度差别而实现分离的一种色谱方法。

毛细管电泳色谱法有多种分离模式，可以采用液相色谱中的各种检测方法。CEC既可以分离带电荷的溶质，也可以通过毛细管胶束电动色谱等分离模式分析中性溶质，CEC的高分离效率、高检测灵敏度、样品用量极少等特点使它在生物医药样品的分析中显示出突出的优越性。

（二）分离机理

电泳（Electrophoresis）系指在外加电场作用下，带电的胶体粒子在分散介质中作定向移动的现象。例如：阴性的三硫化二砷胶体粒子会向阳极移动；阳性氢氧化铁胶体粒子会向阴极移动。利用电泳技术可以分离带不同电荷的溶胶，在化学化工、医疗卫生等诸多领域中，电泳技术得到广泛应用。例如：陶瓷工业中所用的黏土，往往含有氧化铁，可将该黏土与水一起搅拌成悬浮液，然后施加电场，由于黏土粒子带阴电荷，氧化铁粒子带阳电荷，在阳极附近就能积聚出很纯净的陶瓷黏土。

在电化学中把单位电场强度下的平均电泳速度称为物质粒子

的电泳淌度。

由于不同组分有不同的电游泳淌度,在毛细管电泳色谱法中,以高压电场为驱动力,以电解质为电泳介质,以毛细管为分离通道,样品组分依据淌度和分配行为的差异,从而实现不同组分的互相分离。

(三) 主要特点

1. 仪器简单

简易的高效毛细管电泳仪器组成极其简单,只要有高压电源、毛细管、检测器和缓冲溶液瓶,就能进行高效毛细管电泳实验。

2. 高效快速

柱效每米理论塔板数可达 $10^5 \sim 10^7$ 块,由于毛细管能抑制溶液对流,并具有良好的散热性,允许在很高的电场下进行电泳,因此可在短时间内完成高效分离;例如:含有 36 种无机和有机阴离子在 3.1min 内分离完毕。

3. 模式多种

通过更换毛细管内填充溶液的种类、浓度、酸度或添加剂等,就可以用同一台仪器实现多种分离模式,进行多种样品的分离分析。

4. 费用低廉

因为进样仅为 nL 级或 ng 级,分离在水介质中进行,消耗的大多是价格较低的无机盐类,因而费用低廉。

(四) 仪器设备

1. 基本构造

高效毛细管电泳仪器组成较为简单,如图 4-1 所示系由一个高压电源、一支内径为 $50 \sim 100 \mu m$ 的石英毛细管、一个检测器和两个缓冲溶液瓶所组成。

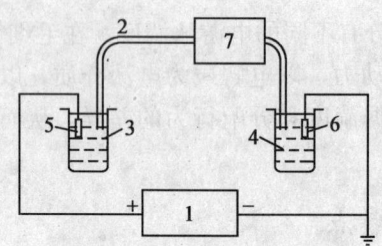

1. 高压电源 2. 毛细管 3, 4. 缓冲溶液瓶
5, 6. 铂电极 7. 检测器

图 4-1　毛细管电泳仪的流程

2. 高压电源

毛细管电泳仪所使用的电源为 0～30kV 连续可调的稳定直流电源，具有恒压、恒流和恒功率输出，有的具有电场强度程序控制系统；电源极性可换；输出电压稳定在 ±0.1% 以内，迁移时间的重现性才比较好。

3. 毛细管

① 材料：熔融石英毛细管化学惰性好、材料强度高、对紫外光透光性好，外壁涂聚酰亚胺大大增加了柔韧性，故使用较多。而玻璃材料电渗流较大，对紫外光有吸收，机械强度差，因此较少采用；聚四氟乙烯等有机高聚物的机械及化学性能好，可以透过可见及紫外光，但是散热性差并且对短波紫外光有较强吸收，使用也不多。

② 规格：以圆形毛细管居多，兼顾毛细管散热性、检测灵敏度和减小溶质与壁表面间的相互作用力，目前毛细管常用内径是 20～75μm，外径 350～400μm，毛细管长度多为 50～70cm，容积仅几微升。

从分离效果考虑，在满足分离要求的前提下尽量用短管，以便节省分析时间。一般毛细管长度不超过 1m。

4. 缓冲池

缓冲池为电泳提供工作介质，系由缓冲液瓶与内装缓冲溶液所组成。要求缓冲液瓶化学惰性好，机械性能稳定。

5. 检测器

因毛细管电泳仪中的毛细管内径很小，进样量很少，故对检测器灵敏度要求很高。多数配用紫外检测器或荧光检检测器；为了拓宽检测范围，也可配置多种检测器。

6. 记录器

最简单的是台式记录仪，现在大多采用色谱工作站进行数据处理。

（五）相关模式

毛细管电泳色谱技术从 20 世纪 80 年代以来发展迅猛，现在已有多种模式。

1. 胶束电动毛细管色谱

胶束电动毛细管色谱（Micellar electrokinetic capillary electrophoresis chromatography，MECEC）的原理是在电泳液中加入表面活性剂，如 SDS（十二烷基苯磺酸钠），使一些中性分子带相同电荷分子得以分离。特别对一些小分子肽，阴离子、阳离子表面活性剂的应用都可使之形成带有一定电荷的胶束，从而得到很好的分离效果。

2. 其他毛细管电泳色谱

其他还有毛细管区带电泳（Capillary zone electrophoresis，CZE）、毛细管等电聚焦电泳（Capillary isoeletric focusing，CIEF）、毛细管凝胶电泳（Capillary gel electrophoresis，CGE）等。

（六）应用概况

由于毛细管电泳色谱法具有高效、快速、样品用量少等特点，所以广泛用于医药、化工、环保、食品、材料、生化等各个领域，从无机小分子到生物大分子，从带电物质到中性物质都可以用此法进行分离分析。

三、毛细管电色谱

1. 基本概念

毛细管电色谱（Capillary electro-chromatography，CEC），系指以电渗流（或电渗流结合高压输液泵）为流动相驱动力的微柱色谱法。

2. 分离机理

毛细管电色谱是液相色谱与毛细管电泳相结合的产物，它的分离机理包含有电泳迁移和色谱固定相的保留作用机理，一般而言，溶质与固定相间的相互作用对分离起主导作用。

3. 色谱柱

所用色谱柱均为填充了高效液相色谱填料的填充型毛细管柱和管内壁交联了固定相功能分子的开管毛细管柱。

4. 应用概况

目前主要应用在药物、手性化合物和多环芳烃的分离分析。另外 CEC 与质谱联用既可解决 LC/MS 的分离效率不高的问题，又可克服 CE/MS 中质量流量太小的缺陷。

四、激光色谱

1. 基本概念

激光色谱（Laser chromatography），系指以激光的辐射压力为驱动力，将待分离样品组分（或物质颗粒）按几何尺寸大小予以分离的一种色谱分离方法。

2. 分离机理

欲分离的溶质粒子随流动相（粒子溶液本身）以一定的流速流经一个内径为 $200\mu m$ 左右的毛细管，将一定功率的激光束聚焦于毛细管的出口（流动相出口），激光束的入射方向与粒子在流动相中的流动方向相反，但都与毛细管同轴。这时，溶质粒子同时受到流动相的推动力和与之相反的激光束辐射压力的作用。由于溶质粒子的折光率大于溶剂的折光率，因此溶质粒子受激光辐射压力作用而聚焦于激光束的中心线上，当溶质粒子受到的激光辐射压力大于流动相推力时，溶质粒子就会发生反转并获得一定加速度，沿激光束中心线运动，直至所受到的流动相阻力与激光辐射压力相等时，溶质才会停留。因为不同几何尺寸的溶质粒子受到激光辐射的作用力不同，它们在毛细管中的停留位置也就不同，从而达到分离。

3. 检测方法

在激光色谱法中，现有气相色谱或液相色谱常用的检测器无法检测，需用配有显微物镜的电视摄像机记录分离结果。

4. 应用概况

激光色谱是 20 世纪末才出现的新的色谱方法，试验表明，此法在分离多肽、DNA、生物细胞、生物大分子、高分子聚合物微球等样品方面，显示出独特的优越性。再则，从理论分析来看，激光色谱可以实现单个蛋白质分子的检测。

此法当前虽然尚无商品仪器供应，但可以预料在生命科学领域中将发挥重要作用。

练 习 题

1. 何谓超临界流体色谱？其主要特点和用途是什么？
2. 试比较毛细管电泳色谱与毛细管电色谱的区别。
3. 激光色谱的分离机理是什么？此法分离分析样品有何特色？

第五篇 定性定量法

第1章 色谱定性分析

色谱法是把混合物分离成单独组分的最有效工具之一。色谱定性分析（Chromatographic qualitative analysis）的任务就是鉴别所分离出来的色谱峰各代表何种物质。在色谱定性分析中，现今主要是利用保留参数定性，也即主要利用已知物对照的方法。因此，单独用气相色谱法定性，当前只适用于已知混合物的定性分析；分析未知物时，色谱法无法单独完成定性分析工作，必须与化学分析和其他仪器分析方法相结合，才能完成定性分析任务。

第1节 方法步骤

定性分析的方法步骤视样品对象而定。就一般色谱分析工作而言，欲定性的样品对象主要是已知混合物和一般未知物，因此采用色谱法与物理和化学法结合即可定性。

一、样品对象

1. 已知混合物

系指样品中所含组分是已知的；其定性任务主要是标定哪个

色谱峰代表哪种已知物质。

2. 一般未知物

系指文献上已记载过的、其性质为已知的化合物，但不知欲定性的化合物是属于文献中的哪种已知物；其定性任务主要是确定它是哪种已知化合物。

3. 完全未知物

系指自然界新发现的或人们新合成的新化合物，也即文献上从未记载过的、其性质完全是未知的化合物；其定性任务主要是确定其结构和物理化学性质。

二、方法步骤

1. 已知混合物

已知混合物利用色谱保留参数即可定性，也即通过比较已知标准纯物质与样品各色谱峰的保留参数，其值对应相同者即为同一化合物。

2. 一般未知物

一般未知物需通过初步鉴别、元素分析、溶解度分组、分类试验、扣除检测、衍生物制备以及色谱和有关仪器测试等步骤，才能给以定性。若所测得的物理和化学性质与某一已知化合物完全相同，则可得出定性结论。

在气相色谱定性分析中，则可利用气相色谱的高分离能力为上述测试提供所需的纯组分物质，利用气相色谱保留参数帮助上述步骤定性，利用气相色谱的高灵敏度为上述测试提供更准确的定性数据。

3. 完全未知物

新化合物的定性是一项极其艰巨复杂的工作，在分析之前应先把样品纯化，将所得纯物质经物化性能测定、并与能剖析物质结构的仪器联用（如红外、质谱、核磁等与色谱联用的仪器），进行系统鉴别以后，才能确定其结构以及物理和化学性质。再经合成和衍生证明之后，则可得出最后的定性结论。

第 2 节 定性参数

色谱定性参数（Chromatographic qualitative parameter）最常用的是保留值（Retention）。对于已知混合物而言，一般采用色谱保留值即能对分离各组分定性。

必须指出，有时不同物质在同一色谱柱上或在不恰当的分离条件下，可能具有相同的保留参数值。因此，利用保留值定性时，必须多柱定性，也即应在性能不同的几种柱子上定性，而且应注意控制在最佳分离条件下定性。

一、绝对保留值定性

在相同柱子和恒定操作条件下，同一组分具有相同的绝对值保留值（Absolute retention value，符号为 t_R）。据此，通过比较各个已知纯物质组分峰与已知混合物各组分峰的绝对保留值，就可鉴别出混合物各组分峰各代表何种物质。

图 5-1 表示利用保留时间的定性方法。例如：注入含有氯仿、苯和甲苯的混合物，流出三个色谱峰；在同一条件下分别注

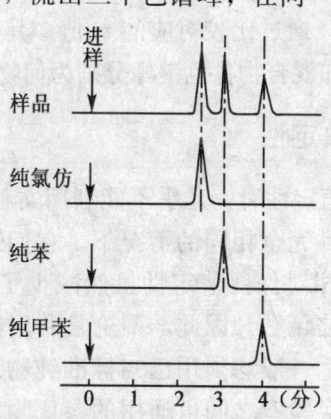

图 5-1 保留时间定性

入标样氯仿、苯和甲苯,直接比较其保留时间,即可鉴别出样品色谱峰中 1 号峰为氯仿,2 号峰为苯,3 号峰为甲苯。

须知,在此法中还常用 t'_R、V_R、V'_R、V_g 以及保留距离等对已知混合物作定性分析。

此外,也常用"加标增高法"进行定性。首先进已知混合物样品,观察各组分峰高;然后逐个加入已知标样于已知混合物样品中,分别进样观察各组分峰高,增高了的峰即为所加标样物质峰,从而达到定性之目的。

二、相对保留值定性

利用绝对保留值定性时,必须要有很好的重现性。然而,在很多情况下操作条件难以绝对恒定,例如:进样速度、载气流速和工作温度等要维持丝毫不差是有一定困难的。为了减少由于操作参数值波动而给定性分析所造成的影响,常采用相对保留值(Relative retention value,符号为 r_{is})对已知混合物组分定性。

$$r_{is} = t_{Ri}/t_{Rs} \tag{5-1}$$

此法的操作过程与绝对保留值法大体相同。令某一组分为 s,其他各组分以 i 表示,分别计算标准纯物质各组分的 r_{is} 值和混合物各色谱峰的 r_{is} 值后,通过比较对应的 r_{is} 值,其值相同者则为同一物质,由此即可得知混合物各色谱峰分别为何物质。

三、保留指数定性

利用绝对保留值定性时,几乎不能利用文献对应参数值定性,因为即使在柱子条件完全相同的情况下,它们还与其他操作因素有很大关系。利用相对保留值定性虽然减少了操作条件的影响,但它仍为工作温度之函数。因此,不论是利用绝对保留值还是利用相对保留值定性,一般均须用已知标准纯物质。因上述两种方法均没有引入不同实验室之间可通用的参比物,故其定性数据几乎无通用价值。

为了克服上述缺点，使在此处所得的定性数据在彼处也能使用，也即使定性数据标准化，为此，科瓦茨（Kovàts）于 1958 年提出了利用保留指数（Retention index，符号为 I_X）来定性。关于保留指数的定义和测定方法在第一篇第 2 章和第二篇第 2 章中已作过介绍，此处不再赘述。现以图 5-2 为例，说明 I_X 的计算方法。苯在 20% 邻苯二甲酸二壬酯柱子上于 100℃ 条件下的保留指数值计算如下：

$$I_{苯} = 100 \left[7 + \frac{\lg 17.5 - \lg 16.5}{\lg 20 - \lg 16.5} \right] = 731$$

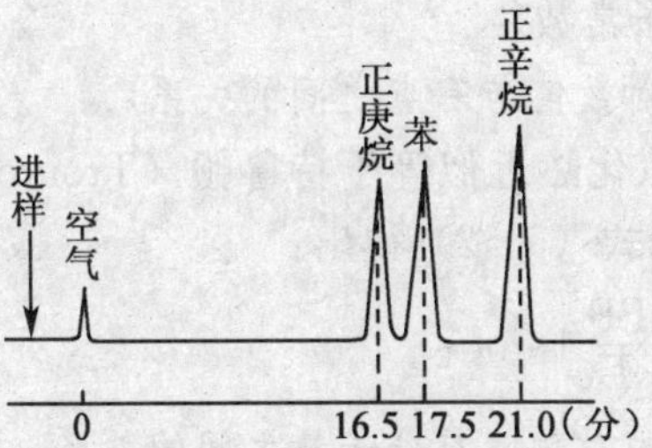

图 5-2　保留指数测定

须知，从罗尔施奈德（Rohrschneider）和麦克雷诺兹（McReynolds）等人所报道的数据来看，同一物质在相同固定相上的保留值随温度不同而有所差别，故在利用保留指数值定性时，也必须控制好操作条件。此外，文献上已报道了保留指数值的化合物还很有限，也即可供利用的定性数据为数不多。因此，保留指数值法定性目前仍处于数据积累阶段，也即仍处于测定各种已知纯组分物质在各种固定相上的保留指数值的阶段。

四、利用保留值经验规律定性

大量实验表明，同系物（除少数几个例外）在同一操作条件下的保留值与其物理常数之间往往存在着一定的关系。就同系物组分混合物的定性分析而言，若其中某几个组分缺乏已知纯物质对照时，则可考虑利用已有关经验规律（Experience law）进行定性分析。

1. 保留值的对数值与汽化热之间的关系

$$\ln t'_R = -\frac{\Delta H}{R_g T} + \ln C_E \tag{5-2}$$

式中，t'_R——为调整保留时间；

ΔH——汽化热；

R_g——通用气体常数；

T——绝对温度；

C_E——柱子常数。

2. 保留值的对数值与沸点之间的关系

因同系物的汽化热近似等于特鲁顿（Trouton）常数 K_T 与沸点 BP 的乘积，据式（5-2）得出：

$$\ln t'_R = -\frac{K_T BP}{R_g T} + \ln C_E \tag{5-3}$$

3. 保留指数的对数值与分子量之间的关系

同系物的沸点可用分子量的指数函数来表示：

$$T_B = bM^a \tag{5-4}$$

式中，T_B——绝对沸点；

M——分子量；

b——同系物的特性常数，但不同系列有不同的 b 值；

a——同系物的特性常数，但大部分系列的 a 值均为 1/3 左右，故同系物的沸点近似等于分子量的 1/3 次幂函数。

据式（5-3）可得：

$$\ln t'_R = -\frac{K_T M}{R_g T} + \ln C_E \tag{5-5}$$

同系物的汽化热、沸点、分子量与其保留值的对数值之间的关系图分别见图 5-3、图 5-4 和图 5-5。

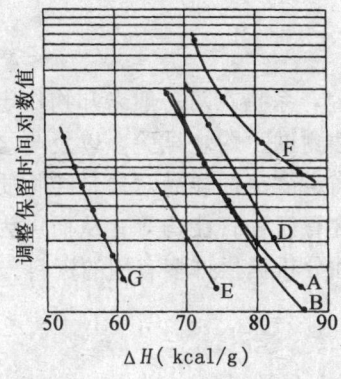
图 5-3　$\ln t'_R$ 与汽化热的关系

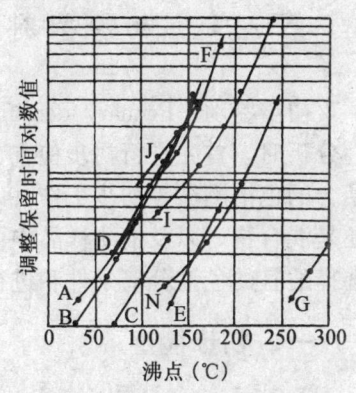
图 5-4　$\ln t'_R$ 与沸点的关系

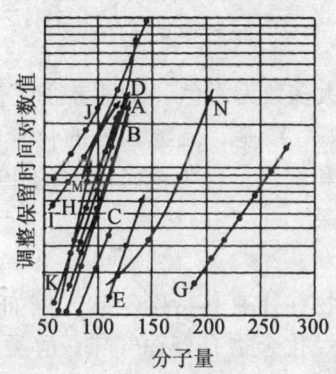

图 5-5　$\ln t'_R$ 与分子量的关系

经研究发现，大部分同系物除了标准沸点、分子量、汽化热这三个物理常数与保留值的对数值之间存在着线性关系之外，还有密度、黏度、折光率、燃烧热、生成热和熵等许多物理常数值与保留值的对数值之间基本都存在线性关系。

第3节 初步鉴别

初步鉴别（Primary identification），系指在对一般未知物作定性分析时，首先进行初步检查、物性测试、灼烧试验，以及与之结合的色谱测试等初步工作，以便确定欲定性样品对象是纯物质还是混合物，以及推测样品中可能含有何种官能团等，从而可为选择适宜的色谱分离条件和进行定性分析提供许多有用的资料。

一、初步检查

有经验的分析化学工作者，常常可以从样品的历史以及样品特有的颜色、气味、晶状、酸碱性和其他观察中得到鉴别物质的有关线索。

1. 颜色

纯净的有机物大多数为无色，显色者往往有生色官能团存在。例如：硝基、亚硝基、羰基、硫羰基等的化合物常为黄色，偶氮物常显黄色、棕色和红色。含生色官能团的化合物若被氧化或被卤化，则使颜色加深。

2. 气味

许多种类化合物往往有其特殊气味。例如：硫醇、硫化氢为恶臭气味，许多芳烃化合物有芳香气味，醇类有刺激性气味，酯类有好闻的气味。

注意：闻气味时应特别小心，因有很多是有毒物质！

3. 晶状

固体物质大多有其特定的晶状。例如：乙酰胺为六方晶形，二甲基砜为棱柱晶形，邻（或对）二硝基苯为单斜晶形而间二硝基苯为正交晶形，1,3,5-三氯苯为针状晶形，萘为片状晶形，硬脂酸钡为粉末状等。

4. 酸碱性

不论无机物还是有机物，其中有许多物质表现出一定的酸性或碱性。例如：无机酸、羧酸和硫醇等显酸性；碱金属氢氧化物、氨和胺类等显碱性。

二、物性测试

通过测定物性可了解欲定性样品是混合物还是纯物质。若是纯物质，从物性数据还有可能推测出该物质是何种类型化合物。若是混合物，在做色谱分析之前有时还须对样品进行必要的富集或纯化处理；也可直接利用色谱分离所获得的单组分物质进行有关测试。

物性测试中，最常测试的是熔点和沸点。

大部分固体物质有明显的熔点，较纯固态物质的熔点范围在2℃以内（注意：熔点温度范围小的不一定就是纯物质）。盐类物质一般具有很高的熔点，樟脑和冰片等物质容易升华，糖类和氨基酸等的熔点范围很宽，而不少羧酸和磺酸的金属盐则无明确的熔点。

物质越纯其沸点范围越窄，较纯液态物质的沸点范围在3℃以内（注意：沸点范围窄的样品有时也并非纯物质），从沸点可帮助判断化合物类型。例如：区别脂族与芳族有机卤化物时，若沸点在132℃以下的含氯化合物必为脂族化合物，因为最简单的氯代芳族化合物—氯代苯的沸点为132℃；而高于此沸点值者则有可能是脂族卤化物，也有可能是芳族卤化物。

除了测定熔点和沸点外，也常测定相对密度、折光率、旋光度、冰点、分子量等。

须知，熔点、沸点、分子量、相对密度等物性常数，也可借助色谱法进行测定。

三、灼烧试验

灼烧试验应注意观察样品在加热时的变化,燃烧时所生火焰的颜色以及燃烧后是否有残渣和残渣的酸碱性等,以便推测欲定性样品可能属何种类型化合物。

在灼烧试验中,不易燃烧者可能是多卤化物或无机盐类,容易爆炸者可能是多硝基物,发出特殊气味者可能是蛋白质,放出二氧化硫者则是含硫化合物,逸出氨气者可能是酰胺、苯腈等化合物,产生氯化氢气体者则可能是有机碱的盐酸化合物等。

就火焰颜色而言,在燃烧时显黄色者可能是脂肪烃,显灰白色者可能是醚类,显蓝色者可能是醇、酮、酸、酯等含氧化合物,燃烧时产生黑烟焰者则可能是芳烃等。

灼烧后若有白色残渣存在,则原样品可能是碱金属或碱土金属的碳酸盐或氧化物。残渣水溶液呈中性则残渣可能是氧化铝,呈碱性则可能是碳酸钾、碳酸钠、氧化钙、氧化钡等。

第4节 元素分析

元素分析(Element analysis),系指测定化合物中的元素组成。有机物中除了含碳和氢之外,最常见的元素还有氧、氮、硫或卤素等。有机物的元素分析主要是测定样品中是否含氧、氮、硫或卤素等元素,以便推测欲定性样品可能属何种类型的化合物。

一、检测氧元素

氧元素常用铁硫氰酸铁试纸来检测。取液体样品或固体样品溶液数滴置于小试管中,加入一小片铁硫氰酸铁试纸,若溶液呈深红色,则表示样品中含有氧元素。

须知,有些醚类如二苯醚等对此试验呈负反应。此外,配制固体样品溶液时应注意选择适当的溶剂，也即不要选用呈正反应的物质来作溶剂，例如：醇类、酸类等。

二、检测氮、硫和卤素

在检测氮、硫和卤素时，往往是用钠熔法把它们分别转变为氰化钠、硫化钠和卤化钠等离子型化合物以后再行检测。

做钠熔操作要特别小心，必须带橡胶手套和在惰性溶剂中切割金属钠，用镊子取出小片（约 25mg）金属钠后须经滤纸吸干，然后把它置于干燥的耐火小试管中，再加入无水的液体样品 1 滴或固体样品约 10mg，让其静置 2min 后，将试管嵌于环形架上。戴上面罩（或防护眼镜）和橡胶手套，用小火慢慢加热，待钠熔化时立即移去火焰，再加入无水液体样品 1～2 滴或固体样品 10～20mg，然后又在试管底部强烈加热 1min，让其冷却至室温后，加入 1mL 甲醇以除去过剩的游离钠。然后加入 6～7mL 水，加热至沸，过滤得无色透明滤液。取此滤液则可分别用于检测硫、氮和卤素等元素。

1. 硫

取钠熔滤液 1mL，用醋酸酸化，加入数滴醋酸铅溶液，有黑色或褐色沉淀出现时，则表示有硫存在。

2. 氮

取钠溶滤液 2mL，加稀氟化钾溶液 5 滴和硫酸亚铁粉末约 0.1g，慢慢加热至沸后滴入硫酸酸化，溶液呈蓝色或出现蓝色沉淀时，则表示有氮存在。

须知，若同时有硫存在时，则干扰氮的检测，故应先行去硫处理。一般是在钠熔滤液中加入 0.4g 左右的硫酸亚铁，滴入氢氧化钠使溶液呈碱性，加热至沸后滤去硫化铁沉淀即可达到去硫之目的。另外，硝基化合物、氨基化合等含氮化合物在钠熔中难以形成氰化物，因此，呈负反应者不一定就没有氮元素存在。

3. 卤素

① 钠熔滤液法：取钠熔滤液 2mL，用稀硝酸酸化，滴加 2 滴

硝酸银溶液，出现白色沉淀时，则表明有氯存在，浅黄色沉淀则表明有溴存在，黄色沉淀则表明有碘存在。

须知，若有硫和氮存在时，经硫酸酸化后应在通风柜中煮沸2min，以除去硫化氢或氢氰酸，以免干扰分析。注意：氢氰酸为剧毒物质，操作时应特别小心。

② 贝尔斯坦法：贝尔斯坦法（Beilstein）是根据卤化铜离子蒸汽对火焰颜色的影响来检测卤素的。把一根干净的铜线弯成小圆圈的一端置于无色火焰（如酒精灯焰或氢火焰）上加热，直至不产生明显颜色为止；冷却至微热时沾取少量样品，置于无色火焰上加热，如果火焰显蓝-绿色，则表明样品中有卤素存在。

须知，此法也可与气相色谱分析直接结合起来，也即让色谱柱出口的流出物直接与热铜丝接触，如果有含卤素的组分流出时，则火焰立刻显蓝-绿色。据此原理，冈瑟（Gunther）等人设计了专用于检测卤素的气相色谱检测器。

第5节 溶解度组

溶解度组（Solubility group），系指根据样品在所选定溶剂中的溶解情况进行分组的方法称为溶解度分组。通过溶解度组，可缩小欲定性样品所属化合物类型的范围。不言而喻，若把色谱技术应用于研究溶解度表现，则可得到更多的定性线索。因为用常规技术很难观察出那些溶解度很小的物质或含量很少的可溶性杂质，而色谱法则有可能把它们检测出来。

须知，溶解度分组也常应用于混合物的分离提纯，或富集样品中某些欲测组分。

一、溶解度分组方法

一般用水、乙醚、5％盐酸、5％氢氧化钠、5％碳酸氢钠、浓硫酸和85％磷酸等七种溶剂，根据样品在其中的溶解度把有机化合物分为九个组。溶解度分组方法如下：

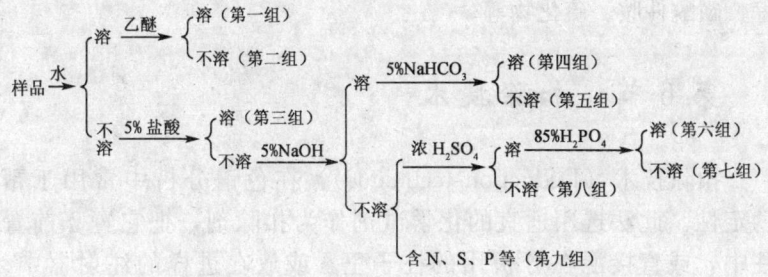

二、各组有机物种类

第一组：低分子量的醚、酚、醇、酯、腈、胺、酮、醛、缩醛、酸酐、酰氯等。

第二组：二胺、胺盐、有机盐、多元酚、多元醇、氨基醇、多元酸、低分子量的羟醛、羟酮、羟酸、氨基酸、糖类及其衍生物、磺酸及某些含硫有机物等。

第三组：肼、伯胺、仲胺、叔胺、氮原子上只有一个芳基的胺和不溶于水的盐类等。

第四组：较高分子量的酸及其取代物、负基取代酚、N-芳基氨基酸等。

第五组：肟、酚、硫酚、烯醇、伯硝基和仲硝基化合物、酰亚胺、芳磺酰胺和氨基磺酰胺等。

第六组：九碳以下的醇、醛、酮、酯和酸酐，七碳以下的醚，某些缩醛和烯烃等。

第七组：九碳以上的醇、醛、酮、酯和酸酐，七碳以上的醚，多烷基苯，某缩醛和不饱和烃等。

第八组：烷烃及其卤化物、环烷烃及其卤化物，芳烃及其卤化物，二芳基醚等。

第九组：负基取代胺、腈、叔硝基物、部分酰胺、硝酸酯、亚硝酸酯、异氰酸酯、异硫氰酸酯、硫酸酯、磷酸酯、偶氮物、腈、磺酰仲胺、硫化物等。

第6节 扣除技术

扣除技术（Deduction technique），在色谱分析中常用于帮助定性。此法选用适宜的化学试剂作为扣除剂，把它置于前置柱中，或直接混在分析用的柱子里，或放在进样的注射器中。当欲测的混合物样品与扣除剂接触时，扣除剂能选择性地对样品中某些类型组分发生化学反应或发生不可逆吸附作用，致使某些组分峰消失或发生位移。因此，通过比较未经扣除作用与经过扣除作用后的色谱峰数目或保留值之差别，即可达到检测官能团之目的。

一、前置柱扣除技术

固体吸附剂是较常用的一种扣除剂，它能对某些类型组分发生不可逆吸附。例如：含有芳烃、正构烷烃、支链烷烃和环烷烃等的混合物样品，当它通过填有 5A 分子筛长 50cm、内径 6mm 的柱子时（该柱后接分析柱），$C_3 \sim C_{11}$ 正构烷烃被不可逆吸附，其他同碳烃则顺利通过柱子，也即 $C_3 \sim C_{11}$ 正构烷烃的色谱峰消失，而其他烃则得到正常的色谱图。

酸类和碱类试剂也是较常用的扣除剂，它能选择性地对某些类型组分发生化学反应。例如：用填有 KOH 处理过的石英粉碱阱作前置柱时，能将混合物样品中的羧酸和酚类全部除去；用酸性前置柱能把胺类不可逆地吸附于其中，羟胺柱能对含羰基的组分起扣除作用。

色谱分析工作者对扣除技术已做了许多研究工作，试用过很多种类扣除剂，用于色谱定性的常用扣除剂见表 5-1。

表 5-1　适用于定性色谱分析的某些扣除剂

前置柱中扣除剂	被扣除物质	注
5A 分子筛	正构烷烃和其他直链分子	(1)
醋酸汞-硝酸汞-乙二醇	烯烃	(2)
马来酸酐-硅胶	二烯烃	(1)
1mol 高氯酸汞：2mol 高氯酸＝1：1	烯烃、炔烃	(2)
20％硫酸汞-20％硫酸	烯烃、炔烃	(2)
4％亚硝酸银-95％硫酸	芳烃、烯烃、炔烃	(2)
10X 分子筛	芳烃	(1)
硼　　酸	醇类	(2)
氢氧化钠-石英	酚类、酸类	(1)
聚乙二醇 20M 与 2-硝基对苯二甲酸反应产物	醛类	(2)
硫酸氢钠-乙二醇	醛类	(2)
联　苯　胺	醛类、酮类	(2)
邻联茴香胺	醛类	(2)
磷　　酸	环氧化物	(2)
氧　化　锌	酸类	(1)
聚酰胺（Versamid 900）	烷基、苯基卤化物	(2)
溴化钠-氧化铝	具有酮、醇官能团的有机物	(1)

注：(1) 直接装在前置柱中　(2) 涂到载体上后装于前置柱中

二、注射器扣除技术

霍夫（Hoff）等人在前置柱反应色谱技术的基础上，发展了用于测定气相样品中组分浓度为 $10^{-5}\sim10^{-8}\text{g/mL}$ 的官能团定性分析技术。此法的操作是利用表 5-2 所列的试剂和条件，让样品蒸汽进入注射器中，与其中的分类试剂接触，从而达到扣除作用。注射器扣除技术常用于下列情况的官能团检测：

① 检测羰基区分醛和酮类化合物。
② 检测样品组分中不饱和化合物。
③ 把醇转化成乙酸酯或腈的检测。

④ 醚、烯、芳烃和链烷烃的区分。

此法可看作是扣除色谱技术中的一种形式,混合物样品与注射器中的试剂接触后,使某些类型组分发生了化学反应,相应地使有些色谱峰消失或发生位移。

表 5-2 用于注射器扣除的某些扣除试剂

扣 除 剂	扣除剂的制备	试剂的作用
金 属 钠	切片置于柱塞尖上	纯化和留下醚和烃类
硫酸	浓硫酸	纯化和留下石蜡烃和芳烃
7∶3 硫酸	7mL 硫酸(浓)和 3mL 水,冷至室温	留下烯烃、石蜡烃和芳烃
氢气	氢气和数毫克氧化铂（PtO_2）	使不饱和物饱和
碘化氢（加碳酸氢钠）	2mL 90%～95%磷酸温热加入数毫克碘化钾	使醚类裂开
溴水	溴在水中的饱和溶液（新制备）	溴化作用使不饱和化合物饱和
羟胺	4g 盐酸羟胺于 50mL 水中	除去羰基化合物
硼氢化钠	1g 硼氢化钠于 2mL 水中	降去羰基化合物,产生相应的醇
高锰酸钾	高锰酸钾在水中的饱和溶液	除去(氧化)醛,而仲醇产生酮
亚硝酸钠	2.5g 亚硝酸钠于 50mL 水中与 0.5mol 硫酸(新制备,冷却后)	由醇产生亚硝酸酯
醋酸酐（附碳酸氢钠）	2mL 醋酸酐和 2 滴浓硫酸	由醇产生酯
氢氧化钠	2.5g 氢氧化钠于 50mL 水中	酯水解产生醇
臭氧（附加亚砷酸钠）	氧中的臭氧	除去不饱和物,产生羰基化合物
氯化氢	2.5mL 浓盐酸于 50mL 水中	除去胺
水	蒸馏水	减少水溶物
亚砷酸钠	5g 亚砷酸钠于 50mL 水中	除去过量臭氧,还原臭氧化物
碳酸氢钠	2.5g 碳酸氢钠于 50mL 水中	除去酸性化合物

注：注射器规格为 2～5mL,扣除剂用量为 5～10mg,接触时间为 3～5min

第7节 流出物分类

在色谱有机物的定性分析中,流出物分类(Elute classification)试验用于检测未知物中的特征官能团。早在 1952 年,詹姆斯(James)和马丁(Martin)等人就利用分类试验技术来帮助鉴别色谱峰,后来不少色谱分析工作者收集了柱后所分离出的纯组分物质(或直接)将其导入检测管中,利用分类试剂与样品组分作用后发生沉淀、显色等现象,从而推测出柱后流出物中可能存在的官能团种类。

沃尔什(Walsh)等人对官能团分类试验做了广泛的研究,发表了如表 5-3 所示的测试方法。

表 5-3 柱后流出物官能团分类试验

官能团	分类试剂	现 象	检测限(μg)	测试化合物
醇 类	$K_2Cr_2O_7$-HNO_3	蓝 色	20	$C_1 \sim C_8$
醇 类	硝酸铈	琥 珀 色	100	$C_1 \sim C_8$
醛 类	2,4-二硝基苯肼	浅黄色沉淀	20	$C_1 \sim C_6$
醛 类	品红试剂	桃 红 色	50	$C_1 \sim C_6$
酮 类	2,4-二硝基苯肼	浅黄色沉淀	20	$C_3 \sim C_8$(甲基酮)
酯 类	羟肟酸铁	红 色	40	$C_1 \sim C_5$(乙酯)
硫 醇	亚硝基铁氰化钠	红 色	50	$C_1 \sim C_9$
硫 醇	靛红	绿 色	100	$C_1 \sim C_9$
硫 醇	Pb(OAC)$_2$	浅黄色沉淀	100	$C_1 \sim C_9$
硫 醚	亚硝基铁氰化钠	红 色	50	$C_2 \sim C_{12}$
二硫化物	亚硝基铁氰化钠	红 色	50	$C_2 \sim C_6$
二硫化物	靛红	绿 色	100	$C_2 \sim C_6$
胺 类	兴斯伯试剂	橙 色	100	$C_1 \sim C_4$
胺 类	亚硝基铁氰化钠	红 色	50	$C_1 \sim C_4$

续表

官能团	分类试剂	现象	检测限（μg）	测试化合物
胺 类	亚硝基铁氰化钠	蓝色	50	二乙胺、二戊胺
腈 类	羟肟酸铁-丙二醇	红色	40	$C_2 \sim C_5$
芳 烃	$HCHO\text{-}H_2SO_4$	酒红色	20	$\phi H \sim \phi C_4$
不饱和烃	$HCHO\text{-}H_2SO_4$	酒红色	40	$C_2 \sim C_8$
卤代烃	$C_2H_5OH\text{-}AgNO_3$	白色沉淀	20	$C_1 \sim C_5$

第8节 衍生物制备

衍生物制备（Preparation of derivant），系指通过适宜的化学反应，把一种物质转变成另一种既定物质的处理方法。

衍生物制备常用于未知物的定性分析，也用于制备适于色谱分析的衍生物，此外，还可用于从混合物中提取所需的组分。

第六篇将系统叙述实用的衍生物制备方法，这里主要介绍制备衍生物的主要目的。

1. 改变化合物性质

将不适合某种色谱分析的化合物转化成可以用该种色谱技术分析的衍生物。某些沸点高、挥发性低或热稳定性差的样品，难以直接用气相色谱分析；通过衍生处理，将其转化成易于汽化的或热稳定性好的衍生物之后，即能进行气相色谱分析。例如：抗坏血酸，它很容易分解，难以直接进行气相色谱分析；若把它制成三甲硅烷基的衍生物后，成为易挥发和稳定性好的化合物再进行色谱分析，则能得到如图 5-6 所示的满意的色谱图（柱长 2m，固定相 10% SE-30，柱温 100℃）。

2. 提高检测灵敏度

液相色谱的荧光检测器灵敏度较高，比紫外吸收检测器高 100 倍以上，最低检出浓度可达 $10^{-12} g \cdot cm^{-1}$，是当今高效液相色谱仪中灵敏度最高的一种检测器。很多化合物没有荧光基团无法直

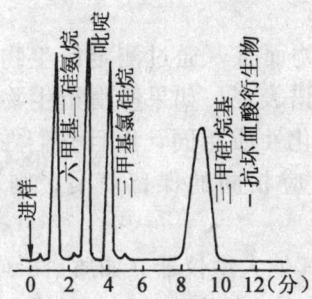

图 5-6 抗坏血酸衍生谱图

接检测,但可以通过衍生反应给这些化合物接上荧光基团,则能大大提高它们的检测灵敏度。

气相色谱的电子捕获检测器对含卤素的化合物有很高的灵敏度,可以通过衍生反应将一些化合物接上卤素基团,以提高这些化合物的检测灵敏度。

3. 改善物质对分离

混合物样品中往往存在难分离的物质对,可以选用合适的衍生试剂,只使其中一个组分转化成衍生物,从而使两者获得分离。

某些异构体在色谱上很难分离,也可通过衍生反应,使其生成色谱性能差异较大的两个衍生物,从而使两者获得分离。

4. 帮助化合物定性

利用衍生反应可以帮助鉴别化合物结构,制备一个衍生物往往还不足以作为最终定性的依据,一般需制 2~3 种衍生物。例如:羧酸可以制成酯,也可制成酰卤,还可还原成醇等衍生物;这样所得的定性结果就比较可信。

对一般未知物样品作定性分析时,根据初步鉴别、元素分析、溶解度分组、分类试验、扣除检测以及与之结合的色谱分析等的测试结果,已基本上能推测出该未知物可能属于何种类型化合物。

为了进一步缩小可能性范围,不论欲定性物质的挥发性和稳定性如何,都应把它制成合适的衍生物,而且最好制成适用于色谱分析的衍生物。

对于一般未知物而言，通过测定衍生物的物理常数和化学性质，并观察其色谱表现，如果所得衍生物的物化性质与其既定标准纯物质的物化性质相同，而且它们在三种不同极性的色谱柱上分别具有对应相同的保留值时，则可得到最终的定性结果。

在使用色谱与其他大型仪器（如质谱、或红外、或核磁）联用法确定化合物结构时，衍生物的制备尤其重要，作用更为明显。

第9节 其他定性法

一、流出规律定性

色谱分析实践表明，混合物样品组分在某些固定相上依从一定的规律流出，举例如下。

气相色谱法：在一般固定相上进行分离分析时，样品中同系列成员按分子量从小到大的顺序流出；在强极性固定相上进行分离分析时，样品组分一般按极性从小到大的顺序流出。

液相色谱法：在体积排阻色谱中，按样品组分分子尺寸从大到小的顺序流出；在疏水作用色谱中，疏水性小的组分先流出，疏水性大的后流出。

须知，虽然已经找出某些混合物样品在固定相上的一些流出规律，但仍有很多规律尚待发现，如何认识和利用这些规律定性，是值得深入探讨的课题。

二、裂解技术定性

裂解气相色谱法是在严格控制的操作条件下加热，使大分子迅速裂解成小分子碎片后，直接进入气相色谱仪进行分离分析的方法。

由于裂解碎片的组成和相对含量与被测物质的结构、组成有一定的对应关系，因此，每种物质的裂解产物色谱图具有各自的特征性，被称为指纹裂解谱图，可作为定性分析的依据。

在鉴别挥发性过低的样品时，可考虑采用裂解色谱技术。裂解气相色谱法已迅速应用于高聚物、药物、蛋白质和细菌等的官能团测试，以及降解机理的研究等。

三、检测器定性

同一物质在不同类型检测器上一般具有不同的响应值，而同一检测器对不同类型物质的响应值也往往不同。据此，可利用检测器来帮助定性分析。

例如：在气相色谱中的电子捕获检测器适用于检测含卤、氧、氮等电负性强的物质；火焰光度检测器适用于检测含硫、磷等的化合物。在液相色谱中的荧光检测器适用于检测在紫外线照射激发下能发出荧光的物质；二极管阵列检测器的三维色谱图特别适用于定性分析。

此外，在实际定性分析中，还可采用两种或两种以上检测器结合起来帮助定性，例如：把通用型与专用型的检测器结合起来使用，可迅速区分出混合物样品中组分的类别。

四、仪器联用定性

在未知物的定性分析中，仅用化学法和色谱法有时难以得出定性结论。因此，常常需与红外、紫外、质谱、核磁共振和喇曼光谱等仪器联用。在与这些仪器联用时，首先利用色谱的分离能力，把复杂的混合物分离成单组分，然后再利用联用仪器对物质结构的剖析能力，从而达到对未知物定性之目的。

常见的结合方式有两种：一是收集一定量的色谱流出的纯组分物质后再送至联用仪器进行分析；二是让色谱所流出的纯组分物质直接导入联用仪器进行分析。后者具有分析速度快和操作简便等优点,是发展较快的一种新技术。

由于组分从柱上流出速度比较快,而且组分的流出量比较少(一般都在微克以下),若将流出物直接进入联用仪器,则要求联用仪器具有快速扫描装置和具有足够的灵敏度。现在已有能满足这些要求的红外、质谱、核磁等仪器供色谱配套使用,这些联用仪器已成为解决复杂未知物定性和鉴定新化合物的最有效工具之一。

第 2 章 定量分析

定量分析（Quantitative analysis）是色谱法的主要用途之一，也即用于求混合物中某组分或各组分的含量。定量分析的依据是：检测器对某组分 i 的响应信号（峰面积 A_i 或峰高 h_i）与该组分通过检测器的量（W_i）存在一定的关系。当呈线性关系时，其表达式为：

$$W_i = f_i^A A_i \text{ 或 } W_i = f_i^h h_i \tag{5-6}$$

式中，f_i^A 和 f_i^h 为比例系数，在色谱定量分析中称作校正因子。

显然，要获得可靠的定量结果，必须准确测定响应信号和校正因子值，并且还应正确运用定量方法和严格控制分析误差。

第 1 节 响应信号测量

响应信号测量（Response signal determination）是色谱定量分析的基础工作，采集的信号一般是色谱峰面积或者色谱峰高，也即以峰面积或者峰高作为定量参数。

一、峰形对称性

在色谱分析中，利用微分型检测器检测所流出的分离组分和用长图记录仪记录其响应信号，由此所得的微分曲线称为色谱峰。为了便于分类讨论测量信号的方法，故需按图形的对称性将峰形进行分类，常见的峰形大致可分为对称和不对称两大类。

峰形的对称性一般用不对称因子 S_n 衡量，S_n 表达式如下：

$$S_n = \frac{ac}{2ab} \tag{5-7}$$

式中 ac 和 ab 的含义见图 5-7。

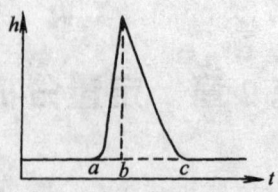

图 5-7 不对称色谱峰

当 $S_n=1$ 时,则为对称峰。

$S_n>1$ 时,称为拖尾峰。

$S_n<1$ 时,称为前伸峰。

在实际色谱过程中,一般是线性非理想的条件占优势,故大部分为对称的色谱峰;若遇到非线性的分配等温线时,则为非对称色谱峰,也即拖尾峰或前伸峰。

二、色谱峰面积

(一) 对称峰面积

1. 峰高乘半峰宽法 ($A_a=hy_{1/2}$)

利用峰高乘半峰宽(见图 5-8)计算峰面积是较常用的一种方法。当色谱峰为对称峰时,也即其流出曲线接近高斯分布时,从式(1-1)可以导出其真实面积(A)为:

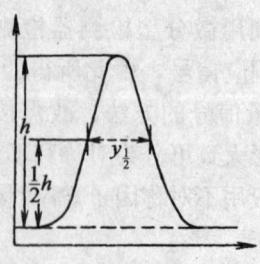

图 5-8 峰高乘半峰宽法

$$A = h\sigma\sqrt{2\pi} \tag{5-8}$$

因 $y_{1/2}=2.354\sigma$,故峰高乘半峰宽所得的面积(A_a)为:

$$A_a = hy_{1/2} = 2.354h\sigma \tag{5-9}$$

据式(5—8)和式(5—9)可得:

$$A_a = 0.94A \tag{5-10}$$

从式(5—10)看出,按 $hy_{1/2}$ 所得峰面积 A_a 仅为真实面积的近似值,在相对计算中该系数可以约去,不影响定量结果;在绝对测量时则应为 $1.06hy_{1/2}$,才能代表其真实面积 A;峰高乘半峰宽法一般适用于测量半峰宽较宽的峰面积。

2. 三角形法($A_P = h_i y_i$)

在色谱峰的拐点(图5-9中的I和J)作切线与基线相交,构成如图5-9所示的三角形EFG,该三角形的面积(A_P)等于其高 h_i(即ED)与其底FG(即 4σ)之积的一半:

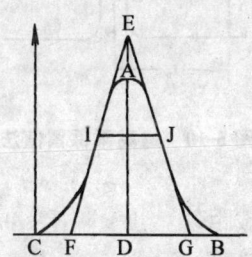

图 5-9 三角形法

$$A_P = \frac{4\sigma h_i}{2} = h_i y_i \tag{5-11}$$

因拐点位于 $0.607h$ 处(h 为色谱峰高如图5-9中的AD),根据平面几何基本公式可得 $h_i = 2 \times 0.607h$,故:

$$A_P = 2.428\sigma h \tag{5-12}$$

据式(5—8)和式(5—12)可得:

$$A_P = 0.97A \tag{5-13}$$

从式(5—13)看出,按 $h_i y_i$ 所得面积 A_P 为真实面积 A 的近似值，但在相对计算中并不影响定量结果；在绝对测量时则应为 $1.03h_iy_i$，才能代表其真实面积 A。三角形法因另需作切线，比较麻烦，若切线位置作不准确，容易造成较大误差，故在实际中使用不多。

3. 峰高乘保留值法（$A_Q=ht_R$）

峰高乘保留值法（见图 5-10）计算峰面积的依据是：在同一操作条件下流出时，组分的半峰宽（$y_{1/2}$）与保留值（t_R）之间存在着下述线性关系：

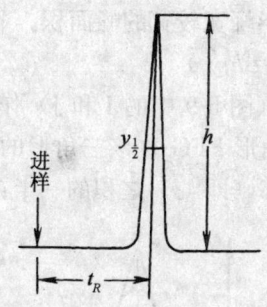

图 5-10　峰高乘保留值法

$$y_{1/2}=a+bt_R \tag{5-14}$$

式中，a——关系线的截距；

b——关系线的斜率。

山东化学石油研究所等单位的研究表明，同系物在填充柱上流出时，a 值有可能趋近于零，则式（5-14）可近似表示如下：

$$y_{1/2}=bt_R \tag{5-15}$$

据式（5-15）得出峰高乘保留值法所得的面积（A_Q）为：

$$A_Q=ht_R=\frac{hy_{1/2}}{b} \tag{5-16}$$

在峰高乘半峰宽法计算面积中已经证明，$hy_{1/2}$ 为真实峰面积 A 的 0.94，故：

$$A_Q=\frac{0.94}{b}A \tag{5-17}$$

从式（5-17）看出，按峰高乘保留值法所得面积 A_Q 也不等于色谱峰的真实面积 A，显然是要大许多倍，但在相对计算中该系数可以约去，并不影响定量结果。峰高乘保留值法一般较适用于半峰宽很窄的同系物峰面积的测量。

须知，在定量分析中除上述三种方法外，还有许多测量峰面积的方法。例如：剪纸称重法，若记录纸的厚薄非常均匀，采用剪纸称重法也可能获得较准确的定量结果。此外，剪纸称重法也曾用于不对称色谱峰的定量计算。

（二）不对称峰面积

不对称峰面积（A_R）一般可用峰高乘平均峰宽法来计算其峰面积。取 $0.15\,h$ 处和 $0.85\,h$ 处所对应的峰宽 $y_{0.15}$ 和 $y_{0.85}$ 之平均值乘峰高 h 来近似计算其峰面积。

$$A_R = \frac{h}{2}(y_{0.15} + y_{0.85}) \tag{5-18}$$

此外，也可把不对称峰分成数个对称峰后再计算峰面积，但比较麻烦，故很少采用。

（三）杂质小峰面积

1. 峰形宽的小峰

峰形宽的小峰往往在大峰拖尾位置上流出，该小峰的峰形较宽，而且大多非正立于基线上（见图 5-11）。此类小峰一般是从峰顶 A 作大峰轨迹线之垂线，如图 5-11 交于 B，以 AB 为小峰峰高 h，然后根据其对称性程度选用前述适当的方法近似计算该小峰面积。

2. 峰形锐的小峰

峰形锐的小峰往往在大峰前沿位置上流出，该小峰的峰形较窄，而且大多正立于基线上（见图 5-12）。一般从峰顶 A 作基线之垂线交大峰轨迹线于 B，以 AB 为小峰峰高 h，然后按峰高乘半峰宽法近似计算其峰面积。

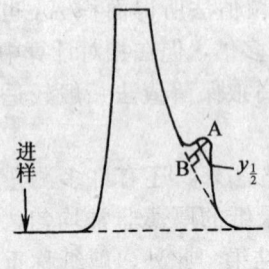 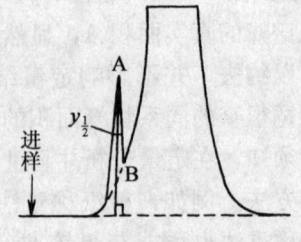

图 5-11　峰形宽的小峰　　　　图 5-12　峰形锐的小峰

(四) 基线漂移峰面积

基线漂移时,一般从峰顶作漂移基线之垂线得其峰高,然后根据峰形的对称性选用前述适当的方法,近似计算该漂移基线上色谱峰之峰面积。

(五) 未全分离峰面积

在色谱分析中,一般要求相邻两色谱峰的峰高分离度 (R_h) 大于 0.5。对于 R_h 大于 0.5 者,通常可直接用峰高乘半峰宽等方法近似计算其峰面积。

如果样品复杂,当难分离的物质对的 R_h 难以达到 0.5 时,则可按图 5-13 所示的方法,做出其对称峰边后,再按峰高乘半峰宽等方法近似计算其峰面积。

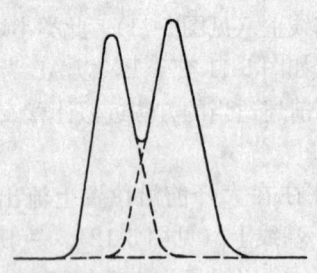

图 5-13　未全分离色谱峰

此外，也有采用剪纸称重法，也即从两峰交点处作垂线与基线相交进行分割。

三、色谱峰高

在色谱分析的早期工作中，所使用柱填料的固定液含量都比较高，一般为 20%～35%，有的甚至达 40%，得到宽而扁平的色谱峰。因此，一般都采用流出曲线的峰面积作为定量的直接参数。

20 世纪 60 年代以来，色谱法朝着采用低固定液量和短柱子的高效快速的方向发展，得到锐而高的色谱峰。因半峰宽很窄，数值难以读准确，故趋向于用峰高作为定量参数。

峰高定量的依据是：组分的峰高与该组分流过检测器的量成正比。

实践表明，对于峰形很窄的高斯形色谱峰，采用峰高定量不但其计算比较简单，而且其定量结果也往往较为准确。因此，在实际的色谱定量分析中，运用峰高法定量颇为普遍。

须知，峰高的线性响应范围，一般要比峰面积的窄些。

第 2 节 定量校正因子

由于相同含量的同一种物质在不同类型检测器上具有不同的响应值，而同一含量的不同物质在同一检测器上的响应值也不尽相同。因此，在色谱定量计算中一般需要引入定量校正因子（Quantitative correction factor）。

一、校正因子

1. 绝对校正因子

绝对校正因子系指某组分 i 通过检测器的量与检测器对该组分的响应信号之比，其表达式为：

$$f_i^A = W_i / A_i \qquad (5-19)$$

$$f_i^h = W_i/h_i \tag{5-20}$$

式中，f_i^A，f_i^h——分别为组分 i 的面积绝对校正因子和峰高绝对校正因子；

A_i，h_i——分别代表组分 i 的面积和峰高；

W_i——组分 i 通过检测器的量，可用 g、mol 或 mL 等来表示。

因绝对校正因子值与分析条件和仪器的灵敏度有关，使其应用受到一定限制，故在定量分析工作中大都采用相对校正因子或相对响应值。

2. 相对校正因子（f_{is}）

相对校正因子系指某组分 i 与基准组分 s 的绝对校正因子之比，其表达式为：

$$f_{is}^A = f_i^A/f_s^A = A_s W_i/A_i W_s \tag{5-21}$$

$$f_{is}^h = f_i^h/f_s^h = h_s W_i/h_i W_s \tag{5-22}$$

式中，f_{is}^A，f_{is}^h——分别为组分 i 的面积对校正因子和峰高相对校正因子；

f_s^A，f_s^h——分别为基准组分 s 的面积绝对校正因子和峰高绝对校正因子；

A_s，h_s——分别为基准组分 s 的面积和峰高；

W_s——基准组分 s 通过检测器的量，可用 g、mol 或 mL 等来表示。

其余符号含义同前。

须知，相对校正因子值为无因次量，但其数值与所采用的计量单位有关。

3. 相对响应值（S_{is}）

相对响应值又称相对应答值、相对灵敏度等，系指某组分 i 与其等量基准组分 s 的响应值之比。当计量单位与相对校正因子相同时，它们与相对校正因子的关系如下：

$$S_{is} = \frac{1}{f_{is}} \tag{5-23}$$

二、校正因子测定

用标准纯物质配制好已知各组分准确含量的混合物,进样分析后,测出各组分的峰面积或峰高,根据配制量则可计算出相对校正因子,举例见表 5-4。

表 5-4 校正因子测定举例

组分名称	配制重量/g	峰面积/mm²				面积相对校正因子
		1	2	3	平均	
苯(基准)	0.0220	442	440	438	440	1.00
甲　　苯	0.0220	429	433	428	430	1.02
乙基苯	0.0221	419	419	422	420	1.05

须知,配制用于测定校正因子的混合物中的组分含量,最好与欲定量样品的组分含量相近,测校正因子条件应与实际定量分析条件相同,而且还应注意控制在线性响应范围内测定。

关于校正因子能否在不同实验室间通用,以及文献上发表的校正因子能否直接引用问题,尚待探讨。一般说来文献上发表的、经不同作者验证过的、分析条件相同的前提下,面积相对校正因子大多可在不同实验室中通用,其相对偏差一般不超过 3%;如果条件许可,最好是在实际分析条件下测出定量校正因子。

另外,在定量分析中若缺乏纯物质而又无法引用文献值时,同系物组分可考虑用内插法等方法来估算面积定量校正因子。

三、峰高校正因子估算

我们找出了同系物峰高流出规律,可利用保留值来估算同系物的峰高定量校正因子。

1. 同系物峰高流出规律表达式的推导

对于接近高斯分布的色谱峰,根据式(1-1)可得出峰高 h 与其面积 A 之间的关系式为:

$$h = \frac{A}{\sigma\sqrt{2\pi}} \qquad (5-24)$$

接近高斯分布的色谱峰,其半峰宽 $y_{1/2}$ 与其标准偏差 σ 之间的关系式为:

$$y_{1/2} = 2\sigma\sqrt{2\ln 2} \qquad (5-25)$$

据式 (5-14)、式 (5-24) 和式 (5-25) 可得:

$$h = \frac{A\sqrt{8\ln 2}/\sqrt{2\pi}}{a + bt_R} \qquad (5-26)$$

对于单位质量峰面积 (A) 相近的组分峰,若令常数 k 近似表示其各等量组分的 $A\sqrt{8\ln 2}/\sqrt{2\pi}$ 值,把式 (5-26) 变换后,则可得出其峰高流出规律的表达式为:

$$ah + bht_R - k = 0 \qquad (5-27)$$

上式为二元二次方程式,它所代表的曲线类型可根据二元二次方程通式 (5-28) 的判别式 (5-29) 来判断,若 Δ 大于零,则一般为双曲线。

$$Bx^2 + Cxy + Dy^2 + Ex + Fy + G = 0 \qquad (5-28)$$

$$\Delta = C^2 - 4BD \qquad (5-29)$$

据式 (5-28) 和式 (5-29) 得出式 (5-27) 的 Δ 等于 b^2,因为 b 是 $y_{1/2}$ 与 t_R 之间关系线的斜率,b 为实数,所以 $b^2 > 0$,也即 $\Delta > 0$,故式 (5-27) 属双曲线方程。

因此,可用双曲线方程近似表示同系物的峰高流出规律,也即,同系物峰高随其保留值依从双曲方程变化。若通过它们的峰顶作连线,则可得到一条近似符合双曲线型的曲线。

大量实验表明,等量同系物组分峰高与保留值之间符合双曲线规律。例如:样品为等量 $nC_7 \sim nC_{12}$ 脂肪酸苄酯,柱长 2m 内径 3mm,3%SE-30 涂于 100/120 目 Gas Chrom Q 为柱填料,柱温 170℃,载气 He 为 42 mL/min,氢焰检测器,得到如图 5-14 的流出曲线。从图中看出,若通过这些脂肪酸苄酯的峰顶作连线,则可得到一条近似符合双曲方程的曲线。

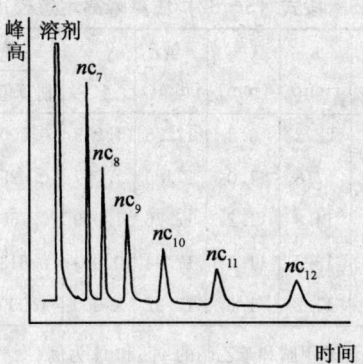

图 5-14 等量脂肪酸苄酯流出规律

2. 同系物峰高定量校正因子的估算

若分别以 i 和 s 表示某一组分和基准物,则单位质量组分的峰高相对校正因子 (f_{is}^h) 为:

$$f_{is}^h = h_s/h_i \tag{5-30}$$

据式 (5-26) 和式 (5-30) 可得:

$$f_{is}^h = \frac{a+bt_{Ri}}{a+bt_{Rs}} \times \frac{A_s}{A_I} = \frac{a+bt_{Ri}}{a+bt_{Rs}} f_{is}^h \tag{5-31}$$

对于面积校正因子值 (f_{is}^A) 近似相等的同系物,式 (5-31) 可表示为:

$$f_{is}^h \cong \frac{a+bt_{Ri}}{a+bt_{Rs}} \tag{5-32}$$

用两种纯组分物质测出它们的 $y_{1/2}$ 和 t_R 值后,据式 (5-14) 列出两个方程式求出 a 和 b 值,然后利用保留值 t_R 从式 (5-32),即可估算出在同一条件下流出的单位质量峰面积相近的其他同系物组分的峰高定量校正因子。估算举例见表 5-5。

若 a 值趋近于零,则式 (5-32) 可近似表示为:

$$f_{is}^h \cong t_{Ri}/t_{Rs} \tag{5-33}$$

按式 (5-33) 估算峰高定量校正因子的举例见表 5-6。

表 5-5 按式 (5-32) 估算峰高定量校正因子

组分名称 (各组分等量)	t_R (mm)	h (mm)	$y_{1/2}$ (mm)	A (mm²)	f_{is}^A	峰高相对校正因子 f_{is}^h		
						估算值	实测值	相对误差(%)
苯 甲 腈	14.5	22.2	0.8	17.76	1.009	0.500	0.505	−0.99
邻甲基苯甲腈	17.5	17.8	1.0	17.80	1.007	0.625	0.629	−0.64
间甲基苯甲腈	20.5	14.8	1.2	17.76	1.009	0.750	0.757	−0.92
对甲基苯甲腈	22.0	13.8	1.3	17.94	0.999	0.813	0.812	+0.12
苯 乙 腈	26.5	11.2	1.6	17.92	1.000	1.000	1.000	0.00

据 $y_{1/2}=a+bt_R$ 求 a 和 b：以测苯甲腈和苯乙腈的 $y_{1/2}$ 和 t_R 为例
$\begin{cases} 0.8=a+14.5b \\ 1.6=a+26.5b \end{cases}$ 解联立方程组得 $\begin{cases} b=0.067 \\ a=-0.167 \end{cases}$

表 5-6 按式 (5-33) 估算峰高定量校正因子

组分名称 (各组分等量)	t_R(mm)	h(mm)	$y_{1/2}$(mm)	A(mm)	f_{is}^A	峰高定量校正因子 f_{is}^h		
						估算值	实测值	相对误差(%)
对苯二甲腈	81.4	107.0	3.7	395.9	1.0003	0.925	0.925	−0.02
间苯二甲腈	88.0	99.0	4.0	396.0	1.000	1.000	1.000	0.00

据 $y_{1/2}=a+bt_R$ 求 a 和 b：$\begin{cases} 3.7=a+81.4b \\ 4.0=a+88.0b \end{cases}$ 解联立方程组得 $\begin{cases} b=0.045 \\ a\cong 0 \end{cases}$

须知，我们这里提出的利用保留值估算峰高定量校正因子的方法，适用于在同一条件下流出的具有相近面积定量校正因子值的组分峰。由于很多同系物组分具有相近的面积校正因子值，因此，经不同色谱分析工作者验证过的面积定量校正因子值相近的同系物组分，可根据式 (5-32) 来估算它们的峰高定量校正因子。山东化学石油研究所等的工作表明，在适宜的填充柱上流出时，有很多同系物组分在式 (5-14) 中的 a 值可忽略不计，此时则可利用式 (5-33) 来估算它们的峰高定量校正因子。不论利用式 (5-32) 还是用式 (5-33) 进行估算，所得的峰高定量校正因子值均为近似值,因此,估算法只能在定量误差允许范围内使用。

此外,即使利用标准纯物质所测得的校正因子值,也应注意经常用标准纯物质进行校核。

第3节 定量计算方法

在色谱定量分析中,较常用的定量方法有归一法(Normalization method)、外标法(External standard method)、内标法(Internal standard method)等。

一、归一法

把所有出峰组分的含量之和按 100% 计的定量方法称为归一法。以面积或峰高为定量参数时,其计算式分别为:

$$W_i\% = \frac{A_i f_{is}^A}{\sum_{i=1}^{n} A_i f_{is}^A} \times 100\% \qquad (5-34)$$

或

$$W_i\% = \frac{h_i f_{is}^h}{\sum_{i=1}^{n} h_i f_{is}^h} \times 100\% \qquad (5-35)$$

式中,A_{is},h_i——分别为某组分 i 的色谱峰面积和峰高;

f_{is}^h,f_{is}^A——分别为某组分 i 的面积相对校正因子和峰高相对校正因子;

$W_i\%$ ——某组分 i 的百分含量。

表 5-7 为含 a、b、c 三组分混合物按归一法定量的计算举例。

表 5-7 归一法定量计算举例

组 分 名 称	组 分 a	组 分 b	组 分 c
峰 高/mm	5.0	9.0	84.0
f_{is}^h	0.176	0.525	1.000
$h_i f_{is}^h$	0.880	4.725	84.000
含 量/%	0.98	5.27	93.75

须知，只有当样品中所有组分都能出峰时，才能按式（5—34）或式（5—35）计算各组分的百分含量。如果样品中的组分未能全部出峰，那么，一般就不能按归一法定量；但若未出峰的组分含量为已知的（Q_k%），则可按下面式子计算出峰各组分的百分含量。

$$W_i\% = \frac{A_i f_{is}^A}{\sum_{i=1}^{n} A_i f_{is}^A} (100-Q_k)\% \qquad (5-36)$$

$$或\ W_i\% = \frac{h_i f_{is}^h}{\sum_{i=1}^{n} h_i f_{is}^h} (100-Q_k)\% \qquad (5-37)$$

二、外标法

以与欲测组分同质的物质作参比物，根据样品量和参比物的量，以及欲测组分和参比物的响应信号（峰高或面积）进行定量的方法，称为外标法。外标法又称直接比较法、绝对校正法和校正曲线法等。

此法用已知各种含量的标样等体积进样分析，然后作出响应信号（峰高或峰面积）与含量之间的关系曲线，此曲线称为校正曲线。

在做样品定量分析时，于测校正曲线相同条件下进同样体积的欲定量样品，从色谱图上测出峰高或峰面积值后，即可从校正曲线上找出它们的含量。

例如：在含 2%～3% CO_2 的气体样品中，对 CO_2 作定量分析时，首先用含 1%、2%、3% 和 4% CO_2 的标准气体均进 1mL 分析，设 CO_2 的色谱峰高分别为 15 mm、30 mm、45 mm 和 60mm，作出如图 5-15 所示的含量与峰高的校正曲线后，在相同的分析条件下进 1mL 欲测样品，测得其峰高为 36mm，从校正曲线上即可找出其含量为 2.4%。

须知，不论混合物样品所有组分是否全部出峰，只要欲测组分出峰，即可采用外标法进行定量分析。就定量的参比物而言，外标法是最为准确的方法，因为是同质组分进行比较。然而，由

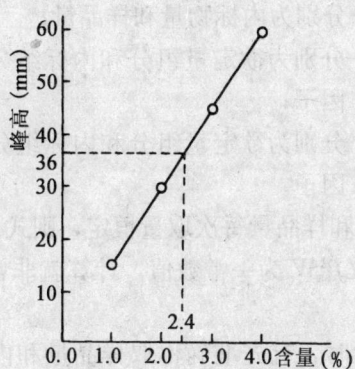

图 5-15　外标法定量校正曲线

于检测器的响应性能、工作温度和载气流速等色谱分析条件很难绝对稳定,而且进样体积也很难完全相同,因此外标法容易出现较大的误差。

为了减少定量误差,必须保持分析条件稳定和进样体积恒定,外标校正曲线应经常校核。此外,在做外标校正曲线时,标样的含量必须与欲定量的组分含量尽可能接近,使之以内插法求出欲测组分含量。

三、内标法

选择适宜的组分作为欲测组分的参比物,根据样品和参比物的量,以及欲测组分和参比物的响应信号(峰高或峰面积)进行定量的方法称为内标法,该参比物称为内标物。

所选内标物不能与样品发生反应,但应能与样品很好地溶解混匀;内标物必须在欲测组分附近流出,但不与任何组分发生重叠。

根据式(5-6),可得内标法的算式为:

$$W_i\% = \frac{f_{is}^h W_s h_i}{f_{ss}^h W h_s} \times 100\% \tag{5-38}$$

或 $W_i\% = \dfrac{f_{is}^A W_s A_i}{f_{ss}^A W A_s} \times 100\%$ (5-39)

式中，W_s，W——分别为内标物量和样品量；

f_{is}^h，f_{ss}^h——分别为欲定量组分和内标组分的峰高相对校正因子；

f_{is}^A，f_{ss}^A——分别为欲定量组分和内标组分的面积相对校正因子。

如果内标物量和样品量每次取量恒定，则式（5-38）中的 $f_{is}^h W_s/f_{ss}^h W$ 或 $f_{is}^A W_s/f_{ss}^A W$ 为一常数值，计算就非常简便，适用于常规分析。

用内标法定量时，首先准确称取样品量和内标物量，将它们充分混匀后进样分析，测量峰高（或峰面积）后，按式（5-38）或式（5-39）计算即可得出其定量结果。

例如：某一混合物样品中甲基萘的测定。取样品 100mg，加入内标物（环己基苯）10mg，以苯溶解混匀后进样分析，得到如图 5-16 所示的色谱图，测得环己基苯的峰高为 35mm，甲基萘的峰高为 25mm；已知环己基苯的峰高校正因子为 1.0，甲基萘的峰高校正因子为 1.4，那么：

$$甲基萘\% = \frac{1.4 \times 10}{1.0 \times 100} \times \frac{25}{35} \times 100 = 10\%$$

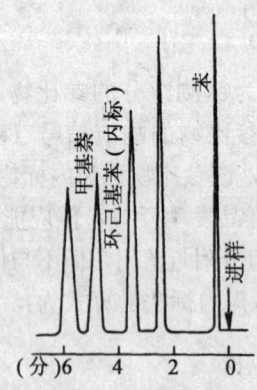

图 5-16　内标法定量

须知,当混合物中所有组分未能全部出峰而仅需对某些流出组分峰作定量分析时,可采用内标法定量;或者,虽然所有组分都出峰,但仅需测定其中某几个组分峰的含量时也可利用内标法定量。从式(5—38)看出,为了能获得准确定量结果,除了应准确测定校正因子和响应信号值外,还应特别注意准确称量,否则将造成较大的定量误差。

第4节 定量分析误差

定量分析一般难以获得绝对准确的结果,也即,定量分析误差(Error of quantitative analysis)是不可避免的。但是,若能了解误差来源,通过改进测定方法和提高分析技术等,则有可能把误差减小到最低限度,也使得定量结果更接近于真值。

一、定量分析误差

按照误差的性质和产生的原因,可将误差分为系统误差、偶然误差和过失误差等三类。

1. 系统误差

系统误差系指重复出现的且可测定的这类误差,也即数次测定其误差值基本相同,而且正负符号不变的这类误差。

引起系统误差的因素在一定条件下是恒定的。例如:使用了不适当的定量方法,或者采用了含量不准确的标样、不准确的校正因子或不准确的校正曲线,或者色谱仪的衰减比、分流比等不准确,或者使用了不准确的测量仪器,或者操作者对读数的习惯性偏见等等。

2. 偶然误差

偶然误差系指产生误差原因不定,所出现的误差值的大小和正负符号不一的这类误差。

初看起来,偶然误差似乎无一定规律,但当测量次数很多时,则可发现正负标准偏差的几率相等,而且小偏差出现的机率大于大偏差,这些规律可用如图 5-17 的正态概率曲线来表示。

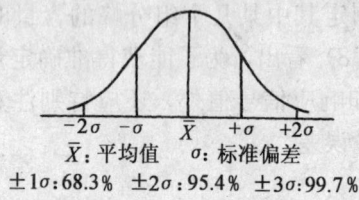

图 5-17　正态概率曲线

在相同操作条件下,分析结果重复出现在 $\overline{X} \pm 1\sigma$ 区间的几率为 68.3%,$\overline{X} \pm 2\sigma$ 为 95.4%,$\overline{X} \pm 3\sigma$ 为 99.7%。

数据出现的区间称为可信区间,出现的几率称为可信度。

3. 过失误差

过失误差系指一种显然与事实不符的误差。它主要是由于分析人员粗枝大叶、操作不严、读数错误等所造成的。但只要分析人员精心操作和仔细计算等,这种误差是完全可以避免的。

二、定量的可靠性

可靠性的意义系指测定结果的精密度和准确度。前者表示所测数据重现性好坏,一般以偏差表示;后者表示测定值接近真值的程度,常用误差和 t-检验来衡量,两者是评价分析方法和分析结果的基础。精密度是保证准确度的先决条件,精密度不好就不可能有好的准确度。但须注意,精密度好并不等于准确度就高。对于理想的分析结果而言,既要求精密度好,又要求准确度高。

常用于表示精密度和准确度的有关概念和方法如下:

① 真值($\hat{X}$):系指测定对象的真实含量。

② 测定值(X):系指测定对象被测得的含量。

③ 平均值($\overline{X}$):系指 n 次测量中所得 n 个数据的算术平均

值,此值反映了测定对象最可能具有的数值。

$$\overline{X} = \frac{1}{n}\sum_{i=1}^{n} X_i \tag{5-40}$$

④ 偏差（δ_i）：系指单次测定值与平均值之差。

$$\delta_i = X_i - \overline{X} \tag{5-41}$$

⑤ 平均偏差（d_a）：又称绝对偏差、算术平均差等,系指单次测定值与平均值之差的绝对值的平均值。

$$d_a = \frac{1}{n}\sum_{i=1}^{n}\left(\left|X_i - \overline{X}\right|\right) \tag{5-42}$$

⑥ 相对平均偏差（d_R）：系指平均偏差与平均值之比。

$$d_R = \frac{1}{n\overline{X}}\sum_{i=1}^{n}\left(\left|X_i - \overline{X}\right|\right) \tag{5-43}$$

⑦ 范围误差（R_b）：又称极差系数,系指一组测定数据中,最大值与最小值之差,此值反映误差的波动范围。

⑧ 标准偏差（σ_X）：此值反映所测 n 个数据间波动的绝对值大小。其值越大,则表示数据间的波动越大,也即精密度越差；反之,则精密度越高。求 σ_X 的公式为：

$$\sigma_X = \left[\sum_{i=1}^{n}(X_i - \overline{X})^2/(n-1)\right]^{\frac{1}{2}} \tag{5-44}$$

也可用下式近似估算出标准偏差值：

$$\sigma_X = R_b F \tag{5-45}$$

式中,R_b——范围误差；

F——与测定次数有关的偏差因子,其值见表 5-8。

表 5-8　估算 σ_X 的偏差因子

测量次数（n）	2	3	4	5	6	7	8	9	10
偏差因子 F	0.886	0.591	0.486	0.430	0.395	0.370	0.350	0.337	0.325
可信度（%）	100	99	98	96	93	91	89	87	85

例如：五次测定值为 17.65，17.83，17.92，17.63，17.71，平均 17.75，最大值为 17.92，最小值为 17.63，得 R_b 为 0.29，据表 5-8 查得 F 为 0.430，故 σ_X 为 0.1247。若按式（5—44）得标准偏差值为 0.1250，两者结果一致。

⑨ 变异系数（CV）：又称相对标准偏差，系指标准偏差与平均值之比值。

$$CV = \sigma_X / \overline{X} \qquad (5-46)$$

⑩ 绝对误差（E_r）：又称误差，系指真值与测定值之差。

⑪ 相对误差（R_e）：系指绝对误差占真值的百分数。

$$R_e = \frac{\hat{X} - \overline{X}}{\hat{X}} \times 100\% \qquad (5-47)$$

⑫ t-检验：它是衡量准确度的常用方法之一，其算式为：

$$t = n^{\frac{1}{2}} \left(\left| \hat{X} - \overline{X} \right| \right) / \sigma_X \qquad (5-48)$$

在 t 检验中，以 t 的实际值与相应的判别值 t_α（此值可从表 5-12 中查出）之间进行比较，分析化学要求的可信度一般为 95%，据此查出 $t_{0.05}$ 的值后与 t 的实际值比较，若 $t_\text{实} < t_{0.05}$，则可认为准确度是可靠的；有关 σ_X 和 t 的计算实例见表 5-9。

表 5-9 σ_X 和 $t_\text{实}$ 的计算举例

	测定序数 n	1	2	3	4	5	6	7	8	$\overline{X}$
已知含量 $\hat{X}$ 90.91%	测定结果 X_i%	90.83	91.12	91.05	91.12	90.91	91.17	90.52	91.53	91.03
	$(X_i - \overline{X})$%	—0.20	0.09	0.02	0.09	—0.12	0.14	—0.51	0.50	
	$\sigma_X = \left[\sum(X_i - \overline{X})^2 / (n-1) \right]^{\frac{1}{2}} = 0.29\%$									
	$t_\text{实} = n^{\frac{1}{2}} \left(\left| \hat{X} - \overline{X} \right| \right) / \sigma_X = 1.17 \quad t_{0.05} = 2.37$									

三、实验数据取舍

在所测定的一组数据中,对于个别偏差较大的可疑数据若按式(5-49)求出 r_Q 后,再与表5-10的仲裁值($r_{仲}$)作比较,若 $r_Q > r_{仲}$,则应把偏差较大的可疑数据舍去。

$$r_Q = (X_{疑} - X_{近}) / (X_{疑} - X_{远}) \tag{5-49}$$

式中,r_Q——取舍参数;

$X_{疑}$——表示一组测定数据中偏差最大之数值;

$X_{近}$ 和 $X_{远}$——表示该组测定数据除 $X_{疑}$ 之外的最近值和最远值。

例如:现有 10.1,10.2,9.3,10.4,10.5,10.2 和 10.1 等 7 个测定值,9.3 是否舍去?

$r_Q = (9.3 - 10.1)/(9.3 - 10.5) = 0.667$

从表5-10查出,当可信度为95%和 n 为7时 $r_{仲}$ 为0.51,故 9.3 这上数值可舍去。

表 5-10 取舍数据的仲裁值 $r_{仲}$

可信度为95%	测定次数 n			
	3	5	7	10
仲裁值($r_{仲}$)	0.94	0.64	0.51	0.48

四、偏差允许范围

在色谱定量分析中,关于偏差的允许范围当前尚无统一的规定值,有关文献中所提出的关于色谱定量分析偏差的允许范围(见表5-11),可供定量分析时参考。

表 5-11 色谱定量分析偏差允许范围

物质含量,%	0.01~0.05	0.05~0.5	0.5~3	3~10	10~30	>30
相对标准偏差,%	<100	<50	5~10	3~5	2~3	<2

从表 5-11 看出，含量越高的物质所允许的相对标准偏差越小，而含量越低的物质则允许较大的相对标准偏差。

在实际定量分析中，对于尚未规定偏差允许范围的样品，可根据样品情况、仪器性能和分析要求等方面因素来确定其偏差允许范围（表 5-12）。

表 5-12　t 分布表

$n-1$	0.10	0.05	0.02	0.01	0.001	$n-1$	0.10	0.05	0.02	0.01	0.001
1	6.31	12.71	31.82	63.66	636.62	18	1.73	2.10	2.55	2.88	3.92
2	2.92	4.30	6.97	9.93	31.60	19	1.73	2.09	2.54	2.86	3.88
3	2.35	3.18	4.54	5.84	12.92	20	1.73	2.09	2.53	2.85	3.85
4	2.13	2.78	3.75	4.60	8.61	21	1.72	2.08	2.52	2.83	3.82
5	2.02	2.57	3.37	4.03	6.86	22	1.72	2.07	2.51	2.82	3.79
6	1.94	2.45	3.14	3.71	5.96	23	1.71	2.07	2.50	2.81	3.77
7	1.90	2.37	3.00	3.50	5.41	24	1.71	2.06	2.49	2.80	3.75
8	1.86	2.31	2.90	3.36	5.04	25	1.71	2.06	2.48	2.79	3.73
9	1.83	2.26	2.82	3.25	4.78	26	1.71	2.06	2.48	2.78	3.71
10	1.81	2.23	2.76	3.17	4.59	27	1.70	2.05	2.47	2.77	3.69
11	1.80	2.20	2.72	3.11	4.44	28	1.70	2.05	2.47	2.76	3.67
12	1.78	2.18	2.68	3.06	4.32	29	1.70	2.04	2.46	2.76	3.66
13	1.77	2.16	2.65	3.01	4.22	30	1.70	2.04	2.46	2.75	3.65
14	1.76	2.15	2.62	2.98	4.14	40	1.68	2.02	2.42	2.70	3.55
15	1.75	2.13	2.60	2.95	4.07	60	1.67	2.00	2.39	2.66	3.46
16	1.75	2.12	2.58	2.92	4.02	120	1.66	1.98	2.36	2.62	3.37
17	1.74	2.11	2.57	2.90	3.97	∞	1.65	1.96	2.33	2.58	3.29

第3章 色谱曲线拟合法

曲线拟合法（Curve fitting methodology），又称实验数据的平滑处理法。色谱曲线拟合法（Chromatographic curve fitting methodology），系指对色谱相关的实验数据进行平滑处理的方法，以便建立有实用价值的经验公式。

若 X 和 Y 都是可测定的变量，并且 Y 是 X 的函数，假设它们之间的理论曲线可用以下方程式来表示：

$$Y = a + bX + cX^2 + \cdots + mX^{m-1}$$

因 X 和 Y 的测定值与其理论值之间总存在偏差，因此，曲线拟合的任务就是根据实验所得数据对应的 X 和 Y 的测定值，寻求待定参数 a、b、$c \cdots m$ 的最佳值，也即，曲线拟合就是进行最优化计算。

若实验测得值的组数小于待定参数（a、b、$c \cdots m$）的个数，则参数值为不定值。反之，为矛盾方程组，那么只能用曲线拟合法来求最佳的 a、b、$c \cdots m$ 值。根据实验数据，用曲线拟合法所得的用于表示变量 X 与 Y 之间的关系式被称为经验公式。

为了能更好地服务于科研和生产工作，研究有关物化参数之间的函数关系是十分必要的。对色谱分析工作者而言，在做定性定量色谱分析及物化分析的基础上，如何利用曲线拟合法，研究色谱保留参数或色谱定量结果等与其他物化参数（如熔点、沸点、密度、折光率等）之间的关系是一项十分重要的工作。若能找出它们之间的函数关系，则有可能估算定性定量结果、认识色谱过程、发现相关规律等。

下面简要介绍用曲线拟合法建立经验公式的一般方法和应用实例。

第1节 拟合程序

曲线拟合法的一般工作程序是：通过实验取得有关数据，由此数据作出关系曲线后判别欲建立经验公式的类型，选择适当的数学方法建立函数的近似表达式。然后用新的实验数据进行校验，再逐步修正，以提高其可靠性。

一、实验数据

要建立函数的近似表达式，需以大量实验数据为基础，也即需要有一组又一组互相对应的实验数据。将此数据排列成表格，然后作出它们之间的关系曲线。无疑，所作的曲线应当尽可能平滑地通过或靠近所有的实验数据点。

二、公式类型

欲建立的经验公式类型有时虽然从理论上能给出推断，但一般是把实验数据在坐标纸上作出其关系曲线，然后根据曲线的形状来判别欲建立的经验公式所属的类型。

常见的关系曲线图形如图 5-18、图 5-19 和 5-20 所示。

若经验式的阶段过高，则其关系曲线出现剧烈摆动；反之，则该关系曲线形状不能充分反映实测值的一般变化趋势。因此，在曲线拟合中，应注意恰当地选择经验公式的函数形式。

根据关系曲线的形状，可把它分为线性和非线性两类函数。例如：图 5-18 为线性函数，图 5-19 为指数函数，图 5-20 为幂函数，后两者均为非线性函数。由于建立线性函数型经验公式的方法比较简单，而非线性函数往往可通过"直线化"的方法把它变换为线性函数，例如：通过取对数可把幂函数变为线性函数。因此，这里主要介绍建立线性函数型经验公式的曲线拟合方法。线性函数的表达式为：

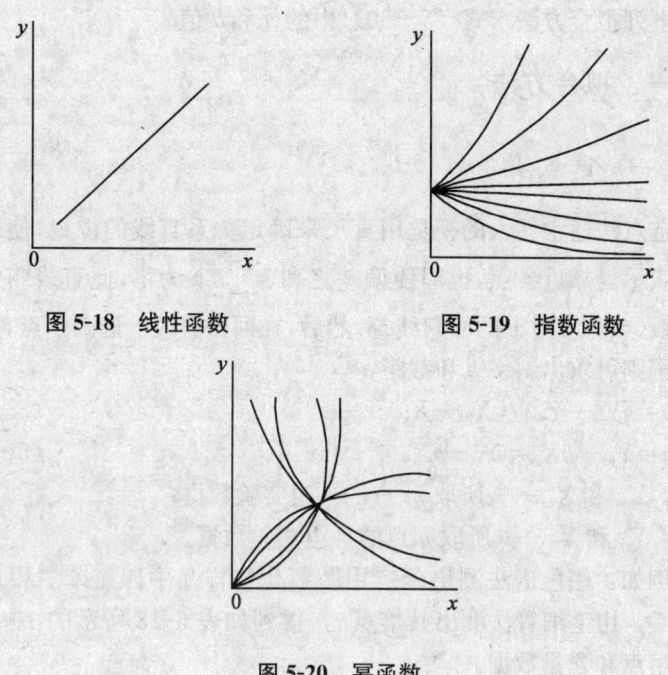

图 5-18 线性函数　　图 5-19 指数函数

图 5-20 幂函数

$$y = bx + a \tag{5-50}$$

三、校验修正

建立了函数的近似表达式后，在应用过程中应注意经常校验和修正，也即用经验公式的计算值与新的实测值进行比较，并进行适当的修正，使所建立的表达式逐步得到完善，更接近客观规律。这样，所得到的经验公式就具有很好的实用价值。

第 2 节　线性函数

判断欲建立的经验公式所属类型之后，曲线拟合的主要任务就是求解经验公式中的常数值。建立线性函数型的经验公式时，常用下列拟合方法求式（5—50）中的 a 和 b 值。

一、拟合方法

（一）选点法

选点法通常凭人的视觉用直尺来确定关系直线的位置，使所作的直线尽量靠近各点，也即使偏差之和（$\sum \delta_i$）为零，此直线叫做经验直线，或称 y 对 x 的回归线等。然后，在回归直线上选两个点，据下面式子则可求出斜率 b 和截距 a：

$$b = (Y_m - Y_n)/(X_m - X_n) \tag{5-51}$$

$$a = Y_m - bX_m = Y_n - bX_n \tag{5-52}$$

式中，Y_m 和 X_m——所取 m 点的一组实验数据；

Y_n 和 X_n——所取 n 点的一组实验数据。

例如：用色谱法测出苯二甲腈氯化物样品中四氯苯二甲腈的含量 Q，用毛细管法测出其熔点 t，得到如表 5-13 所示的 10 个样品的熔点和含量数据。

表 5-13 苯二甲腈氯化物熔点与其中四氯苯二甲腈含量

序号	熔点 $t/$℃	含量 $Q/$%	$(t_i - \bar{t})$	$(t_i - \bar{t})^2$	$(Q_i - \bar{Q})$	$(Q_i - \bar{Q})^2$	$(t_i - \bar{t})(Q_i - \bar{Q})$
1	241.0	92.64	19.15	366.72	11.419	130.39	218.67
2	238.0	90.74	16.15	260.82	9.519	90.61	153.73
3	228.5	87.08	6.65	44.22	5.859	34.33	38.96
4	181.0	55.52	−40.85	1668.72	−25.701	660.54	1049.89
5	154.0	38.57	−67.85	4603.62	−42.65	1819.11	2893.80
6	235.5	89.37	13.65	186.32	8.149	66.41	111.23
7	246.0	96.90	24.15	583.22	15.679	245.83	378.65
8	247.0	98.20	25.15	632.52	16.979	288.29	427.02
9	195.0	63.60	−26.85	720.92	−17.62	310.50	473.10
10	252.5	99.59	30.65	939.42	18.37	337.42	563.04
$\sum$	2218.5	812.21		10006.50		3983.43	6308.09

根据表 5-13 中 t 和 Q 的对应数据,在如图 5-21 所示的坐标纸上画出 10 个关系点。从图上看出,这些点基本在一条直线上,凭视觉选择适当的位置作一直线,使此直线尽量靠近各个点,也即使 $\sum \delta_i$(偏差之和)尽可能为零。在此直线上取两个点,如 m 点(t 为 246℃,Q 为 96.90%)和 n 点(t 为 181℃,Q 为 55.52%),据此两点即可求出 a 和 b 值。

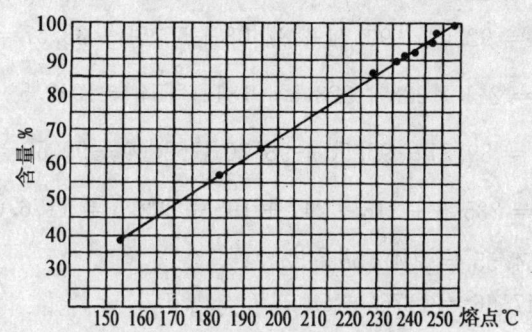

图 5-21 苯二甲腈氯化物熔点与含量的关系

$b = (96.90 - 55.52)/(246 - 181) = 0.637(\%/℃)$
$a = 55.52 - 0.637 \times 181 = -59.78(\%)$
得:$Q = 0.637t - 59.78$ (5-53)

(二) 平均值法

平均值法系利用计算方法来保证 $\sum \delta_i$ 为零,以避免选点法因视觉不准而难以保证偏差之和为零的缺点。

平均值法是把实验数据分成两个大组,列出两个方程式,然后解联立方程组,则可求出 a 和 b 值。

$$\sum Y_D = b\sum X_D + Da \quad (5-54)$$

$$\sum Y_E = b\sum X_E + Ea \quad (5-55)$$

式中,D 和 E ——分别代表两个大组内小组的组数;

$\sum Y_D$ 和 $\sum X_D$ —— 分别代表 D 个小组中的 Y 之和以及 X 之和；

$\sum Y_E$ 和 $\sum X_E$ —— 分别代表 E 个小组中的 Y 之和以及 X 之和。

例如：在表 5-13 的数据中，取前面的五个对应数据为第一大组，后面的五个对应数据为第二大组，则：

$\sum Q_D = 92.64 + 90.74 + 87.08 + 55.52 + 38.57 = 364.55$

$\sum t_D = 241 + 238 + 228.5 + 181 + 154 = 1042.5$

$\sum Q_E = 89.37 + 96.90 + 98.20 + 63.60 + 99.59 = 447.66$

$\sum t_E = 235.5 + 246 + 247 + 195 + 252.5 = 1176.0$

得 $\begin{cases} 364.55 = 1042.5b + 5a \\ 447.66 = 1176b + 5a \end{cases}$

解联立方程得：

$b = 0.623$

$a = -56.99 \approx -57$

故：$Q = 0.623t - 57$ \hfill (5-56)

（三）最小二乘法

选点法和平均值法都是以 $\sum \delta_i$ 是否为零来作为判别所作回归线好坏的标准，也即用 $\sum \delta_i$ 为零的方法来保证所建立的经验公式的可靠性，这在一般情况下是可行的。然而，因 δ_i 可正可负，有时 $\sum \delta_i$ 的绝对值很大，仍然可使 $\sum \delta_i$ 为零，也即单纯的相加由于正负抵消而求得的 a、b 值不一定是真正的最佳值。故即使 $\sum \delta_i$ 为零，有时也难以确保经验公式的可靠性。

为了避免上述两法的缺点，常用最小二乘法原理来判别所作回归线的好坏,也即用 $\sum(\delta_i)^2$ 达最小值的方法来保证所建立经验公式的可靠性。因为 $\sum(\delta_i)^2 > 0$,当 $\sum(\delta_i)^2$ 为最小值时,则所建立的经验公式就比较可靠。因此,使用得最广泛的曲线拟合方法是最小二乘法。

1. 求线性函数的 a 和 b 值

根据数学分析中的极值原理,使 $\sum(\delta_i)^2$ 达到极小值,只需在下式(5-57)中分别对 a、b 求偏微商,令它们等于零,即得式(5-58)和式(5-59)。

$$\sum(\delta_i)^2 = \sum_{i=1}^{n}\left[Y_i - (a+bX_i)\right]^2 \tag{5-57}$$

$$\frac{\partial C \sum(\delta_i)^2}{\partial a} = -2\sum_{i=1}^{n}(Y_i - a - bX_i) = 0 \tag{5-58}$$

$$\frac{\partial \sum(\delta_i)^2}{\partial b} = -2\sum_{i=1}^{n}(Y_i - a - bX_i)X_i = 0 \tag{5-59}$$

由式(5-58)和式(5-59),经整理可得 a 和 b 的表达式如下:

$$a = \overline{Y} - b\overline{X} \tag{5-60}$$

$$b = \sum_{i=1}^{n}(X_i - \overline{X})(Y_i - \overline{Y}) / \sum_{i=1}^{n}(X_i - \overline{X})^2 \tag{5-61}$$

例如:根据表 5-13 的数据,a 和 b 求解如下:
$b = 6308.09/10006.50 = 0.63$
$a = (812.21/10) - 0.63 \times (2218.5/10) = -58.54$
故:$Q = 0.63t - 58.54 \tag{5-62}$

2. 回归线的检验

检验所作回归线有无意义主要靠专业知识,但也可用回归线相关系数(r_f)来衡量。r_f 值越接近于1,则 X 与 Y 之间的线性关系越好。表 5-14 中给出了相关系数的起码值,所建立经验公式的相关系数值应大于起码值,才可用直线来描述 X 与 Y 之间的关系。

相关系数的算式为:

$$r_\mathrm{f} = \sum_{i=1}^n (X_i - \overline{X})(Y_i - \overline{Y}) \bigg/ \sqrt{\sum_{i=1}^n (X_i - \overline{X})^2 \sum_{i=1}^n (Y_i - \overline{Y})^2} \qquad (5-63)$$

例如:根据表 5-13 的数据,r_f 求解如下:

$$r_\mathrm{f} = 6308.09/\sqrt{10006.5 \times 3983.43} \approx 0.999 \qquad (5-64)$$

从表 5-14 中查出,本例相关系数的起码值为 0.632,故 t 与 Q 之间存在着良好的线性关系。

表 5-14 检验回归线的相关系数 (r_f)

$n-2$	5%	1%	$n-2$	5%	1%	$n-2$	5%	1%
1	0.997	1.000	16	0.468	0.590	35	0.325	0.418
2	0.950	0.990	17	0.456	0.575	40	0.304	0.393
3	0.878	0.959	18	0.444	0.561	45	0.288	0.372
4	0.811	0.917	19	0.433	0.549	50	0.273	0.354
5	0.754	0.874	20	0.423	0.537	60	0.250	0.325
6	0.707	0.834	21	0.413	0.526	70	0.232	0.302
7	0.666	0.798	22	0.404	0.515	80	0.217	0.283
8	0.632	0.765	23	0.396	0.505	90	0.205	0.267
9	0.602	0.735	24	0.388	0.496	100	0.195	0.254
10	0.576	0.708	25	0.381	0.487	125	0.174	0.228
11	0.553	0.684	26	0.374	0.478	150	0.159	0.208
12	0.532	0.661	27	0.367	0.470	200	0.138	0.181
13	0.514	0.641	28	0.361	0.463	300	0.113	0.148
14	0.497	0.623	29	0.355	0.456	400	0.098	0.128
15	0.482	0.606	30	0.349	0.449	1000	0.062	0.081

3. 回归线的精密度

根据实验数据所建立的线性函数经验公式之精密度,一般可用剩余标准偏差(σ)来衡量,其算式如下:

$$\sigma = \sqrt{\frac{(Q_i - \overline{Q})^2 - (t_i - \overline{t})(Q_i - \overline{Q})b}{n-2}} \tag{5-65}$$

据表 5-13 的数据,本例的 σ 值求解如下:

$$\sigma = \sqrt{\frac{3983.43 - 6308.09 \times 0.63}{10-2}} = 1.08\% \tag{5-66}$$

正态分布分析证明,$Q \pm 2\sigma$ 范围的几率为 95.4%,也即可信度为 95.4% 时,其允许标准偏差范围为 $\pm 2\sigma$。因此,本例利用熔点 t 按式(5-62)计算所得的 Q 值与其实测值之间的标准偏差,有 95.4% 几率是在 $\pm 2.16\%$ 范围之内。

(四)矩阵法

若利用矩阵的写法,则易将二维推广到多维,下面介绍用矩阵的求解方法。

令 $\hat{C} = \begin{pmatrix} a \\ b \end{pmatrix}$,根据矩阵论,计算本例 $\hat{C}$ 的最小二乘估算值为:

$$\overline{C} = (F^T W_Y F)^{-1} F^T W_Y Y \tag{5-67}$$

$$F = \begin{pmatrix} 1 & 241.0 \\ 1 & 238.0 \\ \vdots & \vdots \\ 1 & 252.5 \end{pmatrix}$$

$$F^T = \begin{pmatrix} 1 & 1 & \cdots & 1 \\ 241.0 & 238.0 & \cdots & 252.5 \end{pmatrix}$$

$$Y = \begin{pmatrix} 92.64 \\ 90.74 \\ \vdots \\ 99.59 \end{pmatrix}$$

$$W_Y^{-1} W_Y = 1 \tag{5-68}$$

$$\hat{C} = \begin{pmatrix} a \\ b \end{pmatrix} = (F^T F)^{-1} F^T Y \tag{5-69}$$

$$\hat{C} = \left[\begin{pmatrix} 1 & 1 & \cdots & 1 \\ 241.0 & 238.0 & \cdots & 252.5 \end{pmatrix} \begin{pmatrix} 1 & 241.0 \\ 1 & 238.0 \\ \vdots & \vdots \\ 1 & 252.5 \end{pmatrix} \right]^{-1}$$

$$\begin{pmatrix} 1 & 1 & \cdots & 1 \\ 241.0 & 238.0 & \cdots & 252.5 \end{pmatrix} \begin{pmatrix} 92.64 \\ 90.74 \\ \vdots \\ 99.59 \end{pmatrix}$$

$$\hat{C} = \begin{pmatrix} 10 & 2218.5 \\ 2218.5 & 502181 \end{pmatrix}^{-1} \begin{pmatrix} 812.21 \\ 186497 \end{pmatrix}$$

$$= \frac{1}{100068} \begin{pmatrix} 502181 & -2218.5 \\ -2218.5 & 10 \end{pmatrix} \begin{pmatrix} 812.21 \\ 186497 \end{pmatrix}$$

$$\hat{C} = \frac{1}{100068} \begin{pmatrix} -5867164.5 \\ 63082.115 \end{pmatrix} = \begin{pmatrix} -58.6 \\ 0.63 \end{pmatrix}$$

得：$a = -58.6$

$b = 0.63$

故：$Q = 0.63t - 58.6 \tag{5-70}$

从上面看出，用选点法、平均值法、最小二乘法和矩阵法求解，所得结果一致。

二、相关事宜

在电子计算机的编译程序中，常有最小二乘法解矛盾方程组的标准程序，只要在源程序中将矩阵的维数和有关因子输入，启动标准程序，即可得参数 a 和 b 的最小二乘估计值。

第3节 非线性函数

非线性函数的图形种类很多,典型的曲线和所对应的函数式及其直线化方法,在数理统计书籍中有详尽介绍,在此简要说明非线性函数经验公式的一般拟合方法。

一、常见类型

较常用的非线性函数经验公式有如下两种。

$$Y = be^{aX} \qquad (5-71)$$

和 $Y = bX^a \qquad (5-72)$

式(5—71)和式(5—72)的曲线形状分别如图 5-19 和图 5-20 所示,前者称指数函数,后者称幂函数。在幂函数中,当 $a>0$ 时为抛物线型,若 $a<0$ 时则为双曲线型。

对于上述两种非线性函数的曲线拟合法,一般通过取对数把它变换成线性函数型后,再按类似于建立线性函数经验公式之方法确定其有关常数。

例如:有一组等量的同系物组分在某色谱柱上流出,得到如图5-22所示的一组色图峰,流出峰高 h_i 与其保留值 t_{Ri} 的数据如表5-15所示;求 h_i 和 t_{Ri} 之间的关系式。

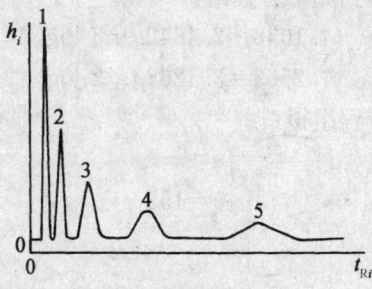

图 5-22 等量同系物色谱图

表 5-15　等量同系物组分流出色谱峰高与其保留值

峰号	h_i/mm	t_{Ri}/mm	$\log h_i$	$\log t_{Ri}$	h_i 估/mm
1	44.5	3.5	1.6484	0.5441	44.3
2	24.0	6.4	1.3802	0.8062	24.2
3	12.0	13.0	1.0792	1.1139	11.9
4	6.0	26.0	0.7782	1.4150	6.0
5	3.0	51.5	0.4771	1.7118	3.0

从图 5-22 看出，若通过这组色谱峰顶作连线，则可得到一条近似符合双曲线型的曲线，故以式（5-73）来表示 h_i 和 t_{Ri} 之间的关系。

$$h_i = b t_{Ri}^a \tag{5-73}$$

取对数得到如下的直线化方程：

$$\log h_i = \log b + a \log t_{Ri} \tag{5-74}$$

二、拟合方法

（一）平均值法

现以平均值法求解式（5-74）中的常数 a 和 b。把表 5-15 中的对数数据的前三组作为第一大组，后两组作为第二大组，根据前述的平均值法得到如下方程组：

$$\begin{cases} 4.1078 = 2.4642a + 3\log b \\ 1.2553 = 3.1268a + 2\log b \end{cases}$$

用消元法解上述方程组得：

$$\begin{cases} a = -1 \\ b = 155 \end{cases}$$

得：$h_i = 155 t_{Ri}^{-1}$ \hfill (5-75)

（二）矩阵法

现以矩阵来求解式（5-74）中的常数 a 和 b。

令 $\hat{C} = \begin{pmatrix} \log b \\ a \end{pmatrix}$,据表 5-15 的直线化数据,计算如下。

$$\hat{C} = \begin{pmatrix} \log b \\ a \end{pmatrix}$$

$$\hat{C} = \left[\begin{pmatrix} 1 & 1 & \cdots & 1 \\ 0.5441 & 0.8062 & \cdots & 1.7118 \end{pmatrix} \begin{pmatrix} 1 & 0.5441 \\ 1 & 0.8062 \\ \vdots & \vdots \\ 1 & 1.7118 \end{pmatrix} \right]^{-1}$$

$$\begin{pmatrix} 1 & 1 & \cdots & 1 \\ 0.5441 & 0.8062 & \cdots & 1.7118 \end{pmatrix} \begin{pmatrix} 1.6484 \\ 1.3802 \\ \vdots \\ 0.4771 \end{pmatrix}$$

$$\hat{C} = \begin{pmatrix} 5 & 5.591 \\ 5.591 & 7.119 \end{pmatrix}^{-1} \begin{pmatrix} 5.363 \\ 5.130 \end{pmatrix}$$

$$= \frac{1}{4.336} \begin{pmatrix} 7.119 & -5.591 \\ -5.591 & 5 \end{pmatrix} \begin{pmatrix} 5.363 \\ 5.130 \end{pmatrix}$$

$$= \frac{1}{4.336} \begin{pmatrix} 9.497 \\ -4.335 \end{pmatrix} \approx \begin{pmatrix} 2.19 \\ -1 \end{pmatrix}$$

则:$\begin{cases} a = -1 \\ \log b = 2.19 \end{cases}$

得:$\begin{cases} a = -1 \\ b = 155 \end{cases}$

故:$h_i = 155 t_{Ri}^{-1}$ (5—76)

用平均值法和矩阵法求解,得到一致的结果。因 $a < 0$,则式 (5—75) 和式 (5—76) 属双曲线型函数;把所测 t_{Ri} 值代入式 (5—75) 或式 (5—76) 验算,所得峰高估算值 $h_{估}$ 与实测值 h_i 也很吻合。因此,可用式 (5—75) 近似表示该组同系物的流出峰高 h_i 与其保留值 t_{Ri} 之间的函数关系。

三、相关事宜

1. 分段拟合

若函数关系曲线的形状比较复杂，用单一经验公式无法表达时，则可分段拟合，也即在不同的曲线段上采用不同的经验公式表示。

2. 应用范围

根据实验数据所建立的经验公式常用于近似计算，也即根据经验公式所得的数值为近似值。在一般情况下，经验公式只能在原实验方法和原实验数据的范围之内使用。

练 习 题

1. 欲定性的样品对象可分为哪几种？其定性主要任务是什么？
2. 已知混合物和一般未知物采用何种方法定性？
3. 如何利用绝对保留值和相对保留值定性？为什么要多柱定性？
4. 利用保留指数定性有何优点？同系物保留值之对数值常与哪些物理常数间存在着线性关系？
5. 初步鉴别为何目的？如何鉴定有机物中的氧、氮、硫和卤素？
6. 如何进行溶解度分组？为什么要进行溶解度分组？
7. 如何利用分类试验和扣除色谱技术进行定性？常用5A分子筛扣除何种有机物？
8. 为什么要制备衍生物？裂解色谱定性有何特点？
9. 如何利用检测器定性？色谱与其他仪器联用时常用哪些结合方式？
10. 已知空气峰保留时间为10s，nC_5保留时间为110s，nC_6保留时间为210s，X组分的保留时间为160s，求X组分的保留指

数值。(答：$I_X = 558$)

11. 已知含 nC_{10}、nC_{11} 和 nC_{12} 烷烃之混合物，在某色谱分析条件下流出时 nC_{10} 和 nC_{12} 调整保留时间分别为 11min 和 14min，求 nC_{11} 之调整保留时间。(答：11.8min)

12. 在某一色谱分析条件下，把含 a 和 b 以及相邻的两种正构烷烃的混合物注入色谱仪分析。a 在相邻的两种正构烷烃之间流出，它们的保留时间分别为 10min、11min 和 12min，最先流出的正构烷烃之保留指数为 800，而组分 b 的保留指数为 882.3，求组分 a 的保留指数。试问 a 和 b 有可能是同系物吗？(答：$I_a = 852.3$，a 和 b 不是同系物，因同系物的保留指数之差值一般应为 100 的整数倍)

13. 拟定出一般未知物的鉴别方案（举例说明）。

14. 有一混合物样品，其中所含的组分是苯、丙酮和乙醇。在缺乏苯、丙酮和乙醇的单组分标样的情况下，如何对此混合物的色谱峰进行定性？

15. 定量分析的依据是什么？写出校正因子的几种表示方法。

16. 何谓前伸峰？拖尾峰？色谱对称峰面积测量常用哪几种方法？

17. 下列各组分以等量进样（$0.1\mu g$），测定所得峰高平均值列表如下，求其峰高相对质量校正因子。

(答：f_{is}^h 为 0.82，1.00，1.25，1.88)

组　分	a	b	c	d
峰高（mm）	91	75	60	40
f_{is}^h				

18. 常用哪几种定量方法？并推导出它们的定量计算式。

19. 已知 CO_2 气体体积含量分别为 80%、40%、20% 时其峰高分别为 100 mm、50 mm、25mm（等体积进样），试作出外标曲线。现进一个等体积的样品，CO_2 的峰高为 75mm，问此样品中

CO_2 的体积百分含量是多少？（答：60%）

20. 已知样品所含组分峰高及其峰高相对质量校正因子列表于下，求各组分的含量。（答：0.30%，0.21%，0.12%，4.21%，95.16%）

组　分	a	b	c	d	e
f_{is}^h	0.42	0.72	0.80	1.00	4.00
h (mm)	5	2	1	29	164

21. 称量样品质量为 0.1g，加入 0.1g 内标物，欲测组分 A 的面积相对校正因子为 0.80，内标物的面积相对校正因子为 1.00，组分 A 的峰面积为 60mm²，内标组分峰面积为 100mm²，求组分 A 的百分含量？（答：48%）

22. 计算下表的 σ_X 和 t 值。（答：σ_X = 0.20%，$t_{实}$ = 2.26）

已知含量 $\hat{X}$ 95.10%	测定序数 n	1	2	3	4	5	6	7	8	$\overline{X}$
	测定结果 X_i(%)	95.63	95.21	95.02	95.18	95.49	95.25	95.14	95.14	
	$(X_i - \overline{X})$%	0.37	−0.05	−0.24	−0.08	0.23	−0.01	−0.12	−0.12	
	σ_X =									
	$t_{实}$ =							$t_{0.05}$ = 2.37		

23. 在某色谱分析中，将其流出物通过一个能将有机物氧化成二氧化碳和水的反应器，将水蒸气除去后，二氧化碳的浓度用热导检测器进行检测，给出数据为：正戊烷校正峰面积 = 25.0mm²；正庚烷校正峰面积 = 49.0mm²；异戊醇校正峰面积 = 35.0mm²；甲苯校正峰面积 = 70.0mm²。① 计算样品中各组分的摩尔百分数；② 计算样品中各组分的质量百分数。（答：正戊烷 17.2%（mol/mol），正戊烷 13.8%（W/W））

24. 在色谱定量分析中为什么要测校正因子？如何测量？什么时候可以不测？

25. 已知某组同系物在某色谱柱上流出时，它们的单位质量峰高 h_i 与其保留值 t_{Ri} 之间可用 $h_i = b/t_{Ri}$ 的双曲线方程来表示，试从下表的 t_{Ri} 数据求各组分的峰高相对校正因子。（答：0.479，0.792，1.00，1.25，1.81，2.04，2.96）

组　　分	A	B	C	D	E	F	G
t_R（mm）	11.5	19.0	24.0	30.0	43.5	49.0	71.0

26. 已知氯苯和邻氯甲苯在同一条件下，于某色谱柱上流出时，它们的单位质量峰高与其保留值之间可用 $h_i = b/t_{Ri}$ 的双曲线方程来表示。现将含 9.99% 氯苯和 90.01% 邻氯甲苯的混合物进行色谱分析，其保留距离分别为 43.0mm 和 64.5mm，峰高分别为 11mm 和 68mm。试利用保留值求其峰高相对校正因子并进行定量计算。（答：氯苯 9.74%，邻氯甲苯 90.26%）

27. 已知对苯二甲腈和间苯二甲腈在同一条件下于某色谱柱上流出时，可直接用其保留值估算其峰高定量校正因子。现将含 66.99% 对苯二甲腈和 33.01% 间苯二甲腈的混合物进行色谱分析，其保留距离分别为 81.4mm 和 88.0mm，峰高分别为 88mm 和 40mm。试用估算峰高校正因子进行定量分析，并求出它们的误差。（答：对苯二甲腈 67.05%，间苯二甲腈 32.95%）

28. 实测得到 X 与 Y 的关系数据如下表，作图法表明 X 与 Y 之间为线性关系；试用最小二乘法求 X 与 Y 的关系式。（答：$Y = 0.04 + 0.339X$）

X	49.2	50.0	49.3	49.0	49.0	49.5	49.8	49.9	50.2	50.2
Y	16.7	17.0	16.8	16.6	16.7	16.8	16.9	17.0	17.0	17.1

29. 根据实验得到某样品的熔点 t 与其中 i 组分含量 Q 的关系数据如下表，作图法表明 Q 与 t 之间为线性关系；试分别用平均值法和最小二乘法求 Q 与 t 的关系式。（答：$t = 2.2745Q + 92.6547$，$t = 2.2337Q + 95.3524$）

Q (%)	36.9	46.7	63.7	77.8	84.0	87.5
t (℃)	181	197	235	270	283	292

30. 实验表明，样品的最大溶解量 Q 与温度 T 的关系如下表，作图看出 Q 与 T 之间的关系可用 $Q=bT^a$ 表示；试用平均值法求 b 和 a 值。（答：$b=0.000000882$，$a=3.09$）

T (K)	273	283	288	293	313	333	353	373
Q (μg)	29.4	33.3	35.2	37.2	45.8	55.2	65.6	77.3

31. 在某色谱柱中，固定液的存留量 Q 与使用时间 t 的关系如下表，作图后看出 Q 与 t 之间的关系可用 $Q=be^{at}$ 表示；试用平均值法求 b 和 a 值。（答：$b=100.1$，$a=-0.0265$）

t (月)	2	5	8	11	14	17	27	31	35	44
Q (mg)	94.8	87.9	81.3	74.9	68.7	64.0	49.3	44.0	39.1	31.6

32. 一组醛的同系物，各组分均为 100ng，在某色谱柱上流出时其保留值（t_R）和峰高（h）的数据如下表，经作图表明 h 与 t_R 之间可用 $h=bt_R^a$ 来表示。试用平均值法求 a 和 b 值；然后用表中的 t_R 值代入所建立的经验公式中验算。（答：平均值法得 $a=-0.9925$，$b=236.14$）

组分名称	正十四烷醛	正十六烷醛	正十八烷醛	正十八二烯醛
t_R (mm)	5.5	9.0	15.0	23.0
h (mm)	44.0	27.0	16.0	10.5

第六篇　样品处理法

第1章　样品处理概述

色谱分离分析的全过程包括四个方面的内容：样品采集、样品制备、色谱分析、数据处理等。样品处理（Sample treatment methodology），一般包括样品采集（Collection of sample）和样品制备（Preparation of sample）。

在色谱分离分析的全过程中，样品采集和样品制备是一个既耗费大量时间、又极易引进误差的环节，样品处理的好坏直接影响色谱分析的最终结果。因而，不论是样品采集还是样品制备均应给予足够的重视。

在使用色谱技术进行样品的分离分析时，常常会遇到所采集的原始样品难以直接进行色谱分析。例如：原始样品中目标组分（又称欲测组分、待测组分）的含量过低、原始样品的基体干扰过大、原始样品为黏稠液、胶体或者固体等状态，这使得在进行色谱分析之前，必须对原始样品进行适当处理。

选择样品处理方法十分重要，只有采用恰当的处理方法才能获得满意的分离分析结果。

一、样品处理必要性

1. 提高样品浓度

色谱法测定浓度的范围与色谱模式、检测器类型、样品种类、样品基体等诸多因素有关,一般测定浓度的范围为 mg/mL～ng/mL。

随着科学技术的进步,对样品的检测限要求越来越低,有时需要测定的浓度水平低至 pg/mL,甚至更低。因此,必须对原始样品先行分离、富集、浓缩等处理,以提高样品中的目标组分浓度。否则,就难以得到满意的分离分析结果。

2. 提高检测灵敏度

在色谱分析中,有些样品直接检测时灵敏度很低,故需要进行预处理,以提高其检测灵敏度。例如:在气相色谱分析中,水、二氧化碳等无机物用热导检测器直接检测的灵敏度很低,转化成有机物之后用氢焰离子化检测器检测,灵敏度至少可提高 1000 倍。又如:在液相色谱分析中,荧光检测器的灵敏度要比紫外检测器的高几个数量级,因此,有些样品需要将其进行衍生化处理之后再进行分析。

3. 去除基体干扰

样品基体对色谱分析产生直接的影响。例如:检测水体中的物质时,一般都要先行预处理,把目标组分从水中提取出来(对于低含量的物质尤其是如此),否则非但难以检测,而且柱子容易受到损害。又如:样品基体与样品如果在同一波长都有能吸收紫外时,则无法进行紫外检测。因此,去除基体干扰是十分必要的。

4. 排除杂质干扰

混合物样品中含有多种杂质,有些杂质含量大、有些对检测有干扰、有些杂质对色谱柱有损害等,因此,有很多样品在色谱分析之前,需要先行预分离处理,才能排除杂质的干扰。

5. 防止样品变质

在光、热、氧、微生物等的作用下,许多样品很容易发生变化。因此,所采集的样品有些可能在进行仪器分析之前就已经发生了变化,如:组成改变或浓度发生了变化。因此,采样之后应当在尽可能短的时间内进行处理,并尽快进行分析;或者选用合适的方法做好样品的保存,防止变质,消除干扰。

在实际分析工作中,现场环境状况复杂、样品多变,样品组成和组分浓度等往往差别悬殊。因此,在进行色谱分析之前,根据样品对象、分析目的、设备条件等因素,制定切实可行的样品处理方案是必不可少的。

二、样品处理的原则

① 处理方法必须为分析目的服务。
② 样品处理操作尽可能简单易行。
③ 所采集的样品必须具有代表性。
④ 处理过程中应防止样品被污染。
⑤ 防止目标组分发生变化或丢失。
⑥ 样品衍生化处理必须定量完成。

较为常用的样品处理技术有结晶、蒸馏、吸附、萃取、裂解、膜分离、衍生等技术。

第 2 章 样品采集方法

样品采集（Collection of sample）是色谱分离分析工作的第一步，是保证做好色谱分离分析的重要一环，切不可轻视。在一般分析化学书籍和相关标准中，对许多样品的采集方法和操作要求做了详细叙述，在此仅讨论与色谱分离分析密切相关的样品采集方法。

第 1 节 气体样品采集

气体样品采集（Collection of gas sample）大致可分为直接采集法和富集采集法，下面对这两种方法内容进行讨论。

一、直接采集

1. 采样容器种类

直接采集气体样品用的采样容器，可分为刚性容器和塑性容器两大类。

刚性容器由玻璃或合金材料制成，如：玻璃注射器、玻璃采样瓶、不锈钢采样瓶等。注射器的体积小于1L，而采样瓶的体积一般为1～5L，并附有聚四氟乙烯瓶盖。

塑性容器主要由高分子合成材料制成的气体袋，如：聚酯袋、聚四氟乙烯袋和铝箔加固的塑性气体袋等，塑性气体采样袋的常用体积为2～50L。

还有一种是刚性和塑性组合而成的气体采样装置，它由内部固定的塑性气体袋和外部刚性的保护套以及针形阀所组成。

直接使用容器采集气体样品时，无论是刚性容器还是塑性容器都可能存在吸附和渗漏的问题，从而造成气体样品组成和浓度发生变化。相比较而言，不锈钢容器发生此类现象较少，是一种比较理想的采样容器。

2. 气体采样动力

气体样品采集过程使用的动力源有以下几种方式：

① 采样泵：塑性容器和刚性容器，一般都可用采样泵收集气体样品。

② 真空源：刚性容器可先抽真空后再利用负压采集气体样品，当气样采集完成后，向容器内充入高纯氮气使容器形成正压，以便于使用时释放出容器中的气体样品。

③ 手工法：注射器采样时，一般采用手工置换的方法把样品气体采集到注射器中。

3. 采样控制因素

气体样品采集过程的控制因素主要包括采集流速控制、采集时间控制、样品采集体积控制等。

二、富集采集

(一) 固体吸附法

1. 富集法

① 吸附－解吸法：此法将吸附剂置于吸附管中，使用采样泵将气体样品以一定的流速通过此吸附管，气体样品中目标组分被吸附剂选择性捕集浓缩，然后通过加热解吸或者通过溶剂解吸的方法，使被吸附的目标组分释放出来，再送入色谱系统中进行分离分析。

② 扩散采样法：此法将吸附剂制成带状的固体吸附采样器，通过气体样品的扩散作用和渗透作用，使气体样品中的目标组分被选择性吸附浓缩，然后经加热解吸或者溶剂解吸的方法，使被吸附的目标组分释放出来，再送入色谱系统中进行分离分析。

2. 固体吸附剂

固体吸附剂（Solid adsorbent），系指对气体或溶质能发生吸附作用的固体物质。固体吸附剂品种繁多,用于富集气体样品的固体吸附剂主要有以下种类。

(1) 炭类吸附剂

① 活性炭 (Active carbon):具有多孔结构、对气体或蒸汽或胶态固体物质有强大吸附本领,比表面积为 $500\sim1000m^2/g$,相对密度为 $1.9\sim2.1$,表观相对密度约 $0.08\sim0.45$。其用途甚广,例如:作载体和催化剂、气体的吸收和纯化,食品和药物的脱色,以及色谱固定相等。活性炭有粉状和粒状产品。吸附气体和蒸汽用的为颗粒活性炭,其机械强度高、不起尘化、吸附能力强。

在气体样品采集中,主要用于二氧化碳、氢、氮、氨、乙炔等气体的净化,天然气、石油气以及挥发性有机溶剂气体等的吸附、分离、浓缩。

② 石墨炭 (Graphite carbon):非极性吸附剂,具有表面均匀、疏水性强等特点。

在气体样品采集中,主要用于吸附、分离、浓缩硫化氢,二氧化硫,以及 $C_1\sim C_{10}$ 的烃、酚、醇、胺、游离脂肪酸等,尤其是对某些异构体有很好的分离能力。

③ 炭分子筛 (Carbon molecular sieve):系属新型炭素类吸附剂,因其微孔结构与分子筛相似,故被叫做炭分子筛,亦称多孔碳黑,其堆积密度为 $0.5\sim0.6g/mL$。炭分子筛有着广泛的用途,除了用于色谱、高纯度氮气的制取之外,还应用于粮食、食品、水果等的保鲜,金属热处理、石油开采及输油管的冲洗、汽车轮胎的安全气质等许多行业。

在气体样品采集中,炭分子筛主要用于氧、氮、一氧化碳、二氧化碳、稀有气体、硫化物气体、气态有机物以及微量水等的吸附、分离、浓缩;国产炭分子筛的型号有 TDX 等,国外炭分子筛商品名称有 Carbosieve B 等。

(2) 高聚物吸附剂

多孔性高聚物 (Porous polymer):系以苯乙烯或乙基苯乙烯

为单体，二乙烯基苯为交链剂所形成的共聚物，由于合成条件和所添加成分的差异，因此有不同极性的产品规格。高分子多孔小球比表面常见范围为 $100 \sim 800 \, m^2/g$，堆积密度为 $0.2 \sim 0.4 g/mL$。

多孔性高聚物国外商品主要型号有 Tenax、Chromosorb "百位"系列、Porapak 系列、HayeSep、Amberlit 等；国产高分子多孔小球的主要型号有 GDX 系列和 400 系列。

Tenax GC 具有广泛的用途，在常温下就可以吸附和浓缩 $C_6 \sim C_{14}$ 的烃类化合物和某些萜烯，而且水对吸附的干扰比活性炭要小。

Chromosorb 106 用于采集空气中挥发性有机物。

Porapak Q 用于采集 $C_2 \sim C_4$ 的烃类化合物。

HayeSep A 用于采集空气中永久性气体，如：H_2、N_2、O_2、Ar、CO、NO_x 等。

Amberlit XAD 树脂是非离子型微网树脂，吸附和释放样品分子的性能取决其表面的疏水性和亲水性；Amberlit XAD 树脂热稳定性不高，应用时通常采用液体溶剂解吸技术。

GDX 系列和 400 系列多孔性高聚物的性能及用途与 Chromosorb 和 Porapak 相似，可参见第二篇表 2-6。

(3) 其他吸附剂

① 分子筛 (Molecular sieve)：具有较均一的微孔结构，能将不同大小的气态分子分离，常用型号有 5A 和 13X 型分子筛。

在气体样品采集中，主要用于吸附、分离、浓缩氢、氧、氩、氮、甲烷、一氧化碳气体。

② 硅胶 (Silica gel)：外观为透明或乳白色颗粒，比表面为 $300 \sim 500 m^2/g$，平均孔直径小于 100Å，国产色谱硅胶有 DG 等多孔硅珠产品，国外色谱硅胶商品名称有 Porasil，Sphrosil 和 Chromosil 等。

在气体样品采集中，主要用于吸附、分离、浓缩硫化物、二氧化碳以及其他气态混合物样品等。

此外，氧化铝、硅藻土等也可用于某些气体样品的吸附、分离、浓缩。

（二）溶剂吸收法

溶剂吸收法，系指利用吸收液能选择性吸收气体或者蒸汽中的某些组分的特性，进行分离、浓缩的采集方法。当气体样品通过吸收液时，由于气体样品中的某些分子与吸收液界面上的分子发生化学反应或者发生溶解作用，使某些气体样品分子被分离、浓缩。然后再通过适当的方法从吸收液中分离出来或者直接进行色谱分析。

常用的吸收液有水、水溶液和有机溶剂等。

（三）冷阱收集法

冷阱收集法，也称低温收集法，系指利用低温冷却冷凝作用，选择性地分离、浓缩气体样品中某些组分的方法。

冷阱收集设备比较简单，主要由冷却管、冷却剂和保温瓶所组成，通过便携式采样泵将气体样品收集于冷阱中。冷却管一般为U形硼硅酸盐玻璃管，为了增加冷却接触界面，在U形玻璃管内底部装有石英棉。冷却剂的选用主要取决于目标组分的物化性质（如：冷凝点），常用的冷却剂有液氮、液氩、冰、冰盐水、干冰混合冷却剂等，这些冷却剂的组成及其致冷温度参见表6-1。

表6-1 冷却剂组成及其致冷温度

冷却剂组成	致冷温度（℃）	冷却剂组成	致冷温度（℃）
液氮	−195.8	冰	0
液氩	−185.7	100g冰+42.2g氯化钙	−55
干冰	−56.6	100g冰+49.7g氯化亚铁	−55
过量固体干冰+丙酮	−86	100g冰+27.5g氯化镁	−33.6
过量固体干冰+三氯乙烯	−78	100g冰+30.4g食盐	−21.2
过量固体干冰+乙醚	−77	100g冰+62.0g硫酸铵	−19
过量固体干冰+氯仿	−77	100g冰+59.0g硝酸钠	−18.5
过量固体干冰+三氯化磷	−76	100g冰+45.0g硝酸铵	−17.3

续表

冷却剂组成	致冷温度(℃)	冷却剂组成	致冷温度(℃)
过量固体干冰＋无水乙醇	－72	100g冰＋25.0g氯化铵	－15.8
过量固体干冰＋85.5%乙醇	－68	100g冰＋30.0g氯化钾	－11.1
过量固体干冰＋氯乙烷	－60	100g冰＋23.4g硫酸镁	－3.9
过量固体干冰＋二甘醇二乙醚	－52	100g冰＋6.3g碳酸钠	－2.1

第2节 液体样品采集

液体样品采集（Collection of liquid sample），主要采集水样（包括环境水样、饮用水水样、高纯水水样、废水水样以及废水处理后的水样）、油样（包括各种石油样品、植物油样品、废油样品）、饮料样品、各种溶剂样品等等。

一、直接采集

采集液体样品用的容器应为棕色的玻璃采样瓶。采集液体样品时，要注意样品中不能有气泡，样品一定要把采样瓶完全充满，直至刚刚溢出为止，然后盖上瓶塞，瓶内不能留有气泡，再用聚四氟乙烯薄膜包紧，以保护瓶塞密封好采样瓶。

把密封好的样品贮于4℃左右的低温箱中保存，以备下一步制备色谱分析用的样品。

须知：所采集的液体样品应尽快处理和分析，所得的测试结果比较可靠，保存时间一般不宜超过5天。

二、富集采集

对于样品中目标组分含量很低的液体样品，例如：环境水样、饮用水水样、高纯水水样、废水处理后的水样、高纯有机液体等样品中的微量目标组分的检测，就需要先行富集之后，才能进行色谱分析。常用的富集方法可归纳为两大类。

1. 吸附采集

液体样品中的微量组分采集可采用吸附剂吸附富集的方法，选用适当的吸附剂制成吸附柱，让一定量的液体样品流过吸附柱，然后用适当的溶剂洗脱，收集含有目标组分的洗脱液，浓缩后即可进行色谱分析。

2. 分离浓缩

采集液体样品中的微量目标组分时，首先可根据样品的物化性能，选用蒸馏分离、液-液萃取分离、膜分离、柱层析或其他手段进行处理，经浓缩后即可进行色谱分析。

第3节 其他样品采集

一、固体样品采集

固体样品采集（Collection of solid sample），除了采集人工合成的固体材料、食品和各种固体产品之外，土壤、沙子、岩石、金属、矿物、生物体等也属采集对象。

固体物品均匀性一般较差，采集固体样品时，特别要注意取样的代表性。因此，取样时要适当多取一些，然后再用缩分的方法采集。

原始样品的颗粒较细时，可直接进行缩分；原始样品的颗粒较粗时，需先将原始样品粉碎后再进行缩分。

采集样品时不能直接用手接触样品，如必须用手采样时，则应戴上干净白布手套后才能采集。

固体样品一般使用玻璃样品瓶采集并密闭，再用铝箔包装，然后贮存于避光、低温、干燥处。

二、悬浮样品采集

悬浮样品采集（Collection of suspended sample），系指悬浮在空气或废气中的固体微粒或液体微粒，其中空气动力直径小于 $100\mu m$ 的颗粒物称总悬浮微粒（TSP），直径小于 $10\mu m$ 称为可吸入颗粒物（PM_{10}）。

采集 TSP 或 PM_{10} 用的气体采样器，按流量可分为大流量采样器（流量 $1.1 \sim 1.7 m^3/min$）和中流量采样器（流量 $50 \sim 150 L/min$）。

使含有悬浮颗粒物的气体以一定流速通过孔径大小合适的过滤器（滤膜或滤筒），粒径大于过滤器孔径的颗粒物被过滤器俘获，粒径小于过滤器孔径的颗粒物通过过滤器而随气体排出。选择过滤器合适的孔径，就可以采集到一定大小的目标悬浮颗粒物。

第3章 样品制备方法

样品制备（Preparation of sample），包括结晶、蒸馏、萃取、衍生以及其他方法。在样品制备时，宜将采集到的样品分成两份，同时制备两个色谱分析用样品，以检验样品制备的可靠性。

将采集到的样品分成两份后，在其中的一份中加入已知量的目标组分，然后同时制备这两个色谱分析样品，以便计算色谱样品制备的回收率。

第1节 结晶法

结晶法（Crystal method），系指通过选择适宜的溶剂把固体样品溶解后，于适宜的条件下让目标组分结晶析出，使之达到纯化或富集目标组分的操作方法；结晶法是色谱样品常用的制备方法之一。

一、溶剂选择

1. 相似相溶

利用"相似相溶"原理，选择与样品结构或极性相似的液态物质作溶剂。

2. 选择性好

所选溶剂对目标组分的溶解度较大，而对其他组分不溶解或溶解度很小。

3. 冷热差异

溶剂在加热时对目标组分溶解度比在冷却时大得越多，则对结晶越有利。

4. 物化性能

所选溶剂的沸点、黏度和挥发性要适宜，以便溶解、过滤和脱溶等操作。

5. 反应性能

若通过反应能除去杂质而目标组分又能得到复原，则可使用反应性溶剂。

此外，对于未知物样品可按下列顺序试用各种溶剂：

① 甲醇、乙醇、混合低碳醇或与水的混合物。

② 水、丙酮、丙酮和乙醇或其他醇的混合物。

③ 苯、苯-甲苯、石油醚、苯-石油醚混合物。

④ 冰醋酸或含水醋酸。

二、常用溶剂

1. 水

用于提取、纯化羧酸、酰胺、取代酰胺等。

2. 甲醇

用于提取、纯化乙酸酯、苯甲酸酯、3,5-二硝基苯甲酸酯和其他酯类、酰胺、对酰替甲苯胺、硝基或溴基衍生物等。

3. 甲醇-水

用于提取、纯化对硝基苯甲酯、酰替苯胺、磺酰胺、苦味酸盐、缩氨基脲、苯腙、取代苯腙等。

4. 乙醇

用于提取、纯化分子络合物，其余同甲醇和甲醇-水。

5. 丙酮-乙醇

用于提取、纯化脒、溴化物、硝基化合物等。

6. 苯

用于提取、纯化苦味酸盐、分子络合物等。

7. 乙酸乙酯

用于提取、纯化季铵盐、酯等。

8. 异丙醚

用于提取、纯化季铵盐等。

9. 石油醚

用于提取、纯化苯氨基甲酸酯、α-萘氨基甲酸酯等。

10. 石油醚-苯

用于提取、纯化对硝基苯氨基甲酸酯、3,5-二硝基苯氨基甲酸酯等。

11. 四氯化碳和氯仿

用于提取、纯化酰氯、磺酰氯、酸酐等。

12. 二氧杂环己烷-水

用于提取、纯化氧杂蒽基酰胺等。

三、溶剂用量

如果已知溶解度值,那么根据溶解度即可计算出溶剂的最小用量;若无溶解度数据,则需通过试验来确定,其方法是:把固体样品加到溶剂中充分摇动使其溶解,澄清后取其上层清液作色谱分析,根据谱图面积即可近似求出样品在该溶剂中的溶解度。取各温度下的溶液分析,即能得出各温度下的溶解度,由此便可确定所需溶剂量,一般可按热饱和溶液来确定溶剂量。

四、结晶操作

1. 溶解

进行结晶操作时,首先把固体样品研细,然后把样品置于适当容积的玻璃试管或者玻璃烧瓶中,若低沸点溶剂则须加回流装置。先加入少量溶剂,慢慢加热,观察其溶解情况,若未完全溶解则再加入适量溶剂,加热至所需温度使固体样品溶解;若有不溶物存在,则应趁热过滤除去不溶物。

2. 结晶

滤液一般为透明的饱和或近饱和热溶液,冷却即有结晶析出。

分子量较大的物质可能形成过饱和冷溶液，难析出结晶，可用振荡或用玻棒摩擦器壁、或加入晶种促使结晶析出。以油状结晶析出时，可再加入一些溶剂或再加热，使油状物溶解后再降温，并迅速搅拌或加入晶种使其结晶析出。

3. 干燥

用抽滤法或离心法去除母液后，用纯溶剂再把晶体洗涤过滤数次，用滤纸吸干后置于干燥器中干燥。用于去除溶剂的常用干燥剂有：无水氯化钙、无水硫酸钙、氢氧化钠和浓硫酸等。干燥剂的选用视结晶时所用的溶剂种类而定，一般的溶剂可用等量的粒状氢氧化钠和无水氯化钙作干燥剂。

第2节 蒸馏法

蒸馏法（Distillation method），是一种使用很广泛的分离、提取方法，也是色谱样品常用的制备方法之一，其主要目的是从混合液体样品中分离出挥发性大的组分或者挥发性小的组分。

一、蒸馏原理

蒸馏法的基本原理是：根据液体混合物样品中目标组分与其他组分具有不同的挥发性，通过加热蒸馏而达到分离之目的。

如果液体混合物中各组分的蒸汽压具有较大差别，那么从液相和蒸汽相中可以分别收集挥发性不同的组分，挥发性较大的组分富集在气相中，而难挥发的组分被富集在液相中。

二、蒸馏方法

1. 常压蒸馏

① 设备：如图 6-1 所示，主要由蒸馏瓶、冷凝器、收集器和温度计所组成。

② 操作：把待纯化的液体样品置于蒸馏瓶内，投入的液体量

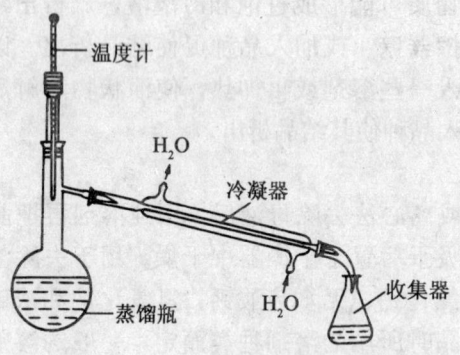

图 6-1 常压蒸馏装置

不应超过蒸馏瓶容积的 2/3,加入数粒沸石以防止崩沸现象发生,然后装上温度计、冷凝器和收集器等。

蒸馏过程中应注意控制好加热温度,使馏出速度维持在每秒流出 1~2 滴液滴;根据常压沸点,收集目标组分物质,纯物质的沸程一般应小于 3℃。

③ 应用:对于沸点低于 250℃ 而且在常压下达到沸点温度不分解的液体样品,可考虑采用常压蒸馏。

此法对于下列情况的样品能达到较好的纯化效果:一是样品中的杂质组分不挥发或难挥发;二是杂质虽有较大挥发性,但其含量低,而且其沸点远低于或远高于目标组分的沸点。

2. 减压蒸馏

① 设备:如图 6-2 所示,主要由克氏蒸馏瓶、冷凝器、收集器、温度计、真空源等所组成。

② 操作:在克氏蒸馏瓶内装入占容量 1/2 左右的待纯化样品,插入一根毛细管,此毛细管通惰性气体且可调节流速,以便能连续平稳地鼓出小气泡。再装上温度计、冷凝器、收集器,并接上真空源。

蒸馏过程应控制好加热温度、真空度和惰性气体的鼓泡速度,使馏出速度维持在每秒流出 1~2 滴液滴;根据真空沸点,收集所

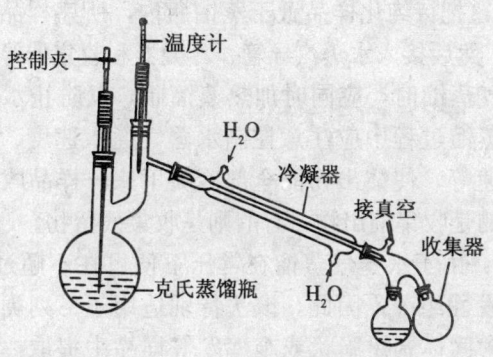

图 6-2 减压蒸馏装置

需的目标组分物质。

③ 应用：由于减压蒸馏可降低沸点，因此，该法特别适用于纯化那些在常压蒸馏时容易发生变质的样品。

④ 说明：如果要纯化沸点特别高或加热时特别不稳定的物质，则应采用分子蒸馏器进行纯化，因其真空度可达 10^{-3} mmHg 以上，其作用原理和操作方法与减压蒸馏类似。

3. 水蒸气蒸馏

① 设备：如图 6-3 所示，主要由蒸馏瓶、冷凝器、收集器、温度计、水蒸气源等所组成。

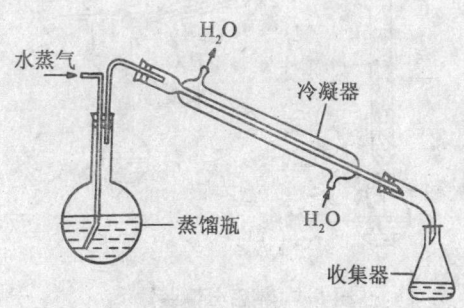

图 6-3 水蒸气蒸馏装置

② 操作：把待纯化样品置于蒸馏瓶内，所盛样品体积不超过容积的 1/2，然后接入水蒸汽导管、冷凝器和收集器等。

通水蒸气蒸馏时，应同时加热蒸馏瓶，以防止水蒸气冷凝在蒸馏瓶内。蒸馏过程中应注意控制水蒸气通入速度、加热温度和冷凝水的流速等，使馏出物能全部冷凝下来；样品收集视具体情况而定，有的是收集馏出物，有的则是收集残留物。

③ 应用：由于水蒸气蒸馏在常压下便可在不超过 100℃ 的温度下馏出挥发性组分，因此，该法特别适用于下列类型样品的纯化：一是从含固体、树脂状或难挥发等样品中提取挥发性较大的目标组分；二是从样品中除去挥发性较大的杂质而留下挥发性较小的目标组分；三是在 100℃ 以上容易变质的目标组分。

④ 说明：若目标组分与水互溶或与水起化学变化，则不宜用水蒸气蒸馏法纯化。

4. 精密分馏

① 设备：如图 6-4 所示，精密分馏装置主要包括蒸馏瓶、分馏柱、分凝器、冷凝器、收集器等部件。

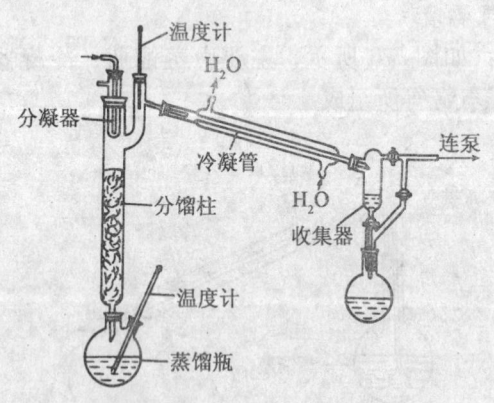

图 6-4　精密分馏装置

② 操作：分馏操作除了注意控制好蒸馏瓶的加热温度外，还应控制好分馏柱的加热温度和分凝器的冷却水流速，以便有恰当

的气化速度和回流比,才能获得较好的分离效率。

③ 特点:精密分馏相当于多次蒸馏,因其可达数十块理论塔板数的柱效率,故可使沸点仅差 1~2℃ 的混合物获得分离。因此,它是蒸馏法中分离提纯效果最好的一种方法。

三、蒸馏自动化

近年来,在改善实验室自动化蒸馏器的性能和重现性方面做了大量工作,用微处理机控制流路、自动化分馏收集器、蒸馏真空系统等,使得自动化蒸馏成为可能。

微处理器控制的蒸馏系统控制器,可进行程序编辑并管理蒸馏条件和运行情况,可自动控制加热速度以及蒸馏容器和蒸馏头的温度、系统中的冷凝器和回流阀门等。在旋转蒸馏器中,微处理器可以控制旋转带的电机速度、多种样品的收集和连续蒸馏。当蒸馏故障发生时,其中的安全装置可进行声音报警并且自动关闭蒸馏系统。

近年来的另一个改进是微蒸馏装置的发展,可用于简单蒸馏和旋转带蒸馏(常压或减压均可),微蒸馏装置可以蒸馏毫升级的样品,这在样品量少和样品昂贵时特别有意义。

四、应用概况

1. 中草药植物油

水蒸气蒸馏是分析中草药植物油的常规方法;微蒸馏与色谱联用是测定中草药植物油的一种高效、快速的新方法。

2. 农药残留量

连续水蒸气蒸馏-溶剂萃取已经被应用于食品中农药残留量的测定。例如:粮食、水果、茶叶、肉类、奶粉等食品,经连续水蒸气蒸馏-溶剂萃取后,用色谱法成功地分析出其中的农药残留量。

3. 环境挥发物

真空蒸馏与色谱-质谱联用,已成功用于环境样品中挥发性有机物的分析。

第3节 萃取法

萃取法（Extraction method），是一种广泛使用的分离、提取方法，也是制备色谱样品常用的方法之一。萃取法的种类颇多，在此将介绍溶剂萃取、固相萃取、气体萃取、微波萃取、超临界流体萃取等制备样品的方法。

一、溶剂萃取

溶剂萃取（Solvent extraction），系指用溶剂分离和提取样品混合物中目标组分的方法。

（一）液-液萃取

液-液萃取技术，系利用样品中不同组分在两种不互溶的溶剂中溶解度或分配比的不同而达到纯化目标组分、分离基质、消除干扰物质之目的。

通过选择两种不相溶的液体，以控制萃取过程的选择性和分离效率。在一般情况下，选用的一相水性溶剂，另一相是油性有机溶剂。

在水相和有机相中，样品中的亲水性化合物进入水相中，而疏水性化合物进入有机相中。通常，首先用有机溶剂分离出目标组分，然后通过蒸发的方法将有机溶剂除去，得到浓缩的目标组分物质。

1. 常规液-液萃取

① 设备：分液漏斗，容积比液体样品加萃取剂的体积大 1～2 倍为宜。使用之前，应将分液漏斗洗干净，烘干后在活塞上涂上一层薄薄的润滑脂，塞好后再将活塞旋转数圈，使润滑脂均匀分布，然后置于萃取架上待用。

② 溶剂：萃取剂种类视样品对象而定，水溶液样品采用与水不相溶的有机溶剂作萃取剂；而油溶性样品则用水性溶剂作萃取剂。萃取剂体积约为样品溶液体积的 30%～35%。

③ 操作：关好下口活塞，把样品溶液和萃取溶剂依次从上口倒入分液漏斗中，然后盖好上口塞子。取下分液漏斗进行摇晃、振荡，每摇晃几次之后将漏斗下口向上朝安全处倾斜，打开下口活塞放气，然后将活塞关闭再进行振荡。如此重复操作，直至几乎无气放出为止；再剧烈摇晃 5min 左右，然后将分液漏斗放回漏斗架上，让其静置、分层。

待漏斗中两层液相完全分开后，打开上口瓶盖，再把下端活塞慢慢旋开，让下层液体自活塞放出。分液时一定要尽可能分离干净，有时在两相间可能出现的一些絮状物也应同时放出。然后将上层液体从分液漏斗的上口倒出，切不可从活塞放出，以免被残留在漏斗颈上的第一种液体所玷污。

然后将样品溶液相倒回分液漏斗中，再用新鲜的萃取剂萃取，一般重复萃取 3～5 次。

④ 破乳：液-液萃取中，由于剧烈振荡，在液-液萃取中乳化现象经常发生，特别是那些含有表面活性物质和脂肪的样品，因此必须先进行破乳。

最常用的破乳方法有：加入不同的有机溶剂、加盐、加热、离心或过滤等。

⑤ 处理：将几次的萃取液合并，加入合适的干燥剂干燥；如果萃取液浓度过低，则需经过蒸发浓缩后再进行干燥；有些样品还需经过衍生处理。

⑥ 分析：经过上述一系列操作之后，即可取样进行色谱分离分析。

2. 连续液-液萃取

① 设备：连续液-液萃取器。

② 溶剂：在连续液-液萃取装置中，使用密度比样品溶液大的

溶剂作萃取剂，新鲜的有机溶剂循环连续使用。

③ 操作：萃取溶剂从索氏抽提器烧瓶中被加热蒸发，上升到冷凝器中被冷凝，分离出两相，即样品溶液相和带有萃取物的溶剂相，最后，溶剂和萃取物返回到烧瓶中。此过程连续地进行，直至萃取出足够量的目标组分物质为止。

④ 处理：连续液-液萃取装置中的烧瓶也作为浓缩器使用，连续萃取之后便可进行蒸发、浓缩，以除去萃取溶剂；再用适当的干燥剂进行干燥。

⑤ 分析：经过上述一系列操作之后，若需衍生的样品则衍生处理，然后取样进行色谱分离分析。

3. 小柱萃取

① 设备：用体积几至几十毫升的聚乙烯管，内填吸附剂为小柱填料。

② 填料：经煅烧助熔的高纯硅藻土。

③ 溶剂：与样品溶液不相溶而能溶解目标组分的溶剂作萃取剂。

④ 操作：先用液体样品润湿萃取小柱中的吸附剂，几分钟后再将萃取剂加入到萃取小柱中。当萃取剂还保存在萃取小柱中时（已经含有目标萃取物质），分别调节 pH 值在 4.5 和 9.0，以萃取样品中的酸性和碱性目标组分。

⑤ 特点：一是填料具有较大比表面可提高萃取效率；二是避免了水溶液样品与有机萃取溶剂之间的乳化；三是样品用量少，可用于含有误用药物的生物体液的萃取。

(二) 液-固萃取

1. 经典萃取法

最简单的液-固萃取就是将欲萃取的固体放入萃取剂中，适当振荡，必要时也可加热，然后利用离心或过滤的方法让液、固分离，使目标组分进入萃取剂。

这种液-固萃取方法是一种经典的简易的萃取方法，此法效率较低，只能用于容易分离组分的提取。

2. 索氏萃取法

① 设备：如图6-5所示，主要由烧瓶、萃取室（包括导气管、虹吸管）、冷凝器等；此外还配有K-D（Kudema-Danish）浓缩器，以供浓缩和定容之用。索氏萃取装置常用规格有125 mL、250 mL、500mL。

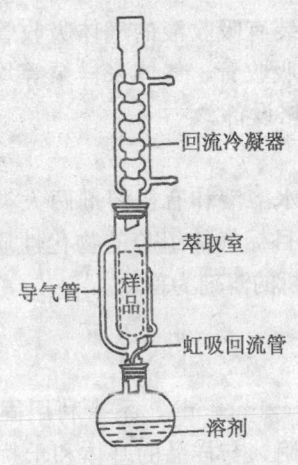

图6-5 索氏萃取装置

② 溶剂：选用对目标组分具有较大溶解度、而对其他组分溶解度尽可能小的溶剂作萃取剂。

③ 操作：把样品和萃取剂装入索氏萃取器内之后，加热使溶剂气化、在冷凝器被冷凝回流、落入萃取室中萃取样品、到达一定液面后虹吸管自然把萃取液吸回到烧瓶中，如此连续萃取，直至萃取出足够量的目标组分物质为止。

④ 处理：连续萃取之后，通过索氏萃取装置配套的K-D（Kudema-Danish）浓缩器进行浓缩和定容，最后可将样品萃取液浓缩定容至1~5mL。

⑤ 分析：经过上述一系列操作之后，若需衍生的样品则衍生

处理,然后取样进行色谱分离分析。

(三) 液-气萃取

1. 样品对象

液-气萃取又称溶液吸收,其样品对象主要有气体、蒸汽、气溶胶等。

2. 主要设备

溶液吸收装置由装有吸收液的气体吸收管、气体采样泵等基本部件所组成。气体吸收管、气体采样泵等均有商品出售,可根据要求选取不同的规格设备。

3. 吸收溶液

吸收溶液可分为水溶液和有机溶剂两大类。吸收溶液的选择主要取决于欲萃取的目标气体组分的物化性质,以溶解度大、使用安全、便于后续分析的溶剂为首选。

二、固相萃取

固相萃取(Solid extraction),系指利用固体吸附剂将液体样品中的目标化合物吸附,与样品的基体和干扰化合物分离,然后加热解吸或者再用洗脱液洗脱,从而实现分离、富集目标组分物质的方法。

固相萃取主要用于复杂样品中微量或痕量目标化合物的分离和富集。例如:食品中有效成分或有害成分的分析、生物体液中药物及其代谢产物的分析、环保水样中挥发性和半挥发性有机污染物的分析等。将目标化合物分离、富集之后,注入色谱柱中进行分离分析。

(一) 小柱子萃取

1. 基本模式

固相萃取实质是液相色谱分离,可分为正相、反相、离子交换等模式；固相萃取所用的吸附剂也与液相色谱常用的固定相类似。

① 正相萃取：正相固相萃取为强极性的柱填料，所萃取的目标化合物通常是极性化合物组分。

② 反相萃取：反相固相萃取为非极性的或弱极性的柱填料，所萃取的目标化合物通常是中等极性至非极性化合物组分。

③ 离子交换萃取：离子交换固相萃取所用的柱填料为离子交换树脂，所萃取的目标化合物是带电荷的化合物组分。

2. 填料要求

固相萃取实质上是一种液相色谱的分离，故可作为液相色谱的柱填料都可用作固相萃取固定相。

固相萃取分离目的只是把目标化合物与干扰化合物和基体分开，柱效要求不象高效液相色谱那么高。因此，固相萃取用的填料都较粗，一般 325 目左右即可，粒径分布也可宽些，这样可以降低输液压力和降低使用成本。

3. 萃取装置

固相萃取装置实质是液相色谱小柱，也即一根直径为数毫米的小柱子，此装置已有商品，也可自制。

柱管材料可为不锈钢，或者玻璃、聚丙烯、聚乙烯、聚四氟乙烯等，柱子下端装有孔径为 $20\mu m$ 左右的烧结筛板或者玻璃棉，在其上面填入一定量的柱填料，然后在柱填料上再加一块筛板或者玻璃棉，以保持柱填料均匀紧实。

（二）注射器萃取

1. 主要装置

注射器萃取装置，又称固相微萃取装置，系由手柄和萃取头（或纤维头）等两部分所构成，外形如同色谱微量注射器。手柄用于固定萃取头，萃取头是一根长约 1cm 涂有吸附剂的石英纤维，外套为细不锈钢管以保护石英纤维不被折断，纤维头在细不锈钢管内可伸可缩，细不锈钢管可穿过橡胶或塑料垫片进行取样或进样。

2. 涂层材料

注射器萃取装置中，石英纤维上的涂层材料选择主要取决于目标化合物，也即涂层能吸附目标化合物，而不吸附干扰化合物和溶剂。一般的选择原则是：目标化合物是非极性时选择非极性涂层；目标化合物是极性时选择极性涂层。

3. 操作过程

采样时，将注射器萃取装置的针管（不锈钢套管）穿过样品瓶密封垫进入样品瓶中。然后推出萃取头，使萃取头浸入样品中（浸入式）或置于样品上部空间（顶空式）进行萃取；萃取时间2~30min，达到目标化合物吸附平衡即可，然后缩回萃取头，从样品瓶拔出针管。

4. 应用概况

① 气相色谱：应用于气相色谱时，将注射器萃取装置的针管插入气相色谱进样口，推动手柄杆，伸出纤维头，在进样口的高温作用下，解吸出目标化合物，被载气带入色谱柱中进行分离分析。

② 液相色谱：应用于高效液相色谱时，将注射器萃取装置的针管插入高效液相色谱专用接口解吸池中，高效液相色谱的流动相通过解吸池洗脱出目标化合物，洗脱后由流动相带入色谱柱中进行分离分析。

三、气体萃取

气体萃取（Gas extraction），系指以空气为萃取剂，利用顶空技术原理，对样品进行分离提纯的方法。对于样品中痕量挥发性物质的分离，利用空气作为萃取剂与用有机溶剂相比，空气具有容易处理、纯化，又可节省费用和减少环境污染等优点。

顶空气相色谱是常用的色谱分析样品制备技术之一，因为它具有操作简单、控制方便、灵敏度高等特点,故其应用十分广泛。现在许多色谱仪都配备有计算机控制的自动进样器,因此可以方便地应用气体萃取技术。

顶空技术有静态顶空法和动态顶空法,它们具有如下特点。

1. 操作简单

顶空技术可用于气体、液体或者固体中挥发性物质的分离。静态顶空只须控制好平衡时间和温度,而动态顶空则需确定捕集阱中吸附剂的种类及其填充量。

2. 控制方便

气相色谱顶空进样器,能快速、方便地把样品中的挥发性组分引入气相色谱仪,并可以在工作站的控制下,保证顶空进样器上样品瓶的温度、压力、载气流速等的控制恒定。

3. 灵敏度高

顶空色谱具有较高的灵敏度,而动态顶空更高,因为动态顶空是通过惰性气体吹扫将样品中的目标物质组分几乎全部萃取出来并浓缩在吸附捕集阱中,经加热解吸后再进行气相色谱分析,其检出限可达 10^{-12} g。

四、微波萃取

微波萃取(Micro amplitude extraction,MAE),系指利用极性分子能迅速吸收微波能量的特性,以此加热一些具有极性的溶剂进行萃取的方法。

微波萃取是一种萃取速度快、试剂用量少、灵敏度高、重现性好、易于自动控制的新的样品制备技术,可用于色谱分析的样品制备。

1. 萃取溶剂

极性分子可迅速吸收微波能量来加热一些具有极性的溶剂,如乙醇、甲醇、丙酮或水等;而非极性溶剂不能吸收微波能量,所以在微波萃取中不能使用100%的非极性溶剂作为萃取溶剂。

一般可在非极性溶剂中加入一定比例的极性溶剂,如丙酮—环己烷(体积比=1:1),就可用来作微波萃取溶剂。

2. 萃取装置

微波萃取装置一般是一台带有控温和控时的微波加热装置,根据需要选用体积为 50~100mL 的聚四氟乙烯材料制成的样品杯和放样品杯的密封罐。

3. 操作过程

将样品放入聚四氟乙烯材料制成的样品杯中,加入萃取溶剂后将样品杯放入密封性好、耐高压又不吸收微波能量的萃取罐中。控制一定的加热时间,当萃取液中目标组分物质浓度达到要求即可。

4. 有关说明

由于萃取罐是密封的,当萃取溶剂加热时,萃取溶剂的挥发使罐内压力增加,使萃取溶剂的沸点升高,这样就提高了萃取温度;由于密封,萃取溶剂损失少,也就节约了萃取溶剂的用量。

五、超临界萃取

超临界流体萃取(Supercitical fluid extraction,SFE),系指以超临界流体作萃取剂进行分离提取的方法。此法可从组成复杂的样品中将目标组分分离提取出来,制备成适合于色谱分析的样品。

1. 基本原理

在温度和压力都超过临界点的情况下,流体处于气体和液体之间,既非气态、又非液态,称为超临界流体。超临界流体的性质如密度、黏度和扩散度等等,都处于气体和液体之间,是一种十分理想的萃取剂。超临界流体萃取原理在第四篇中已作介绍,在此不再复述。

2. 流体选择

在选择用于超临界流体萃取用的超临界流体时,应选用具有良好选择性、对目标萃取组分物质有足够大的溶解能力的流体物质；同时还必须使用安全、易于操作等；表 4-1 列出了常用的超临界流体的临界温度和压力。

一般使用最多的是二氧化碳，它具有诸多优点：临界值相对较低，较易操作；无毒、无嗅、无味，使用比较安全；化学性质不活泼，不易与目标组分物质起反应；沸点低，后处理比较简单，不用加热，萃取后容易除去等。

3. 萃取装置（图 6-6）

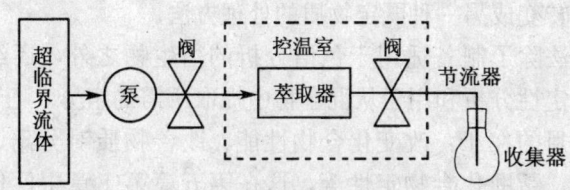

图 6-6 超临界流体萃取装置

① 主要装置：典型的萃取器体积为 0.1～10mL，能耐高温高压，接头和密封材料都为化学惰性物质。

② 节流装置：节流器通常是一根去活性的石英毛细管或金属毛细管，内径为 15～30μm，毛细管出口一端制成卷曲状或变细，以确保管内流体密度和溶质溶解度不变。

③ 收集技术：超临界流体萃取有溶剂捕集法、冷冻捕集法、吸附捕集法。其中吸附剂吸附捕集后需用适当的溶剂洗脱或用加热解吸使目标组分物质分离出来。

4. 操作过程

超临界流体萃取过程大致可分为以下三步：

① 超临界流体从样品中溶解出目标物。

② 目标组分从萃取器转移至收集系统。

③ 降低超临界流体压力收集目标组分。

5. 应用概况

在色谱样品制备的方法中，超临界流体萃取法比经典方法具有更多的优点，例如：处理时间短；样品变质少；不污染环境等。

因此，超临界流体萃取技术除了适用于一般样品制备之外，特别适合于组成复杂、对热敏感、相对分子质量较大的环境和生物样品的分离、提纯。

第4节 衍生法

衍生法（Derivative method），系指通过适宜的化学反应，把一种物质转变成另一种既定物质的处理方法。

衍生法除了制备适用于色谱分析的衍生物之外，还经常用于未知物的定性分析和用于从混合物中提取所需的组分。

衍生目的在于：改变化合物性能、改善物质对分离、提高检测灵敏度、帮助化合物定性等，这在第五篇第1章中已作详细讨论，在此不再赘述。

衍生法分为柱前衍生法和柱后衍生法，柱后衍生法常用于化合物定性，柱前衍生法属于样品处理范畴，故本节主要讨论柱前衍生法有关内容。

一、基本要求

1. 专一性好

所采用的衍生方法和衍生试剂，对目标化合物应具有良好的专一性，并且衍生反应过程能定量、快速地完成。

2. 器具干净

衍生所用器具以及密封垫片等不能含有目标化合物，衍生试剂和其他试剂要进行纯化，以免混有目标化合物。

3. 水分脱除

在使用对水"敏感"的衍生试剂时，一定要对样品以及相关溶剂进行脱水，并在反应过程中避免水汽的干扰。

4. 防止流失

衍生化产物为易挥发性的化合物时，必须采用密封的衍生容器或进行低温冷冻处理,以防止目标化合物流失。

5. 及时分析

衍生反应完成后应及时进行色谱分析,如不能及时分析,则必须将衍生产物妥善存放,以免发生流失和变质。

二、衍生方法

(一) 气相色谱柱前衍生法

一) 有机物衍生处理

1. 硅烷化衍生法

在色谱样品衍生处理方法中,硅烷化衍生法是用得最为广泛、最为成功的方法之一。该法最适合于羟基化合物,也可用于含其他官能团化合物的衍生化处理,如羧基、巯基、胺基等官能团的化合物。与适宜的硅烷化试剂反应所得到的衍生物,一般比其母体化合物具有较大的挥发性和较好的热稳定性(加热至300℃不分解)。硅烷化衍生反应可用如下方程式表示。

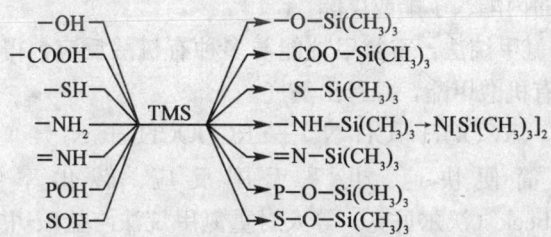

硅烷化反应速度一般都比较快,往往在数分钟内即可完;但有些则需长达数小时。

硅烷化试剂:三甲基氯硅烷、二甲基氯硅烷、氯甲基二甲基氯硅烷、六甲基二硅胺、N-三甲基硅乙酰胺、N-甲基-N-三甲基硅三氟乙酰胺、N-三甲基硅环丙二胺氮、N-三甲基硅二乙基胺、N,O-双三甲基硅三氟乙酰胺、三甲基硅咪唑等。

能进行硅烷化衍生的化合物反应活性一般为:醇类>酚类>

羧酸类＞胺类＞酰胺类。

反应活性还受空间位阻的影响，醇的反应活性为：伯醇＞仲醇＞叔醇；胺的反应活性为：伯胺＞仲胺。

2. 酯化衍生法

酯化衍生法主要用于含羧基的化合物样品的衍生处理。由于大多数有机酸挥发性差，热稳定性低；再则极性较强，色谱峰容易发生严重拖尾。因此，在进行气相色谱分析之前，许多有机酸都要衍生为相应的酯，一般为甲酯、乙酯、丙酯或丁酯。

① 甲醇法：有机酸与甲醇在催化剂存在下加热，发生酯化反应，生成有机酸甲酯。

$$RCOOH + CH_3OH \xrightarrow[\triangle]{催化剂} RCOOCH_3 + H_2O$$

用硫酸或盐酸作催化剂时，需要加热回流，反应时间较长；若以三氟化硼为催化剂，反应则可在室温下完成。一般先将三氟化硼加入甲醇中，然后再加入酸中进行酯化反应。

注：用三氟化硼的丙醇、丁醇或戊醇溶液与有机酸反应，可制得相应的丙酯、丁酯或戊酯。

② 重氮甲烷法：重氮甲烷能与多种有机酸反应，得到接近理论产率的有机酸甲酯，并释出氮气。

$$RCOOH + CH_2N_2 \longrightarrow RCOOCH_3 + N_2 \uparrow$$

此法简便快速、几乎无副反应、转化率特别高。M. L. Vorbeck（沃尔贝克）等人对重氮甲烷法与盐酸-甲醇法和三氟化硼-甲醇法的酯化产率作了比较，结果表明，重氮甲烷法产率最高。

因重氮甲烷容易与水发生作用，故此衍生反应须在非水介质（常用乙醚）中进行。常温下酚羟基可与重氮甲烷缓慢反应，在0℃以下时可避免酚羟基反应。

重氮甲烷在光、热作用下容易分解，难以长期保存，故一般为现制现用。

重氮甲烷是一种较为理想的甲基化试剂,除了适用作羧酸的衍生试剂外,还可作含有胺基、羟基、活泼氢等化合物的衍生试剂。

注意:重氮甲烷熔点-145℃,沸点-24℃,是一种极毒的黄色气体,有致癌作用,有爆炸性,制备和使用时应特别小心。

注:可以用重氮乙烷、重氮丙烷、重氮丁烷和重氮甲苯等代替重氮甲烷制得相应的酯,这些重氮烷烃试剂的稳定性较好、爆炸性较小、使用比较安全。

③ 三氟乙酸酐法:在三氟乙酸酐存在下,有机酸和醇可以反应生成酯。

$$RCOOH + R'OH \longrightarrow RCOOR' + H_2O$$

三氟乙酸酐属于强酸型酯化催化剂,可使醇与酸的反应速度大大加快。此法特别适于空间位阻较大的有机酸和醇或酚的酯化。

类似的强酸型酯化催化剂还有对甲苯磺酸、二环己基碳化二亚胺、四氯铝醚络合物、磺酸型强酸性阳离子交换树脂等。

3. 酰化法

酰化法主要用于胺基化合物的衍生处理,但也广泛用于羟基、巯基等化合物的衍生物制备。在色谱样品所进行的酰化反应中,通常是酰化试剂分子的酰基取代了样品目标分子中的活泼氢原子,从而得到比原样品分子的极性低、而挥发性大的适于色谱分析的衍生物。

此外,还能增加儿茶酚胺等这类易氧化组分的稳定性;当引入含有卤离子的酰基时,还可提高使用电子捕获检测器的灵敏度。

常用的酰化试剂有酸酐、酰卤和乙酸咪唑等酰化物,其反应为:

$$\begin{vmatrix} RNH_2 \\ ROH \\ RSH \end{vmatrix} + (R'CO)_2O \text{ (或 } R'COX) \longrightarrow \begin{vmatrix} RNHCOR' \\ ROCOR' \\ RSCOR' \end{vmatrix} + H_2O \text{ (或 HX)}$$

① 乙酸酐法：将样品 5mL 溶于氯仿中，与 0.5mL 乙酸酐和 1mL 乙酸在 50℃反应 2~6h，真空除去剩余试剂。

用乙酸钠作碱性催化剂，以乙酸酐为衍生试剂进行乙酰化反应，用于糖类的分析。吡啶、三乙胺、甲基咪唑等也可作为碱性催化剂。

注：乙酰化反应通常在非水介质中进行，但胺类和酚类化合物乙酰化时可在水溶液中进行。

② 卤代酸酐法：卤代酰基类试剂系属强力酰化剂，以其为衍生试剂的酰化衍生法，具有反应速度快、定量较为准确等特点。它适用于含胺基、羟基、巯基等多种化合物的衍生处理，有些还适合于含双官能团样品的衍生化反应。此外，由于酰化剂含卤素，使得样品酰化衍生物也含有卤素，因此，可采用电子捕获检测器进行检测，获得更低数量级的检测限。

常用的卤代酸酐类酰化试剂有：三氟乙酸酐（TFAA）、三氯乙酸酐（TCAA）、五氟丙酸酐（PFPA）和七氟丁酸酐（HFBA），其反应活性是 TFAA＞TCAA＞PFPA＞HFBA。

卤代酸酐法的反应时间与卤代酸酐的活性和目标化合物的活性都有关。例如：麻黄碱和伪麻黄碱及其同系物与三氟乙酸酐（TFAA）在 60℃时 5min 可完成反应；三环类抗抑郁药物与七氟乙酸酐（HFBA）在 60℃时 10min 可完成反应；而哌可酸、脯氨酸、谷氨酸、γ-氨基丁酸的甲酯与 HFBA 反应，则需在 120℃条件下 20min 才能完成。

一般氟酰化反应不需溶剂，但有些需在溶剂中进行。此外，有时还需加碱性催化剂。如胺和酚的多氟酰化常以苯为溶剂，三乙胺为催化剂；糖类的三氟乙酰化以三氯甲烷为溶剂，以吡啶为催化剂。

4. 卤化衍生方法

有相化合物中引入卤素的衍生方法称为卤化衍生法。目标化合物经卤化衍生后，成为适合于电子捕获检测器检测的物质（又称 ECD 标记物），对该物质的检测限可达到更低的数量级。因此，卤化衍生法对微量分析尤为有效。再则，有很多种类的目标组分物质经卤化衍生处理后，也可改善其挥发性和稳定性，使之成为更适合于色谱分离分析的物质。

① 卤素法：此法系指用卤素直接作为衍生试剂、对目标化合物进行衍生处理的方法，此法主要有加成和取代反应。

$$RCH=CH_2+Cl_2 \longrightarrow RCHClCH_2Cl$$

$$RC\equiv CR+2Br_2 \longrightarrow RCBr=CBrR \longrightarrow RCBr_2-CBr_2R$$

$$\underset{}{\bigcirc} \xrightarrow{Cl_2}{Fe} \underset{}{\bigcirc}-Cl+Cl-\underset{}{\bigcirc}-Cl$$

$$CH_3COOH \xrightarrow[h\nu]{Cl_2,\ P} ClCH_2COOH$$

② 卤化氢法：常用 HX（即 HCl 和 HBr）为衍生试剂与不饱和键发生加成反应或与羟基发生置换反应。

$$RCH=CH_2 \xrightarrow{HX} RCHXCH_3$$

$$RCH_2OH \xrightarrow{HX}_{ZnCl_2} RCH_2X + H_2O$$

$$RCH\underset{O}{-}CHR \xrightarrow{HX} RCHOHCHXR'$$

③ NBS 法：N-溴代丁二酰亚胺简称 NBS，是一种选择性很强的卤化衍生试剂，可使烯丙位的氢原子发生溴代反应。

$$\underset{H}{\overset{|}{C}}=\overset{|}{C}-\overset{|}{\underset{}{C}} \xrightarrow{NBS} \overset{|}{C}=\overset{|}{C}-\overset{|}{\underset{Br}{C}}$$

$$\underset{}{\bigcirc}-CH_3 \xrightarrow{NBS} \underset{}{\bigcirc}-CH_2Br$$

以 NBS 进行溴代反应时，通常以四氯化碳等有机溶剂作介质。

NBS 与烯丙位相连的亚甲基上的氢原子比甲基上的氢原子更容易发生溴代作用，与叔碳相连的氢原子相对反应性不明显。

NBS 的用量将影响为溴所取代的氢原子数。例如：甲基芳烃化合物中甲基上的氢原子被溴所取代的个数，可通过 NBS 的用量加以控制。

在酸催化作用下，NBS 能与烯键发生加成作用，生成 α-溴代醇。此反应中不会产生溴离子，故无二溴化副产物生成。

对双键位于链端或者是隔离双键的链二烯进行烯丙位溴代反应时，可能发生重排作用，而导致不饱和溴化物的生成。

5. 其他衍生法

除了上述的硅烷化法、酯化法、酰化法、卤化法之外，在色谱有机样品的处理方法中还有许多其他种类的衍生法，所得到的较常见的衍生物有：成醚衍生物、环化衍生物、肟或腙的衍生物等。

二）无机物衍生处理

无机物衍生方法的种类繁多，此处主要介绍水、无机气体、无机酸、金属元素等无机物衍生示例。

1. 水分衍生法

水是地球表面上含量最多的化合物之一，又是一种强极性物质。在所有气体、液体、固体样品中，几乎都有水分存在。因此，水分测定工作在分析化学中占有重要的位置。

气相色谱法是测定微量水分的一种有效的新方法，它具有灵敏、快速、简便、准确等特点。

气相色谱测定微量水分可分为直接法和间接法两类。前者通常是把样品先行富集、浓缩，然后再作色谱分析，采用热导检测器检测，故其检测限仅为 1mg/kg 左右。

间接法又称转化法、衍生法，此法是将水分转化成非极性或弱极性、适于氢焰检测器或其他灵敏度高的检测器检测的物质之后，再进行色谱分析。这样既可减少色谱峰的拖尾现象、改善色谱峰形和分离效果，又能提高检测灵敏度。因此，衍生法是微量水分分析中最为重要的方法之一。

① 碳化钙法：此法系以碳化钙为衍生试剂，在适宜的条件下，

碳化钙与水反应，得到适于氢焰检测器检测的乙炔。

$$2H_2O + CaC_2 \longrightarrow Ca(OH)_2 + C_2H_2 \uparrow$$

注：水与碳化钙反应中出现局部过热时，则引起乙烯的分解或聚合作用；其他组分存在时将引起副反应等等。因此，应注意精心操作。

② 烷基锌法：二烷基锌与水作用，按下面化学反应方程式生成甲烷。

$$2H_2O + Zn(CH_3)_2 \longrightarrow Zn(OH)_2 + 2CH_4 \uparrow$$

须知：二烷基锌为有毒物质，而且在空气中能自燃，故应特别注意安全。

③ 格氏试剂法：格氏试剂为烷基卤化镁，它能与酸、醇、氨等多种化合物作用，也能与水反应得到甲烷。

$$H_2O + CH_3MgX \longrightarrow MgXOH + CH_4 \uparrow$$

④ 其他方法：除了上述方法之外，常用的还有氢气法、羧酸法、DMP（2，2-二甲氧基丙烷）等。

2. 无机气体衍生法

一氧化碳、二氧化碳、氯化氢、氢气、氧气、氯、溴、氨等这些无机气体化合物，若直接取样进行气相色谱分析，常用热导检测器检测，一般的检测限只有 1~10mg/kg。长期以来，希望能有一种相当灵敏的检测方法去测定无机气体物质。

为了能获得较高的灵敏度，现已建立了多种方法，把这些无机气体转化成有机物或有机卤化物，使之适合于用氢焰检测器或电子捕获检测器进行测定，因此，其检测限最低可达到 ppb 级甚至更低些。

常见无机气体的衍生试剂及其衍生物如表 6-2 所示，表中的一氧化碳和二氧化碳无机气体样品的转化色谱装置如图 6-7 所示。

表 6-2　无机气体的衍生试剂及其衍生物

序号	气　样	衍　生　试　剂	衍　生　物
1	CO 和 CO_2	H_2（Ni 催化）	CH_4
2	H_2	CO 和 CO_2（Ni 催化）	CH_4
3	H_2	烷基硼铵盐	苯
4	O_2	格氏试剂	醇
5	O_2	披铂活性炭 + H_2（Ni 催化）	二次转化为 CH_4
6	卤素	烯烃或炔烃	加成为卤化物
7	卤素	烷烃或芳烃	取代为卤化物
8	HX	重氮甲烷	卤化物
9	HX	不饱和烃或环氧化物	卤化物
10	NH_3	烯酮	酰胺
11	NH_3	RCOOH（催化）	腈
12	NH_3	RCN	脒

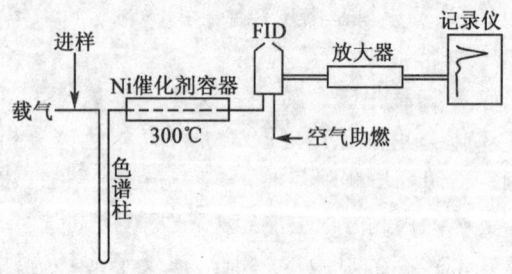

图 6-7　CO 和 CO_2 转化色谱装置

3. 无机酸衍生法

无机酸通常无法直接进行气相色谱分析，然而，通过硅酯化法处理后，即可将其转化成适于色谱分析的样品。该法首先将无机酸转化成铵盐，再与高活性的硅酯化试剂反应，得到相应的挥发性硅酯衍生物，即能进行色谱分析。

例如：硫酸的衍生。首先将其转化成硫酸铵，然后称取 5～10mg 硫酸铵，加入 0.2mL 二甲基甲酰胺，溶解，再加入 0.2mL

双（三甲基硅烷）三氟乙酰胺，混匀。让其于室温条件下反应约 10h 之后，即可取样进行气相色谱分析。

4. 金属元素衍生法

采用气相色谱分析金属元素时，通常需将金属元素转化成具有足够挥发性和稳定性的有机衍生物。一般选用含卤的有机试剂，经络合作用或其他化学反应，制得适于电子捕获检测器或微波发射检测器检测的金属元素衍生物，该法适于痕量金属元素分析。

例如：分析铁离子时，可将其水溶液的 pH 值调至 5，加入六氟间戊二酮的己烷溶液与其作用，激烈振荡，反应毕后弃水相，浓缩后即可取样进行色谱分析。

新发展一种间接衍生法，以金属离子为催化剂，对某些反应起催化作用，衍生产物的色谱响应值与催化剂量存在线性关系，据此即可测定无机离子的含量。

(二) 液相色谱柱前衍生法

1. 紫外衍生反应

液相色谱使用最多的检测器是紫外检测器，为了使一些没有紫外吸收或紫外吸收很弱的化合物能用紫外检测器检测，往往是通过衍生反应在这些化合物的分子中引入有强紫外吸收的基团，这些衍生物可被紫外检测器检测。

常用紫外衍生基团：苯甲基、对硝基苯甲基、3,5-二硝基苯甲基、苯甲酰甲基、对溴苯甲酰甲基、α-萘甲酰甲基、苯甲酸酯、对氯苯甲酸酯、对硝基苯甲酸酯、对甲氧基苯甲酸酯、对甲苯酰、2,4-二硝基苯等。

① 苯甲酰化反应：苯甲酰氯、对硝基苯甲酰氯，3,5-二硝基苯甲酰氯和对甲氧基苯甲酰氯等，均能与胺、醇和酚类化合物反应，生成强紫外吸收的苯甲酸酯类衍生物。

② 苯基磺酰氯反应：苯基磺酰氯可与伯胺、仲胺、多氨基化合物反应，既提高其检测灵敏度，又改善其分离度。

③ 有机酸酯化反应：有机酸易与酰溴基反应生成酯，常用的酰溴基试剂有苯甲酰溴、萘甲酰溴、甲氧基苯甲酰溴、对溴基苯甲酰溴和对硝基苯甲酰溴等；酯化反应在乙腈等极性溶剂中进行，有时需加催化剂，如冠醚加钾离子、三乙胺等。

④ 羰基化合物反应：醛类和酮类中的羰基可与2,4-二硝基苯肼（DNPA）反应，生成苯腙衍生物，反应在弱酸性条件下进行。在碱催化条件下，羰基化合物还可以与对硝基苄基羟胺（PNBA）反应，生成有强紫外吸收的肟。

⑤ 苯基异硫氰酸酯（PITC）反应：PITC可与氨基酸反应，生成苯基己内酰硫脲衍生物-PTH氨基酸；PITC与醇类反应生成苯基甲酸酯。

⑥ 2,4-二硝基氟代苯（DNFB）反应：DNFB与醇的反应产率低，但可与大多数伯胺、仲胺和氨基酸反应，生成强紫外吸收的苯胺类衍生物。

2. 荧光衍生反应

液相色谱中荧光检测器的灵敏度要比紫外检测器高出几个数量级，是现今高效液相色谱法中灵敏度最高的一种检测器。然而，液相色谱样品中含荧光基团的不多，为了达到检测的要求，有些样品可通过衍生反应在目标化合物上接上能发出荧光的生色基团，即可达到荧光检测之目的。

常用的荧光衍生试剂：邻苯二甲醛、9-蒽基重氮甲烷、荧光素异硫氰酸酯、1-二甲氨基萘-5-磺酰氯、1-二甲氨基萘-5-磺酰肼、4-溴甲基-7-甲氧基香豆素、4-氯对硝基苯一氧二氮杂茂、4-苯基螺[呋喃-2(3H)-1-酞酰]-3,3-二酮等。

上述衍生物的荧光激发波长范围为350～370nm，发射波长范围为490～540nm。由于荧光衍生物的激发波长和发射波长与荧光衍生试剂的不同，即使有过量的试剂或有反应副产物存在，也不致干扰荧光衍生物的检测，因此荧光衍生反应不需要纯化衍生物，可以直接取样进行色谱分析。

3. 电化学衍生反应

液相色谱中的电化学检测器选择性强、灵敏度较高,但是电化学检测器只能检测具有电化学活性的化合物,如果目标化合物没有电化学活性就不能被检测。硝基具有电化学活性,带有硝基的衍生试剂与羟基、氨基、羧基和羰基化合物反应,可生成具有电化学活性的衍生物,为生化、食品等样品的分析提供了新途径。

(三) 固相化学衍生法

以硅胶或高分子多孔小球为基体,在其表面结合一种反应剂,然后填装在短管内,当样品液通过反应管时就可以发生各种化学反应,包括还原、氧化、基团转移和催化等。此法是一种新式的衍生方法,具有方便、快捷等特点。

1. 还原型固相反应剂

$$\text{\textcircled{P}}-N^+(CH_3)_3Cl^- + NaBH_4 \longrightarrow \text{\textcircled{P}}-N^+(CH_3)_3BH_4^- + NaCl$$

2. 氧化型固相反应剂

$$\text{\textcircled{P}}-N^+(CH_3)_3Cl^- + KMnO_4 \longrightarrow \text{\textcircled{P}}-N^+(CH_3)_3MnO_4^- + KCl$$

3. 基团转移型固相反应剂

$$\text{\textcircled{P}}\genfrac{}{}{0pt}{}{a\sim A}{a\sim A} + B \longrightarrow \text{\textcircled{P}}\genfrac{}{}{0pt}{}{a\sim A}{a} + A-B$$

例如固相酯交换反应如下:

$$\text{\textcircled{P}}-CH_2-OOC-\phi + ROH \longrightarrow \text{\textcircled{P}}-CH_2OH + ROOC-\phi$$

4. 固相催化剂

$$\text{\textcircled{P}}-A + 底物 \longrightarrow \text{\textcircled{P}}-A + 产物$$

式中,$\text{\textcircled{P}}$——高分子微球或硅球;

ϕ——芳烃基团。

这类固相化学衍生反应可以避免液相衍生反应给色谱分析带

来的不足，可以将衍生小柱直接与色谱仪器的进样器联接，经过小柱的样品可直接进入色谱仪器进行分析。这实际上是将固相有机合成反应移植到色谱分析中来。

另一类固相化学衍生剂是固定化酶反应器。酶是一种具有特殊三度空间构象的蛋白质，能够催化某一底物进行特异化学反应，生成特定的反应产物。酶的催化剂反应具有高度的专一性，酶试剂通常在反应中是不消失的。

酶一旦被固定，其稳定性增加。利用酶反应的专一性完成的衍生反应，可以改变底物的化学特性，提高色谱分析的灵敏度和选择性。

第5节 其他方法

一、膜分离

膜分离法（Membrane separation process），系指利用分离膜从混合物样品中提取目标组分的方法。分离膜的基本功能是从物质群中选择性地透过或输送特定的物质，如特定的分子、离子、电子等；也即，物质的分离是通过膜的选择性透过而实现的。

按膜的分离原理及使用范围分类，可分为微孔膜、渗析膜、超过滤膜、反渗透膜、电渗析膜、中空纤维膜等。

1748年耐克特（A. Nelkt）发现水能自动地扩散到装有酒料的猪膀胱内；1861年施密特（A. Schmidt）首先提出了超过滤的概念；1961年米切利斯（A. S. Michealis）等人制出了可截留不同分子量的膜；20世纪60年代中期以来，膜分离技术实现了工业化。首先出现的分离膜是超过滤膜（即UF膜）、微孔过滤膜（即MF膜）和反渗透膜（即RO膜），以后又开发了许多品种的分离膜。

1963年霍克（G. Hock）和科克（B. kok）首先采用膜与质谱结合的方法测定了水样中的溶解气体；20世纪70年代研究人员将

膜分离技术应用到气相色谱与质谱的接口上；20世纪90年代已有把膜引进质谱的产品，其中的膜分离模块取代了气相色谱分离模块，并直接与质谱的离子源连接。这种设备具有简便、快速、灵敏等特点，在测定空气中挥发性有机污染物时，可以直接连续地把未做任何预处理的空气样品进行在线测定。

膜分离技术除了具有高效、高选择、多功能、操作方便、装置简单、可与多种分析仪器直接连接、易于实现自动化和能在线现场操作等特点之外，还具有节约能源、节省化学试剂、减少环境污染等优点。因此，膜分离技术已广泛应用于生产和分析的各个领域，例如：在生产领域中的海水淡化、饮用水纯化、天然产物提纯、生物大分子分离等等；在分析领域中的环境监测、医疗诊断、卫生评价、材料测定、食品检测、香料和化妆品分析等等。

由聚二甲基硅氧烷制成的膜材料，已成功地用于多种样品中挥发性有机物的分离和浓缩。聚二甲基硅氧烷膜分离模块装置与质谱、气相色谱、气相色谱-质谱联用可测定的挥发性有机物如表6-3所示。

表6-3 聚二甲基硅氧烷膜分离和浓缩挥发性有机物

种 类	化 合 物 名 称
氯代烃	氯仿、四氯化碳、二氯乙烷、三氯乙烷、氯乙烯、二氯乙烯、三氯乙烯、四氯乙烯、氯苯、二氯苯、三氯苯、乙基氯苯、表氯醇等
烃和芳香烃	苯、甲苯、二甲苯、甲乙苯、乙烯基苯、三甲苯、丙基苯、异丙苯、甲丙基苯、丙烯基苯、丁基苯、乙丙基苯、环己烷、萘、甲基萘、联苯等
酚和醇	苯酚、甲酚、叔丁基苯酚、2-丁氧基乙醇、2-甲基己醇、乙基环己醇等
含氮有机物	甲基苯胺、3-甲基苯胺、N-乙基苯胺、N,N-二乙基苯胺、硝基苯、硝基甲苯、二硝基甲苯、苄腈、甲基硝基苯酚、氨基四氢化萘等
羰基化合物	丙酮、2-丁酮、3-戊酮、二叔丁基酮、苯甲酮、甲基环丙基甲基酮等
醚、酯、杂环	二苯醚、甲基苯甲醚、二甲氧基苯、丙烯酸丁酯、乙酸异丁基酯、苯甲酸甲酯、间苯二甲酸二甲酯、四氢呋喃、甲基-乙基-二氧戊环等

膜分离与其他分离方法一样，也存在一些不足之处。例如：易受玷污而影响分离效率、膜的使用寿命较短等。然而，在色谱分析样品制备方法中，膜分离仍是最具潜力的技术之一。

二、热解吸

1. 基本原理

热解吸法（Heat desorption method），系指用加热的方式使目标化合物从固体吸附剂上解吸下来的方法。

从固体吸附剂上将目标组分解吸下来的方式有热解吸和溶剂解吸两种。由于热解吸除了具有操作简便的特点之外，还具有不必使用溶剂、减少环境污染等优点。因此，热解吸方式应用颇为广泛。

吸附剂与被吸附物之间的吸附力与温度有关，温度越低它们之间的吸附作用力越强；随着温度的升高，它们之间的吸附力减弱。因此，加热可以使吸附在吸附剂上的目标组分解吸下来。热解吸温度（即加热的温度）过低可能使解吸不完全，回收率降低；热解吸温度过高可能会使目标组分发生变化而造成回收率降低。因此，应在综合考虑目标组分的沸点和热稳定性、以及吸附剂的热稳定性等各种因素的基础上，才能选出比较合适的热解吸温度。

如果采用活性炭为吸附剂时，因其吸附能力强，需要较高的热解吸温度，可能致使有些样品组分发生降解作用，而造成分析误差。因此，活性炭吸附大都采用溶剂解吸技术，液体解吸一般采用低沸点溶剂，例如：丙酮、戊烷、二硫化碳、二氯甲烷等。

2. 主要装置

热解吸装置可以是一个独立的热解吸器，也可以用吹扫-捕集进样器的捕集管加热装置；热解吸还可以使用直接装在气相色谱进样口的热裂解装置进行解吸，但要将热裂解的温度设置在低于300℃的所需的热解吸温度，否则，目标组分和吸附剂都有可能被热裂解。

3. 应用概况

① 食品中的挥发性香味和风味化合物组成。

② 聚合材料中的单体、增塑剂、添加剂等。

③ 样品基质中需除掉的残存的溶剂及其他。

④ 采集和富集空气中的挥发性有机污染物。

三、热裂解

热裂解（Pyrolysis），系指利用热能将大分子化合物（高分子聚合物、生物大分子等等）分解成小分子化合物的方法。再用色谱分析这些小分子化合物的组成、结构，然后去推断原来大分子化合物的组成及结构，所得的色谱图称为指纹裂解谱图。

裂解可分为"应用裂解"和"分析裂解"两大类。在分析化学领域中应用热裂解色谱使一些分子量较大、结构复杂、难挥发的物质得到分离和鉴别，称为"分析裂解"。

1. 分析流程

裂解色谱分析系统主要由三部分组成，第一是裂解器；第二是气相色谱仪；第三是数据处理系统；若是裂解色谱—质谱联用系统，则还有第四部分是质谱分析系统。热裂解色谱（或热裂解色谱-质谱）系统流程方框图如图 6-8 所示。

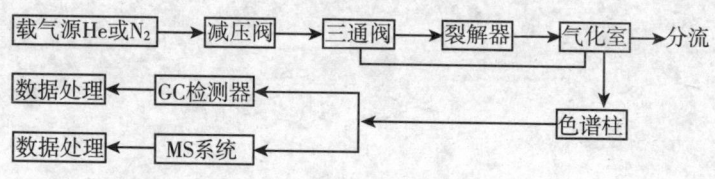

图 6-8 热裂解色谱—质谱系统流程方框图

2. 应用概况

主要分析对象是天然和合成高聚物、生物大分子、地质有机大分子和不挥发性有机物。

裂解色谱最早用于高分子聚合物的分析，后来其应用越来越广，从高分子化学到新材料科学，从食品分析到医药科学，从微生物学到人体科学，从考古研究到环境科学，从地质勘探到地球化学等等，都有热裂解色谱分析的应用。

第4章 生物样品制备

一、样品种类

1. 植物样品

包括花、叶、茎、根、种子等。

2. 动物样品

包括毛发、骨肉，组织器官（如肝、肺、胃、肾、脑、胸腺、胰腺），体液（如血、尿、唾液、胆汁、胃液、淋巴液及其他分泌液）等。

3. 微生物样品

微生物样品现在一般为整体样品。

二、样品采集

生物样品来自动植物活体，常用剪、切、割、吸等方法采集；采样时应注意以下几方面。

1. 有代表性

生物样品可采量很少，所以特别要注意样品的代表性；因为生物活体总在新陈代谢，故还要注意采样时机。

2. 部位准确

采集动植物生物样品时，必须注意采样部位的准确性，特别是动物的器官组织一定要认准，不可误甲为乙。

3. 无菌操作

采集生物样品一般可在实验室中进行，采样工具必须经过消毒，最好在无菌的条件下采样，以免样品变质。

此外，生物样品的采集常在活体上进行，由于样品的生物活性有一定的期限，因此样品采集之后，一定要及时处理。常用措施：血样取好之后要马上加抗血凝剂，器官组织取样后应立即加防腐剂；动物样品必须立刻进行速冻处理，植物样品应尽快采用脱水处理。

三、细胞破碎

(一) 机械法

1. 手工研磨

① 主要设备：由一个玻璃研钵和一根研棒所组成，由人工研磨。

② 应用对象：此法在细菌及植物材料中应用较多，加入少量的玻璃砂效果更好。

2. 玻璃匀浆器

① 主要设备：由内壁经过磨砂处理的玻璃管和一端为表面磨砂球体研杆组成匀浆器，制造匀浆器的材料除玻璃外也可是不锈钢、硬质塑料等。研杆球体与管壁之间只有十分之几毫米；细胞破碎程度比高速组织捣碎机高，机械切力对生物大分子破坏较少。

② 操作过程：先把绞碎的组织置于玻璃管内，再套入研杆，手工研磨；或把研杆装在电动搅拌器上，用手握住玻璃管上下移动（注意安全），即可将细胞研碎。

③ 应用对象：适用于植物肉质、叶子和种籽，以及动物内脏组织等的破碎。

3. 高速组织捣碎机

① 主要设备：由调速器、支架、马达、带杆刀叶、有机玻璃筒等部分组成。

② 操作过程：将样品配成稀糊状态，放入有机玻璃筒内约占1/3体积，盖好盖子，将调速器拨至最慢处，开动马达后逐步加速至所需速度，市售商品转速最高可达 20000r/min。

③ 应用对象：适用于植物肉质、叶子和种籽，以及动物内脏组织等的破碎。

(二) 物理法

1. 加压破碎法

加压破碎法所采用的压力一般为气压或水压，在压力达到 (20～35) MPa 时，可使 90% 以上细胞被压碎。

2. 冷热交替法

将样品放入沸水中在 90℃ 左右维持数分钟，然后立即置于冰浴中迅速冷却，绝大部分细胞被破坏。

3. 反复冻融法

把待破碎样品冷至 $-15～-20℃$ 使之冻固，然后缓慢熔化，如此反复操作，大部分动物细胞可被破碎。

4. 超声处理法

采用超声波处理样品时应注意避免溶液中沉淀的存在，一些对超声波敏感的核酸及酶则应慎重使用。

(三) 生化法

1. 自溶法

将待破碎的新鲜生物样品存放在一定的 pH 和适当的温度下，利用组织细胞中自身的酶系将细胞破坏，使细胞内含物释放出来的方法称为自溶法。

自溶的温度：动物样品常选在 0～4℃，微生物材料多在室温下进行。

使用自溶法时，样品中需加少量防腐剂如甲苯、氯仿等，以防止外界细菌的污染。

2. 溶菌酶处理

可用蛋清或微生物发酵方法制得溶菌酶，它具有专一破坏细菌细胞壁的功能。如用噬菌体感染的大肠杆菌细胞制备 DNA 时，采用 pH=8.0，0.1mol/L Tris-0.01mol/L EDTA 制成每 1mL 约含 2 亿个细胞的细胞悬液，加入 100μg～1mg 的溶菌酶，于 37℃ 和 pH= 8.0 的条件下保温 10min 左右，细胞壁即被破坏。

溶菌酶作用专一性强，适用于多种微生物。除溶菌酶外，也可采用蜗牛酶、纤维素酶作为破坏细菌及植物细胞之用。

（四）其他方法

① 丙酮粉法：酶制备时用丙酮干燥，不仅是使细胞膜破碎的有效方法，而且可做成具有酶活力的干粉长时间保存。

② 活性剂法：可用去氧胆酸钠、十二烷基磺酸钠、氯化十二烷基吡啶等表面活性剂处理，可达到破碎分离之目的。

③ 膜穿透法：通过改变细胞膜穿透性，破坏蛋白质与脂类的结合，可达到破坏细胞以分离提取蛋白质、酶等物质。

须知，无论用哪一种方法破碎组织细胞，均需在一定的稀盐溶液或缓冲溶液中进行，一般还需加入保护剂，以防止生物大分子的变性及降解。

四、大分子提取

酶、核酸、多糖、多肽、蛋白质等生物大分子的分子量高达数千到数百万，它们在细胞破碎时被释放出来。这些生物大分子大部分可溶于水或含有少量酸、碱、盐的水溶液中，加入一些有机溶剂可改善目标组分的提取效率。为了有效提取生物大分子，注意控制好以下条件的选择。

1. 溶剂

常用水以及稀盐、稀碱、稀酸溶液作溶剂，有的用不同比例的有机溶剂，如乙醇、丁醇、丙酮、氯仿等；某些蛋白质和酶，用丁醇提取效果较好。须知：在选用溶剂时可利用有关规则进行选择，例如："相似相溶"；碱性与酸性易互溶；升高温度溶解度增大；远离等电点溶解度增加。

2. pH 值

pH 值影响溶解度和稳定性。一般在稳定的范围内,选择在偏离 pH 值的两侧,如细胞色素 C 和溶菌酶都属碱性蛋白质,常用稀酸提取;pH=3~6 范围对分离离子键有利,如有些蛋白质或酶与其他物质结合常以离子键形式存在;另外,注意 pH 值测定的准确性,误差应≤±0.1。

3. 温度

温度对生物大分子提取的影响很大,因为生物分子活性与温度高低有直接的关系。在一般情况下提取温度不超过 5℃,但对耐温较高的目标组分可适当提高提取温度,以使某些杂蛋白变性分离。例如:胃蛋白酶、酵母醇脱氢酶以及多肽激素,在 37~50℃ 下提取效果比低温要好。

影响提取的因素较多(除上述外,还有溶剂种类、离子强度、介电常数等),要根据具体实验条件,结合实践经验,选择最佳条件和方法。

五、蛋白质去除

采用色谱法分析生物样品中的一些小分子及一些多肽类化合物时,蛋白质对分析产生严重干扰,在制备用于色谱分析样品时应将这些蛋白质除去;常用以下方法去除蛋白质。

1. 加热法

加热法是除蛋白质最为常用的方法之一,它具有设备简易和无环境污染等优点。当目标组分热稳定性较好时,可采用加热的方法使一些热变性蛋白沉淀分离。加热温度视目标组分的热稳定性而定,通常可加热到 90℃ 左右。蛋白质沉淀后可采用离心或过滤除去,这种方法只能除去热变性蛋白。

2. 盐析法

在低盐浓度下,蛋白质的溶解度随盐溶液的浓度升高而增加,此现象称为盐溶作用;当盐浓度不断升高时,不同蛋白质的溶解度却又以不同程度下降,并先后析出沉淀,此现象称为盐析作用。盐析法系指利用不同蛋白质在高浓度的盐溶液中,溶解度不同程度的降低产生沉淀除去蛋白质的方法。

3. 凝胶层析

当流动相携带样品混合物流过凝胶固定相时,样品中不同大小的分子具有不同的保留时间,大分子先流出柱子,小分子后流出,从而可将目标小分子组分与大分子蛋白质分离;层析时目标小分子化合物被流动相所稀释,如果其浓度达不到检测要求时,则还需进行浓缩处理,然后进行色谱分析。

4. 柱层析法

用能吸附蛋白质的材料装填小柱,使欲除蛋白质的样品流过小柱,样品中的蛋白质被柱填料吸附,目标组分不被吸附,而从小柱中流出。这种小柱称为预柱,现已有厂家已有商品出售。这种预柱可直接连接到进样装置上,含蛋白质的样品通过预柱后便直接进入高效液相色谱系统进行分离分析。

5. 膜分离法

膜分离法是利用分离膜从混合物样品中提取目标组分的方法。分离膜的基本功能是从物质群中选择性地透过或输送特定的物质,如特定的分子、离子、电子等;利用微孔膜、渗析膜、超过滤膜、反渗透膜、电渗析膜、中空纤维膜等膜分离技术可将目标小分子化合物与大分子的蛋白质很好分离。

6. 等电点法

蛋白质有一个重要的性质就是在等电点时其溶解度最低,利用这一特点分离除去蛋白质也是可以考虑选用的方法。通过加入适量的酸或碱,以调节溶液的 pH 值,让溶液达到等电点,可使蛋白沉淀析出。但是,这时蛋白质沉淀不完全,可与上述的盐析法、有机溶剂沉淀法或其他方法结合使用。

7. 高速离心法

高速离心法系根据物质沉降系数、质量、浮力等的差异,采用离心力使不同化合物得到分离、浓缩、提纯的方法。蛋白质等生物大分子的分子量大,在高速离心时首先沉淀在离心管底部,不同分子量的生物大分子沉降速度不同,按其分子量大小沉降在离心管的不同位置上,从中取样进行分析。

8. 有机溶剂法

蛋白质的沉淀和溶解与溶剂的介电常数有关,降低溶液介电常数,能增加蛋白质分子上不同电荷的引力,使其溶解度变小,同时还破坏蛋白质的水化膜而使蛋白质沉淀析出。酮、醇、氯仿等是常用的有机溶剂,如以氯仿∶正丁醇≈4∶1（V/V）的混合液（即 Sevag 试剂）除蛋白质是很好的方法。

六、微透析技术

微透析（microdialysis）技术起源于 20 世纪 70 年代,微透析技术实质上是一种膜分离技术,是一种利用膜透析原理,微量地对细胞液进行流动性连续采样的新型采样和色谱样品制备技术。

微透析探针很细,可以在不破坏生物体内环境的情况下,直接插到生物活体需采样的部位进行采样,并不影响生物体的生命;现在微透析技术在毛细管电泳分析生物样品中得到了广泛应用。

练 习 题

1. 色谱样品为什么要进行前处理？
2. 色谱气体样品、液体样品、固体样品和悬浮物样品如何采集？
3. 色谱样品进行结晶处理时,如何选择溶剂？
4. 常用哪几种蒸馏方法用于色谱样品制备？各适合于何种样品制备？
5. 常用哪几种萃取方法用于色谱样品制备？各适合于何种样

品制备?

6. 常用哪几种衍生方法用于色谱样品制备?各适合于何种样品制备?

7. 处理色谱生物样品时,常用哪几种方法破碎细胞?

8. 处理色谱生物样品时,常用哪些方法去除蛋白质?

附　　录

附录1　麦氏常数表

麦氏常数表数据引自《J. of Chromatog. Sci.》8，685-691 (1970) W. O. McReynolds 所发表的数据，此表可为选择色谱固定相提供依据。

表 M-1 按固定相英文名称的字母顺序排列；表 M-2 按固定相 X' 值从小至大的顺序排列。

符号说明

$X' = \Delta I$ 苯　　　　　　　　$H = \Delta I$ 2-甲基戊醇-2

$Y' = \Delta I$ 丁醇　　　　　　　$J = \Delta I$ 1-碘丁烷

$Z' = \Delta I$ 戊酮-2　　　　　　$K = \Delta I$ 辛炔-2

$U' = \Delta I$ 硝基丙烷　　　　　$L = \Delta I$ 1,4-二噁烷

$S' = \Delta I$ 吡啶　　　　　　　$M = \Delta I$ 顺式二氢化茚

表 M-1　按固定相英文名称字母顺序排列的麦氏常数表

固定相名称		温度极限/℃(最小/最大)	麦克雷诺兹常数								
英文	中文		X'	Y'	Z'	U'	S'	H	J	K	L	M
Acetyltribu Citrate	柠檬酸乙酰三丁酯		135	268	202	314	233	214	112	102	207	26
Amine 220	胺 220	5/180	117	380	181	293	133	274	94	71		57
Apiezon H	"阿皮松" H		59	86	81	151	129	46	53	23	81	37
Apiezon J	"阿皮松" J		38	36	27	49	57	23	42	15	42	35
Apiezon L	"阿皮松" L	50/250	32	22	15	32	42	13	35	11	31	33
Apiezon M	"阿皮松" M		31	22	15	30	40	12	32	10	28	29

续表

固定相名称		温度极限/℃ (最小/最大)	麦克雷诺兹常数								
英文	中文		X′	Y′	Z′	U′	S′	H	J	K	L	M
Apiezon N	"阿皮松" N		38	40	28	52	58	25	41	15	43	35
Apiezon T	"阿皮松" T		41		30	55	82	27	42	17	46	34
Atpet 200	"阿特派特" 200		108	282	186	235	289	220	106	74	209	48
BCEF	N, N-双 (2-氰乙基) 甲酰胺	0/125	690	991	853	1110	1000	773	557	371	964	279
Beeswax	蜂蜡		43	110	61	88	122	86	41	24	73	18
Bis (Ethoethoet) phth	二（乙氧基乙氧基乙基）邻苯二甲酸酯		233	408	317	470	389	309	207	170	337	92
Bis (2-Ethylhexyl) Tetrachlorphthalate	二 (2-乙基己基) 四氯邻苯二甲酸酯	0/150	112	150	123	168	181					
Bu Octyl phthalate	邻苯二甲酸丁辛酯		97	194	157	246	174	149	96	69	147	27
Butanediol Succinate	聚丁二醇丁二酸酯		369	591	457	661	629	476	325	243	544	177
Butanediol Succinate	聚丁二醇丁二酸酯	50/225	370	571	448	657	611	457	324	242	533	178
Butoxyethyl Stearate	硬酯酸丁氧基乙酯		56	135	83	136	97	102	49	40	81	5
Butyl Stearate	硬酯酸丁酯		41	109	65	112	71	85	37	29	61	—1
Carbowax 1000	聚乙二醇 1000		347	607	418	626	589	449	306	240	493	161
Carbowax 4000	聚乙二醇 4000	60/200	317	545	378	578	521					
Carbowax 20M	聚乙二醇 20M	60/225	322	536	368	572	510	387	282	221	434	148
Carbowax 20M TPA	聚乙二醇 20-M TPA	60/225	321	537	367	573	520	387	281	220	435	148
Carbowax 6000	聚乙二醇 6000		322	540	369	577	512	390	282	222	437	147
Castorwax	蓖麻蜡		108	265	175	229	246	202	105	73	196	49
CHDMS	聚环己烷二甲醇丁二酸酯	100/250	269	446	328	493	481	351	248	176	394	124
Convoil 20	"康伏尔" 20		14	14	8	17	21	10	15	5	14	10
Cresyl Diphenyl PO₄	磷酸-甲苯二苯酯		199	351	285	413	336	266	190	153	292	88
CW 4000 Monostearate	聚乙二醇 4000 单硬脂酸酯		282	496	331	517	467	357	247	193	389	45

续表

固定相名称		温度极限/℃ (最小/最大)	麦克雷诺兹常数									
英 文	中 文		X'	Y'	Z'	U'	S'	H	J	K	L	M
Cyanoethyl Sucrose	氰乙基蔗糖		647	919	797	1043	976	713	544	388	917	299
DC 11	甲基硅脂 DC-11		17	86	48	69	56	36	3	23	51	−2
DC 200	甲基硅油 DC-200		16	57	45	66	43	33	3	23	46	−3
DC 330	甲基硅油 DC-330		13	51	42	61	36	31		21	41	−6
DC 410	甲基硅橡胶 DC-410		18	57	47	68	44	34	5	24	48	0
DC 510	苯基甲基聚硅氧烷 DC-510		25	65	60	89	57	42	16	32	59	2
DC 550	苯基甲基聚硅氧烷 DC-550		81	124	124	189	145	87	81	77	136	40
DC 556	苯基甲基聚硅氧烷 DC-556		37	77	80	118	79	53	32	49	77	3
DC 560	对氯苯基甲基聚硅氧烷 DC-560		32	72	70	100	68	49	24	35	69	7
DC 702	苯基甲基聚硅氧烷 DC-702		77	124	126	189	142	90	79	79	136	31
DC 703	九甲基三苯基五硅氧烷 DC-703		76	123	126	189	140	89	79	78	134	31
DC 710	苯基甲基聚硅氧烷 DC-710		107	149	153	228	190	107	108	98	174	60
DEG Adipate	聚二乙二醇己二酸酯	20/200	378	603	460	665	658	479	329	254	554	176
DEG Stearate	聚二乙二醇硬脂酸酯		64	193	106	143	191	147	57	41	121	20
DEGS	聚二乙二醇丁二酸酯	20/200	496	746	590	837	835	594	420	325	718	238
Dexsil 300 GC	"台克西" 300 GC	50/500	047	080	103	148	096					
Dexsil 400 GC	"台克西" 400 GC	50/500	057	095	118	175	126					
Dibutoxyet Adipate	己二酸二丁氧基乙酯		137	278	198	300	235	216	118	104	205	28
Dibutoxyet Phthalate	邻苯二甲酸二丁氧基乙酯		157	292	233	348	272	222	143	117	233	50
Dicyclohexyl Phth	邻苯二甲酸二环己酯		146	257	206	316	245	196	144	104	204	58
Didecyl Phthalate	邻苯二甲酸二癸酯	10/175	136	255	213	320	235	201	126	101	202	38
Diethex Phthalate	邻苯二甲酸二（2-乙基己基）酯		135	254	213	320	235	200	126	101	202	38

续表

固定相名称		温度极限/℃ (最小/最大)	麦克雷诺兹常数									
英文	中文		X'	Y'	Z'	U'	S'	H	J	K	L	M
Diethex Sebacate	癸二酸二（2-乙基己基）酯	0/125	72	168	108	180	125	132	68	49	107	11
Diethex Tetraclphth	四氯邻苯二甲酸二（2-乙基己基）酯	0/150	109	132	113	171	168	104	75	45	137	34
Diethoxyet Phth	邻苯二甲酸二乙氧基乙酯		214	375	305	446	364	290	190	159	312	79
Diethoxyet Sebacate	癸二酸二乙氧基乙酯		151	306	211	320	274	238	129	110	224	36
Diglycerol	双甘油	20/100	371	826	560	676	854	608	245	141	724	36
Diisoctyl Phthalate	邻苯二甲酸二异辛酯		94	193	154	243	174	149	92	69	147	24
Diisodecyl Adipate	己二酸二异癸酯		71	171	113	185	128	134	67	52	114	11
Diisodecyl Phthalate	邻苯二甲酸二异癸酯	0/175	84	173	137	218	155	133	83	59	130	24
Diisooctyl Adipate	己二酸二异辛酯		76	181	121	197	134	144	71	55	119	9
Dilauryl Phthalate	邻苯二甲酸二月桂酯		79	158	120	192	158	120	79	52	116	26
Dina Enjay	二硝基氧乙基硝胺 Dina		73	174	116	189	129	137	68	54	116	10
Dinonyl Phthalate	邻苯二甲酸二壬酯	20/150	83	183	147	231	159	141	82	65	138	18
Dinonyl Sebacate	癸二酸二壬酯		66	166	107	178	118	130	62	50	106	8
Dioctyl Phthalate	邻苯二甲酸二辛酯		92	186	150	236	167	143	92	66	140	25
Dioctyl Sebacate	癸二酸二辛酯	0/125	72	168	108	180	123	132	68	49	106	10
Ditridecyl Phthalate	邻苯二甲酸二（十三烷基）酯		75	156	122	195	140	119	76	51	115	25
E-301	甲基硅橡胶 E-301		15	56	44	66	40	32	3	-22	45	-1
ECNSS-M	乙二醇丁二酸/氰乙基硅氧烷共聚物	30/180	421	690	581	803	732	548	383	259	644	211
EGA	聚乙二醇己二酸酯	90/220	372	576	453	655	617	462	325	250	546	177
EGS	聚乙二醇丁二酸酯	120/200	537	787	643	903	889	633	452	348	795	259
EGSP-Z	乙二醇丁二酸酯/苯基甲基硅氧烷共聚物		308	474	399	548	549	373	279	220	469	167
EGSS-X	乙二醇丁二酸酯/甲基硅氧烷共聚物-X	90/200	484	710	585	831	778	566	412	316	713	237
EGSS-Y	乙二醇丁二酸酯/甲基硅氧烷共聚物-Y		391	597	493	693	661	469	335	261	591	190

续表

固定相名称 英文	固定相名称 中文	温度极限/℃ (最小/最大)	麦克雷诺兹常数 X'	Y'	Z'	U'	S'	H	J	K	L	M
Elastex 50-B	乳化沥青 50-B		140	255	209	318	239	198	134	103	202	47
Emulphor ON-870	聚乙二醇十八醚 ON-870	0/200	202	395	251	395	344	282	179	140	289	80
EPON 1001	环氧树脂 EPON 1001	50/225	284	489	406	539	601	378	291	207	502	187
Estynox	环氧增塑剂	0/175	136	257	182	285	227	202	130	86	194	52
Et. Glycol Isophth	聚乙二醇间苯二甲酸酯	100/225	326	508	425	607	561	400	299	213	498	168
Et. Glycol Phthalate	聚乙二醇邻苯二甲酸酯	100/200	453	697	602	816	872	560	419	306	699	260
Et. Glycol Tetraclphth	聚乙二醇四氯邻苯二甲酸酯	120/200	307	345	318	428	466					
Ethofat 60/25	聚乙二醇单硬脂酸酯	50/125	191	382	244	380	333	277	168	131	279	73
Ethomeeh S/25	"厄曹明" S/25		186	395	242	370	339	285	169	127	279	79
Ethomeeh 18/25	"厄曹明" 18/25		176	382	230	353	323	275	158	118	265	72
FFAP	聚乙二醇 20M 与 2-硝基对苯二甲酸的反应产物	50/250	340	580	397	602	627	423	298	228	473	161
Flexol B-400	"弗来索" B-400		121	284	169	259	217	191	100	95	186	39
Flexol GPE	"弗来索" GPE		93	210	140	224	162	166	90	65	146	20
Flexol 8N8	"弗来索" 8N8	0/175	96	254	164	260	179	197	98	64	147	23
Fluorolube HG 1200	聚全氟氯代烯 HG 1200		51	68	114	144	118	68	12	53	104	3
GE SR 119	聚硅氧烷 GE SR 119		166	238	221	314	299	175	158	133	257	100
Hallcomid M-18 OL	N,N-二甲基油酰胺 M-18 OL	−8/150	89	280	143	239	165	211	93	58	211	21
Hallcomid M-18	N,N-二甲基油酰胺 M-18	40/150	79	268	130	222	146	202	82	48	106	16
Halocarbon 10-25	卤碳油 10-25	20/100	47	70	108	133	111					
Halocarbon K-352	卤碳油 K-352	0/250	47	70	73	238	146					
Halocarbon Wax	卤碳油 Wax	50/150	55	71	116	143	123	70	16	57	110	4
Hercoflex 600	聚 1,3-丙二醇癸二酸酯		112	234	168	261	194	187	102	77	176	27
Hexakis(Cyanoethoxy Cyclohexane)	六（氰乙氧基）环己烷	125/150	567	825	713	978	901					
Hexatriacontane	三十六烷		12	2	−3	1	11	0	10	2	5	8

续表

固定相名称		温度极限/℃ (最小/最大)	麦克雷诺兹常数								
英文	中文		X'	Y'	Z'	U'	S'	H	J	K	L	M
Hyprose SP-80	八（2-羟丙基）蔗糖	0/175	336	742	492	639	727	565	310	227	590	196
Igepal CO 880	聚乙二醇壬基苯基醚 CO 880	100/200	259	461	311	482	426	334	227	180	362	112
Igepal CO 990	聚乙二醇壬基苯基醚 CO 990	100/200	298	508	345	540	475	366	261	205	406	133
Igepal CO 630	聚乙二醇壬基苯基醚 CO 630		192	381	253	382	344	277	172	136	288	78
Igepal CO 710	聚乙二醇壬基苯基醚 CO 710		205	397	266	401	361	289	183	144	303	85
Igepal CO 730	聚乙二醇壬基苯基醚 CO 730		224	418	279	428	379	302	198	157	321	95
Kel F Wax	聚三氟氯乙烯蜡		55	67	114	143	116	73	16	57	109	4
LAC-1-R-296	聚二乙二醇己二酸酯	0/200	377	601	458	663	655	477	328	253	551	177
LAC-2-R-446	聚二乙二醇己二酸季戊四醇交联聚酯	50/200	387	616	471	679	667	489	339	257	567	186
LAC-3-R-728	聚二乙二醇丁二酸酯	0/200	502	755	597	849	852	599	427	329	726	243
LSX-3-0295	聚氟代烷基硅氧烷 LSX		152	241	366	479	319	208	144	55	291	64
Lutensol	"卢坦索尔"		232	425	293	438	386					
Mand B Silicone Oil	M.、B硅油		14	57	46	67	43	33	2	22	46	—4
MER 2	"梅尔"2	30/250	381	539	456	646	615	421	337	262	566	197
MER 21	"梅尔"21	70/200	322	541	370	575	512	392	283	222	438	149
MER 35	"梅尔"35	20/200	162	200	178	268	256					
Montan Wax	褐煤蜡		19	58	14	21	47	21	16	5	21	10
NPG Sebacate	聚新戊二醇癸二酸酯	50/225	172	327	225	344	326	257	156	109	257	73
NPGA	聚新戊二醇己二酸酯	50/225	234	425	312	462	438	339	210	157	362	103
NPGS	聚新戊二醇丁二酸酯	50/225	272	469	366	539	474	371	243	184	419	124
NUJOL	液体石蜡		9	5	2	6	11	2	9	2	6	6
Octoil S	癸二酸二异辛酯		72	167	107	179	123	132	68	49	106	11
Octyl Decyl Adipate	己二酸辛癸酯		79	179	119	193	134	141	72	57	119	10

续表

固定相名称		温度极限/℃（最小/最大）	麦克雷诺兹常数									
英文	中文		X'	Y'	Z'	U'	S'	H	J	K	L	M
Oronite NIW	"奥罗萘特" NIW		185	370	242	370	327	267	165	130	275	75
OS 124	聚间苯醚 OS 124	0/200	176	227	224	306	283	177	169	135	266	103
OS 138	聚间苯醚 OS 138	0/200	182	233	228	313	293	181	176	136	273	112
OV-1	甲基硅橡胶 OV-1	100/350	16	55	44	65	42	32	4	23	45	−1
OV-101	甲基硅油 OV-101	0/350	17	57	45	67	43	33	4	23	46	−2
OV-11	苯基甲基聚硅氧烷 OV-11	0/350	102	142	145	219	178	100	103	92	164	59
OV-17	苯基甲基聚硅氧烷 OV-17	0/375	119	158	162	243	202	112	119	105	184	69
OV-210	三氟丙基甲基聚硅氧烷 OV-210	0/275	146	238	358	468	310	206	139	56	283	60
OV-22	苯基甲基聚硅氧烷 OV-22	0/350	160	188	191	283	253	133	152	132	228	99
OV-225	氰丙基苯基硅橡胶 OV-225	0/275	228	369	338	492	386	282	226	150	342	117
OV-25	苯基甲基聚硅氧烷 OV-25	0/350	178	204	208	305	280	144	169	147	251	113
OV-3	苯基甲基聚硅氧烷 OV-3	0/350	44	86	81	124	88	55	39	46	84	17
OV-7	苯基甲基聚硅氧烷 OV-7	0/350	69	113	111	171	128	77	68	66	120	35
Paraplex G-25	聚丙二醇癸二酸酯 G-25		189	328	239	368	312	257	169	124	271	79
Paraplex G-40	聚丙二醇己二酸酯 G-40		282	459	355	528	457	364	247	193	414	125
PDEAS	聚苯基二乙醇胺丁二酸酯	50/200	386	555	472	674	654	437	362	242	562	213
PEG 4000	聚乙二醇 4000	60/200	325	551	375	582	520	399	285	224	443	148
PEG 600	聚乙二醇 600		350	631	428	632	605	472	308	240	503	162
Pluracol P-2010	"普鲁拉科" P-2010		129	295	174	266	227	197	106	99	195	46
Pluronic F68	"普鲁乐尼克" F68		264	465	309	488	423	331	229	184	363	115
Pluronic F88	"普鲁乐尼克" F88		262	461	306	483	419	327	227	183	359	114
Pluronic L35	"普鲁乐尼克" L35		206	406	257	398	349	286	177	148	296	85
Pluronic L81	"普鲁乐尼克" L81		144	314	187	289	249	211	120	108	212	55

续表

固定相名称		温度极限/℃ (最小/最大)	麦克雷诺兹常数									
英文	中文		X'	Y'	Z'	U'	S'	H	J	K	L	M
Pluronic P65	"普鲁乐尼克" P65		203	394	251	393	340	276	174	146	289	83
Pluronic P85	"普鲁乐尼克" P85		201	390	247	388	335	271	172	145	285	82
Polybutene 128	聚丁烯 128		25	26	25	41	42	14	29	8	43	33
Polybutene 32	聚丁烯 32		21	29	24	42	40	18	24	8	40	24
Polyethylene Imine	聚乙烯亚胺	0/175	322	800		573	524					
Polyglycol 15-200	聚乙二醇 15-200		207	410	262	401	354	289	179	150	301	86
Polypropyleneimine	聚丙烯亚胺	0/200	122	425	168	263	224					
Polytergent B-350	"波里特津" B-350		202	392	260	395	353	284	180	142	297	84
Polytergent G-300	"波里特津" G-300		203	398	267	401	360	290	180	145	303	83
Polytergent J-300	"波里特津" J-300		168	366	227	350	308	266	149	119	255	61
Polytergent J-400	"波里特津" J-400		180	375	234	366	317	270	159	127	265	68
PPE-20 (Poly-M-Pheno-xylene)	聚苯醚 PPE 20	125/375	257	355	348	433						
PPE-21	聚苯醚 PPE 21	125/375	232	350	398	413						
PPG Sebacate	聚丙二醇癸二酸酯	0/200	196	345	251	381	328	271	176	129	285	83
PPG 2000	聚丙二醇 2000		128	294	173	264	226	196	106	98	194	45
QF-1	聚氟代烷基硅氧烷 QF-1	0/250	144	233	355	463	305	203	136	53	280	59
Quadrol	N, N, N', N'-四(2-羟丙基)乙二胺	0/150	214	571	357	472	489	431	208	142	379	111
Renex 678	聚环氧乙烷基芳基醚		223	417	278	427	381	301	198	156	321	95
Reoplex 400	聚二乙醇己二酸酯 400	50/200	364	619	449	647	671	482	317	245	540	171
Resofiex R 296	聚丙二醇己二酸酯 R 296	0/200	380	609	463	668	667	483	331	255	557	179
SAIB	乙酰蔗糖六异丁酸酯 SAIB	50/200	172	330	251	378	295	264	147	128	276	54
SE-30	甲基硅橡胶 SE 30	50/300	15	53	44	64	41	31	3	22	44	−2
SE-31	聚甲基乙烯基硅氧烷 SE-31	50/300	16	54	45	65	43	32	3	23	46	−1
SE-33	聚甲基乙烯基硅氧烷 SE-33	50/300	17	54	45	67	42	33	4	23	46	−1

续表

固定相名称		温度极限/℃ (最小/最大)	麦克雷诺兹常数									
英文	中文		X'	Y'	Z'	U'	S'	H	J	K	L	M
SE-52	含苯基的聚甲基硅氧烷 SE-52	50/300	32	72	65	98	67	44	23	36	67	9
SE-54	聚甲基苯基乙烯基硅氧烷 SE54	50/300	33	72	66	99	67	46	24	36	68	10
SF-96	甲基硅酮 SF-31	0/250	12	53	42	61	37	31		21	41	−6
Silar 10C	聚氰代烷基硅氧烷 10C	0/250	523	757	659	942	801	584	480	298	722	267
Siponate DS-10	十二烷基苯磺酸钠 DS-10	50/200	99	569	320	344	388	466	114	61	437	63
Sorbitol Hexaacetate	山梨糖醇六乙酸酯		335	553	449	652	543	446	273	247	521	131
SP-216	甲基硅油 SP-216	0/200	632	815	733	1000						
SP-392	苯基甲基聚硅氧烷 SP-392	0/200	133	169	176	258	219	123	133	114	202	74
SP-400	对氯苯基甲基聚硅氧烷 SP-216	0/350	32	72	70	100	68	49	24	35	69	7
SP-525	"芳烃" SP-525	60/275	225	255	253	368	320					
SP-1000	改进的聚乙二醇 20M	50/275	332	555	393	583	546					
SP-1200	改进的聚乙二醇 20M	25/200	67	170	103	203	166					
SP-2100	甲基聚硅氧烷 SP-2100	0/350	17	57	45	67	43					
SP-2250	苯基甲基聚硅氧烷 SP-2250	0/375	119	158	162	243	202					
SP-2300	氰丙基苯基聚硅氧烷 SP-2300	0/250	322	480	446	636	524					
SP-2320	氰丙基苯基聚硅氧烷 SP-2320	0/250	523	757	659	942	801	584	480	298	722	267
SP-2401	聚氟代烷基硅氧烷 SP-2401	0/275	146	238	358	468	310					
Span 60	脱水山梨糖醇单硬脂酸酯		88	263	158	200	258	201	82	55	180	37
Span 80	脱水山梨糖醇单油酸酯	15/150	97	266	170	216	268	207	94	66	191	41
Squalane	角鲨烷	20/100	0	0	0	0	0	0	0	0	0	0
Squalene	角鲨烯	0/100	152	341	238	329	344	248	140	101	265	64
STAP	聚乙二醇 20M 对苯二甲酸酯	100/225	345	586	400	610	627	428	301	235	484	163

续表

固定相名称		温度极限/℃ (最小/最大)	麦克雷诺兹常数									
英文	中文		X'	Y'	Z'	U'	S'	H	J	K	L	M
Stepan DS 60	"斯特潘" DS 60		97	550	303	338	402	440	111	60	418	61
Sucrose Octaacetate	蔗糖八乙酸酯		344	570	461	671	569	457	292	251	546	152
Surfonic N 300	"瑟福尼克" N 300		261	462	313	484	427	334	228	180	364	114
TCEP	1,2,3-三(2-氰乙氧基)丙烷	0/175	593	857	752	1028	915	672	503	375	853	267
Tergitol NPX	"透吉托" NPX	10/175	197	386	258	389	351	281	176	39	293	81
Tetracyanoethoxy PE	四氰乙氧基季戊四醇 PE	30/175	526	782	677	920	837	621	444	333	766	231
1,2,3,4-Tetrakis(2-Cyan-oethoxy)Butane	1,2,3,4-四(2-氰乙氧基)丁烷	110/200	617	860	773	1048	941					
Thanol PPG 1000	聚1,2-丙二醇		131	314	185	277	243	214	110	101	205	46
THEED	N,N,N',N'-四(2-羟乙基)乙二胺	0/150	463	942	626	801	893	746	427	269	721	254
TMP Tripelargonate	三壬酸三羟甲基丙烷酯		84	182	122	197	143	143	77	55	127	18
Tri(Butoxyethyl)PO$_4$	磷酸三丁氧基乙酯		141	373	209	341	274	285	126	104	204	31
Tributyl Citrate	柠檬酸三丁酯		135	286	213	324	262	226	119	102	229	29
Tricresyl Phosphate	磷酸三甲苯酯	20/125	176	321	250	374	299	242	169	131	254	76
Triethex Phosphate	磷酸三(2-乙基己基酯)		71	288		215	132	225	71	47	103	7
Trimer Acid	三元酸	0/150	94	271	163	182	378	234	94	57	216	60
Triton X-100	聚乙二醇辛基苯基醚	0/200	203	399	268	402	362	290	181	145	304	83
Triton X-200	"屈拉通" X-200		117	289	172	266	237	180	105	81	192	48
Triton X-305	"屈拉通" X-305	0/200	262	467	314	488	430	336	229	183	366	113
Triton X-400	"屈拉通" X-400		68	334	97	176	131	218		36	95	23
Tween 80	"吐温" 80	0/150	227	430	283	438	396					
UCL 46	甲基聚硅氧烷 UCL 46		16	56	44	65	41	33	3	22	45	−2
UCON LB 1715	聚丙二醇 LB 1715		132	297	180	275	235	201	109	100	199	46

续表

固定相名称		温度极限/℃ (最小/最大)	麦克雷诺兹常数									
英文	中文		X'	Y'	Z'	U'	S'	H	J	K	L	M
UCON LB-550-X	聚丙二醇 LB-550-X	0/200	118	271	158	243	206	177	96	91	177	40
UCON 50-HB-2000	聚烷撑丙二醇 50-HB-2000	0/200	202	394	253	392	341	277	173	147	289	80
UCON 50-HB-1800X	聚烷撑丙二醇 50-HB-1800X	0/200	123	275	161	249	212	179	101	95	181	45
UCON 50-HB-280X	聚烷撑丙二醇 50-HB-280X	0/200	177	362	227	351	302	252	151	130	256	65
UCON 50-HB-3520	聚烷撑丙二醇 50-HB-3520	0/200	198	381	241	379	323	264	169	144	278	80
UCON 50-HB-5100	聚烷撑丙二醇 50-HB-5100	0/200	214	418	278	421	375	301	185	155	316	86
UCON 50-HB-660	聚烷撑丙二醇 50-HB-660	0/200	193	380	241	376	321	265	166	141	274	75
UCON 75-H-90000	聚丙二醇-1,2	0/200	255	452	299	470	406	321	220	180	348	110
Versamid 930	聚酰胺树脂 930	115/150	109	313	144	211	209	225	112	57	150	79
Versamid 940	聚酰胺树脂 940		109	314	145	212	209	225	112	57	150	78
Versilube F-50	聚甲基氯苯基硅氧烷 F-50	0/250	19	57	48	69	47	36	7	23	50	−1
W 982	乙烯基甲基硅橡胶 W 982	50/250	16	55	45	66	42	33	4	23	46	−1
XE-60	氰乙基甲基硅橡胶 XE-60	0/250	204	381	340	493	367	289	203	120	327	94
XF-1150	氰乙基甲基硅油 XF-1150	0/150	308	520	470	669	528	401	302	174	471	156
Zinc Stearate	硬脂酸锌	50/150	61	231	59	98	544	98	50	29	78	33
Zonyl E-7	苯均四酸氟代烷基酯	0/200	223	359	468	549	465	338	146	137	469	62
Zonyl E-91	樟脑酸氟代烷基酯	0/200	130	250	320	377	293	235	81	95	295	10

表 M-2 按固定相 X' 值从小至大顺序排列的麦氏常数表

固定相英文名称	固定相中文名称	X'	Y'	Z'	U'	S'	H	J	K	L	M
Squalane	角鲨烷	0	0	0	0	0	0	0	0	0	0
Nujol	液体石蜡	9	5	2	6	11	2	9	2	6	6
Hexatriacontane	三十六烷	12	2	−3	1	11	0	10	2	5	8
SF-96	甲基硅酮 SF-96	12	53	42	61	37	31		21	41	−6
DC-330	甲基硅油 DC-330	13	51	42	61	36	31		21	41	−6
Convoil 20	"康伏尔" 20	14	14	8	17	21	10	15	5	14	10
Mand B Silicone Oil	M.B 硅油	14	57	46	67	43	33	2	22	46	−4
SE-30	甲基硅橡胶 SE-30	15	53	44	64	41	31	3	22	44	−2
E-301	甲基硅橡胶 E-301	15	56	44	66	40	32	3	22	45	−1
UCL-46	甲基聚硅氧烷 UCL-46	16	56	44	65	42	32		22	45	−2
OV-1	甲基硅橡胶 OV-1	16	55	44	65	42	32	4	23	45	−1
SE-31	聚甲基乙烯基硅氧烷 SE-31	16	54	45	65	43	32	3	23	46	−1
W-982	乙烯基甲基硅橡胶 W-982	16	55	45	66	43	33	4	23	46	−1
DC-200	甲基硅油 DC-200	16	57	45	66	43	33	3	23	46	−3
SE-33	聚甲基乙烯基硅氧烷 SE-33	17	54	45	67	42	33	4	23	46	−1
OV-101	甲基硅油 OV-101	17	57	45	67	43	33	4	23	46	−2
SP-2100	甲基聚硅氧烷 SP-2100	17	57	45	67	43					
DC-11	甲基硅脂 DC-11	17	86	48	69	56	36	3	23	51	−2
DC-410	甲基硅橡胶 DC-410	18	57	47	68	44	34	5	24	48	0
Montan Wax	褐煤蜡	19	58	14	21	47	21	16	5	21	10
Versilube F-50	聚甲基氯苯基硅氧烷 F-50	19	57	48	69	47	36	7	23	50	−1
Polybutene 32	聚丁烯 32	21	29	24	42	40	18	24	8	40	24
Polybutene 128	聚丁烯 128	25	26	25	41	42	14	29	8	43	33
DC-510	苯基甲基聚硅氧烷 DC-510	25	65	60	89	57	42	16	32	59	2
Apiezon M	"阿皮松" M	31	22	15	30	40	12	32	10	28	29
Apiezon L	"阿皮松" L	32	22	15	32	42	13	35	11	31	33
SE-52	含苯基的聚甲基硅氧烷 SE-52	32	72	65	98	67	44	23	36	67	9

续表

固定相英文名称	固定相中文名称	X'	Y'	Z'	U'	S'	H	J	K	L	M
DC-560	对氯苯基甲基聚硅氧烷 DC-560	32	72	70	100	68	49	24	35	69	7
SP-400	对氯苯基甲基聚硅氧烷 SP-400	32	72	70	100	68	49	24	35	69	7
SE-54	聚甲基苯基乙烯基硅氧烷 SE-54	33	72	66	99	67	46	24	36	68	10
Apiezon L	"阿皮松" L	35	28	19	37	47	16	36	11	33	33
DC 556	苯基甲基聚硅氧烷 DC 556	37	77	80	118	79	53	32	49	77	3
Apiezon J	"阿皮松" J	38	36	27	49	57	23	42	15	42	35
Apiezon N	"阿皮松" N	38	40	28	52	58	25	41	15	43	35
Apiezon T	"阿皮松" T	41		30	55	82	27	42	17	46	34
Butyl Stearate	硬脂酸丁酯	41	109	65	112	71	85	37	29	61	−1
Beeswax	蜂蜡	43	110	61	88	122	86	41	24	73	18
OV-3	苯基甲基聚硅氧烷 OV-3	44	86	81	124	88	55	39	46	84	17
Dexsil 300 GC	"台克西" 300 GC	47	80	103	148	96					
Halocarbon 10-25	卤碳油 10-25	47	70	108	133	111					
Halocarbon K-352	卤碳油 K-352	47	70	73	238	146					
Fluorolube HG 1200	聚全氟氯代烯 HG 1200	51	68	114	144	118	68	12	53	104	3
Kel F Wax	聚三氟氯乙烯蜡	55	67	114	143	116	73	16	57	109	4
Halocarbon Wax	卤碳蜡	55	71	116	143	123	70	16	57	110	4
Butoxyethyl Stearate	硬脂酸丁氧基乙酯	56	135	83	136	97	102	49	40	81	5
Dexsil 400	"台克西" 400	57	95	118	175	126					
Apiezon H	"阿皮松" H	59	86	81	151	129	46	53	23	81	37
Zinc Stearate	硬脂酸锌	61	231	59	98	544	98	50	29	78	33
DEG Stearate	聚二乙二醇硬脂酸酯	64	193	106	143	191	147	57	41	121	20
Dinonyl Sebacate	癸二酸二壬酯	66	166	107	178	118	130	62	50	106	8
Sp-1200	改进的聚乙二醇 20M	67	170	103	203	166					
Triton X-400	"屈拉通" X-400	68	334	97	176	131	218		36	95	23

续表

固定相英文名称	固定相中文名称	X'	Y'	Z'	U'	S'	H	J	K	L	M
OV-7	苯基甲基聚硅氧烷 OV-7	69	113	111	171	128	77	68	66	120	35
Diisodecyl Adipate	己二酸二异癸酯	71	171	113	185	128	134	67	52	114	11
Triethex Phosphate	磷酸三 (2-乙基己基) 酯	71	288		215	132	225	71	47	103	7
Octoil S	癸二酸二异辛酯	72	167	107	179	123	132	68	49	106	11
Dioctyl Sebacate	癸二酸二辛酯	72	168	108	180	123	132	68	49	106	10
Diethex Sebacate	癸二酸二 (2-乙基己基) 酯	72	168	108	180	125	132	68	49	107	11
Dina Enjay	二硝基氧乙基硝胺 Dina	73	174	116	189	129	137	68	54	116	10
DC 550	苯基甲基聚硅氧烷 DC 550	74	116	117	178	135	81	74	72	128	36
Ditridecyl Phthalate	邻苯二甲酸二 (十三烷基) 酯	75	156	122	195	140	119	76	51	115	25
DC-703	九甲基三苯基五硅氧烷 DC-703	76	123	126	189	140	89	79	78	134	31
Diisooctyl Adipate	己二酸二异辛酯	76	181	121	197	134	144	71	55	119	9
DC-702	苯基甲基聚硅氧烷 DC-702	77	124	126	189	142	90	79	79	136	31
Octyl Decyl Adipate	己二酸辛癸酯	79	179	119	193	134	141	72	57	119	10
Dilauryl Phthalate	邻苯二甲酸二月桂酯	79	158	120	192	158	120	79	52	116	26
Hallcomid M-18	N, N-二甲基硬脂酸酰胺 M-18	79	268	130	222	146	202	82	48	106	16
DC-550	苯基甲基聚硅氧烷 DC-550	81	124	124	189	145	87	81	77	136	40
Dinonyl Phthalate	邻苯二甲酸二壬酯	83	183	147	231	159	141	82	65	138	18
TMP Tripelargonate	三壬酸三羟甲基丙烷酯	84	182	122	197	143	143	77	55	127	18
Diisodecyl Phthalate	邻苯二甲酸二异癸酯	84	173	137	218	155	133	83	59	130	24
Span 60	脱水山梨糖醇单硬脂酸酯 Span 60	88	263	158	200	258	201	82	55	180	37
Hallcomid M-18 OL	N, N-二甲基油酸酰胺 M-18 OL	89	280	143	239	165	211	93	58	211	21
Dioctyl Phthalate	邻苯二甲酸二辛酯	92	186	150	236	167	143	92	66	140	25
Diethex Phthalate	邻苯二甲酸二 (2-乙基己基) 酯	92	186	150	236	167	143	92	66	140	26

续表

固定相英文名称	固定相中文名称	X'	Y'	Z'	U'	S'	H	J	K	L	M
Flexol GPE	"弗来索" GPE	93	210	140	224	162	166	90	65	146	20
Diisoctyl Phthalate	邻苯二甲酸二异辛酯	94	193	154	243	174	149	92	69	147	24
Trimer Acid	三元酸	94	271	163	182	378	234	94	57	216	60
Flexol 8N8	"弗来索" 8N8	96	254	164	260	179	197	98	64	147	23
Bu Octyl Phthalate	邻苯二甲酸丁辛酯	97	194	157	246	174	149	96	69	147	27
Span 80	脱水山梨糖醇单油酸酯 Span 80	97	266	170	216	268	207	94	66	191	41
Stepan DS-60	"斯特潘" DS-60	97	550	303	338	402	440	111	60	418	61
Siponate DS-10	十二烷基苯磺酸钠	99	569	320	344	388	466	114	61	437	63
OV-11	苯基甲基聚硅氧烷 OV-11	102	142	145	219	178	100	103	92	164	59
DC-710	苯基甲基聚硅氧烷 DC-710	107	149	153	228	190	107	108	98	174	60
Castorwax	蓖麻蜡	108	265	175	229	246	202	105	73	196	49
Atpet 200	"阿特派特" 200	108	282	186	235	289	220	106	74	209	48
Diethex Tetraclphth	四氯邻苯二甲酸二（2-乙基己基）酯	109	132	113	171	168	104	75	45	137	34
Versamid 930	聚酰胺树脂 930	109	313	144	211	209	225	112	57	150	79
Versamid 940	聚酰胺树脂 940	109	314	145	212	209	225	112	57	150	78
Hercoflex 600	聚1,3-丙二醇癸二酸酯	112	234	168	261	194	187	102	77	176	27
Bis（2-Ethylhexyl）Tetraclphth	二（2-乙基己基）四氯邻苯二甲酸酯	112	150	123	168	181					
Amine 220	胺 220	117	380	181	293	133	274	94	71		57
Triton X-200	"屈拉通" X-200	117	289	172	266	237	180	105	81	192	48
Ucon LB-550-X	聚丙二醇 LB-550-X	118	271	158	243	206	177	96	91	177	40
OV-17	苯基甲基聚硅氧烷 OV-17	119	158	162	243	202	112	119	105	184	69
SP-2250	苯基甲基聚硅氧烷 SP-2250	119	158	162	243	202					
Flexol B-400	"弗来索" B-400	121	284	169	259	217	191	100	95	186	39
Polypropyleneimine	聚丙烯亚胺	122	425	168	263	224					
UCON 50-HB-1800	聚烷撑丙二醇 50-HB-1800X	123	275	161	249	212	179	101	95	181	45

续表

固定相英文名称	固定相中文名称	X'	Y'	Z'	U'	S'	H	J	K	L	M
PPG 2000	聚丙二醇 2000	128	294	173	264	226	196	106	98	194	45
Pluracol P-2010	"普鲁拉科" P-2010	129	295	174	266	227	197	106	99	195	46
Zonyl E-91	樟脑酸氟代烷基酯 E-91	130	250	320	377	293	235	81	95	295	10
Thanol PPG-1000	聚 1,2-丙二醇 PPG-1000	131	314	185	277	243	214	110	101	205	46
LCON LB-1715	聚丙二醇 LB-1715	132	297	180	275	235	201	109	100	199	46
SP-392	苯基甲基聚硅氧烷 SP-392	133	169	176	258	219	123	133	114	202	74
Acetyltribu Citrate	柠檬酸乙酰三丁酯	135	268	202	314	233	214	112	102	207	26
Diethex Phthalate	邻苯二甲酸二(2-乙基己基)酯	135	254	213	320	235	200	126	101	202	38
Tributyl Citrate	柠檬酸三丁酯	135	286	213	324	262	226	119	102	229	29
Estynox	环氧增塑剂	136	257	182	285	227	202	130	86	194	52
Didecyl Phthalate	邻苯二甲酸二癸酯	136	255	213	320	235	201	126	101	202	38
Dibutoxyet Adipate	己二酸二丁氧基乙酯	137	278	198	300	235	216	118	104	205	28
Elastex 50-B	乳化沥青 50-B	140	255	209	318	239	198	134	103	202	47
Tri(Butoxyethyl)PO₄	磷酸三丁氧基乙酯	141	373	209	341	274	285	126	104	204	31
Pluronic L-81	"普鲁乐尼克" L-81	144	314	187	289	249	211	120	108	212	55
QF-1	聚氟代烷基硅氧烷 QF-1	144	233	355	463	305	203	136	53	280	59
Dicyclohexyl Phthalate	邻苯二甲酸二环己酯	146	257	206	316	245	196	144	104	204	58
OV-210	三氟丙基甲基聚硅氧烷 OV-210	146	238	358	468	310	206	139	56	283	60
SP-2401	聚氟代烷基硅氧烷 SP-2401	146	238	358	468	310					
Diethoxyet Sebacate	癸二酸二乙氧基乙酯	151	306	211	320	274	238	129	110	224	36
Dibutoxyet Phthalate	邻苯二甲酸二丁氧基乙酯	151	282	227	338	267	217	138	112	225	48
Squalene	角鲨烯	152	341	238	329	344	248	140	101	265	64
LSX-3-0295	聚氟代烷基硅氧烷 LSX	152	241	366	479	319	208	144	55	291	64
Dibutoxyet Phthalate	邻苯二甲酸二丁氧基乙酯	157	292	233	348	272	222	143	117	233	50
OV-22	苯基甲基聚硅氧烷 OV-22	160	188	191	283	253	133	152	132	228	99
MER-35	"梅尔" MER-35	162	200	178	268	256					
GE SR 119	聚硅氧烷 GE SR 119	166	238	221	314	299	175	158	133	257	100
Polytergent J-300	"波里特津" J-300	168	366	227	350	308	266	149	119	255	61

续表

固定相英文名称	固定相中文名称	X'	Y'	Z'	U'	S'	H	J	K	L	M
NPG Sebacate	聚新戊二醇癸二酸酯	172	327	225	344	326	257	156	109	257	73
SAIB	乙酰蔗糖六异丁酸酯 SAIB	172	330	251	378	295	264	147	128	276	54
OS-124	聚间苯醚 OS-124	176	227	224	306	283	177	169	135	266	103
Tricresyl Phosphate	磷酸三甲苯酯	176	321	250	374	299	242	169	131	254	76
Ethomeen 18/25	"厄曹明" 18/25	176	382	230	353	323	275	158	118	265	72
Ucon 50-HB-280	聚烷撑丙二醇 50-HB-280X	177	362	227	351	302	252	151	130	256	65
OV-25	苯基甲基聚硅氧烷 OV-25	178	204	208	305	280	144	169	147	251	113
Polytergent J-400	"波里特津" J-400	180	375	234	366	317	270	159	127	265	68
OS-138	聚间苯醚 OS-138	182	233	228	313	293	181	176	136	273	112
Oronite NIW	"奥罗萘特" NIW	185	370	242	370	327	267	165	130	275	75
Ethomeen S/25	"厄曹明" S/25	186	395	242	370	339	385	169	127	279	79
Paraplex G-25	聚丙二醇癸二酸酯 G-25	189	328	239	368	312	257	169	124	271	79
Ethofat 60/25	聚乙二醇单硬脂酸酯	191	382	244	380	333	277	168	131	279	73
Igepal CO-630	聚乙二醇壬基苯醚 CO-630	192	381	253	382	344	277	172	136	288	78
Ucon 50-HB-660	聚烷撑丙二醇 50-HB-660	193	380	241	376	321	265	166	141	274	75
PPG Sebacate	聚丙二醇癸二酸酯	196	345	251	381	328	271	176	129	285	83
Terfitol NPX	"透吉托" NPX	197	386	258	389	351	281	176	39	293	81
Ucon 50-HB-3520	聚烷撑丙二醇 50-HB-3520	198	381	241	379	323	264	169	144	278	80
Cresyl Diphenyl PO₄	磷酸一甲苯二苯酯	199	351	285	413	336	266	190	153	292	88
Pluronic P-85	"普鲁乐尼克" P-85	201	390	247	388	335	271	172	145	285	82
Ucon 50-HB-2000	聚烷撑丙二醇 50-HB-2000	202	394	253	392	341	277	173	147	289	80
Emulphor ON-870	聚乙二醇十八醚	202	395	251	395	344	282	179	140	289	80
Polytergent B-350	"波里特津" B-350	202	392	260	395	353	284	180	142	297	84
Pluronic P-65	"普鲁乐尼克" P-65	203	394	251	393	340	276	174	146	289	83
Polytergent G-300	"波里特津" G-300	203	398	267	401	360	290	180	145	303	83

续表

固定相英文名称	固定相中文名称	X′	Y′	Z′	U′	S′	H	J	K	L	M
Triton X-100	聚乙二醇辛基苯基醚	203	399	268	402	362	290	181	145	304	83
XE-60	氰乙基甲基硅橡胶 XE-60	204	381	340	493	367	289	203	120	327	94
Igepal CO-710	聚乙二醇壬基苯基醚 CO-710	205	397	266	401	361	289	183	144	303	85
Pluronic L-35	"普鲁乐尼克" L-35	206	406	257	398	349	286	177	148	296	85
Polyglycol 15-200	聚乙二醇 15-200	207	410	262	401	354	289	179	150	301	86
Diethoxyet Phth	邻苯二甲酸二乙氧基乙酯	214	375	305	446	364	290	190	159	312	79
Ucon 50-HB-5100	聚烷撑丙二醇 50-HB-5100	214	418	278	421	375	301	185	155	316	86
Quadrol	N，N，N′，N′-四（2-羟丙基）乙二胺	214	571	357	472	489	431	208	142	379	111
Renex 678	聚环氧乙烷基芳基醚 678	223	417	278	427	381	301	198	156	321	95
Zonyl E-7	苯均四酸氟代烷基酯 E-7	223	359	468	549	465	338	146	137	469	62
Igepal CO-730	聚乙二醇壬基苯基醚 CO-730	224	418	279	428	379	302	198	157	321	95
SP-525	"芳烃" SP-525	225	255	253	368	320					
Tween 80	"吐温" 80	227	430	283	438	396					
OV-225	氰丙基苯基硅橡胶 OV-225	228	369	338	492	386	282	226	150	342	117
PPE-21	聚苯醚 PPE-21	232	350	398	413						
Lutensol	"卢坦索尔"	232	425	293	438	386					
Bis（Ethoethoet）Phth	二（乙氧基乙氧基乙基）邻苯二甲酸酯	233	408	317	470	389	309	207	170	337	92
NPGA	聚新戊二醇己二酸酯	234	425	312	462	438	339	210	157	362	103
Ucon 75-H-90000	聚丙二醇-1，2	255	452	299	470	406	321	220	180	348	110
PPE-20（Poly-M-Phenoxylene）	聚苯醚 PPE-20	257	355	348	433						
Igepal CO-880	聚乙二醇壬基苯基醚 CO-880	259	461	311	482	426	334	227	180	362	112
Surfonic N-300	"瑟福尼克" N-300	261	462	313	484	427	334	228	180	364	114
Pluronic F-88	"普鲁乐尼克" F-88	262	461	306	483	419	327	227	183	359	114
Triton X-305	"屈拉通" X-305	262	467	314	488	430	336	229	183	366	113

续表

固定相英文名称	固定相中文名称	X'	Y'	Z'	U'	S'	H	J	K	L	M
Pluronic F-68	"普鲁乐尼克" F-68	264	465	309	488	423	331	229	184	363	115
CHDMS	聚环己烷二甲醇丁二酸酯	269	446	328	493	481	351	248	176	394	124
NPGS	聚新戊二醇丁二酸酯	272	469	366	539	474	371	243	184	419	124
CW 4000 Monostearate	聚乙二醇 4000 单硬脂酸酯	282	496	331	517	467	357	247	193	389	45
Paraplex G-40	聚丙二醇己二酸酯 G-40	282	459	355	528	457	364	247	193	414	125
Epon 1001	环氧树脂 Epon 1001	284	489	406	539	601	387	291	207	502	187
Igepal CO-990	聚乙二醇壬苯基醚 CO-990	298	508	345	540	475	366	261	205	406	133
Ethylene Glycol Tetrachlo-rphth	聚乙二醇四氯邻苯二甲酸酯	307	345	318	428	466					
EGSP-Z	乙二醇丁二酸酯/苯基甲基硅氧烷共聚物	308	474	399	548	549	373	279	220	469	167
XF-1150	氰乙基甲基硅油 XF-1150	308	520	470	669	528	401	302	174	471	156
Carbowax 4000	聚乙二醇 4000	317	545	378	578	521					
Carbowax 20-M TPA	聚乙二醇 20-M TPA	321	537	367	573	520	387	281	220	435	148
Carbowax 20-M	聚乙二醇 20-M	322	536	368	572	510	387	282	221	434	148
Carbowax 6000	聚乙二醇 6000	322	540	369	577	512	390	282	222	437	147
MER-21	"梅尔" 21	322	541	370	575	512	392	283	222	438	149
Polyethylene Imine	聚乙烯亚胺	322	800		573	524					
PEG 4000	聚乙二醇 4000	325	551	375	582	520	399	285	224	443	148
ET Glycol Isophth	聚乙二醇间苯二甲酸酯	326	508	425	607	561	400	299	213	498	168
SP-1000	改进的聚乙二醇 20M	332	555	393	583	546					
Sorbitol Hexaacetate	山梨糖醇六乙酸酯	335	553	449	652	543	446	273	247	521	131
Hyprose SP-80	八(2-羟丙基)蔗糖 SP-80	336	742	492	639	727	565	310	227	590	196
FFAP	聚乙二醇 20M 与 2-硝基对苯二甲酸的反应产物	340	580	397	602	627	423	298	228	473	161
Sucrose Octaacatate	蔗糖八乙酸酯	344	570	461	671	569	457	292	251	546	152
STAP	聚乙二醇 20M 对苯二甲酸酯 STAP	345	586	400	610	627	428	301	235	484	163

续表

固定相英文名称	固定相中文名称	X'	Y'	Z'	U'	S'	H	J	K	L	M
Carbowax 1000	聚乙二醇 1000	347	607	418	626	589	449	306	240	493	161
PEG 600	聚乙二醇 600	350	631	428	632	605	472	308	240	503	162
Reoplex 400	聚丙二醇己二酸酯 400	364	619	449	647	671	482	317	245	540	171
Butanediol Succinate	聚丁二醇丁二酸酯	369	591	457	661	629	476	325	243	544	177
Butanediol Succinate	聚丁二醇丁二酸酯	370	571	448	657	611	457	324	242	533	178
Diglycerol	双甘油	371	826	560	676	854	608	245	141	724	36
EGA	聚乙二醇己二酸酯	372	576	453	655	617	462	325	250	546	177
LAC 1R-296	聚二乙二醇己二酸酯 1R-296	377	601	458	663	655	477	328	253	551	177
DEG Adipate	聚二乙二醇己二酸酯	378	603	460	665	658	479	329	254	554	176
Resoflex R-296	聚丙二醇己二酸酯 R-296	380	609	463	668	667	483	331	255	557	179
MER 2	"梅尔" 2	381	539	456	646	615	421	337	262	566	197
PDEAS	聚苯基二乙醇胺丁二酸酯	386	555	472	674	654	437	362	242	562	213
LAC-2-R-446	聚二乙二醇己二酸季戊四醇交联聚酯	387	616	471	679	667	489	339	257	567	186
EGSS-Y	乙二醇丁二酸酯/甲基硅氧烷共聚物	391	597	493	693	661	469	335	261	591	190
ECNSS-M	乙二醇丁二酸酯/氰乙基硅氧烷共聚物	421	690	581	803	732	548	383	259	644	211
ET Glycol Phthalate	聚乙二醇邻苯二甲酸酯	453	697	602	816	872	560	419	306	699	260
THEED	N, N, N', N'-四(2-羟乙基)乙二胺	463	942	626	801	893	746	427	269	721	254
EGSS-X	乙二醇丁二酸酯/甲基硅氧烷共聚物	484	710	585	831	778	566	412	316	713	237
DEGS	聚二乙二醇丁二酸酯	496	746	590	837	835	594	420	325	718	238
LAC-3-R-728	聚二乙二醇丁二酸酯	502	755	597	849	852	599	427	329	726	243
Tetracyanoethoxy PE	四氰乙氧基季戊四醇 PE	526	782	677	920	837	621	444	333	766	237
Silar 10C	聚氰代烷基硅氧烷	523	757	659	942	801	584	480	298	722	267
EGS	聚乙二醇丁二酸酯	537	787	643	903	889	633	452	348	795	259

续表

固定相英文名称	固定相中文名称	X'	Y'	Z'	U'	S'	H	J	K	L	M
Hexakis (Cyanoethoxy Cyclohexane)	六（氰乙氧基）环己烷	567	825	713	978	901					
TCEP	1，2，3-三（2-氰乙氧基）丙烷	593	857	752	1028	915	672	503	375	853	267
1，2，3，4-Tetrakis (2-Cyancethoxy) Butane	1，2，3，4-四（2-氰乙氧基）丁烷	617	860	773	1048	941					
SP-216	甲基硅油 SP-216	632	815	773	1000						
Cyanoethyl Sucrose	氰基蔗糖	647	919	797	1043	976	713	544	388	917	299
BCEF	N，N-双（2-氰乙基）甲酰胺	690	991	853	1110	1000	773	557	371	964	279

附录2 本书符号表

符号	中文含义	符号	中文含义
a	苯的组分常数；同系物的特性常数；峰宽与保留值间关系直线的截距	A	柱子常数；涡流扩散项；色谱流出曲线所围成的面积
a_m	单分子层饱和吸附量	A_a	峰高乘半峰宽法的色谱峰面积
a_0	流动相所占柱子横截面积	A_P	三角形法的色谱峰面积
atm	大气压	A_Q	峰高乘保留值法的色谱峰面积
AW	酸洗	A_R	不对称色谱峰面积
$A_{空白}$	迎头法测比表面空白试验面积		
b	乙醇的组分常数；同系物特性常数；峰宽与保留值间关系直线的斜率	$\Delta b_{1/2空白}$	高斯曲线一点法空白试验流出曲线半高处宽度
b_0	固定相所占柱子横截面积	BP	沸点
B	柱子常数	BW	碱洗
B_0	比渗透率	$B/\overline{U}$	分子扩散项、纵向扩散项
$\Delta b_{1/2}$	高斯曲线一点法流出曲线半高宽度		

续表

符号	中文含义	符号	中文含义
c	甲乙酮的组分常数	C_{gas}	气相传质阻力系数
C	柱子常数	C_K	与填料颗粒形状有关的因子
C_1	记录纸单位宽度所代表的毫伏数	C_{liq}	液相传质阻力系数
C_2	记录纸速度的倒数	C_{min}	最小检出浓度、最小检测浓度
C_e	理论塔板高度系数	$C\overline{U}$	传质阻力项
C_d	理论塔板高度系数	CV	变异系数
C_E	柱子常数		
D	气体密度;毛细柱径;硝基甲烷组分常数;涂载体开管柱多孔层厚度	D_{gas}	样品组分分子在气体流动相中的扩散系数
d_a	平均偏差	D_{AB}	固定相 A 和 B 间最相邻距离
d_f	固定相有效液膜厚度	D_{liq}	组分分子在固定液中的扩散系数
d_p	固定相填料颗粒平均直径	D_m	组分分子在流动相中的扩散系数
d_R	相对平均偏差	DMCS	二甲基二氯硅烷
D	检测限;柱子常数	D_s	组分分子在固定相中的扩散系数
e	吡啶的组分常数	ECD	电子捕获检测器
E	柱子常数;填料孔隙率	E_r	绝对误差
f_i	绝对校正因子	FID	氢焰离子化检测器
f_{is}	相对校正因子	FPD	火焰光度检测器
f_w	质量校正因子	ΔF_N	有机物结构因子的响应值
F	偏差因子;SCOT 与 WCOT 液相面积比		
G	样品质量	GLC	气-液色谱法
GC	气相色谱法	GSC	气-固色谱法

续表

符号	中文含义	符号	中文含义
H	色谱峰高	H	板高、等板高度、理论塔板高度
h_i	色谱流出曲线某点 i 的高度	HETP	板高、等板高度、理论塔板高度
H_0	色谱流出曲线色谱峰高	$H_{有效}$	有效塔板高度
h_r	折合板高、折合塔板高度	ΔH	汽化热
h_t	任一时间色谱流出曲线的高度		
I	保留指数、科瓦茨(Kováts)指数		保留指数差;固定相的极性
I_{Ai}	组分 i 在固定相 A 上之保留指数	I_{Bi}	组分 i 在固定相 B 上之保留指数
ΔI_{Ai}	组分 i 在固定相 A 与在角鲨烷上保留指数之差值	ΔI_{Bi}	组分 i 在固定相 B 与在角鲨烷上保留指数之差值
I_x	相邻正构烷烃间流出组分保留指数		
j	压力校正系数、压力梯度校正因子		
k	分配比、容量比、容量因子、分配容量	K	分配系数、分配等温线;高斯曲线一点法计算系数
K_{eu}	柱填料透气性	K_T	特鲁顿(Trouton)常数
L	色谱柱柱长	LLC	液-液色谱法
LC	液相色谱法	LSC	液-固色谱法
M	分子量	M_0	流动相
n	理论塔板数、理论塔片数	N_c	有机物有效碳数
n_i	顶空气体中 i 组分的摩尔数	NPD	热离子检测器、氮磷检测器
$n_{有效}$	有效塔板数		
P_a	大气压力	P_{ig}	顶空气体中 i 组分的分压
P_c	临界压力	PLCC	多孔层毛细管柱
P_i	柱前压力	PLOT	多孔层开口管柱、多孔层毛细管柱
P_0	在实验温度下吸附质的饱和蒸汽压	$\overline{P}$	柱中载气平均流速所对应平均压力
P_w	在室温条件下水的饱和蒸汽压	P_i^*	i 组分在纯态时的蒸汽压
$P_{极}$	固定相的相对极性	ΔP	压力降;柱进口与出口间的压力降
$P_{总}$	顶空气体总压		

续表

符号	中文含义	符号	中文含义
q_1^0	丁二烯和正丁烷在氧二丙腈柱上相对保留值的对数值	q_2^0	丁二烯和正丁烷在角鲨烷柱上相对保留值的对数值
q_X^0	丁二烯和正丁烷在被测固定相柱上的相对保留值的对数值	Q_{min}	最小检出量、最小检测量
Q	填料中固定液浓度	Q_s	组分在固定相中的质量
Q_m	组分在流动相中的质量		
R	毛细管柱半径	R_e	相对误差
r_g	自由气体流路半径	R_g	通用气体常数
r_{is}	相对保留值	R_h	峰高分离度
R_0	色谱柱管内半径	R_n	噪音
R	分辨率、分辨度、分离度	R_0	色谱柱形曲率半径
R_b	范围误差	R'	半峰宽分离度、总分离效能指标
R_d	漂移	$2R_n$	总机噪音
S	检测器灵敏度；吡啶的罗氏常数	S_f	分离因子、选择性因子
S_A	比表面、比表面积	S_m	质量型检测器灵敏度
S_c	浓度型检测器灵敏度	S_n	色谱峰形不对称因子
S_{is}	相对响应值	S_t	固定相
SCOT	涂载体开管柱、载体涂层开管柱、载体涂层毛细管柱	S_{is}^M	摩尔相对响应值
SFC	超临界流体色谱法	SFE	超临界流体萃取
S'	吡啶的麦氏特征常数		
t_A	死时间	T_{col}	色谱柱的绝对温度（K）
t_i	进样起至流出曲线上任一点时间	T_B	绝对沸点
t_R	进样起至色谱峰顶时间；保留时间	T_r	绝对温度表示的室温（K）

续表

符号	中文含义	符号	中文含义
t'_R	调整保留时间	TCD	热导检测器
T	绝对温度（K）	TLC	薄层色谱法
T_c	临界温度		
u	记录纸速度	$\overline{U}$	流动相的平均速度
U	硝基甲烷的罗氏特征常数	$\overline{U}_{cc}$	柱温条件下载气在柱中的平均流速
U_1	测比表面经吸附质的载气流速	$\overline{U}_{cr}$	室温条件下载气在柱中的平均流速
U_2	迎头法测比表面稀释用的载气流速	$U_{转}$	室温和常压下转子流量计体积流速
U_3	U_1 与 U_2 之和	U'	硝基丙烷的麦氏特征常数
U_e	在室温和常压下柱出口处流动相的体积流速	$U_{皂}$	在室温和常压下气体流过皂膜流量计的体积流速
V	顶空气体体积	V_P	孔洞流动相体积
V_A	死体积	V_r	折合流动相速度
V_c	临界体积	V_R	保留体积
V_{ext}	柱外流动相体积	V_s	色谱柱内固定相体积
V_g	比保留体积	V_{tot}	流动相液体总体积
V_m	色谱柱内流动相体积	V'_R	调整保留体积
V_N	净保留体积	V^o_R	校正保留体积
V_0	粒间流动相体积		
W	样品质量	W_s	填料中载体质量
W_1	固定相（液）的质量	WCOT	涂壁开管柱、壁涂毛细管柱
X	测定值；苯的罗氏特征常数	$\hat{X}$	真值、样品组分的真实含量
X^M_i	混合物样品中 i 组分的摩尔分数	$\overline{X}$	算术平均值
X'	苯的麦氏特征常数		

续表

符 号	中 文 含 义	符 号	中 文 含 义
y	峰底宽；乙醇的罗氏特征常数	Y'	正丁醇的麦氏特征常数
$y_{1/2}$	半峰宽		
Z	正构烷烃碳数；甲乙酮的罗氏常数	Z'	2-戊酮的麦氏特征常数
α	涂载体开管柱多孔层相对厚度	β	相比率（$\beta = V_m/V_s$）
γ	气体扩散路径弯曲因素	γ_i	i 组分的活度系数
δ_n	分离不纯度	δ_i	偏差
ε	载气黏度	η	杂质含量
λ	"填充项"，与填充均匀性有关因素	σ_X	标准偏差；色谱流出曲线标准偏差
σ	标准偏差；色谱流出曲线标准偏差	σ'	分子碰撞直径
τ	迎头法测比表面的吸附（或脱附）达平衡时的时间	ω_{sm}	与颗粒微孔中被流动相所占据部分的分数以及容量因子 k 有关的系数
ω_m	由色谱柱和填充性质所决定的系数	ω_s	与容量因子 k 有关的系数

参考文献

1 詹益兴. 色谱法测比表面的简化计算探讨. 石油化工, 1979, 11: 756—762

2 [美] W.R. 苏皮纳著; 詹益兴译. 气相色谱填充柱. 长沙: 湖南科学技术出版社, 1981

3 詹益兴. 实用气相色谱分析. 长沙: 湖南科学技术出版社, 1983

4 詹益兴. 气相色谱峰高定量校正因子的探讨. 色谱, 1984, 1, 1: 27

5 詹益兴, 等. 衍生色谱及应用. 长沙: 湖南大学出版社, 1988

6 詹益兴. 色谱应用实例——第1集. 长沙: 湖南科学技术出版社, 1991

7 詹益兴, 金至清. 色谱应用实例——第2集. 长沙: 湖南科学技术出版社, 1993

8 Shi X Y, Zhang Y Q, Fu R N. Analytica Chimica Acta, 2000, 424 (2): 271

9 Svec F, et al. J HRC. 2000, 23 (1): 3

10 Nigel J K, Simpson. Solid—phase Extration. New York: Marcel Dekker, Inc, 2000

11 陈义. 毛细管电泳技术及应用. 北京: 化学工业出版社, 2000

12 何丽一. 平面色谱方法及应用. 北京: 化学工业出版

社,2000

13 刘虎威.气相色谱方法及应用.北京:化学工业出版社,2000

14 [瑞士] K.霍斯泰特曼,等著.赵维民,等译.制备色谱技术.北京:科学出版社,2000

15 张玉奎,等.分析化学第六分册(液相色谱分析).北京:化学工业出版社,2000

16 杨永坛,等.毛细管电泳中的样品浓缩技术.色谱,2000,18(2):115

17 杨新立,等.高效液相色谱用硅质填料的进展.色谱,2000,18(4):308

18 魏泱,丁明玉.蒸发光散射检测技术.色谱,2000,18(5):398

19 黄源,牟世芳.离子色谱固定相的发展.色谱,2000,18(5):412

20 张维平,等.反相液相色谱中溶剂强度规律的研究.色谱,2000,18(6):475

21 顾峻岭,傅若农.分析化学,2001,29(9):1098

22 刘国诠.色谱柱技术.北京:化学工业出版社,2001

23 汪正范,等.色谱联用技术.北京:化学工业出版社,2001

24 汪尔康主编.21世纪的分析化学.北京:科学出版社,2001

25 王立,等.色谱分析样品处理.北京:化学工业出版社,2001

26 汪尔康主编.分析化学新进展.北京:科学出版社,2002

27 马继平,等.固相微萃取新技术.色谱,2002,20(1):16

28 傅若农.色谱分析概论.北京:化学工业出版社,2002

29 Kiyokatsu JINNO. 关于液相色谱保留的研究. 色谱, 2002, 20 (1): 12

30 TANAKA Yoshihide. 亲和毛细管电泳、环糊精—电动色谱、毛细管电泳—质谱用于对映体分离的研究报告. 色谱, 2002, 4: 317

31 HAGINAKA Jnn. 用于药学和生物医学分析的液相色谱填料. 色谱, 2002, 20 (6): 508

32 郭卫红, 汪济奎. 现代功能材料及其应用. 北京: 化学工业出版社, 2002

33 于世林. 高效液相色谱方法及应用. 北京: 化学工业出版社, 2003

34 [美] J. A 迪安主编. 常文保, 等译. 分析化学手册. 北京: 科学出版社, 2003

35 杨春, 等. 毛细管等电聚焦电泳技术进展. 色谱, 2003, 21 (2): 121

36 贡素萱, 等. 毛细管微乳液电动色谱原理及应用. 色谱, 2003, 21 (2): 226

37 张玉奎, 等. 多维立体分离分析技术面临的挑战性问题及对应策略. 色谱, 2003, 21 (4): 299

38 刘虎威. 色谱和毛细管电泳在中药现代化过程中的作用. 色谱, 2003, 21 (4): 307

39 关玉凤. 气相色谱和液相色谱微型化中的关键问题. 色谱, 2003, 21 (4): 321

40 丁永胜, 牟世芳. 氨基酸分析方法及应用前景. 色谱, 2004, 22 (3): 210

41 王箴主编. 化工辞典（第四版）. 北京: 化学工业出版社, 2004

42 武杰, 等. 快速气相色谱法分析石油饱和烃. 色谱, 2004, 22 (5): 479

43 徐溢,付钰洁.固相微萃取萃取头制备技术及试验方法进展.色谱,2004,22(5):528

44 杨丙成,等.新型高效液相色谱激光诱导荧光检测器的研制.色谱,2004,22(6):613

45 何华,倪坤仪.现代色谱分析.北京:化学工业出版社,2004

46 张祥民.现代色谱分析.上海:复旦大学出版社,2004

47 杨海鹰,等.气相色谱在石油化工中的应用.北京:化学工业出版社,2005

48 何丽一.平面色谱方法及应用.第二版.北京:化学工业出版社,2005

49 王绪卿,吴永宁,等.色谱在食品安全分析中的应用.北京:化学工业出版社,2005

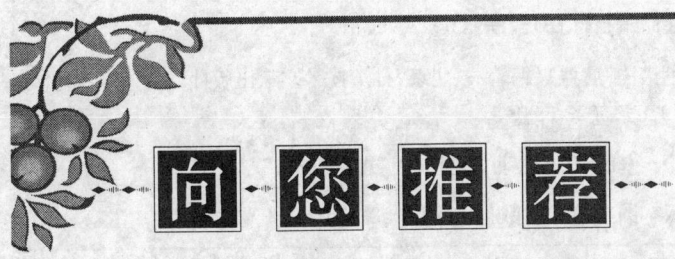

现代化工产品配方系列

绿色精细化工——天然产品制造法（第1集）	34.00
绿色精细化工——天然产品制造法（第2集）	20.00
绿色精细化工——天然产品制造法（第3集）	26.00
绿色净水处理剂	18.00
绿色化工助剂	18.00
绿色轻工助剂	18.00
绿色纳米化学品	20.00
绿色有机中间体	15.00
绿色油脂深加工产品	16.00
绿色日用化学品	15.00
绿色发酵与生物化学品	20.00
绿色降解化学品	24.00

注：邮费按书款总价另加 20%

图书在版编目(CIP)数据

实用色谱法/詹益兴编著．-北京：科学技术文献出版社，2010.6(重印)
ISBN 978-7-5023-5947-8

Ⅰ.实… Ⅱ.詹… Ⅲ.色谱法 Ⅳ.O657.7

中国版本图书馆 CIP 数据核字(2008)第 022682 号

出 版 者	科学技术文献出版社
地 址	北京市复兴路 15 号(中央电视台西侧)/100038
图书编务部电话	(010)58882938,58882087(传真)
图书发行部电话	(010)58882866(传真)
邮 购 部 电 话	(010)58882873
网 址	http://www.stdph.com
E-mail:	stdph@istic.ac.cn
策 划 编 辑	孙江莉
责 任 编 辑	孙江莉
责 任 校 对	赵文珍
责 任 出 版	王杰馨
发 行 者	科学技术文献出版社发行 全国各地新华书店经销
印 刷 者	北京高迪印刷有限公司
版 (印) 次	2010 年 6 月第 1 版第 2 次印刷
开 本	880×1230 32 开
字 数	424 千
印 张	16.75 彩插 2 面
印 数	3001～5000 册
定 价	30.00 元

© 版权所有　　违法必究

购买本社图书，凡字迹不清、缺页、倒页、脱页者，本社发行部负责调换。

GC 5890 气相色谱仪和 GC 5890C 气相色谱仪

GC 5890 和 GC 5890C 气相色谱仪为全新集成数字电子电路,全兼容 HP 5890 气相色谱仪;独特的进样口设计解决进样歧视;填充柱－毛细管柱分流／不分流进样系统;智能后开门系统无级可变进出风量;可同时安装三种不同或相同的检测器(三个独立电路,三个独立气路)。详细信息请浏览南京科捷分析仪器有限公司网站 www.kj17.com。

GC 5890H 氦离子气相色谱仪

高纯气体中微量杂质的分析一直是色谱分析的难点,以往的热导等色谱检测器均难以满足高纯气体的分析要求。

GC 5890H 氦离子气相色谱仪是全新的高纯气体分析仪器,配备 VALCO 公司的 PDHID 检测器,几乎对所有的无机和有机化合物均有很高的响应,特别适合于永久性气体的分析,是当今分析高纯气体最为理想的新型气相色谱仪。详细信息请浏览南京科捷分析仪器有限公司网站 www.kj17.com。

GC 5890S 色谱比表面分析仪

比表面又称比表面积(Specific surface area)，系指1g固体物质所具有的表面积，它包括外表面积和内表面积之和，常用符号S_A来表示，单位为$m^2 \cdot g^{-1}$。它是表征固体材料物化性能的重要参数之一，可提供有关吸附作用以及催化机理等多种信息。因此，在生产、科研和教学中，比表面分析仪是不可或缺的设备。

GC 5890S 是全新一代色谱比表面分析仪，详细信息请浏览南京科捷分析仪器有限公司网站www.kj17.com。

GC 5890S 比表面分析仪具有如下独特优点：
①测试速度：运用迎头色谱法测定比表面，测试速度快；
②工作温度：测试操作在室温条件下进行，节能又环保；
③测量精度：修正空白值以消除系统误差，测量精度高；
④计算方法：以"高斯曲线一点法"计算，简便又准确。

DK-300A 顶空色谱进样器

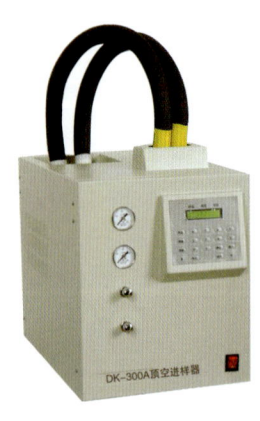

DK-300A顶空色谱进样器可与国内外各种气相色谱仪相连接，它是将样品中的挥发性组分直接导入气相色谱仪进行分离和检测的理想进样装置。

使用顶空技术，可以免除冗长烦琐的样品前处理过程，操作快速简便；顶空气相色谱分析一般可获得比普通气相色谱分析更低的检测限；顶空气相色谱法既可分析液体样品中的挥发性组分，也能分析固体样品中的挥发性物质，具有广泛适用性。详细信息请浏览南京科捷分析仪器有限公司网站www.kj17.com。

由于DK-300A顶空色谱进样器具有其独特的优越性，因此，在食品科学、环境科学、材料科学、生化科学以及其他分析领域中，得到了广泛的应用。